射频电路设计与仿真实战

基于 ADS 2023

闫聪聪　雍杨　编著

化学工业出版社

·北京·

内容简介

本书以 ADS 2023 为平台，介绍了射频电路的设计与仿真。主要内容包括初识 ADS 2023、原理图设计基础、原理图的绘制、元器件库设计、原理图的后续处理、仿真电路设计、仿真结果显示、微波网络法仿真分析、布局图设计视图、电路板设计、电路板的后期制作、微带线设计和 EM 仿真分析。

全书内容循序渐进，案例丰富实用，讲解通俗易懂，实例操作部分配套视频教学，扫码学习，方便快捷。同时，随书附赠全书实例素材、源文件，便于读者上手实践。

本书适合从事电路设计的电子、通信领域的工程师自学使用，也可用作高等院校相关专业的教材及参考书。

图书在版编目（CIP）数据

射频电路设计与仿真实战：基于 ADS 2023 / 闫聪聪，雍杨编著. — 北京：化学工业出版社，2024.6
ISBN 978-7-122-36508-8

Ⅰ.①射⋯　Ⅱ.①闫⋯②雍⋯　Ⅲ.①射频电路 - 电路设计　Ⅳ.① TN710.02

中国国家版本馆 CIP 数据核字 (2024) 第 076674 号

责任编辑：耍利娜　　　　　　文字编辑：陈　锦　袁　宁
责任校对：王鹏飞　　　　　　装帧设计：王晓宇

出版发行：化学工业出版社
　　　　　（北京市东城区青年湖南街 13 号　邮政编码 100011）
印　　刷：北京云浩印刷有限责任公司
装　　订：三河市振勇印装有限公司
787mm×1092mm　1/16　印张 25¾　字数 672 千字
2024 年 10 月北京第 1 版第 1 次印刷

购书咨询：010-64518888　　　　售后服务：010-64518899
网　　址：http://www.cip.com.cn
凡购买本书，如有缺损质量问题，本社销售中心负责调换。

定　　价：118.00 元　　　　　　　　版权所有　违者必究

ADS 全称为 Advanced Design System，是一款世界领先的电子设计自动化软件，也是获得商业成功的创新技术的代表，适用于射频、微波和信号完整性应用，包括 WiMAX、LTE、多千兆位/秒数据链路、雷达和卫星应用等，能够借助集成平台中的无线库及电路系统和电磁协同仿真功能提供基于标准的全面设计和验证。

新版本的 ADS 2023 可为设计师们提供三种不同的仿真技术：系统、电路和电磁场（EM）仿真技术，帮助他们进行时域电路仿真、频域电路仿真、三维电磁仿真、通信系统仿真和数字信号处理仿真设计工作。相对于老版本，ADS 2023 提供了一些全新的功能，在电路仿真、电热模拟和高性能计算方面，有了全新的功能拓展，可以大幅度提高工作人员的效率。

一、本书特色

- 针对性强

本书编者根据自己多年的计算机辅助电子设计领域工作经验和教学经验，针对初级用户学习 ADS 的难点和疑点，由浅入深、全面细致地讲解了 ADS 在电子设计应用领域的各种功能和使用方法。

- 实例经典

本书中有很多实例本身就是工程设计项目案例，经过编者精心提炼和改编，不仅保证了读者能够学好知识点，更重要的是能帮助读者掌握实际的操作技能。

- 提升技能

本书从全面提升 ADS 设计能力的角度出发，结合大量的案例来讲解如何利用 ADS 进行工程设计，真正让读者懂得计算机辅助电子设计并能够独立地完成各种工程设计。

- 内容全面

本书在有限的篇幅内，讲解了 ADS 的常用功能，内容涵盖了原理图绘制、电路仿真、印刷电路板设计等知识。读者通过学习本书，可以较为全面地掌握 ADS 相关知识。本书不仅有透彻的讲解，还有丰富的实例，通过这些实例的演练，能够帮助读者找到一条学习 ADS 的捷径。

二、本书资源与服务

1. 安装软件的获取

按照本书实例进行操作练习，以及使用 ADS 进行工程设计时，需要事先在计算机上安装相应的软件。读者可访问 ADS 公司官方网站下载试用版，或到当地经销商处购买正版软件。

2. 配套资源与服务

为增强学习效果，笔者为书中的实例操作章节录制了同步视频，并进行了配音讲解，读者可扫描书中对应的二维码观看视频。同时配套实例源文件及素材，读者可扫描下方二维码下载并使用。

本书虽经笔者几易其稿，但由于时间仓促加之水平有限，书中不足之处在所难免，望广大读者批评指正。

编著者

扫码下载
源文件

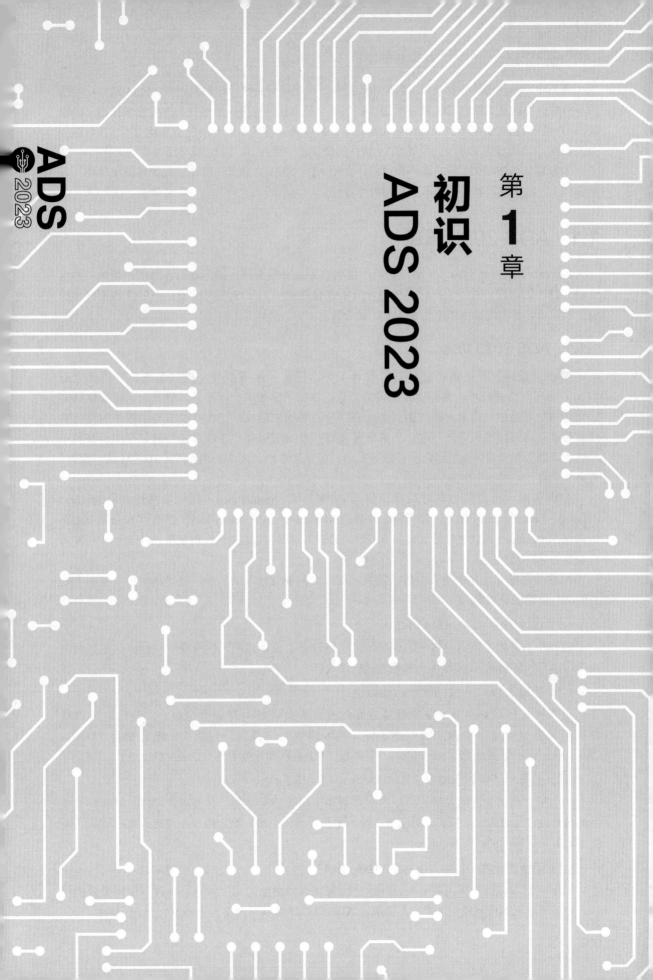

第 **1** 章

初识
ADS 2023

随着电路结构的日趋复杂和工作频率的提高，在电路与系统设计的流程中，EDA 软件已经成为不可缺少的重要工具。EDA 软件所提供的仿真分析方法的速度、准确性与方便性便显得十分重要。ADS 因其强大的电子设计自动化功能、丰富的模板支持和高效准确的仿真能力（尤其在射频微波领域），迅速成为工业设计领域 EDA 软件的佼佼者，得到了广大 IC 设计工作者的支持。

本章将从 ADS 2023 的功能特点讲起，介绍 ADS 2023 的界面环境及工程管理操作，使读者从总体上了解和熟悉软件的基本结构和操作流程。

1.1 ADS 2023 概述

Advanced Design System（ADS）是一款由 Keysight 最新推出的先进设计系统，是领先的电子设计自动化软件，适用于射频、微波和信号完整性应用。ADS 在集成平台中提供基于标准的设计和验证，包括无线库和电路系统 EM 联合仿真。

1.1.1 ADS 2023 功能

ADS 为设计人员提供了针对特定设计工作流程的预配置组合，提供系统、电路和电磁（EM）等多种仿真技术，具有独立强大的工具，添加了单独的设计元素，每个元素都提供特定的设计和仿真功能。仿真元器件由一个或多个单独的模块组成，这些模块增加了额外的设计和开发功能。这些模块组合在一起，形成非常高效和有效的组合，将获得完整的原理图捕获和布局环境，创新和行业领先的电路和系统模拟器，可直接本地访问 3D 平面和全 3D EM 场解算器，完美优化设计，提高生产力。

ADS 仿真设计功能包含时域电路仿真 (SPICE-like Simulation)、频域电路仿真 (Harmonic Balance、Linear Analysis)、三维电磁仿真 (EM Simulation)、通信系统仿真 (Communication System Simulation) 和数字信号处理仿真设计（DSP），同时还支持射频和系统设计工程师开发所有类型的 RF 设计。

ADS 软件除了上述的仿真分析功能外，还包含其他设计辅助功能，以提高使用者使用上的方便性与电路设计效率。

（1）设计指南（Design Guide）

设计指南是借由范例与指令的说明示范电路设计的设计流程，使用者可以经由这些范例与指令，学习如何利用 ADS 软件高效地进行电路设计。

（2）仿真向导（Simulation Wizard）

仿真向导提供 step-by-step 的设定界面供设计人员进行电路分析与设计，使用者可以借由图形化界面设定所需验证的电路响应。ADS 提供的仿真向导包括：元器件特性（Device Characterization）、放大器（Amplifier）、混频器（Mixer）和线性电路（Linear Circuit）。

（3）仿真与结果显示模板（Simulation & Data Display Template）

为了增加仿真分析的方便性，ADS 软件提供了仿真模板功能，让使用者可以将经常重复使用的仿真设定（如仿真控制器、电压电流源、变量参数设定等）制定成一个模板，直接使用，避免了重复设定所需的时间和步骤。

（4）电子笔记本（Electronic Notebook）

电子笔记本可以让使用者将所设计的电路与仿真结果加入文字叙述，制成一份网页式的报告。由电子笔记本所制成的报告，不需执行 ADS 软件即可以在浏览器上浏览。

1.1.2　ADS 2023 新特性

2022 年 7 月 6 日，是德科技推出了 ADS 的年度更新版本 Keysight PathWave ADS 2023，为电路设计人员提供了增强的电磁（EM）仿真功能。PathWave ADS 2023 继续提供业界最完整的射频、微波、高速数字和电力电子设计功能仿真软件，ADS 2023 版本提供了新的和增强的功能，以提高射频 / 微波电路和系统设计人员的生产力和可用性。

（1）电路仿真

● 简化远程和分布式仿真管理，以支持基于云的高性能计算 (HPC)；

● 用于精确模拟和射频电路设计的新 Leti-UTSOI 102.6 晶体管模型；

● 蒙特卡洛统计控制器现在包括良率优化。

（2）电热模拟

● 即使布局和原理图层次结构不匹配，也支持自定义多技术电热 (ETH) 流程；

● PathWave ADS 分享业界最精确的电热仿真，可预测有害瞬态温度峰值的位置和时间，以便在硬件生产之前进行修复；

● PathWave ADS 的电热动态模型生成器通常可将瞬态电热仿真速度提高 10 倍，最高可达 100 倍，以确保任务关键型和声誉关键型设计的热可靠性。

（3）高性能计算 (HPC)

● 通过并行高性能计算 (HPC) 及具有成本效益、功能强大且大容量的基于云的硬件资源，EM 和电路仿真加速可将典型速度提高 5 ～ 20 倍；

● 并行电磁仿真 (RFPro) 参数扫描；

● 提高速度，支持更多的仿真来设计高性能、对公差不敏感的 RF/MW 组件，并显著缩短开发时间。

1.1.3　启动 ADS 2023

启动 ADS 2023 非常简单。ADS 2023 安装完毕，系统会将 ADS 2023 应用程序的快捷方式图标在开始菜单中自动生成。

（1）启动方法

执行"开始"→"Advanced Design System 2023 Update 1"，显示 ADS 2023 启动界面，如图 1-1 所示，稍后自动弹出如图 1-2 所示的"Advanced Design System 2023 Product Selection"（选择产品许可证）对话框，选择"Place holder EMI bundle for Europe"选项作为默认，单击"确定"按钮，关闭对话框。

若勾选"Always try to start Advanced Design System with this selection"（总是使用这个选项启动高级设计系统）复选框，启动软件时，跳过该对话框，直接选择上面选择的产品许可证启动软件。

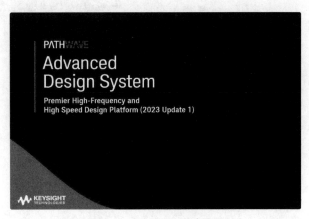

图 1-1　ADS 2023 启动界面

单击"OK"（确定）按钮，关闭该对话框，弹出 ADS 主窗口 Advanced Design System 2023 Update 1(Main) 和"Get Started"（启动）对话框，如图 1-3 所示。若勾选"Don't show this again I'm familiar with ADS"（不再显示）复选框，启动软件后不再显示该界面。

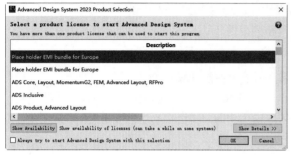

图 1-2 选择产品许可证对话框   图 1-3 "Get Started"（启动）对话框

（2）快速启动模式

在"Get Started"（启动）对话框中有两个选项：New to ADS（新建 ADS）、Familiar with ADS（熟悉 ADS）。

① 快速启动 选择 New to ADS（新建 ADS）选项，弹出原理图快速启动编辑界面，如图 1-4 所示，提供快速步骤，有效开始电路绘图，设置仿真和绘图并查看结果。

单击"Got It！"，关闭提示信息，显示原理图编辑界面，如图 1-5 所示。单击右上角"Quick Start"按钮，再次自动弹出提示信息。

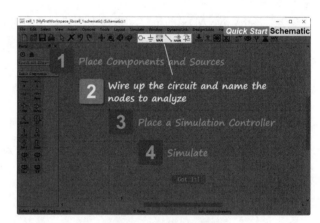

图 1-4 根据提示创建

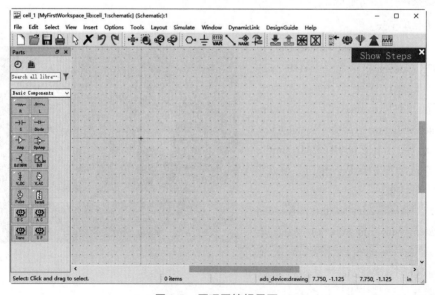

图 1-5 原理图编辑界面

② 高级分析配置　选择 Familiar with ADS，弹出"Work Flow Configuration"（工作流程配置）对话框，选择 ADS 中更强大的电路设计功能模块，如图 1-6 所示。默认选择 RF/Microwave：（射频 / 微波电路设计）选项。

● RF/Microwave：射频 / 微波电路设计。

● Signal Integrity/Power Integrity：信号完整性 / 电源完整性设计。

● Interoperable (OpenAccess)：交互设计。

● GoldenGate In ADS：GoldenGate 是业界最值得信赖的大型 RFIC 电路设计模拟、分析和验证解决方案。ADS 整合了 GoldenGate 后，使用者可获得功能最齐备的 Silicon RFIC 设计平台。

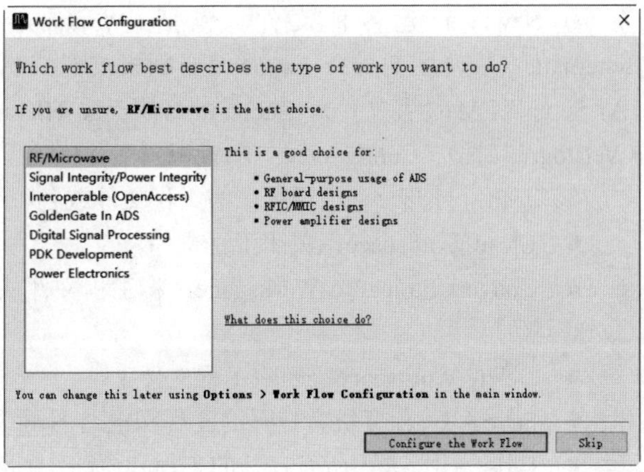

● Digital Signal Processing：数字信号处理设计。

● PDK Development：集成电路设计。

● Power Electronics：电力电子分析。

单击"Get Started"（启动）对话框右上角的"×"按钮，关闭该对话框。进入 ADS 主窗口 Advanced Design System 2023 Update 1(Main)，完成软件的启动。

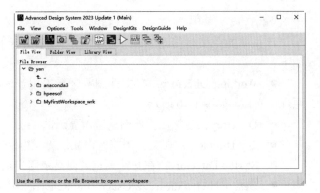

图 1-6　"Work Flow Configuration"（工作流程配置）对话框

1.2　ADS 2023 工作环境

ADS 主窗口为设计系统提供了快速、精确、简单易用的全套集成系统、电路和电磁仿真器，友好的界面环境及智能化的性能为电路设计者提供了最优质的服务。

1.2.1　主窗口

ADS 2023 成功启动后，便可进入主窗口 Advanced Design System 2023 Update 1(Main)，如图 1-7 所示。用户可以使用该窗口进行工程文件的操作，如创建新工程、打开文件等。

主窗口类似于 Windows 的界面风格，它主要包括 5 个部分，分别为菜单栏、工具栏、工作窗口、工作面板、状态栏。

图 1-7　启动软件窗口

1.2.2　菜单栏

菜单栏包括 File（文件）、View（视图）、Options（选项）、Tools（工具）、Window（窗口）、DesignKits（设计库）、DesignGuide（设计向导）、Help（帮助）这 8 个菜单。

（1）File 菜单

该菜单的主要功能是进行工程文件和电路图文件的建立、打开、保存等，如图 1-8 所示，各菜单项功能说明如下。

① New：新建各种文件，包括：Workspace（工程文件）、Library（元器件库文件）、Schematic（原理图文件）、Layout（印制板文件）、Symbol（符号文件）、Notebook（备注文件）、EM Setup（EM 设置文件）、Substrate（基板）、Hierarchy Policy（层次结构规则）、VerilogA View（VerilogA 视图）、Config View（配置视图文件）。

② Open：打开一个已经存在的工程文件或各种编辑文件。

● Close Workspace：关闭工程文件。

● Convert Project to Workspace：将工程文件从 project 文件（.prj）转换为 Workspace 文件（.wrk）。

● Delete Workspace：删除工程文件。

● Save All：保存所有打开的工程和电路图。

● Close All：关闭所有打开的工程和电路图。

● Manage Libraries：库管理器。

● Copy Library：复制元器件库。

● Copy Cells：复制设计文件。

● Rename Library：元器件库文件重命名。

● Update References：更新引用。

● Archive Workspace：将工程存档。从 ADS 2014 开始，习惯将一个设计好的工程所包含的文件进行导出归档，输出为一个 .7zads 后缀格式的文件。

● Clean Up Workspace：清理项目文件。

● Unarchive Project：取消工程存档，将 .7zads 后缀格式的文件用类似解压缩的方式打开。

● Import：将文件导出为其他软件默认的格式。

● Exit Advanced Design System：退出 ADS 软件。

● Recent Workspaces：列出了最近打开的工程和文件，在这里可以很方便地打开最近打开过的工程和文件，对它们继续进行操作。

（2）View 菜单

该菜单的主要功能是管理主窗口的外观和显示内容，如图 1-9 所示，各项功能分别介绍如下。

● Working Directory：在文件浏览区和工程管理区内显示工程中的文件夹和工程中的各个原理图文件，如图 1-10 所示。

● Directory：选择在文件浏览区内显示的目录。

● Top Directory：在文件浏览区内显示"此电脑"下所有的磁盘，如图 1-11 所示。

● Startup Directory：在文件浏览区内显示用户默认目录。

● Design Hierarchies：在 Usage Hierarchy 窗口中执行 Change level of detail（更改细节层次）操作。

● Get Started Window：打开 Get Started Window 窗口。

● Welcome to ADS Window：打开 Get Started Window → Welcome to ADS Window 窗口。

● Refresh（F5）：刷新。

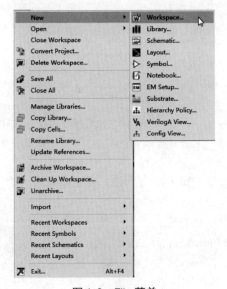

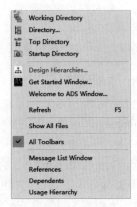

图 1-8　File 菜单　　　　　　　　　　　　　　　　图 1-9　View 菜单

● **Show All Files**：在文件浏览区展开 wrk 工程文件夹，显示当前工程中所有类型的文件和文件夹。

● **All Toolbars**：显示工具栏。

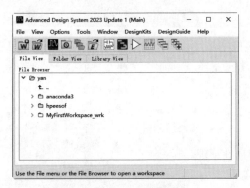

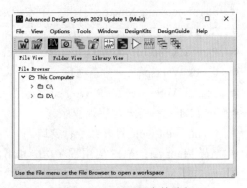

图 1-10　显示工程文件夹　　　　　　　　　　　　　图 1-11　显示顶层文件路径

● **Message List Window**：打开 Message List 窗口，如图 1-12 所示，用于显示错误和警告信息。

● **References**：打开 References 窗口，如图 1-13 所示。

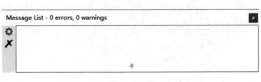

图 1-12　Message List 窗口　　　　　　　　　　　图 1-13　References 窗口

● **Dependents**：打开 Dependents（因变量）窗口，如图 1-14 所示。

● **Usage Hierarchy**：打开 Usage Hierarchy 窗口，如图 1-15 所示。

图 1-14　Dependents 窗口

图 1-15　Usage Hierarchy 窗口

（3）Options 菜单

该菜单主要是对 ADS 软件系统进行各种设置，如图 1-16 所示，各个菜单项功能介绍如下。

● Preferences：设置 ADS 的各种参数。

● Hot Key/Toolbar Configuration：设置 ADS 快捷键。

● Work Flow Configuration：弹出"Work Flow Configuration"对话框，设置工作流。

● Technology：显示技术文件相关命令。Library（库文件）有专属的 technology file（技术文件），记录关于层数、层颜色、布线分辨率、单位等设定。

（4）Tools 菜单

该菜单主要是对 ADS 软件系统进行各种设置管理，如图 1-17 所示，各个菜单项功能介绍如下。

● Configuration Explorer：查看或设置 ADS 软件系统的安装信息、用户信息和工程信息等基本信息。

● Start Recording Macro：打开一个宏记录。

● Stop Recording Macro：关闭一个宏记录。

● Playback Macro：重新打开一个宏记录。

● Check Workspace：检查项目。

● Search Workspace for References：搜索相关项目。

● Text Editor：打开写字板程序。

● Command Line：打开命令行窗口。

● App Manager：ADS 应用程序功能和用户插件管理。

● License Manager：ADS 软件的许可相关信息。

● Build ADS analogLib：构建 ADS 模拟库。

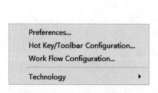

图 1-16　Options 菜单

图 1-17　Tools 菜单

（5）Window 菜单

该菜单主要是对 ADS 各窗口进行管理，如图 1-18 所示，各个菜单项功能介绍如下。

- New Schematic：打开一个新的原理图设计窗口。
- New Layout：打开一个新的电路板图设计窗口。
- New Symbol：打开一个新的元器件符号设计窗口。
- New Data Display：打开一个新的数据显示窗口。
- Open Data Display：打开一个已经存在的数据显示窗口。
- Simulation Status：打开仿真状态窗口。
- Hide All Windows：隐藏所有窗口。
- Show All Windows：显示所有窗口。
- Main Window：显示已经打开的窗口，可以很方便地选择需要的窗口。

（6）DesignKits 菜单

该菜单主要是对设计包进行管理，包括安装、删除等，如图 1-19 所示，各个菜单项功能介绍如下。

- Unzip Design Kit：解压安装新的设计包。
- Manage Favorite Design Kits：管理收藏的设计包。
- Manage Libraries：管理元器件库。

图 1-18　Window 菜单

图 1-19　DesignKits 菜单

（7）DesignGuide 菜单

该菜单主要针对不同的应用向使用者提供不同的设计向导，如图 1-20 所示。

- DesignGuide Developer Studio：设计向导开发命令。
- Add DesignGuide：添加设计向导。
- List/Remove DesignGuide：列出 / 移除设计向导。
- Preferences：显示设计向导的属性。

（8）Help 菜单

该菜单主要打开 ADS 帮助窗口，如图 1-21 所示，针对不同的应用定位具体的主题位置，具体命令这里不再赘述。

图 1-20　DesignGuide 菜单

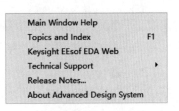

图 1-21　Help 菜单

1.2.3　工具栏

ADS 工具栏只有一组，包含 12 个按钮，如图 1-22 所示。

图 1-22　工具栏

- "Create A New Workspace" 按钮 ![W]：新建一个工程文件。
- "Open A Workspace" 按钮 ![W]：打开存在的工程。
- "Show the Get Started Window" 按钮 ![按钮]：打开 "Get Started Window" 对话框。
- "View Startup Directory" 按钮 ![按钮]：在文件浏览区中查看默认目录。
- "View Current Working Directory" 按钮 ![按钮]：在文件浏览区中查看当前工程目录。
- "Open An Example Workspace" 按钮 ![E]：在文件浏览区中查看 ADS 自带的实例目录。
- "New Schematic Window" 按钮 ![按钮]：新建原理图。
- "New Layout Window" 按钮 ![按钮]：新建布局图。
- "New Symbol Window" 按钮 ![按钮]：新建元器件符号图。
- "New Data Display Window" 按钮 ![按钮]：新建数据显示窗口。
- "Hide All Windows Window" 按钮 ![按钮]：隐藏所有窗口。
- "Show All Windows Window" 按钮 ![按钮]：显示所有窗口。

1.2.4　视图选项卡

打开 ADS 2023，主窗口显示的是三个视图选项卡，用于显示文件、工程和元器件库的目录。

（1）File View（文件视图）

在 File Browser（文件浏览区）中可以浏览用户存储文件的目录文件夹，并从中打开已经存在的工程文件，如图 1-23 所示。

在 File Browser（文件浏览区）中可以方便地查找某个工程，也可以方便地查看指定工程的工程目录。如果用户想通过 File Browser（文件浏览区）查看所有的文件，可以选择菜单栏中的 View（视图）→ Show All Files（显示所有文件）命令，结果如图 1-24 所示。

用户进入子目录后，单击向上的箭头图标 ![图标]，可以返回上一级目录。

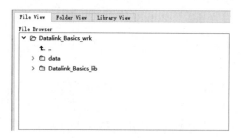

图 1-23　文件浏览区

图 1-24　查看所有的文件

（2）Folder View（文件夹视图）

显示当前打开工程的层次结构，方便对工程中的文件进行管理，如图 1-25 所示。

（3）Library View（元器件库视图）

显示当前打开工程中元器件库的层次结构，方便对不同元器件库进行管理，如图 1-26 所示。

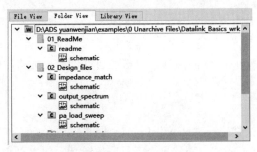

图 1-25　显示工程的层次结构

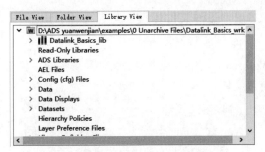

图 1-26　显示元器件库的层次结构

1.3　工程管理

ADS 2023 为用户提供了一个十分友好且宜用的设计环境，它打破了传统的 EDA 设计模式，采用了以工程为中心的设计环境。

1.3.1　ADS 文件结构

ADS 2023 支持工程级别的文件管理，在一个工程文件里包括设计中生成的一切文件。可以把原理图文件、设计中生成的各种报表文件及元器件的集成库文件等放在一个工程文件中，这样非常便于文件管理。

在 ADS 中，一个完整的电路系统包括四层结构：Workspace（项目文件）→ Library（元件库）→ Cell（设计单元）→ View（视图窗口），如图 1-27 所示。

● Workspace 用于组织和管理 ADS 的整个设计文件，通常以 _wrk 结尾。

● Library 通常以 _lib 结尾，Workspace 一般链接使用系统自带的元器件库，如 .defs，保存在 Workspace 目录下。

● Cell 是设计的最小单位，完整名称是 library:cell，如 lib1:cell_1 和 lib2:cell_1 是两个不同设计。一个复杂的 Cell 可以包含其他的 Cell。

● View 包括 Schematic（原理图）、Layout（布局图）、Symbol（符号图）、emModel（仿真模型图）等。

上面的结构图中，一个 Lib 下可以有多个 Cell，一个 Cell 下可以有多个 View，如图 1-28 所示。

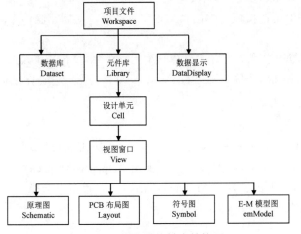

图 1-27　电路系统基本结构图

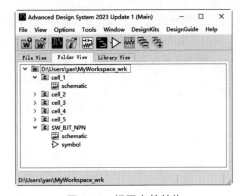

图 1-28　视图文件结构

1.3.2　工程文件管理

进行原理图、PCB 布局图设计之前需要首先新建一个工程（工程文件夹）。ADS 的 Workspace 是用来管理相关文件及属性的。新建 Workspace 的同时，ADS 会自动创建相关的数据链接文件。

（1）新建工程

在主窗口界面中，选择菜单栏中的"File"（文件）→"New"（新建）→"Workspace"（项目）命令，或单击工具栏中的"Create A New Workspace"（新建一个工程）按钮 🅦，弹出"New Workspace"（新建工程）对话框，如图 1-29 所示。

① Name（名称）：输入工程文件名称，名称中不能有中文，尽量使用英文，否则保存文件可能出现错误。一般由 XXX_wrk 组成，如"MyWorkspace_wrk"。

② Create in（路径）：单击右侧的"…"按钮，弹出"Create Workspace"（创建工程）对话框，如图 1-30 所示。单击"选择文件夹"按钮，选择工程文件路径。

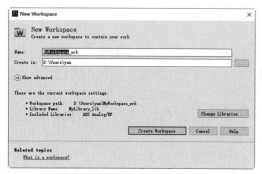

图 1-29　"New Workspace"（新建工程）对话框

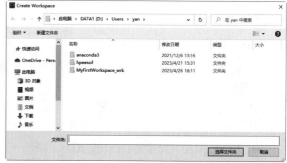

图 1-30　"Create Workspace"（创建工程）对话框

③ Show advanced（显示高级选项）：单击该选项，展开下面的高级选项。单击"Hide advanced"（隐藏高级选项），收起展开选项。

a. Library Name：设置工程文件中的元器件库名称，如 MyLibrary_lib。

b. Technology Interoperability：技术操作设置。

● Use technology compatible with ADS only：只使用与 ADS 兼容的技术，默认选择该选项。

● Use technology compatible with other IC tools：使用与其他 IC 工具兼容的技术。

④ Change Libraries（更改元器件库）：单击该按钮，弹出"ADS"对话框，选择元器件库，如图 1-31 所示。

完成设置后，单击"Create Workspace"（创建工程）按钮，新建一个工程文件夹 MyWorkspace_wrk，该文件夹下包含元器件库文件夹 MyLibrary_lib。同时，在"File View"（文件视图）选项卡下显示工程的文件结构，如图 1-32 所示。

（2）打开工程

在主窗口界面中，选择菜单栏中的"File"（文件）→"New"（新建）→"Workspace"（项目）命令，或单击工具栏中的"Open A Workspace"（打开工程）按钮 🅦，弹出"Open Workspace"（打开工程）对话框，如图 1-33 所示。选择将要打开的文件夹 MyWorkspace_wrk，单击"选择文件夹"按钮，将其打开，在主窗口显示打开的工程文件，如图 1-34 所示。

图 1-31　"ADS"对话框

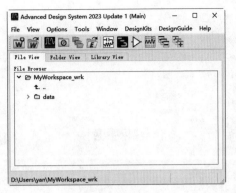

图 1-32　新建工程

图 1-33　"Open Workspace"（打开工程）对话框

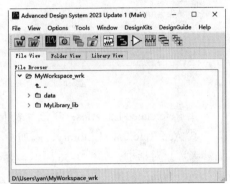

图 1-34　打开工程

1.3.3　工程初始设置

ADS 的 Technology（技术）中包含了当前 Workspace（工程）下的 cell（设计文件）都要遵循的基本参数，这些参数是在创建工程时需要最先设置的。

选择菜单栏中的"Options"（选项）→"Technology"（技术）→"Technology Setup"（技术设置）命令，系统打开"Technology Setup"（技术设置）对话框，如图 1-35 所示。

（1）View Technology for this library（查看元器件库的技术）

在下拉列表中选择需要编辑的元器件库，一次只能编辑一个元器件库的信息，默认选择的是当前工程中的元器件库 MyLibrary_lib，该元器件库在创建工程时已经定义。

（2）Show Other Technology Tabs（显示其他技术选项卡）

默认显示 2 个选项卡，单击该按钮，显示其他技术设置选项卡。

（3）Referenced Libraries（添加参考库）选项卡

在该选项卡中显示参考库，在下方显示错误信息，未定义布局图中的分辨率和单位。创建布局单元和分辨率很重要，应该在创建布局图之前完成，否则容易报错。

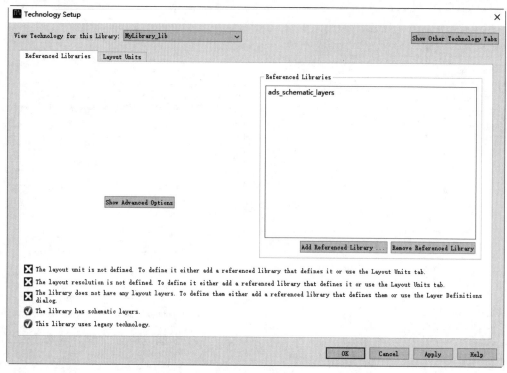

图 1-35 "Technology Setup"（技术设置）对话框

① Referenced Libraries：在该列表中显示添加参考库，一般选择系统内置的元器件库。

② Add Referenced Library：添加参考库。单击该按钮，弹出"Add Referenced Library"（添加参考库）对话框，如图 1-36 所示，显示可能需要引用的元器件库，显示元器件库是否具有布局单元、布局分辨率、布局层和原理图层。

③ Remove Referenced Library：移除参考库。

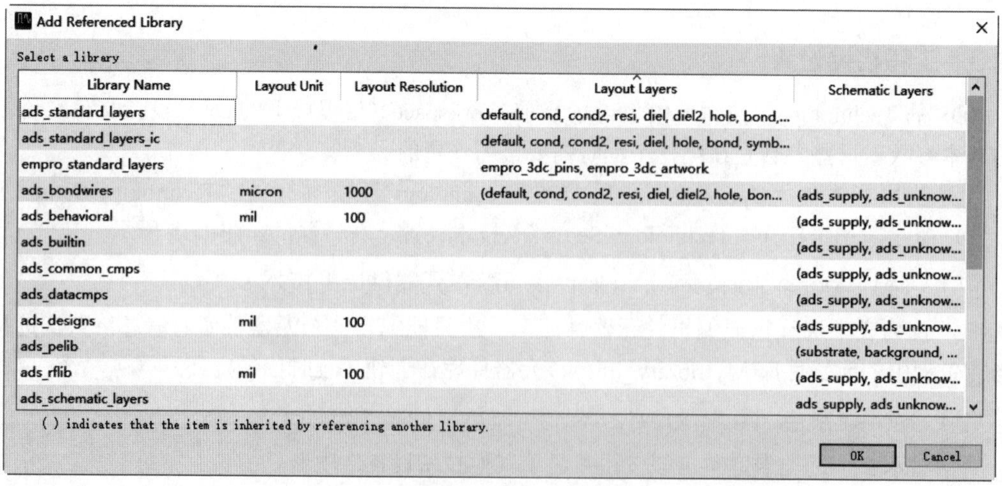

图 1-36 "Add Referenced Library"（添加参考库）对话框

④ Show Advanced Options（显示高级选项）：单击该按钮，显示隐藏的高级选项，如图 1-37 所示。

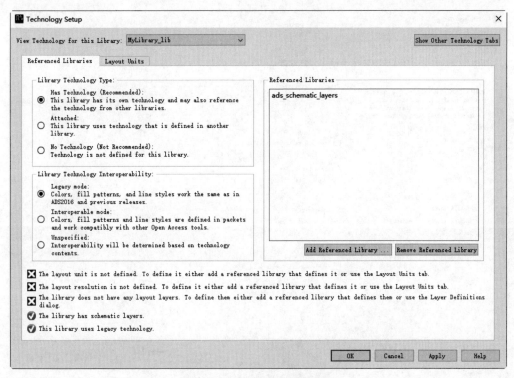

图 1-37 显示隐藏的高级选项

a. Library Technology Type：设置需要编辑的元器件库的技术类型。

● Has Technology (Recommended):This library has its own technology and may also reference the technology from other libraries.：选择该选项，可以使用编辑元器件库中本身的技术，也可以参考其他库的技术，或者两个库组合的技术参数。

● Attached:This library uses technology that is defined in another library.：选择该选项，使用另一个元器件库中定义的技术。

● No Technology (Not Recommended):Technology is not defined for this library.：选择该选项，未定义技术。不推荐使用该选项，一般用于布局图。

b. Library Technology Interoperability: 选择元器件库技术交互性模式。

● Legacy mode:Colors,fill patterns,and line styles work the same as in ADS2016 and previous releases.：遗留模式，元器件库的颜色、填充图案、线条样式与 ADS 2016 和以前的版本中定义的相同。

● Interoperable mode:Colors,fill patterns and line styles are defined in packets and work compatibly with other Open Access tools.：可交互模式，在数据包中定义元器件库中的颜色、填充图案和线条样式，同时可与其他开放访问工具兼容。

● Unspecified:Interoperability will be determined based on technology contents.：未指定模式，根据技术内容确定元器件库的交互性。

（4）Layout Units（布局单位）选项卡

在该选项卡中设置单位和分辨率，如图 1-38 所示。单元和分辨率决定了在布局中进行更改的最小坐标，以及布局中可用的最大坐标。

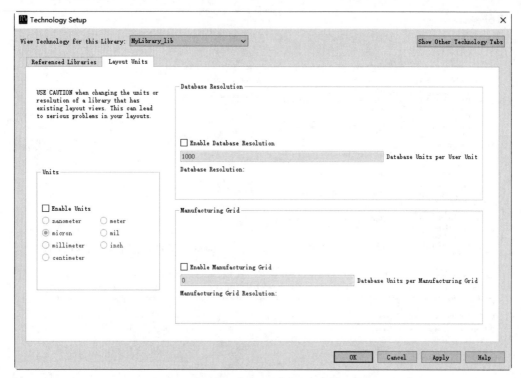

图 1-38　Layout Units（布局单位）选项卡

① Enable Units：勾选该复选框，进行单位更改，一般设置为 mi。单位设定以后不能更改，若后面进行原理图或符号绘制过程中再更改单位，则系统报错。

② Enable Database Resolution：勾选该复选框，定义布局图的分辨率，数值一般为 1000。

③ Enable Manufacturing Grid：勾选该复选框，启用制造网格，制造网格是工具允许的最小刻度。

ADS
2023

第 **2** 章

原理图
设计基础

原理图视窗是 ADS 软件使用最频繁的视窗，为电路提供了设计和仿真的环境。在原理图视窗上可以创建和修改电路原理图，添加变量和方程，指定层及参数，放置仿真控制器，使用文本和插入注释，由原理图生成布局图，等等。

本章将详细讲解 ADS 原理图视窗的编辑界面和原理图设计的基本操作，从创建原理图文件到原理图环境参数的设置、图层的管理。只有熟练掌握原理图的基础操作，才能高效进行后续原理图的设计。

2.1　原理图编辑器界面简介

在打开一个原理图设计文件或创建一个新原理图文件时，ADS 2023 的 Schematic 原理图窗口将被启动，即打开了原理图的编辑环境，如图 2-1 所示。下面简单介绍该编辑环境的主要组成部分。

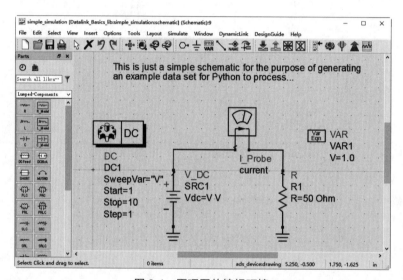

图 2-1　原理图的编辑环境

2.1.1　菜单栏

在 ADS 2023 设计系统中对不同类型的文件进行操作时，菜单栏的内容会发生相应的改变。在原理图的编辑环境中，菜单栏如图 2-2 所示。在设计过程中，对原理图的各种编辑操作都可以通过菜单栏中的相应命令来完成。

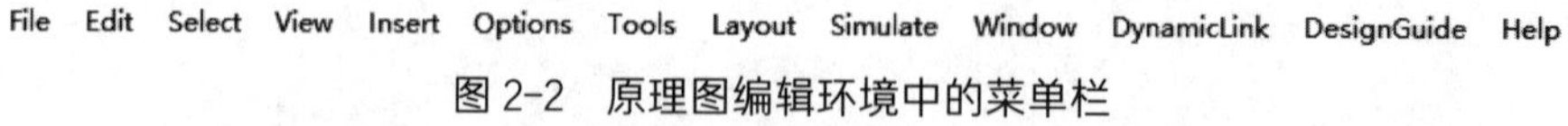

File　Edit　Select　View　Insert　Options　Tools　Layout　Simulate　Window　DynamicLink　DesignGuide　Help

图 2-2　原理图编辑环境中的菜单栏

- "File"（文件）菜单：用于执行文件的新建、打开、关闭、保存和打印等操作。
- "Edit"（编辑）菜单：用于执行对象的复制、粘贴、删除、移动、旋转、对齐和属性编辑等操作。
- "Select"（选择）菜单：用于执行对象的选取和取消选取等操作。
- "View"（视图）菜单：用于执行视图的管理操作，如工作窗口的放大与缩小，各种工具、面板、状态栏及节点的显示与隐藏等。

- "Insert"（插入）：用来在编辑电路图的过程中插入地、变量、连接线、节点和文字等内容。
- "Options"（选项）：用来对原理图设计窗口进行基本的设置。
- "Tools"（工具）菜单：用于为原理图设计提供各种操作工具，如史密斯圆图、芯片封装、传输线计算和网表文件的导入 / 导出等。
- "Layout"（布局）菜单：包含了从电路原理图生成布局图的基本操作和基本设置。
- "Simulate"（仿真）菜单：包含了开始仿真、仿真设置、停止仿真、调谐和智能仿真向导等与原理图仿真相关的内容。
- "Window"（窗口）菜单：用于对窗口进行各种操作。
- "DynamicLink"（动态连接）菜单：包含了对原理图进行动态连接的一些功能。
- "DesignGuide"（设计向导）菜单：包含了一些常用射频电路模块和系统的设计向导，例如放大器、滤波器和混频器等。
- "Help"（帮助）菜单：用于打开帮助选项及版本信息等内容。

2.1.2　工具栏

（1）工具栏的显示和隐藏

选择菜单栏中的"View"（视图）→"All Toolbars"（所有工具栏）命令，该命令前显示 √ 符号，系统将显示选中的所有工具栏。再次选择该命令，取消显示 √ 符号，系统将隐藏所有工具栏，如图 2-3 所示。

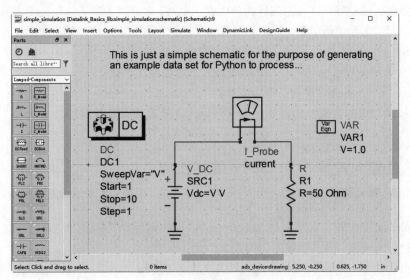

图 2-3　隐藏工具栏

在原理图的设计界面中，ADS 2023 提供了丰富的工具栏，在工具栏空白处单击右键，弹出快捷菜单，如图 2-4 所示，选择需要显示的工具栏。命令前显示 √ 符号，表示在原理图编辑界面显示该工具栏。

（2）工具栏的设置

选择菜单栏中的"Options"（选项）→"Hot Key/Toolbar Configuration"（快捷键 / 工具栏设置）命令，弹出"Configuration"（设置）对话框，进行快捷键、工具栏和菜单的设置，如图 2-5 所示。

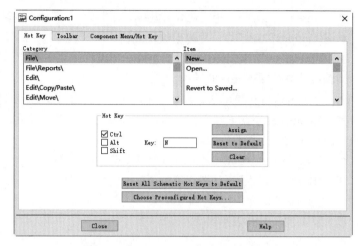

图 2-4　工具栏显示命令　　　　　　　图 2-5　"Configuration"（设置）对话框

在该对话框中，用户根据自己的喜好和具体的工程需要调整工具栏上显示的命令和按钮，合适的工具栏和快捷键设置将会大大提高设计效率。

（3）常用的工具栏

下面介绍绘制原理图常用的工具栏。

① Basic（基本）工具栏　Basic 工具栏中为用户提供了一些常用的文件操作快捷方式，如打印、缩放、复制、粘贴等，以按钮图标的形式表示出来，如图 2-6 所示。如果将光标悬停在某个按钮图标上，则该图标按钮所要完成的功能就会在图标下方显示出来，便于用户操作。

② Insert（插入）工具栏　Insert 工具栏主要用于放置原理图中的 Pin（引脚）、Ground（接地）、VAR（变量和方程组成部分）、Wire（连线）等，如图 2-7 所示。

③ Instance Commands（实例命令）工具栏　Instance Commands 工具栏中为用户提供了一些常用的元器件操作快捷方式，如将显示层次网络、使元器件无效并短路、使元器件无效等，如图 2-8 所示。

图 2-6　Basic 工具栏　　　图 2-7　Insert 工具栏　　图 2-8　Instance Commands 工具栏

④ Simulation（仿真）工具栏　Simulation 工具栏中为用户提供了一些常用的仿真操作快捷方式，如选择仿真视图、执行仿真等，如图 2-9 所示。

⑤ Zoom（缩放）工具栏　Zoom 工具栏中为用户提供了一些常用的视图放大、缩小操作快捷方式，如图 2-10 所示。

图 2-9　Simulation 工具栏　　　　　　图 2-10　Zoom 工具栏

2.1.3　工作面板

工作面板是进行电路原理图设计的工作平台，在该窗口中，用户可以新绘制一个原理图，也可以对现有的原理图进行编辑和修改。

在原理图设计中的工作面板有"Command Quick Help - Select"（命令快速帮助 - 选择）、

"Differences From Layout Info"（布局区别信息）、"Layers"（图层）、"Message List - 0 errors, 0 warnings"（信息）及 "Navigator"（导航）、"Parts"（元器件）、"Properties"（属性）、"Search"（搜索）面板。

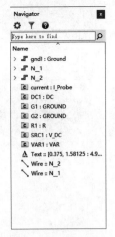

图 2-11　Navigator（导航）面板

（1）Navigator（导航）面板

在分析和编译原理图后提供关于原理图的所有信息，通常用于检查原理图，如图 2-11 所示。

（2）Parts（元器件）面板

Parts 面板如图 2-12 所示。在该面板中可以浏览当前加载的基本元器件，可以在原理图上放置元器件。

（3）仿真状态窗口

仿真状态窗口用于显示工程在仿真时出现的信息，仿真状态窗口 "hpeesofsim" 如图 2-13 所示。根据不同的仿真类型，在 "Status/Summary" 面板中显示的信息有仿真时的频率、消耗时间等。如果设计有错误，会在 "Simulation Messages" 面板下显示错误信息。修改正确编译后，仿真正确运行，"Simulation Messages" 面板下显示空白。

图 2-12　Parts 面板

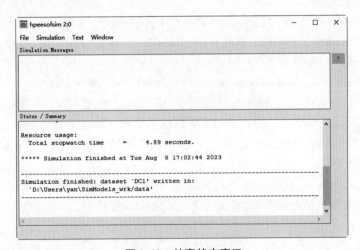

图 2-13　仿真状态窗口

2.2　原理图文件管理系统

本节将介绍有关原理图文件管理的一些基本操作方法，包括新建原理图文件、保存已有原理图文件和打开原理图文件等，这些都是进行原理图设计中最基础的知识。

2.2.1　新建原理图文件

一个工程文件类似于 Windows 系统中的 "文件夹"，在工程文件中可以执行对文件的各种操作，如新建、打开、关闭、复制与删除等。

ADS 2023 包含以下几种创建原理图文件的方法。

（1）主窗口创建

在 ADS 2023 主窗口中，首先需要打开工程文件，如图 2-14 所示。选择菜单栏中的 "File"

（文件）→"New"（新建）→"Schematic"（原理图）命令，或单击工具栏中的"New Schematic Window"（新建一个原理图）按钮，弹出"New Schematic"（创建原理图）对话框，如图 2-15 所示。

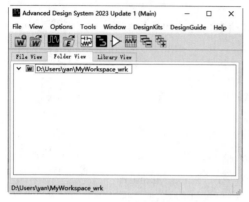

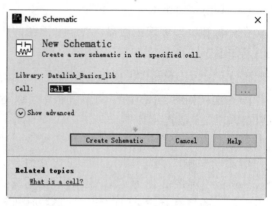

图 2-14　打开工程文件　　　　图 2-15　"New Schematic"（创建原理图）对话框

（2）原理图视图窗口创建

在原理图编辑环境中，选择菜单栏中的"File"（文件）→"New"（新建原理图）命令，或单击"Basic"（基本）工具栏中的"New"（新建原理图）按钮，弹出如图 2-15 所示"New Schematic"（创建原理图）对话框。

下面介绍"New Schematic（创建原理图）"对话框中的选项。

① Library:（元器件库）：显示原理图中使用的元器件库，在创建工程文件时已经指定。

② Cell（单元）：输入工程下的原理图名称，默认名称为 cell_1。单击右侧的"…"按钮，弹出"Cells in'MyLibrary_lib'"（单元选择）对话框，可以在当前视图窗口中选择原理图文件，如图 2-16 所示。

③ Show advanced（显示高级选项）：单击该选项，展开下面的高级选项，如图 2-17 所示。单击"Hide advanced"（隐藏高级选项），收起展开选项。

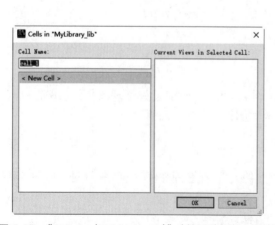

图 2-16　"Cells in'MyLibrary_lib'"（单元选择）对话框　　图 2-17　展开下面的高级选项

　　a. View（视图）：设置工程文件中的元器件库名称，如 MyLibrary_lib。

b. 根据不同的要求，选择相应的类型新建原理图文件。ADS 包含 3 种不同的创建方法：

- Blank schematic：空白原理图。
- Run the Schematic Wizard：运行原理图向导。
- Insert template：插入模板。

默认选择"Blank schematic"（空白原理图），单击"Create Schematic"（创建原理图）按钮，进入原理图编辑环境，如图 2-18 所示。

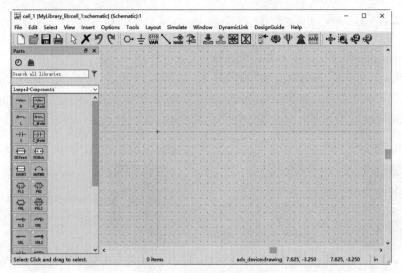

图 2-18　原理图编辑环境

在当前工程文件夹下，默认创建空白原理图文件 cell_1 → schematic，如图 2-19 所示。

（3）根据向导新建原理图

- Run the Schematic Wizard（运行原理图向导）选项：在"New Schematic"（创建原理图）对话框中选择"Run the Schematic Wizard"（运行原理图向导）选项，弹出"Schematic Wizard"（原理图向导）对话框，如图 2-20 所示。根据向导可以创建三种应用原理图。下面分别进行介绍。

① Circuit（子电路）。选择该选项，按照向导步骤 Start（开始）→ Circuit Setup（电路设置）→ Name Pins（引脚名称）→ Finish（完成）创建子电路，并进行引脚放置和符号选择。选择"Do not show this dialog again"复选框，不再显示该对话框。

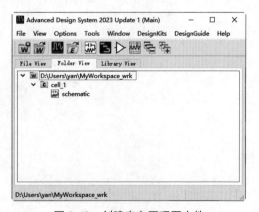

图 2-19　创建空白原理图文件

单击"Next"（下一步）按钮，弹出向导 2，如图 2-21 所示，选择电路类型，包括 Empty Circuit（空电路）、S-Parameter Circuit（S 参数电路）。

选择"Empty Circuit"（空电路），单击"Next"（下一步）按钮，弹出向导 3，如图 2-22 所示，设置子电路属性。

- Number of pins：设置引脚数量，默认为 2。
- Use default symbol：使用默认符号，默认选择该选项。

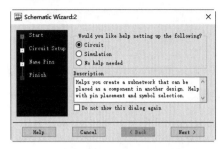 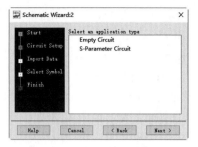

图 2-20 "Schematic Wizard"（原理图向导）对话框 1　图 2-21 "Schematic Wizard"（原理图向导）对话框 2

● Allow symbol selection：允许符号选择。

单击"Next"（下一步）按钮，弹出向导 4，如图 2-23 所示，为子电路引脚进行命名。在 Pin # 列输入引脚编号，在"Subcircuit pin name"列输入引脚名称，勾选"Show instructions for completing schematic"复选框，显示整个电路图的说明文字。

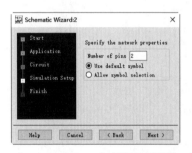 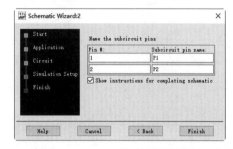

图 2-22 "Schematic Wizard"（原理图向导）对话框 3　图 2-23 "Schematic Wizard"（原理图向导）对话框 4

单击"Finish"（完成）按钮，新建向导子电路，如图 2-24 所示，该电路中包含两个电路端口。

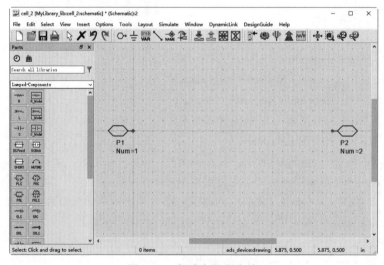

图 2-24　新建向导子电路

此时，主窗口"Folder View"（文件夹视图）选项中显示新建的原理图 cell_2，该原理图中包含两个视图窗口 schematic（原理图窗口）、symbol（符号窗口），如图 2-25 所示。

② Simulation（仿真电路）。选择该选项，按照向导步骤 Start（开始）→ Application（程

序）→ Circuit（电路）→ Simulation Setup（仿真设置）→ Finish（完成），选择继续仿真电路的创建，如图 2-26 所示。

单击"Next"（下一步）按钮，弹出向导 2，如图 2-27 所示，选择仿真电路的应用程序，如 Active Device Characterization（有源器件特性分析）→ BJT。

单击"Next"（下一步）按钮，弹出向导 3，如图 2-28 所示，定义 BJT 仿真电路，如 NPN BJT。

单击"Next"（下一步）按钮，弹出向导 4，如图 2-29 所示，为 BJT 指定仿真模板，如 Device Ⅳ Curves（器件失真曲线）。

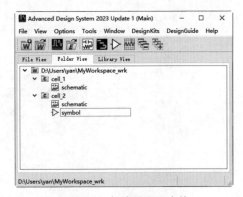

图 2-25　新建原理图文件

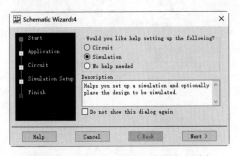

图 2-26　选择 Simulation（仿真电路）

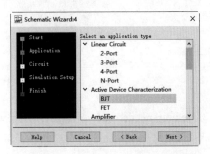

图 2-27　选择仿真电路应用程序

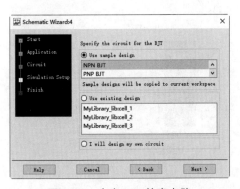

图 2-28　定义 BJT 仿真电路

图 2-29　指定仿真模板

单击"Next"（下一步）按钮，弹出向导 5，如图 2-30 所示，显示仿真电路创建成功的结果信息，并为 BJT 仿真电路进行文字说明。

单击"Finish"（完成）按钮，新建 BJT 仿真电路，如图 2-31 所示。此时，主窗口"Folder View"（文件夹视图）选项中显示新建的原理图 cell_3 和 SW_BJT_NPN，其中 cell_3 中包含 schematic（原理图窗口），SW_BJT_NPN 中包含 schematic（原理图窗口）、symbol（符号窗口）两个视图窗口，如图 2-32 所示。

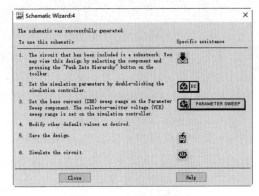

图 2-30　电路创建成功

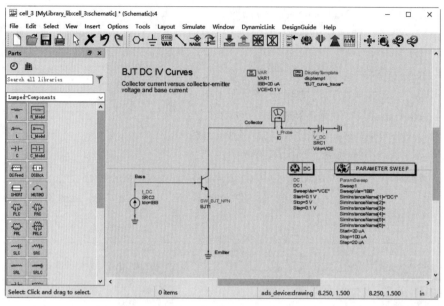

图 2-31　新建原理图 cell_3

③ No help needed（不需要帮助）。选择该选项，不需要按照向导指导帮助创建原理图，只包含 Start（开始）→ Finish（完成）两步，如图 2-33 所示。

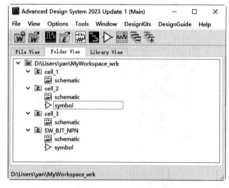

图 2-32　显示新建的原理图

图 2-33　选择电路类型

单击"Finish"（完成）按钮，新建空白原理图，如图 2-34 所示。此时，主窗口"Folder View"（文件夹视图）选项中显示新建的原理图 cell_4，如图 2-35 所示。

（4）插入模板新建原理图

ADS 2023 系统中包括了众多模板原理图文件，如 3GPP 标准的测试、晶体管器件的直流测试、谐波平衡仿真和 s 参数仿真等。这些模板文件都有默认设置好的参数和符号，并且有相应的数据显示模板。用户也可以根据自己的需要修改这些参数，熟练应用模板可以省时完成设计。

在"New Schematic"（创建原理图）对话框中选择"Insert template"（插入模板），在下面的模板列表中选择模板，如"ads_templates:3GPPFDD_ES_RX_test"（第三代通信系统接收器性能测试），如图 2-36 所示。单击"Create Schematic"（创建原理图）按钮，新建模板原理图，如图 2-37 所示。此时，主窗口"Folder View"（文件夹视图）选项中显示新建的原理图 cell_5，如图 2-38 所示。

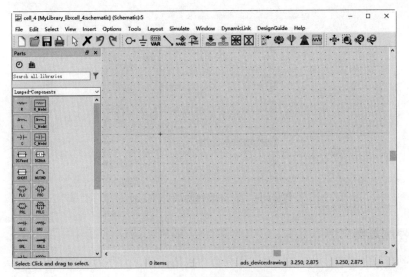

图 2-34　新建空白原理图

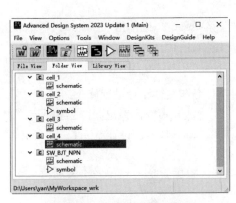

图 2-35　新建原理图 cell_4

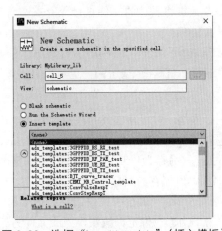

图 2-36　选择"Insert template"（插入模板）

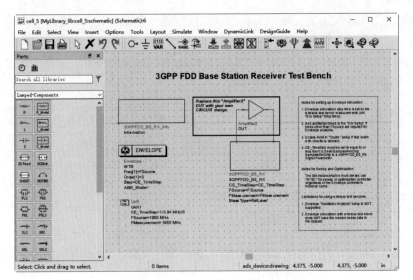

图 2-37　新建模板原理图

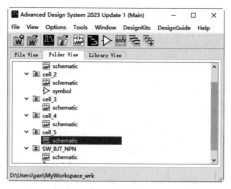

图 2-38　显示新建的原理图 cell_5

2.2.2　保存原理图文件

在 ADS 原理图编辑环境中，文件的保存命令包括保存、另存为、保存副本和保存全部。

（1）保存

保存是指将新建的文件直接保存在文件夹中，一般不更改保存位置，或原有文件经过修改后覆盖保存。

选择菜单栏中的"File"（文件）→"Save"（保存）命令，或单击"Basic"（基本）工具栏中的"Save"（保存）按钮 ，也可以直接按下快捷键 Ctrl+S，直接保存当前原理图文件。

（2）另存为

另存为是一种保存方式的选择性方式，可以对文件名和文件路径进行修改。

选择菜单栏中的"File"（文件）→"Save As"（另存为）命令，弹出如图 2-39 所示的"Save Design As"（另存为）对话框，读者可以更改设计库 Library 名称、设计单元 Cell 名称、原理图 View 名称、所保存的文件路径 File path 等。

执行此命令一般至少需修改路径或名称中的一种，否则直接选择保存命令即可。完成修改后，单击"OK"（确定）按钮，完成文件另存为。

（3）保存副本

有时为了避免误操作丢失文件，需要为原理图新建一个副本文件。副本文件是该文件的复制件。

选择菜单栏中的"File"（文件）→"Save a Copy As"（保存副本）命令，弹出如图 2-40 所示的"Save a Copy As"（保存副本）对话框。

图 2-39　"Save Design As"（另存为）对话框　　图 2-40　"Save a Copy As"（保存副本）对话框

保存副本文件对话框与另存为对话框类似，只是多了下面几个选项。

● Save the entire cell：保存原理图视图时，同时保存整个设计单元。

● Open in new Window：在新的窗口中打开保存的副本文件。

（4）保存全部

保存全部是指保存当前窗口中所有的项目文件。

选择菜单栏的"File"（文件）→"Save All"（保存全部）命令，可以直接保存当前打开的所有文件。

2.2.3　打开原理图文件

选择菜单栏中的"File"（文件）→"Open"（打开）→"Schematic"（原理图）命令，打开如图 2-41 所示的"Open Cellview"（打开视图）对话框，选择将要打开的 Library（库）→ Cell（设计单元），在"View"（视图窗口）列表中选择要打开的原理图文件。

图 2-41　"Open Cellview"（打开视图）对话框

2.3　设置原理图工作环境

在原理图的绘制过程中，其效率和正确性往往与环境参数的设置有着密切的关系。在 ADS 2023 电路设计软件中，原理图编辑器工作环境的设置是通过原理图的"Preferences"（优选参数设置）对话框来完成的。

选择菜单栏中的"Options"（选项）→"Preferences"（参数设置）命令，或在编辑窗口中右击，在弹出的右键快捷菜单中单击"Preferences"（参数设置）命令，系统将弹出"Preferences"（优选参数设置）对话框。

在"Preferences"（优选参数设置）对话框中主要有 10 个标签页，即 Select（选择）、Grid/Snap（网格捕捉）、Placement（布局）、Pin/Tee（引脚 / 节点）、Entry/Edit（接口 / 编辑）、Component Text/Wire Label（元器件文本 / 导线标注）、Text（文本）、Display（显示）、Units/Scale（单位 / 刻度）、Tuning（调谐）。下面对这 10 个标签页的具体设置进行说明。

2.3.1　选择模式参数设置

原理图中对象的选择参数设置通过"Select"（选择）标签页来实现，如图 2-42 所示。

该选项卡设置包括 4 部分内容。

（1）Select Filters（选择过滤器）选项组

该选项组下共有 10 个选项可供选择。当原理图非常复杂的时候，用户若要用光标捕捉图中一个图形，经常受到其他图形的影响。选择 Filters 过滤器可以帮助用户过滤掉在原理图中不想被捕捉到的图形。例如，只选择元器件（Components）和导线（Wires），那么在原理图中的其他图形不会

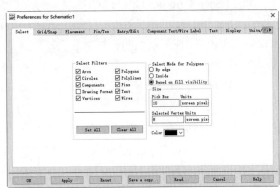

图 2-42　"Select"（选择）标签页

被光标捕捉到。默认设置时，光标可以捕捉到图中的所有图形。单击"Set All"（全部选择）按钮，选择全部 10 个对象，单击"Clear All"（全部清除）按钮，不选择任何对象。

（2）Select Mode for Polygons（多边形的选择模式）选项组

该选项组下通过单击目标的不同位置来选中该元器件。

- By edge（边沿）：通过单击目标的边沿（如各种仿真控制器）来选中该元器件。
- Inside（内部）：通过单击多边形目标的任意位置来选中该元器件。
- Based on fill visibility（可见填充部分）：通过单击目标的填充部分来选中该元器件。

（3）Size（选择范围）选项组

在"Pick Box"文本框中输入光标捕捉的范围。在原理图上双击鼠标，在光标捕捉范围内的图形将被选中。

（4）Color（选择颜色）选项组

在颜色下拉列表中选择被选中图形的颜色。

2.3.2 网格参数设置

在原理图中显示网格可以方便地定位和放置元器件，使电路图排列更美观。"Grid/Snap"（网格捕捉）标签页如图 2-43 所示，其中包括了 3 部分内容：显示（Display）、间距（Spacing）、动态捕捉模式（Active Snap Modes）。

（1）"Display"（显示）选项组

① 在该选项组下选择原理图中显示的网格线的样式，主要包括下面三个选项：

图 2-43　"Grid/Snap"（网格捕捉）标签页

- "Dots"：显示由点组成的网格。
- "Llines"：显示由线组成的网格。
- "None"：不显示网格。

② Color（颜色）：在该下拉列表设置原理图中显示网格的点或线的颜色。

（2）"Spacing"（间距）选项组

① "Snap Grid Distance (in schem units)"：设置 X、Y 方向实际光标移动一格单元网格的距离。

② "Snap Grid per Display Grid"：设置原理图中显示的一个网格光标需要移动几次。若"Snap Grid Distance"中输入 0.125，"Snap Grid per Display Grid"中输入 2，则光标一次移动 0.125 个单位（原理图单位的设置见后文），光标移动 2 次刚好是一个网格的大小，即网格的边长是 0.25 个单位。

③ Automatically set Y = X when any X value is modified：选择该复选框，当任何 X 值被修改时，自动设置 Y = X。

④ Snap Distance-all other modes：设置光标要捕获元器件需靠近的距离。

（3）"Active Snap Modes"（动态捕捉模式）

① 勾选"Enable Snap"（使捕捉）复选框，自动捕获元器件，单击鼠标时，光标自动捕获最近的元器件。

② "Snap to"（捕捉）选项组：

● "Pin"：选择该复选框，在已经存在的元器件引脚的捕获距离内放置一个新元器件的引脚时，系统自动连接两个引脚。此选项优先级最高。

● "Vertex"：选择该复选框，放置的图形顶点与捕获网格的顶点自动对齐。

● "Grid"：选择该复选框，光标单击网格即可捕获其中的元器件。此选项优先级最低。

2.3.3　布局参数设置

设计不是简单的线性流程。在整个设计周期会经常做出修改和更新，最终可能导致原理图与布局图不一致。如果只进行原理图或布局图仿真，则不需要对此项进行设置，"Placement"（布局）标签页如图 2-44 所示。

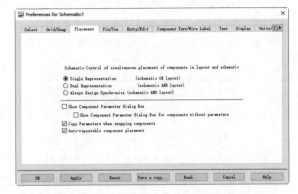

① Schematic Control of simultaneous placement of components in layout and schematic：ADS 支持整个工程的自动同步。当用户同时使用原理图和布局图仿真的时候，可以在此对话框中选择同时布局模式。

图 2-44　"Placement"（布局）标签页

● Single Representation：选择此项，则原理图或布局图中的任何修改不会相互影响。适用于进行原理图或布局图仿真。

● Dual Representation：选择此项后，若在原理图中放置或者更改一个元器件，则在相应的布局图中也会自动放置或更改该元器件。适用于进行原理图和布局图同时仿真。

● Always Design Synchronize：选择此项后，原理图与布局图中的任何操作都保持实时同步，但也会消耗更多的系统资源。适用于同时进行原理图和布局图仿真。

② Show Component Parameter Dialog Box：勾选该复选框，设置显示元器件参数对话框中的选项；勾选 "Show Component Parameter Dialog Box for components without parameters" 复选框，在显示元器件参数对话框显示没有参数的元器件。

③ Copy Parameters when swapping components：勾选该复选框，交换元器件时复制参数。

④ Auto-repeatable component placement：勾选该复选框，放置重复的元器件。

2.3.4　引脚/节点参数设置

为了方便辨认元器件的引脚和节点是否连接正确，在 "Pin/Tee"（引脚/节点）标签页中用户可以根据自己的使用习惯设置引脚和节点的大小和颜色，如图 2-45 所示。

（1）Size（大小）选项组

● Pin Size：设置元器件引脚的大小。

● Tee Size：设置连线节点的大小。

● Units：设置元器件引脚或连线节点的单位，包含 schem units（原理图默认单位）、screen pixels（屏幕像素）。

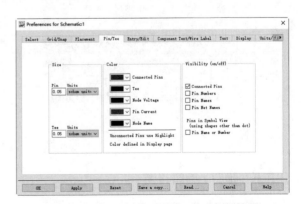

图 2-45　"Pin/Tee"（引脚/节点）标签页

（2）Color（颜色）选项组

在该选项组下设置引脚和节点的颜色。

（3）Visibility（可见性）选项组

在该选项组下设置引脚和节点在原理图上的标示方式。

● Connected Pins：选择该复选框，在已连接导线的首尾两端添加实心点标记，如图 2-46 所示。

● Pin Numbers：选择该复选框，在元器件引脚上方添加引脚编号，如图 2-47 所示。

● Pin Names：选择该复选框，在元器件引脚上方添加引脚名称，如图 2-48 所示。

● Pin Net Names：选择该复选框，在元器件引脚上方添加引脚网络名称，如图 2-49 所示。

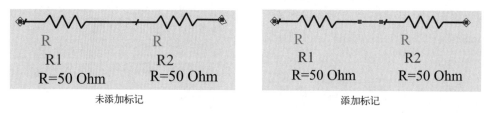

图 2-46　导线添加标记

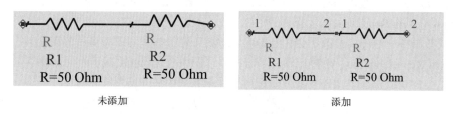

图 2-47　添加引脚编号

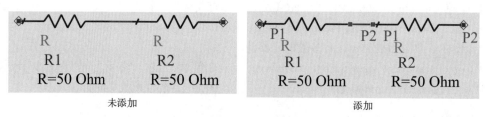

图 2-48　添加引脚名称

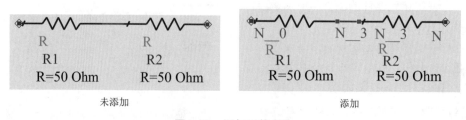

图 2-49　添加网络名称

2.3.5　接口／编辑设置

"Entry/Edit"（接口／编辑）标签页用于设置原理图中各种连线的基本规则，包括连线的绕行、连线的转角、连线的形状等，如图 2-50 所示。

① Wire Aroidance Routing Options（连线的绕行选项）选项组。

● Reroute entire wire attached to moved component：选择该项，绘制两个引脚之间的导线时，连线直接穿过两引脚之间的阻挡对象，但不会与阻挡物发生电气连接。

● Route around component text：选择该项，绘制两个引脚之间的导线时，导线会自动绕过两引脚之间的文本显示图形，如在原理图中的注释文本、元器件或仿真器的参数标注等。

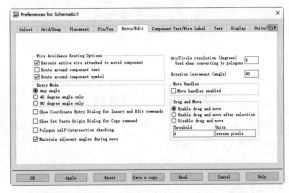

图 2-50　"Entry/Edit"（接口 / 编辑）标签页

● Route around component symbol：选择该项，绘制两个引脚之间的导线时，导线会自动绕过两引脚之间的元器件或仿真器。

② Entry Mode（接口模式）选项组。

● Any angle：可以绘制任意角度的折线。

● 45 degree angle only：只绘制 45°角的折线。

● 90 degree angle only：只绘制水平或者垂直的折线。

③ Arc/Circle resolution（degrees）Used when converting to polygons：在 ADS 中绘制的弧线或者圆，是由许多小线段构成的。在该文本框内输入每一个小线段的弧度，该值越小，绘制的圆弧越光滑。

④ Rotation increment（angle）：设置元器件或导线每次旋转的角度。

⑤ Move Handles：勾选 Move Handles enabled（启用移动手柄复选框），启用移动手柄功能，每当选择任何类型的单个对象时，在屏幕上显示一个红色菱形图标。

⑥ Drag and move（拖动和移动）选项组

a. 为了防止用户拖拽元器件的误操作，选择不同的拖动和移动模式。

● Enable drag and move：启用拖动和移动。

● Enable drag and move after selection：选择后启用拖动和移动。

● Disable drag and move：禁用拖动和移动。

b. Threshold：设置拖拽元器件移动的最大距离。

c. Units：设置拖拽元器件移动的最大距离的单位。

⑦ Show Coordinate Entry Dialog for Insert and Edit commands：选择该项，选择插入和编辑命令时显示坐标项对话框。

⑧ Show Set Paste Origin Dialog for Copy conmand：选择该项，选择复制命令时显示设置粘贴原点对话框。

⑨ Polygon self-intersection checking：选择该项，进行多边形自交检验。

⑩ Maintain adjacent angles during move：选择该项，在移动过程中保持辐射角。

2.3.6　元器件文本 / 导线标注设置

为了便于理解，调用的元器件或者仿真控制器中都有各种注释文本，其中包括了该元器件的唯一编号、元器件的参数和仿真控制器的仿真参数。

在"Component Text/Wire Label"（元器件文本 / 导线标注）标签页，可以设置文本和导线标注的字体、格式、颜色和属性，图 2-51 所示。

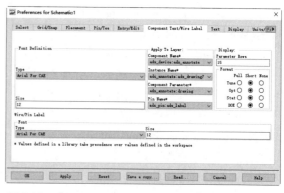

图 2-51　"Component Text/Wire Label"（元器件文本 / 导线标注）标签页

（1）"Font Definition"（字体定义）选项组

在该选项组下设置元器件或者仿真控制器中注释文本的字体类型和大小，默认为 Arial For CAE，大小为 12。

（2）"Wire/Pin Label"（导线引脚标签）选项组

在该选项组下设置导线标签和引脚标签的字体类型和大小。

（3）"Apply To Layer"（图层应用）选项组

在该选项组下显示不同文本对象所在图层，可以设置的文本对象包括 Component Name（元器件名称）、Instance Name（实例名称）、Component Parameter（元器件参数）、Pin Name（引脚名称）。

（4）"Display"（显示）选项组

在该选项组下设置参数列的格式。

① Parameters Rows：代表在一列中显示元器件文本行的最大数目。

② Format：设置原理图上标注的显示形式。

- Full：完整显示标注，如 50 Ohm tune{25 Ohm to 75 Ohm by 5 Ohm}。

- Short：缩写形式显示标注，如 50 Ohm{t}。

- None：仅显示标注的一个值，如 50 Ohm。

2.3.7　注释文本设置

在"Text"（文本）标签页中设置原理图中注释文本的属性，如图 2-52 所示。在调用 ADS 模板时，经常可以看到，这些文本用于对该模板的功能和设置进行说明。其中，包括了字体、格式、颜色和文本外框的形状等。

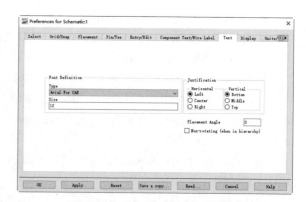

图 2-52　"Text"（文本）标签页

（1）"Font Definition"（字体定义）选项组

在该选项组下设置原理图中注释文本的字体类型和大小，默认为 Arial For CAE，大小为 12。

（2）"Justification"（对齐方式）选项组

- Horizontal（水平）、Vertical（垂直）：设置注释文本水平、垂直方向上的对齐方式。

- Placement Angle（放置角度）：输入注释文本的旋转角度，默认角度为 0，不旋转。

- Non-rotating (when in hierarchy)：选择该选项，在层次结构原理图中，不旋转注释文本。

2.3.8　编辑环境显示设置

"Display"（显示）标签页可以设置 ADS 原理图中的前端颜色、背景颜色、高亮标注部分的颜色、被固定元器件的颜色、无效元器件的文本颜色，如图 2-53 所示。

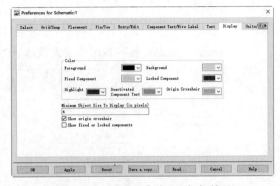

图 2-53　"Display"（显示）标签页

（1）"Color"（颜色）选项组

● Foreground：设置原理图视窗编辑器工作区的前景色。

● Background：设置原理图视窗编辑器工作区的背景色，为使书中图形显示更清楚，设置背景色为白色。

● Fixed Component：设置原理图视窗编辑器中固定元器件的颜色。

● Locked Component：设置原理图视窗编辑器锁定元器件的颜色。

● Highlight：设置原理图视窗编辑器中高亮元器件显示的颜色。

● Deactivated Component Text：设置原理图视窗编辑器中未激活元器件（无效元器件）文本的颜色。

● Origin Crosshair：设置原理图视窗编辑器中坐标原点十字线的颜色。

（2）"Minimum Object Size To Display (in pixels)"（显示的最小对象大小）选项组

● Show origin crosshair：选择该项，显示坐标原点的水平、垂直十字辅助线，如图 2-54 所示。

● Show fixed or locked components：选择该项，显示固定或锁定的元器件。

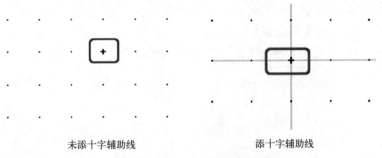

未添十字辅助线　　　　　　　添十字辅助线

图 2-54　显示坐标原点辅助线

2.3.9　单位 / 刻度设置

在"Units/Scale"（单位 / 刻度）设置标签页设置原理图中常见元器件类型默认的单位和刻度，如图 2-55 所示，ADS 中一般采用较常用的国际单位。

如果放置的单个元器件不使用默认单位时，也可以双击该元器件进行修改。这样的修改方法只适用于少量元器件的修改，不会将单位设置参数应用到整个原理图中。

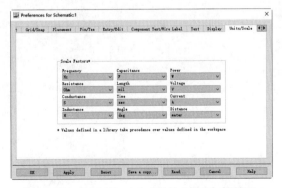

图 2-55　"Units/Scale"（单位 / 刻度）标签页

2.3.10 调谐分析设置

调谐分析功能在用户手动改变元器件参数或变量值的同时显示求解结果，用户可以实时查看设计中的某个参数对整个电路性能的影响。

"Tuning"（调谐）标签页用于设置调谐分析功能的基本参数，如图 2-56 所示。

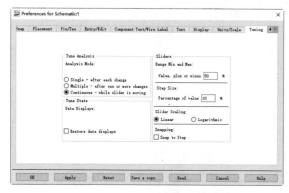

图 2-56 "Tuning"（调谐）标签页

（1）"Tune Analysis"（调谐分析）选项组

● Analysis Mode-Single：元器件值每改变一次就进行一次分析。

● Analysis Mode-Multiple：只在按下调谐（Turn）键后才进行分析。该项适用于多个参数的调谐。

● Analysis Mode-Continuous：跟随显示元器件值的滑动条实时进行分析，默认选择该选项。

（2）"Tune State"（调谐状态）选项组

Restore data display：选择该项，调谐开始时自动打开数据显示窗口并显示先前保存的数据文件。

（3）"Sliders"（滑块）选项组

● Range Min and Max：在该文本框内设置被调谐元器件的数值范围，以百分比（%）的形式显示。

● Step Size：在该文本框内设置调谐元器件值的步长，以百分比（%）的形式显示。

● Slider Scaling：选择元器件值滑动条按 Linear（线性）或 Logarithmic（对数比例）变化。

● Snapping：选择 Snap to Step 项，滑动条按设置的步长变化；不选择该项，则滑动条连续变化。

第 **3** 章

原理图的
绘制

原理图的绘制从在图纸上放置好所需要的各种元器件并且对它们的属性进行相应的编辑开始着手，根据电路设计的具体要求，我们就可以利用不同方法将各个元器件连接起来，以建立电路的实际连通性。这里所说的连接，指的是具有电气意义的连接，即电气连接。

3.1　电路板总体设计流程

电路原理图的绘制是 ADS 电路仿真的基础，其设计基本流程如图 3-1 所示。

（1）创建电路原理图文件

运行 ADS 2023，它会自动创建一个默认的新电路原理图文件，该电路原理图文件可以在保存时重新命名。还需要根据具体电路的组成来规划电路界面，如图纸的大小及摆放方向、元素颜色、元器件符号标准、栅格等。

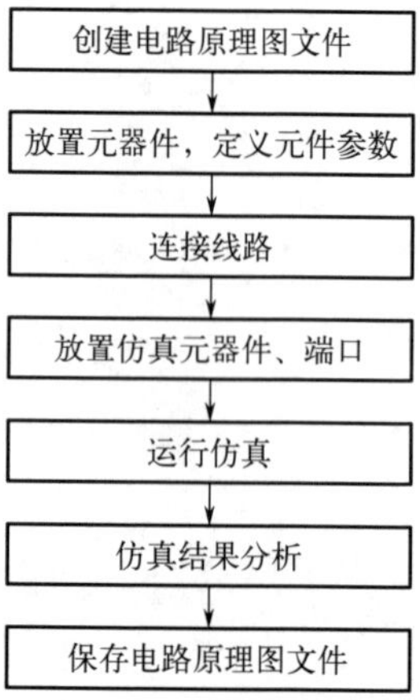

（2）放置元器件，定义元件参数

ADS 2023 不仅提供了数量众多的元器件符号图形，而且还设计了元器件的模型，并分门别类地存放在各个元器件库中。放置元器件就是将电路中所用的元器件从元器件库中放置到电路工作区，并对元器件的位置进行调整、修改，对元器件的编号、属性进行定义等。

（3）连接线路

ADS 2023 具有非常方便的连线功能，利用连线方法连接电路中的元器件，构成一个完整的原理图。

| 创建电路原理图文件 |
| 放置元器件，定义元件参数 |
| 连接线路 |
| 放置仿真元器件、端口 |
| 运行仿真 |
| 仿真结果分析 |
| 保存电路原理图文件 |

图 3-1　电路原理图的基本设计流程

（4）放置仿真元器件、端口

电路原理图连接好后，根据需要将仿真元器件、端口从元器件库中接入电路，以供实验分析使用。

（5）运行仿真

电路原理图绘制好后，运行仿真观察仿真结果。如果电路存在问题，需要对电路的参数和设置进行检查和修改。

（6）仿真结果分析

对得到的仿真结果对电路原理进行验证，观察结果和设计目的是否一致。如果不一致，则需要对电路进行修改。

（7）保存电路原理图文件

保存原理图文件和打印输出原理图及各种辅助文件。

3.2　原理图的组成

原理图，即电路板工作原理的逻辑表示，主要由一系列具有电气特性的符号构成。

3.2.1　电路图的构成要素

由于电子产品是由众多的元器件构成的，所以电路图就会通过元器件对应的电路符号反映电路的构成，而这些电路符号需要连线连接，并且还要对其进行注释。因此，电路图主要由元器件符号、绘图符号、注释（文字符号）三大部分组成。

（1）元器件符号

元器件符号表示实际电路中的元器件，如图 3-2 所示。

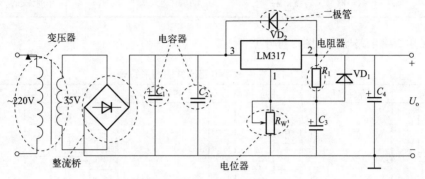

图 3-2　电路图中的元器件符号

元器件符号的形状与实际的元器件不一定相似，甚至完全不一样。但是它一般都表示出了元器件的特点，并且引脚的数量和实际应用的元器件完全相同或基本相同，常用电子元器件的图形符号见表 3-1。

表 3-1　常用电子元器件图形符号

图形符号	说　明	图形符号	说　明	图形符号	说　明
	电阻器的一般符号		半导体二极管的一般符号		晶闸管一般符号
	可变电阻器		发光二极管		双向晶闸管
	压敏电阻器		变容二极管		单结晶体管（N 型基底）
	热敏电阻器		隧道二极管		N 沟道 JFET
	1/8W 电阻器				P 沟道 JFET
	1/4W 电阻器		稳压二极管		N 沟道增强型 MOSFET
	1/2W 电阻器		双向击穿二极管		N 沟道耗尽型 MOSFET
	1W 电阻器		双向二极管、交流开关二极管		光电晶体管
	20W 电阻器		PNP 型半导体管		光电耦合器、光隔离器
	电容器的一般符号		NPN 型半导体管		电池
	极性电容器		光敏电阻		电池组
	可变电容器		光敏二极管		熔断器
	双联同调可变电容器		扬声器		灯的一般符号
	微调电容器		传声器		运算放大器

续表

图形符号	说　明	图形符号	说　明	图形符号	说　明
	电感器、线圈、绕组、扼流圈		蜂鸣器		整流桥
	带磁芯的电感器		电动机		天线的一般符号

一些常用数字电路器件的图形符号见表 3-2。

表 3-2　常用数字电路器件的图形符号

图形符号	器件名称	图形符号	器件名称	图形符号	器件名称
&	与门	≥1	或门	1	非门
1	反相器	&	与非门	≥1	或非门
& ≥1	与或非门	=1	异或门	=	同或门
& ◇	集电极开路输出与非门	& ▽ EN	三态门	S C1 1D R	D 触发器
S 1J C1 1K R	边沿 JK 触发器	Σ CO	半加器	Σ CI CO	全加器

（2）绘图符号

电路图中除了元器件符号以外，还必须有表示电压、电流、波形的各种符号，而这些符号需要连线、接地线、导线及连接点等进行连接后，才能形成一幅完整的电路图，如图 3-3 所示。

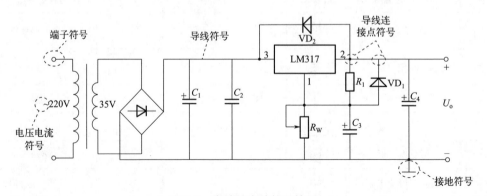

图 3-3　电路图中的绘图符号

① 电压电流符号　常见的电压电流符号如图 3-4 所示。

② 接地符号　常见的接地符号如图 3-5 所示。

| 直流 | 交流 | 交直流 | 正极 | 负极 | 接地一般符号 | 接地保护符号 | 接机壳或底板 |

图 3-4　常见电压电流符号　　　　　　　　　　图 3-5　常见接地符号

③ 端子符号　常见的端子符号如图 3-6 所示。

④ 常见导线符号　常见的导线符号如图 3-7 所示。

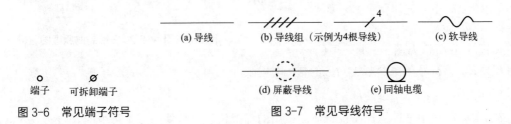

(a) 导线　　　(b) 导线组（示例为4根导线）　　(c) 软导线

端子　可拆卸端子　　　　(d) 屏蔽导线　　(e) 同轴电缆

图 3-6　常见端子符号　　　　　　　　图 3-7　常见导线符号

⑤ 常见导线连接符号　常见的导线连接符号如图 3-8 所示。

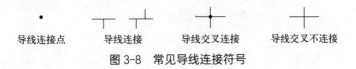

导线连接点　　导线连接　　导线交叉连接　　导线交叉不连接

图 3-8　常见导线连接符号

（3）注释

电路图中所有的文字、字符都属于注释部分，它也是电路图重要的组成部分。

注释部分主要用来说明元器件的名称、型号、主要参数等，通常紧邻元器件电路符号进行标注，如图 3-2 中的字母"R"和字母"C"分别表示元器件的符号为电阻和电容。在一张电路图中，相同的元器件往往会有许多个，这也需要用文字符号将它们加以区别，一般在该元器件文字符号的后面加上序号。例如当电阻器有两个时，则分别用"R_1""R_2"表示。另外，许多比较复杂的电路图还对重要的电源电路、特殊装置等部位进行注释。因此，注释部分是电路识图的重要依据之一。

常用元器件的名称及其文字符号见表 3-3。

表 3-3　常用元器件的名称及其文字符号

名　称	字母代号	名　称	字母代号	名　称	字母代号
电阻器	R	变压器	T、B	继电器	J、K
电容器	C	石英晶体	XTAL、Y	传感器	MT
电感器	L	光电管、光电池	V	线圈	L、Q
二极管	D、VD	天线	ANT、E、TX	接线排（柱）	JX
三极管	BG、T、Q、VT	保险丝	F、RD、BX	指示灯	ZD
集成电路	IC、U、JC	开关	S、K、DK	按钮	AN
运算放大器	A、OP	插头	T、CT	互感器	H
晶闸管（可控硅）	SCR、BJT、Q	插座	CZ、J、Z		

3.2.2 原理图电气符号

如图 3-9 所示是一张用 ADS 2023 绘制的原理图，在原理图上用符号表示了 PCB 的所有组成部分。PCB 各个组成部分与原理图上电气符号的对应关系如下。

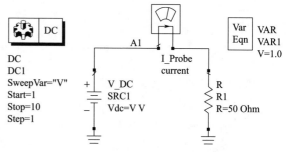

图 3-9 用 ADS 2023 绘制的原理图

（1）元器件

在原理图设计中，元器件以元器件符号的形式出现。元器件符号主要由元器件引脚和边框组成，其中元器件引脚需要和实际元器件一一对应。

如图 3-10 所示为图 3-9 中采用的一个电阻符号 R，该符号在 PCB 板上对应的是一个电阻。

（2）仪表

在 ADS 2023 中进行原理图设计，测试用的虚拟仪表元器件是必不可少的。与一般元器件符号相同，虚拟仪表主要由元器件引脚和边框组成，其中元器件引脚需要和实际元器件一一对应。

如图 3-11 所示为图 3-9 中采用的一个电流表符号。

图 3-10 电阻符号

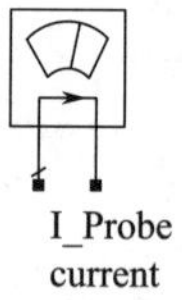

图 3-11 电流表符号

（3）导线

原理图设计中的导线也有自己的符号，它以线段的形式出现，是最简单的电路连接方式。

（4）文本注释

文本注释包括关于原理图的说明文字、原理图上元器件的说明文字，对应于在 PCB 上丝印层显示。如图 3-12 所示为图 3-9 中原理图的说明文字。

（5）VAR

VAR 是电路分析中非常重要的概念，ADS 通过 VAR（变量元器件）定义变量，如电流 I、电压 U 等。

如图 3-13 所示为图 3-9 中采用的一个表示电压的 VAR 符号。

This is just a simple schematic for the purpose of generating
an example data set for Python to process...

图 3-12 原理图的说明文字

图 3-13 VAR 符号

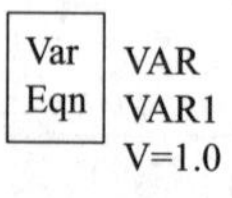

（6）端口

在原理图编辑器中引入的端口不是指硬件端口，而是为了建立跨原理图电气连接而引入的

具有电气特性的符号。原理图中采用了一个端口，该端口就可以和其他原理图中同名的端口建立一个跨原理图的电气连接。

（7）网络标号

网络标号和端口类似，通过网络标号也可以建立电气连接。原理图中的网络标号必须附加在导线、总线或元器件引脚上。

如图 3-14 所示为图 3-9 中的采用的一个网络标号 A1。

（8）电源符号

这里的电源符号只用于标注原理图上的电源网络，并非实际的供电器件。如图 3-15 所示为图 3-9 中采用的一个电源符号。

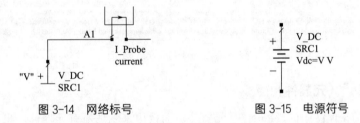

图 3-14　网络标号　　　　　　　　　图 3-15　电源符号

总之，绘制的原理图由各种元器件组成，它们通过导线建立电气连接。在原理图上除了元器件之外，还有一系列其他组成部分辅助建立正确的电气连接，使整个原理图能够和实际的 PCB 对应起来。

3.3　元器件库管理

ADS 系统中内置的几万个元器件参数来自众多厂家，已使用多年，真实可靠，并持续更新中；许多元器件还包含物理结构信息；同时系统还提供了开放式的元器件库，用户可根据自己的需要进行扩充和构建。

3.3.1　开放式的元器件库

ADS 内部已经集成了丰富的通用元器件库，但是对于特定公司的元器件需要用户下载该公司发布的 DesignKit，再安装到 ADS 中。

选择菜单栏中的"Insert"（插入）→"Component"（元器件）→"Component Libraries"（元器件库）命令，弹出"Component Library"（元器件库）对话框，如图 3-16 所示。

在该对话框左侧列表中可以看到此时系统已经装入的元器件库，除了当前项目中的元器件库 Workspace Libraries 外，还包括 ADS Analog/RF Libraries（射频分析元器件库）、ADS DSP Libraries（数字信号处理器元器件库）、Read-Only Libraries（只读元器件库）。

单击"Download Libraries"（下载元器件库）按钮，从 keysight.com 网站下载在线元器件库，如图 3-17 所示。

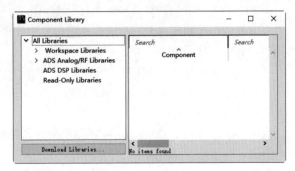

图 3-16　"Component Library"（元器件库）对话框

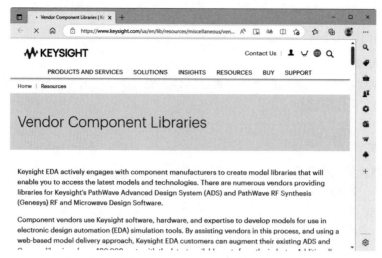

图 3-17　keysight.com 网页

3.3.2　"Parts"（元器件）面板

在 ADS 中，原理图中的"Parts"（元器件）面板用来管理所有元器件，也就是将同一类元器件列在同一个列表之中。

（1）打开"Parts"（元器件）面板

将光标箭头放置在工作窗口右侧的"Parts"（元器件）标签上，此时会自动弹出"Parts"（元器件）面板，如图 3-18 所示。元器件面板列表中有几十项，包括各种源列表、各种仿真元器件列表和各种传输线列表等，元器件面板列表默认显示 Lumped-Components（集总参数元器件）类别中的列表。

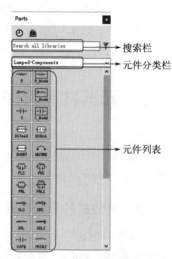

如果在工作窗口左侧没有"Parts"（元器件）标签，在工具栏空白处单击鼠标右键，选择"Parts"（元器件）命令，在工作窗口左侧就会出现"Parts"（元器件）标签，并自动弹出"Parts"（元器件）面板。

可以看到，在"Parts"（元器件）面板中，ADS 2023 系统已经加载了所有用户可能需要放置的元器件，并通过元器件面板中列表分类管理。

图 3-18　"Parts"（元器件）面板

（2）元器件库分类

当用户在"元器件分类栏"选择一类元器件库或仿真元器件库时，"元器件列表"中会显示出当前元器件库的所有元器件或仿真元器件。元器件列表根据选定的分类列出了 ADS 中的各种元器件面板及其面板中的主要元器件。

① Favorite Palettes（常用元器件库）

● Lumped-Components：集总参数元器件库，该库中主要是电容、电阻和电感等集总参数元器件以及它们的各种连接电路。

● Sources-Freq Domain：频域源模型元器件库，该库中包含各种频域的源模型，例如频域电压源、频域电流源和频域功率源等。

● Simulation-HB：谐波平衡法仿真元器件库，该库中包含各种谐波平衡法仿真元器件，在谐波平衡法仿真中这个库非常重要。

- Simulation-S_Param：S 参数仿真元器件库，该库中包含各种 S 参数仿真元器件，在 S 参数仿真中这个库非常重要。
- TLines-Ideal：理想传输线元器件库，该库中包含各种传输线模型，这些模型都是理想模型。
- TLines-Microstrip：微带传输线元器件库，该库中包含了各种形状和特性的微带传输线，是在设计微带电路时常用的库。
- Optime/Stat/DOE：优化 / 统计 / 收益元器件库，该库中包含各种优化、统计、收益相关的元器件，它们主要对电路的设计提供帮助。
- Data Items：功能 S 参数元器件库。
- Probe Components：显示元器件库，该库中包含了大量的显示元器件，可以显示电路中的电压、电流、功率和频谱等。
- TLines-LineType：传输线库，该库中包含了不同线型的传输线。
- Simulation-DC：直流仿真元器件库，该库中包含各种直流仿真元器件，在直流仿真中这个库非常重要。
- Sources-Time Domain：时域源模型元器件库，该库中包含各种时域的源模型，例如时域电压源、时域电流源和时域功率源等。

② All Palettes（所有元器件库）

- Basic Components：基本元器件库。
- Lumped-Components：集总参数器件库，包含电阻、电容、电感等集总参数元器件。
- Lumped-With Artwork：带有封装的集总参数元器件库。
- Sources-Controlled：受控源模型元器件库，该库中包含各种受控源模型，例如压控电压源和压控电流源等。
- Sources-Freq Domain：频域源模型元器件库，包含频域电压源、频域功率源等。
- Source-Modulated：调制源模型元器件库，含有调制信号源模型，包含 GSM、CDMA 等。
- Source-Noise：噪声源元器件库，该库中包含了能产生各种噪声的信号源，例如电流噪声源和电压噪声源等。
- Source-Time Domain：时域源模型元器件库，包含时域电压源、时域功率源等。
- Simulation-DC：直流仿真元器件库，包含直流仿真所需要的各种元器件。
- Simulation-AC：交流仿真元器件库，包含交流仿真所需要的各种元器件。
- Simulation-S_Param：S 参数仿真元器件库，包含 S 参数仿真所需要的各种元器件。
- Simulation-HB：谐波平衡法仿真元器件库，包含谐波平衡仿真所需要的各种元器件。
- Simulation-LSSP：大信号 S 参数仿真元器件库，包含大信号 S 参数仿真所需要的各种元器件。
- Simulation-XDB：增益压缩仿真元器件库，包含增益压缩仿真所需要的各种元器件。
- Simulation-Envelope：包络仿真元器件库，包含包络仿真所需要的各种元器件。
- Simulation-Transient：瞬态仿真元器件库，包含瞬态仿真所需要的各种元器件。
- Simulation-Batch：批处理仿真元器件库，对数据进行批量处理。
- Simulation-Load Pull：负载牵引仿真控制库。
- Simulation-ChannelSim：信道仿真元器件库。
- Simulation-DDR：双倍数据速率仿真元器件库。

- Simulation Memory Designer：内存设计器仿真元器件库。
- Simulation-Electrothermal：电热仿真元器件库。
- Simulation-X_Param：X 参数仿真元器件库，包含 X 参数仿真所需要的各种元器件。
- Simulation-Instrument：仿真工具元器件库，该库中为各种仿真提供必要的工具，例如单位脉冲响应工具和 BJT 仿真辅助工具等。
- Simulation-Sequencing：序列仿真元器件库。
- Simulation-VTB：虚拟试验台仿真元器件库。
- Optim/Stat/DOE：优化 / 统计 / 良品率 / 专用设备元器件库，可以进行优化设计。
- Probe Components：显示元器件库，包含各种显示设备模型，如电压表、电流表。
- Data Items：数据管理元器件库，该库中元器件主要功能是对 ADS 中的数据条目进行管理。
- Tlines-Ideal：理想传输线元器件库，包含各种理想传输线模型。
- Tlines-Microstrip：微带传输线元器件库，包含各种形状和特性的微带传输线。
- TLines-Printed Circuit Board：印刷电路板传输线元器件库，该库中包含了各种形状和特性的印刷电路传输线，是在设计印刷电路板时常用的库。
- TLines-Stripline：带状传输线元器件库，该库中包含了各种形状和特性的带状传输线，同样是设计微带电路时常用的库。
- TLines-Suspended Substrate：悬浮基底传输线元器件库，包含了悬浮基底传输线模型。
- TLines-Finline：鳍线传输线元器件库，包含了各种鳍线传输线模型。
- TLines-Waveguide：波导元器件库，该库中包含了各种波导元器件，是设计波导电路时常用的库。
- TLines Multilayer：多层传输线元器件库，该库中的传输线是多层的，为设计多层电路提供了方便。
- TLines-LineType：包含不同线型的传输线元器件库。
- Passive-RF Circuit：无源电路元器件库，该库中提供了各种无源电路模型，在进行设计与仿真时可以直接使用。
- Passive-RF circuit：无源射频电路元器件库，包含各种无源电路模型。
- Passive-Boardband Spice Models：宽带 SPICE 模型元器件库，包含了各种宽带 SPIEC 模型。
- Eqn Based-Linear：基于方程的线性网络元器件库，该库中列出了各种线性网络模型，这些网络模型的参数是以线性方程的形式给出的，它们可以用来替代实际的电路，帮助用户进行电路分析。
- Eqn Based-Nonlinear：基于方程的非线性网络元器件库，该库中列出了各种非线性网络模型，这些网络模型的参数是以非线性方程的形式给出的。
- Devices-Linear：线性元器件库，该库中是一些常用的线性器件，例如线性化的二极管和三极管等。
- Devices-BJT：BJT 元器件库，该库中是各种 BJT 模型，包括 NPN 型、PNP 型等，在进行 BJT 电路设计时可以直接从中选中需要的 BJT 模型。
- Devices-Diodes：二极管元器件库，该库中是各种二极管模型，用户在电路设计中需要的二极管模型都可以在这个该库中查找。
- Devices-GaAs：砷化镓元器件库，砷化镓器件是在射频电路设计中常用的器件，这个该库中就提供了各种砷化镓器件的模型。
- Devices-JFET：JFET 元器件库，该库中是几种常用的 JEFT 元器件模型。

- Devices-MOS：MOS 元器件库，该库中列出了各种 MOS 管的元器件模型。
- Devices-Quantum：量子元器件库。
- Signal Integrity-IBIS：IBIS 模型库，主要进行信号完整性分析。
- Signal Integrity -Common Components：进行信号完整性分析的常用元器件。
- Filters-Bandpass：带通滤波器元器件库，该库中是各种类型和结构的带通滤波器模型。
- Filters-Bandstop：带阻滤波器元器件库，该库中是各种类型和结构的带阻滤波器模型。
- Filters-Highpass：高通滤波器元器件库，该库中是各种类型和结构的高通滤波器模型。
- Filters-Lowpass：低通滤波器元器件库，该库中是各种类型和结构的低通滤波器模型。
- System-Mod/Demod：调制解调元器件库，该库中是用于调制和解调系统中常用元器件的系统模型，主要用来进行系统仿真。
- System-PLL components：锁相环元器件库，该库中是锁相环系统中常用元器件的系统模型，主要用于锁相环分析。
- System-Passive：无源元器件库，该库中给出了各种无源的系统电路，例如功分器、耦合器和环行器等，主要用于系统仿真。
- System-Switch & Algorithmic：开关和运算元器件库，该库中是开关和各种运算电路，例如采样器、量化器和多路开关等。
- System-Amps & Mixers：放大器和混频器库，该库中是系统级的放大器和混频器模型，同样用于系统仿真。
- System-Data Models：基于数据文件的模型库，该库中是各种系统的组成模块，这些模块的参数是由数据文件给出的。
- Tx/Rx Subsystems：收发子系统模型库，该库中包括一个发射部分、一个接受部分和一个放大器模型，用于收发机系统整体分析。
- Power Electronics-Analog：电力电子模拟库。
- Power Electronics-Logic LT Compatible：电力电子逻辑库 LT 兼容库。
- Power Electronics-Logic：电力电子逻辑库。
- Power Electronics-Simulation：电源电力仿真库。
- Power Integrity Components：电源元器件库，主要用于信号完整性分析。
- SerDes Reference Channel：并串和串并转换信道库。
- Drawing Formats：画图库，该库中是各种画图工具。
- Filter DG -All：滤波器设计向导库，该库中的元器件是用于滤波器设计向导的各种滤波器模型元器件。
- Passive Circuit DG-RLC：RLC 电路设计向导库，该库中是各种电容、电阻和电感的结构模型，用于帮助用户进行最底层的元器件设计。
- Passive Circuit DG-Microstrip：微带传输线设计向导模板库。
- Passive Circuit DG-Microstrip Circuits：微带传输线电路设计向导模板，该库中是各种类型的匹配电路，用于对一些射频电路进行输入、输出阻抗匹配的设计。
- Passive Circuit DG-Stripline：带状传输线设计向导模板。
- Passive Circuit DG-Stripline Circuits：带状传输线电路设计向导模板。
- Smith Chart Matching：用于电路匹配设计的史密斯圆图元器件，用来进行电路匹配分析。
- Transistor Bias：晶体管偏置电路库，该库中提供了各种晶体管偏置电路，用于晶体管电路设计。

● Impedance Matching：阻抗匹配元器件库，该库中列出了各种用于阻抗匹配的电路结构，用于阻抗匹配电路设计。

3.3.3 元器件库配置

对于特定的设计工程，用户可以只调用几个需要的元器件，将其定义为一个新的元器件库，这样可以减轻计算机系统运行的负担，提高运行效率。

选择菜单栏中的"Options"（选项）→"Component Palette Configuration"（元器件选项板配置）命令，系统打开如图 3-19 所示的"Create Component Palette"（创建元器件选项板）对话框，用户可以方便地通过对该对话框中的各选项及其选项卡中的选项进行设置，从而实现建立新的元器件面板，在该面板中选择对应的元器件。

下面介绍该对话框中的各个选项。

① List of Palette Groups：选择现有的元器件库。

② Palette Group Components：在列表中显示元器件库中的元器件。

③ New Palette Group Components：在列表中显示新建元器件库中的元器件。单击"Add"（添加）按钮，将左侧列表中的元器件添加到该列表中。

④ New Palette Group Description：输入新建元器件库的名称，一般按照元器件功能和类型进行命名。

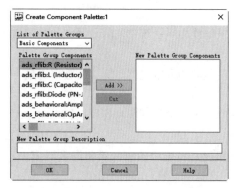

图 3-19 "Create Component Palette"（创建元器件选项板）对话框

3.4 放置元件

原理图有两个基本要素，即元器件符号和线路连接。绘制原理图的主要操作就是将元器件符号放置在原理图图纸上，然后用线将元器件符号中的引脚连接起来，建立正确的电气连接。在放置元器件符号前，需要知道元器件符号在哪一个元器件库中，并载入该元器件库。

3.4.1 搜索元器件

ADS 2023 提供了强大的元器件搜索能力，帮助用户轻松地在元器件库中定位元器件。

（1）直接搜索

在"Parts"（元器件）面板中"Search all libraries"（搜索元器件）栏输入文本框中，可以输入一些与查询内容有关的过滤语句表达式，有助于使系统进行更快捷、更准确地查找。在文本框中输入"（Name Like RES）"，系统开始自动搜索，在下面的元器件列表中显示符合条件的元器件，如图 3-20 所示。

单击"Select Libraries to Search"（选择搜索库）按钮▼，弹出"Select Libraries to Search"（选择搜索库）对话框，如图 3-21 所示。勾选元器件库前的复选框，则该库文件被加载。否则，不加载其元器件库。

（2）按钮查找元器件

在"Parts"（元器件）面板中单击"Open the Library Browser"（打开搜索库）按钮，弹出"Component Library"（元器件库）对话框，在左侧列表中选择指定的元器件库，在右侧列表中显示该元器件库中的所有元器件。

图 3-20　"Parts"（元器件）面板　　　图 3-21　"Select Libraries to Search"（选择搜索库）对话框

在右侧列表上方的"Search"（搜索）文本框内输入关键词（RES），即可开始搜索元器件，在下面的列表中显示符合条件的元器件，如图 3-22 所示。

可以看到，符合搜索条件的元器件名、所属库文件在该对话框上被一一列出，供用户浏览参考。

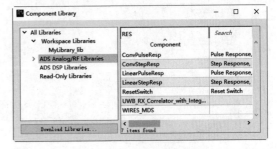

图 3-22　搜索元器件

3.4.2　放置元器件

在元器件库中找到元器件后，就可以在原理图上放置该元器件了。

在 ADS 2023 中有三种元器件放置方法，分别是通过"Parts"（元器件）面板放置、菜单放置和通过历史元器件列表放置。下面以放置电阻元器件"Res"为例，对前两种放置过程进行详细说明。

在放置元器件之前，应该首先选择所需元器件，并且确认所需元器件所在的库文件已经被装载。若没有装载库文件，将无法找到该元器件。

（1）通过"Parts"（元器件）面板放置元器件

通过"Parts"（元器件）面板放置元器件的操作步骤如下。

① 打开"Parts"（元器件）面板，选择所要放置元器件所属的库文件。在这里，需要的元器件全部在元器件库"Lumped-Components"（集总参数元器件）面板中，其中主要包括电感、电容和电阻等常用集总参数元器件。

② 选择想要放置元器件所在的元器件库。在下拉列表框中选择元器件电阻 R 所在的元器件库"Lumped-Components"（集总参数元器件）。该元器件库出现在文本框中，这时可以放置其中含有的元器件。在后面的列表中将显示库中所有的元器件。

③ 在浏览器中选中所要放置的元器件，该元器件将以高亮显示，同时自动显示该元器件的

详细信息，如图 3-23 所示。

此时可以放置该元器件的符号。"Lumped-Components"（集总参数元器件）元器件库中的元器件很多，为了快速定位元器件，可以在上面的文本框中输入所要放置元器件的名称或元器件名称的一部分，包含输入内容的元器件会以列表的形式出现在浏览器中。

④ 单击选中该元器件，光标将变成十字形状并附带着元器件 R 的符号出现在工作窗口中，如图 3-24 所示。

⑤ 移动光标到合适的位置，单击鼠标左键，在光标停留的位置放置元器件。此时系统仍处于放置元器件的状态，可以继续放置该元器件，如图 3-25 所示。在完成选中元器件的放置后，右击或者按"Esc"键退出元器件放置的状态，结束元器件的放置。

图 3-23　选择元器件 R

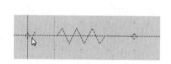

图 3-24　放置元器件

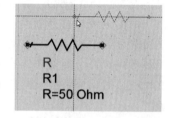

图 3-25　继续放置该元器件

⑥ 完成多个元器件的放置后，可以对元器件的位置进行调整，设置这些元器件的属性。然后重复刚才的步骤，放置其他元器件。

（2）通过菜单命令放置元器件

① 选择菜单栏中的"Insert"（插入）→ "Component"（元器件）→ "Component Library"（元器件库）命令，弹出"Component Libraries"（元器件库）对话框，如图 3-26 所示。

② 在对话框中，在选中的元器件上双击鼠标左键，或单击鼠标右键，选择"Place Component"（放置元器件）命令，即可在原理图中放置元器件。

③ 放置步骤和通过"Parts"（元器件）面板放置元器件的步骤完全相同，这里不再赘述。

（3）通过历史元器件列表放置元器件

① 用户在进行原理图设计时，经常会用到前面曾经用到过的电路元器件或仿真元器件。再次通过列表按类型选择步骤过于烦琐，ADS 提供了显示历史元器件的功能，当用户用到前面曾经使用过的元器件时，可以非常方便地在历史元器件列表中选取。

② 单击"Parts"（元器件）面板左上角的"Show Recent Parts"（显示历史元器件）按钮，在中间的元器件类型中显示为"Recent Parts"（历史元器件），下面列表中即列出全部用户曾经使用过的元器件，如图 3-27 所示。

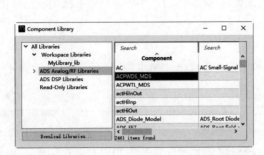

图 3-26　"Component Libraries"（元器件库）对话框

图 3-27　显示历史元器件

3.4.3　元器件的删除

当在电路原理图上放置了错误的元器件时，就要将其删除。在原理图上，可以一次删除一个元器件，也可以一次删除多个元器件。

（1）删除元器件

选择菜单栏中的"Edit"（编辑）→"Delete"（删除）命令，或单击"Basic"（基本）工具栏中的"Delete"（删除）按钮✗，鼠标光标会变成十字形。将十字形光标移到要删除的元器件上，如图 3-28 所示。元器件四周显示矩形虚线框，单击该元器件即可将其从电路原理图上删除。

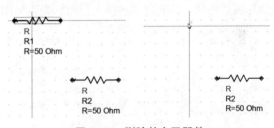

图 3-28　删除单个元器件

此时，仍处于删除状态，继续单击需要删除的元器件，即可删除选中元器件。按下 Esc 键或单击鼠标右键选择"End Command"（结束命令）命令，结束删除元器件操作。

（2）全部删除

选择菜单栏中的"Edit"（编辑）→"Delete All"（全部删除）命令，直接删除电路原理图上的所有对象。

（3）对象删除

选择单个或多个元器件，选择菜单栏中的"Edit"（编辑）→"Delete"（删除）命令，或单击"Basic"（基本）工具栏中的"Delete"（删除）按钮✗，直接删除选中的元器件，保留其余未选中的元器件。

3.4.4　元器件状态切换

元器件的属性中可以设置元器件的状态，包括"Activate"（启用）、"Short"（短路）和"Deactivate"（禁用）三种。

（1）元器件禁用状态

默认情况下，元器件处于 Activate（启用）状态，但在有些特殊情况下，需要禁用某些元器件，元器件禁用后，可编辑属性的元器件将不可编辑。

选择菜单栏中的命令"Edit"（编辑）→"Component"（元器件）→"Deactivate/Activate"（禁用/启用），或单击"Instance Commands"（实例命令）工具栏中的"Deactivate/Activate"（禁用/启用）按钮▨，将启用的元器件转换为禁用状态，如图 3-29 所示。图中 R1 处于禁用状态，R2 处于启用状态。

（2）元器件短路状态

Short（短路）是元器件的短路保护状态，不是电路真的出现短路，而是为了模拟短路测试而对元器件设置的一种属性，可以根据需要随时进行状态的切换。

选择菜单栏中的命令"Edit"（编辑）→"Component"（元器件）→"Deactivate and Short/Activate"（短路/启用），或单击"Instance Commands"（实例命令）工具栏中的"Deactivate and Short or Activate"（短路/启用）按钮▨，将启用的元器件转换为短路状态，如图 3-30 所示。图中 R1 处于禁用状态，R2 处于短路状态。

（3）元器件启用状态

选择转换为禁用或短路状态的元器件，择菜单栏中的命令"Edit"（编辑）→"Component"（元器件）→"Deactivate/Activate"（禁用/启用），或单击"Instance Commands"（插入实例）工具栏中的"Deactivate/Activate"（禁用/启用）按钮▨；选择菜单栏中的命令"Edit"（编辑）→"Component"（元器件）→"Deactivate and Short/Activate"（短路/启用），或单击"Instance Commands"（实例命令）工具栏中的"Deactivate and Short or Activate"（短路/启用）按钮▨；禁用或短路状态的元器件转换为启用状态，如图 3-31 所示。

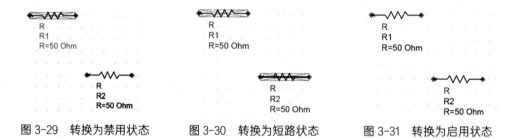

图 3-29　转换为禁用状态　　　图 3-30　转换为短路状态　　　图 3-31　转换为启用状态

3.5　元器件位置的调整

元器件位置的调整就是利用各种命令将元器件移动到合适的位置以及实现元器件的旋转、复制与粘贴、排列与对齐等。

3.5.1　元器件的选取和取消选取

（1）元器件的选取

要实现元器件位置的调整，首先要选取元器件。选取的方法很多，下面介绍几种常用的方法。

①用鼠标直接选取单个或多个元器件　对于单个元器件的情况，将光标移到要选取的元器件上单击即可。这时该元器件周围会出现一个灰色框，边框正上方显示一个绿色圆点，表明该

元器件已经被选取，如图 3-32 所示。

　　对于多个元器件的情况，单击鼠标并拖动鼠标，拖出一个矩形框，将要选取的多个元器件包含在该矩形框中，释放鼠标后即可选取多个元器件，或者按住 Shift 键，用鼠标逐一点击要选取的元器件，也可选取多个元器件，如图 3-33 所示。

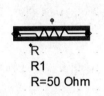

图 3-32　选取单个元器件

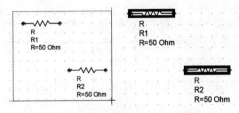

图 3-33　选取多个元器件

　　② 利用菜单命令选取　选择菜单栏中的"Select"（选中）命令，弹出如图 3-34 所示的子菜单。

● Select All：全部选择，执行此命令后，电路原理图上的所有元器件都被选取。

● Select By Name：名称选择，执行此命令后，弹出"Select By Name"（按照名称选择）对话框，如图 3-35 所示，可以根据"by Component Name"（元器件名称）、"by Instance Name"（通过实例名称）选择元器件。

● Select Area：区域选择，执行此命令后，光标变成十字形状，用鼠标选取一个区域，则区域内的元器件被选取。

● Reverse Selection：切换选择，执行此命令后，元器件的选取状态将被切换，即若该元器件原来处于未选取状态，则被选取；若处于选取状态，则取消选取。

图 3-34　"Select"（选中）菜单

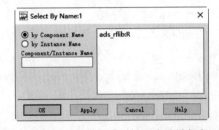

图 3-35　"Select By Name"（按照名称选择）对话框

　　③ 工具栏按钮选取　单击"Select /Deselect"（选取 / 取消选取）工具栏中的按钮，如图 3-36 所示。工具栏中按钮与菜单栏中的命名相对应，这里不再赘述。

图 3-36　"Select /Deselect"
（选取 / 取消选取）工具栏

　　（2）取消选取

　　取消选取也有多种方法，这里也介绍几种常用的方法。

　　① 直接用鼠标单击电路原理图的空白区域，即可取消选取。

　　② 单击"Select /Deselect"（选取 / 取消选取）工具栏中的按钮，可以将图纸上所有被选取的元器件取消选取或取消指定区域内的对象。

　　③ 选择菜单栏中的"Select"（选中）命令，选择相应的子菜单命令。

● Deselect Area：取消区域内元器件的选取。

● Deselect All：取消当前原理图中所有处于选取状态的元器件的选取。

● Deselect By Name：选择名称符合条件的对象，将其取消选取。

3.5.2 元器件的移动

要改变元器件在电路原理图上的位置，就要移动元器件。包括移动单个元器件和同时移动多个元器件。

在 ADS 2023 中，元器件的移动有两种情况，一种是在同一平面内移动，称为"平移"；另一种是，当一个元器件把另一个元器件遮住时，需要移动位置来调整它们之间的上下关系，这种元器件间的上下移动称为"层移"。

① 鼠标移动　在实际原理图的绘制过程中，最常用的方法是直接使用鼠标来实现元器件的移动。

a. 使用鼠标移动未选中的单个元器件

将光标指向需要移动的元器件（不需要选中），按住鼠标左键不放，此时光标会自动滑到元器件的电气节点上。拖动鼠标，元器件会随之一起移动。到达合适的位置后，释放鼠标左键，元器件即被移动到当前光标的位置。

b. 使用鼠标移动已选中的单个元器件

如果需要移动的元器件已经处于选中状态，则将光标指向该元器件，同时按住鼠标左键不放，拖动元器件到指定位置后，释放鼠标左键，元器件即被移动到当前光标的位置。

c. 使用鼠标移动多个元器件

需要同时移动多个元器件时，首先应将要移动的元器件全部选中，然后在其中任意一个元器件上按住鼠标左键并拖动，到达合适的位置后，释放鼠标左键，则所有选中的元器件都移动到了当前光标所在的位置。

② 菜单移动　对于元器件的移动，系统提供了相应的菜单命令。可以单击菜单栏中的"Edit（编辑）"→"Move"（移动）子命令来完成，如图 3-37 所示。

● Move Using Reference：选择指定的参考点进行移动。

● Move Edge：通过移动元器件的边缘进行移动。

● Move Relative：选择该命令，弹出"Move Relative"（相对移动）对话框，如图 3-38 所示，在"Delta X""Delta Y"文本框中输入 XY 方向相对坐标。

● Move and Disconnect：移动元器件后，断开元器件间的导线连接。

● Move To Layer：选择该命令，弹出"Move To Layer"（移动到图层）对话框，在"Layer"（图层）列表中选择需要将对象移动到的目标图层。

● Move Wire Endpoint：移动导线端点。

● Move Wire/Pin Label：移动导线 / 引脚标签。

● Move Component Text：移动元器件文本。

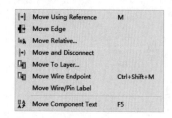

图 3-37　"Move"（移动）子命令

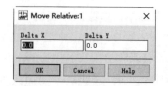

图 3-38　"Move Relative"（相对移动）对话框

③ 使用按钮移动元器件 对于单个或多个已经选中的元器件,单击"Basic Editing"(基本编辑)工具栏中的"Move Using Reference Point"(基准点移动)按钮 ⊢⊣ 后,光标变成十字形,移动光标到已经选中的元器件附近,单击,所有已经选中的元器件将随光标一起移动,到达合适的位置后,再次单击,完成移动。

3.5.3 元器件的旋转

在绘制原理图过程中,为了方便元器件布线,往往要对元器件进行旋转和镜像操作。下面介绍几种常用的旋转方法。

（1）单个元器件的旋转

单击要旋转的元器件,将鼠标放置在元器件上方的绿色圆点上,鼠标变为旋转符号 ↻,单击鼠标左键,移动鼠标,将元器件旋转至合适的位置后,单击鼠标左键,即可完成元器件的旋转,如图 3-39 所示。

（2）多个元器件的旋转

在 ADS 2023 中,还可以将多个元器件同时旋转。其方法是:先选定要旋转的元器件,单击要旋转的元器件,按下"Ctrl"+"R"键,或单击"Basic Editing"(基本编辑)工具栏中的"Rotate"(旋转)按钮 ⚡ 后,被选中的元器件顺时针旋转 90°。

（3）菜单命令旋转

对于元器件的旋转,系统同样提供了相应的菜单命令。可以单击菜单栏中的"Edit"(编辑)→"Rotate"(旋转)子命令来完成,如图 3-40 所示。

 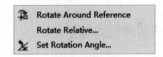

图 3-39 单个元器件的旋转   图 3-40 "Rotate"(旋转)子命令

- Rotate Around Reference:选择指定的参考点进行旋转。
- Rotate Relative:选择该命令,弹出"Rotate Relative"(相对旋转)对话框,如图 3-41 所示,在文本框中输入元器件旋转角度。
- Set Rotation Angle:选择该命令,弹出"Set Rotation Angle"(设置旋转角度)对话框,如图 3-42 所示,在文本框中输入元器件默认旋转角度。默认值为 90°。

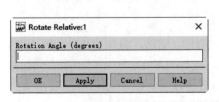 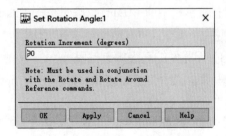

图 3-41 "Rotate Relative"(相对旋转)对话框   图 3-42 "Set Rotation Angle"(设置旋转角度)对话框

3.5.4 元器件的镜像

镜像对象是指把选择的对象围绕一条镜像线作对称复制。镜像操作完成后,删除原对象。

根据选择镜像线的不同，镜像操作分为 X 轴镜像和 Y 轴镜像。

（1）X 轴镜像

单击需要对调的元器件，选择菜单栏中的"Edit"（编辑）→"Mirror About X"（X 轴镜像）命令，按下 Shift+X 键，或单击"Basic Editing"（基本编辑）工具栏中的"Mirror About X Axis"（X 轴镜像）按钮后，单击鼠标左键选择 X 镜像线，可以对元器件进行上下对调操作，如图 3-43 所示。执行完一次 X 轴镜像操作后，元器件仍处于选中状态，还可以继续执行镜像操作。按下"Esc"键，退出选中状态和镜像操作。

（2）Y 轴镜像

单击需要对调的元器件，选择菜单栏中的"Edit"（编辑）→"Mirror About Y"（Y 轴镜像）命令，或按下 Shift+Y 键，或单击"Basic Editing"（基本编辑）工具栏中的"Mirror About Y Axis"（Y 轴镜像）按钮后，可以对元器件进行左右对调操作，如图 3-44 所示。执行完一次 Y 轴镜像操作后，元器件仍处于选中状态，还可以继续执行镜像操作。按下 Esc 键，退出选中状态和镜像操作。

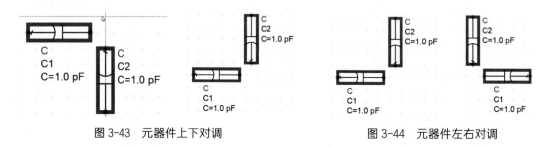

图 3-43　元器件上下对调　　　　　图 3-44　元器件左右对调

3.5.5　元器件的复制与粘贴

（1）元器件的复制

元器件的复制是指将元器件复制到剪贴板中，具体步骤如下：

在电路原理图上选取需要复制的元器件或元器件组，选择菜单栏中的"Edit"（编辑）→"Copy"（复制）命令，或使用快捷键"Ctrl"+"C"，即可将元器件复制到剪贴板中，完成复制操作。

（2）元器件的粘贴

元器件的粘贴就是把剪贴板中的元器件放置到编辑区里，具体步骤如下：

选择菜单栏中的"Edit"（编辑）→"Paste"（粘贴）命令，或使用快捷键"Ctrl"+"V"，光标变成十字形状并带有欲粘贴元器件的虚影，在指定位置上单击左键即可完成粘贴操作。

（3）元器件的高级复制粘贴

选择菜单栏中的"Edit"（编辑）→"Copy/Paste"（复制/粘贴）命令，弹出如图 3-45 所示的子菜单。

① Copy Using Reference：使用该命令，选择基准点进行复制。

② Copy Relative：使用该命令，选择相对坐标点进行复制。

③ Copy To Layer：使用该命令，复制元器件时，可以更改目标对象的图层。

④ Step And Repeat：使用该命令，一次性按照指定间距在行、列两个方向将同一个元器件重复粘贴到图纸上，进行阵列式粘贴。弹出"Step & Repeat"（步骤和重复）对话框，如图 3-46 所示。

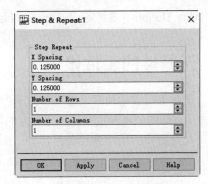

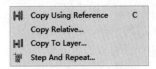

图 3-45　"Copy/Paste"（复制 / 粘贴）子菜单　　图 3-46　"Step & Repeat"（步骤和重复）对话框

下面介绍该对话框中的选项：

● X Spacing：用于设置每一行中两个元器件的水平间距。

● Y Spacing：用于设置每一列中两个元器件的垂直间距。

● Number of Rows：用于设置行数。

● Number of Columns：用于设置列数。

在每次使用阵列式粘贴前，需要先选择需要复制的对象，但不必执行复制操作将选取的元器件复制到剪贴板中，直接执行阵列式粘贴命令，设置阵列式粘贴对话框，即可实现选定元器件的阵列式粘贴。如图 3-47 所示为放置的一组 4×3 的阵列式粘贴电容。

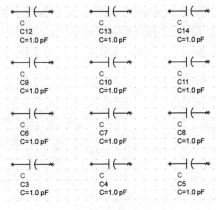

图 3-47　阵列式粘贴电容

　　执行阵列式粘贴命令后，鼠标上自动显示选中元器件的虚影，可以直接在原理图空白处单击鼠标左键，直接粘贴元器件。相当于同时执行 "Copy"（复制）、"Paste"（粘贴）命令操作。

3.5.6　元器件的排列与对齐

选择菜单栏中的 "Edit"（编辑）→ "Align"（对齐）命令，弹出元器件排列和对齐菜单命令，如图 3-48 所示。

其各项的功能如下：

● Align Left（左对齐）：将选取的元器件向最左端的元器件对齐。

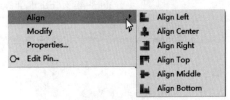

● Align Center（水平中心对齐）：将选取的元器件向最左端元器件和最右端元器件的中间位置对齐。

● Align Right（右对齐）：将选取的元器件向最右端的元器件对齐。

图 3-48　元器件对齐设置命令

● Align Top（顶对齐）：将选取的元器件向最上端的元器件对齐。

● Align Middle（垂直中心对齐）：将选取的元器件向最上端元器件和最下端元器件的中间位置对齐。

- Alian Bottom（底对齐）：将选取的元器件向最下端的元器件对齐。

3.6 元器件的属性设置

在原理图上放置的所有元器件都具有自身的特定属性，在放置好每一个元器件后，应该对其属性进行正确的编辑和设置，以免后面的网络表生成及 PCB 的制作产生错误。

通过对元器件的属性进行设置，一方面可以确定后面生成的网络表的部分内容，另一方面也可以设置元器件在图纸上的摆放效果。此外，在 ADS 2023 中还可以设置元器件的所有引脚。

3.6.1 元器件基本属性设置

双击原理图中的元器件，选择菜单栏中的 "Edit"（编辑）→ "Component"（元器件）→ "Edit Component Parameters"（编辑元器件参数）命令，或单击鼠标右键选择 "Component"（元器件）→ "Edit Component Parameters"（编辑元器件参数）命令，系统会弹出 "Edit Instance Parameters"（编辑实例参数）对话框，如图 3-49 所示。

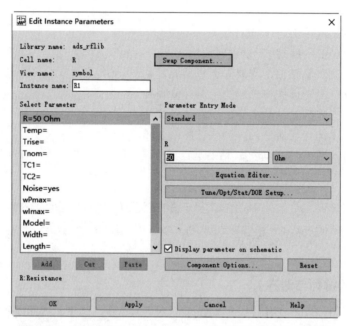

图 3-49 "Edit Instance Parameters"（编辑实例参数）对话框

① Library name：显示元器件所在原理图使用的元器件库名称。

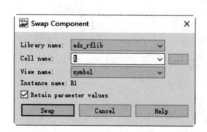

图 3-50 "Swap Component"（替换元器件）对话框

② Cell name：显示元器件所在元器件库的类别名称。

③ View name：显示视图文件名称。

④ Instance name：显示元器件的实例名称，标识名称由系统自动分配，必要时可以修改，但必须保证标识名称的唯一性。

⑤ Swap Component（替换元器件）：单击该按钮，弹出 "Swap Component"（替换元器件）对话框，如图 3-50 所示，在该对话框中选择替换该元器件的对象。

⑥ Select Parameter：在列表中显示元器件的参数列表，如 "Temp=" 表示设置元器件温度。在列表中选择其中一个参数，在该列表中显示该参数可以设置的值，包括具体的参数值、单位等。图 3-49 中，选择设置电阻值 R，默认值为 50，单位为 Ohm，还可以在右侧单位下拉列表中选择单位，包括 None、mOhm、kOhm、MOhm、GOhm、TOhm。

⑦ Parameter Entry Mode：选择元器件的参数接口模型，包括 Standard（标准）、File Based（根据文件定义）两种。

⑧ Equation Editor：单击该按钮，弹出 "Equation Editor"（公式编辑器）对话框，如图 3-51 所示，利用参数定义变量。

⑨ Tune/Opt/Stat/DOE Setup：单击该按钮，弹出 "Setup"（设置）对话框，如图 3-52 所示，对元器件调整参数、优化设计参数、统计参数设计、DOE 仿真参数进行设置。

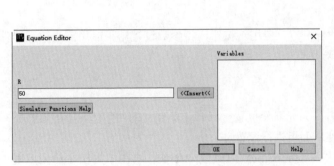

图 3-51　"Equation Editor"（公式编辑器）对话框　　图 3-52　"Setup"（设置）对话框

⑩ Display parameter on schematic：勾选该复选框，在原理图中元器件符号附近显示元器件的参数。反之，隐藏元器件参数值 "R=50 Ohm"，如图 3-53 所示。

⑪ Component Options：单击该按钮，弹出 "Component Options"（元器件选项）对话框，如图 3-54 所示。

● Parameter Visibility：设置元器件参数的可见性，选择 Set All（选择全部）选项，显示元器件全部参数；选择 Clear All（清除全部）选项，隐藏元器件全部参数。

● Scope：设置元器件参数范围，包括 Nested（嵌套）、Global（全局）。

● Display Component Name：选择该复选框，在原理图中显示元器件名称。

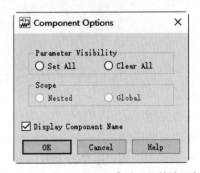

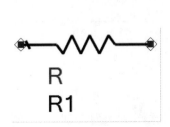

图 3-53　隐藏元器件参数值　　图 3-54　"Component Options"（元器件选项）对话框

完成元器件参数设置后，单击"Apply"（应用）按钮，将参数设置结果应用到当前元器件上；单击"Reset"（恢复）按钮，将参数设置恢复为初始状态。单击"OK"（确认）按钮，关闭对话框。

3.6.2　元器件封装设置

选择菜单栏中的"Edit"（编辑）→"Component"（元器件）→"Edit Component Artwork"（编辑元器件封装）命令，或单击鼠标右键选择"Component"（元器件）→"Edit Component Artwork"（编辑元器件封装）命令，系统会弹出"Component Artwork"（元器件封装）对话框，如图 3-55 所示。

① Instance Name：设置元器件封装的实例名称，如 R1。

② Artwork Type：设置元器件封装类型，包括 Default（默认）、Fixed（固定）、Generic（通用）、Null Artwork（空）。

③ Artwork Name：根据选择的封装模型文件定义元器件封装。

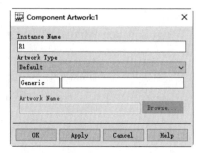

图 3-55　"Component Artwork"（元器件封装）对话框

完成元器件参数设置后，单击"Apply"（应用）按钮，将参数设置结果应用到当前元器件上；单击"OK"（确认）按钮，关闭对话框。

3.6.3　元器件属性设置

在 ADS 中，元器件的属性有很多，如元器件位置坐标、元器件文本的字体和不同参数所在图层等，一般通过"Properties"（属性）面板进行设置。

选择菜单栏中的"Edit"（编辑）→"Properties"（属性）命令，或在工具栏空白处单击鼠标右键选择"Properties"（属性）命令，系统会弹出"Properties"（属性）面板。

在没有选择元器件或其余对象的情况下，"Properties"（属性）面板显示为空白。单击要编辑的元器件，在该面板中显示元器件的不同属性和值，如图 3-56 所示。

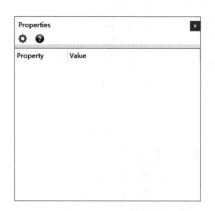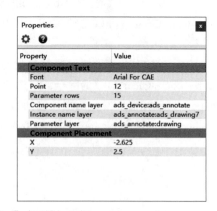

图 3-56　"Properties"（属性）面板

（1）Component Text 选项区域

该选项区设置主要包括元器件的参数文本设置等。

① Font：在右侧下拉列表中选择元器件参数文本的字体类型，默认为 Arial For CAE。如无特殊要求，一般不进行修改。

② Point：在文本框内输入元器件参数文本的字体大小。

③ Parameter rows：设置每个元器件可显示的参数文本的个数。

④ Component name layer：设置元器件名所在图层，可在下拉列表中进行图层切换。

⑤ Instance name layer：设置元器件实例名所在图层，可在下拉列表中进行图层切换。

⑥ Parameter layer：设置元器件参数所在图层，可在下拉列表中进行图层切换。

（2）Component Placement 选项区域

该选项区设置主要包括元器件的位置设置等。

① X：设置元器件 X 坐标值。

② Y：设置元器件 Y 坐标值。

3.6.4　放置 VAR

在电路设计过程中，系统进行优化设计时需要使用 VAR（变量和方程组成部分）。ADS 提供了别的电气设计软件没有的功能，引入 VAR 元器件，VAR 可以定义多个变量或方程。放置变量元器件的操作步骤如下。

① 选择菜单栏中的"Insert"（插入）→"VAR"（变量）命令，或单击"Insert"（插入）工具栏中的"Insert VAR"（插入变量和方程）按钮 ，此时光标变成十字形状，并带有一个矩形虚线框。

② 移动光标到需要放置 VAR 元器件的位置处，单击即可完成放置，如图 3-57 所示。此时光标仍处于放置 VAR 元器件的状态，重复操作即可放置其他的 VAR 元器件。按下"Esc"键或单击鼠标右键选择"End Command"（结束命令）命令，即可退出操作。

③ 设置 VAR 元器件的属性。双击 VAR 元器件，弹出如图 3-58 所示的"Edit Instance Parameters"（编辑实例参数）对话框。在该对话框中可以对 VAR 元器件的实例属性进行设置，对话框中的参数与元器件基本属性设置对话框基本相同，这里不再赘述。

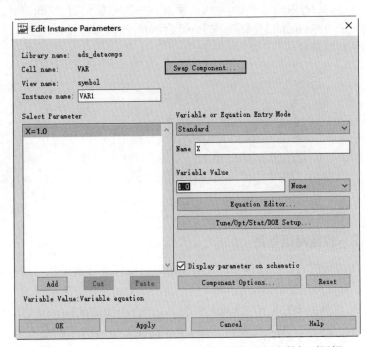

图 3-57　放置 VAR　　　　图 3-58　"Edit Instance Parameters"（编辑实例参数）对话框

3.7 元器件的电气连接

元器件之间电气连接的主要方式是通过导线来连接。导线是电路原理图中最重要也是用得最多的图元，它具有电气连接的意义，不同于一般的绘图工具。绘图工具没有电气连接的意义。

3.7.1 放置导线

导线是电气连接中最基本的组成单位，放置导线的操作步骤如下。

① 选择菜单栏中的"Insert"（插入）→"Wire"（导线）命令，或单击"Insert"（插入）工具栏中的"Insert Wire"（放置导线）按钮，或按快捷键 Ctrl+W，此时光标变成十字形状。

② 将光标移动到想要完成电气连接的元器件的引脚上，单击放置导线的起点。由于启用了栅格捕捉的功能，因此，电气连接很容易完成。移动光标，多次单击可以确定多个固定点，最后放置导线的终点，完成两个元器件之间的电气连接，如图 3-59 所示。

此时光标仍处于放置导线的状态，重复上述操作可以继续放置其他导线。按下 Esc 键或单击鼠标右键选择"End Command"（结束命令）命令，即可退出操作。

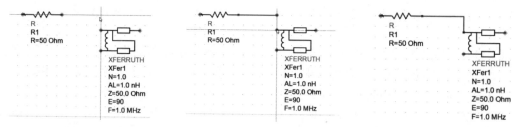

图 3-59　导线的连接

③ 设置导线标签。双击导线，弹出如图 3-60 所示的"Edit Wire Label"（编辑导线标签）对话框，在"Net name"（网络名称）中可以对导线的标签进行设置。设置完成的导线显示如图 3-61 所示的网络标签。

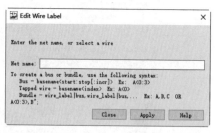

图 3-60　"Edit Wire Label"（编辑导线标签）对话框

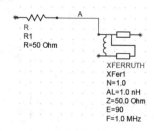

图 3-61　添加导线标签

3.7.2 放置网络标签

在原理图的绘制过程中，元器件之间的电气连接除了使用直接相连的导线外，还可以通过设置导线网络标签的方法来实现。

① 选择菜单栏中的"Insert"（插入）→"Wire/Pin Labe"（导线 / 引脚标签）命令，或单击"Insert"（插入）工具栏中的"Wire/Pin Labe"（导线 / 引脚标签）按钮，此时光标变成十字形状。

② 将光标移动到想设置标签的导线上单击，在导线上显示矩形文本框，用于标签文本输入。这里输入 A，在空白处单击，定义该导线的网络标签为 A，如图 3-62 所示。此时光标仍处于放置导线网络标签的状态，重复上述操作可以继续放置其他导线网络标签。

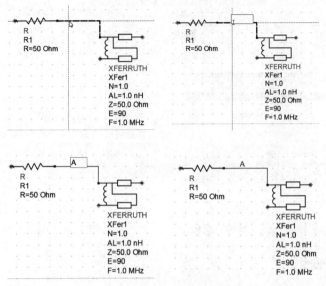

图 3-62　添加导线的网络标签

③ 任何一个建立起来的电气连接都被称为一个网络（Net），每个网络都有自己唯一的名称。系统为每一个网络设置默认的名称，用户也可以自行设置。原理图完成并编译结束后，在 Navigator（导航栏）中即可看到各种网络的名称，如图 3-63 所示。

在放置导线的过程中，相同名称的导线具有实际意义上的电气连接，如图 3-64 所示。

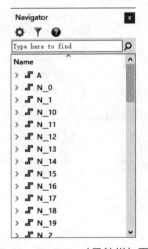

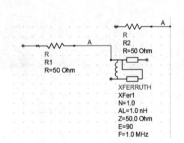

图 3-63　Navigator（导航栏）面板　　　　图 3-64　具有相同名称的网络标签

④ 设置网络标签的属性。

a. 选择菜单栏中的"Edit"（编辑）→"Properties"（属性）命令，或在工具栏空白处单击鼠标右键选择"Properties"（属性）命令，系统会弹出"Properties"（属性）面板。单击导线的网络标签，在该面板中可以对网络标号的图层、位置、旋转角度、名称、字体等属性进行设置，如图 3-65 所示。

b. 用户也可以在工作窗口中直接改变导线的网络名称，其操作步骤如下。

在工作窗口中单击网络标签的名称，过一段时间后再次单击网络标签的名称，即可激活文本编辑框，对该网络标签的名称进行编辑，如图 3-66 所示。

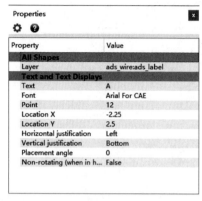

图 3-65　"Properties"（属性）面板

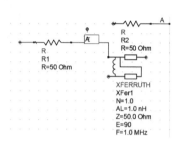

图 3-66　编辑网络标签

3.7.3　放置全局节点

在同一张图纸上表示没有物理连接的两点之间的电气连接，不止网络标签，还包括全局节点。全局节点能在整个设计层次结构中之间实现两点之间的电气连接。

① 选择菜单栏中的"Insert"（插入）→"GlobalNode"（全局节点）命令，此时光标变成十字形状，显示浮动的全局节点虚影图标。

② 将光标移动到指定位置单击，放置全局节点 GLOBALNODE，如图 3-67 所示。此时光标仍处于放置全局节点的状态，重复上述操作可以继续放置其他全局节点。

③ 设置全局节点的属性。

双击全局节点，系统会弹出"Edit Instance Parameters"（编辑实例参数）对话框，设置节全局点属性，如图 3-68 所示。

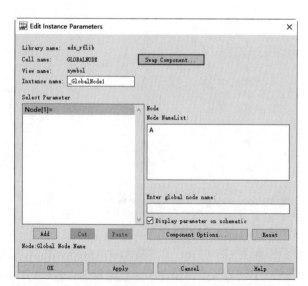

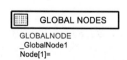

图 3-67　添加全局节点

图 3-68　"Edit Instance Parameters"（编辑实例参数）对话框

在"Select Parameter"（选择参数）列表中显示电路中的全局节点，默认添加 Node[1]，单击"Add"（添加）按钮，在该列表中添加节点。在"Enter global node name"（输入全局节点名称）选项中输入选定节点的名称。默认勾选"Display parameter on schematic"（显示原理图参数）复选框，显示该全局节点参数。图 3-69 显示添加 4 个全局节点。

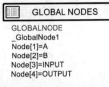

图 3-69　添加 4 个全局节点

3.7.4　放置总线

总线是一组具有相同性质的并行信号线的组合，如数据总线、地址总线、控制总线等的组合。在大规模的原理图设计，尤其是数字电路的设计中，如果只用导线来完成各元器件之间的电气连接，那么整个原理图的连线就会显得杂乱而烦琐。而总线的运用可以大大简化原理图的连线操作，使原理图更加整洁、美观。

原理图编辑环境下的总线没有任何实质的电气连接意义，仅仅是为了绘图和读图方便而采取的一种简化连线的表现形式。

总线的放置与导线的放置相同，可以先绘制普通导线，再通过设置网络名称来进行转换，其操作步骤如下。

① 选择菜单栏中的"Insert"（插入）→ "Wire"（导线）命令，或单击"Insert"（插入）工具栏中的"Insert Wire"（放置导线）按钮 ，或按快捷键 Ctrl+W，绘制导线。

② 设置总线的属性。双击总线，弹出如图 3-70 所示的"Edit Wire Label"（编辑导线标签）对话框，在"Net name"（网络名称）中输入总线格式的网络名，如 A<0:3>，即可将导线转换为总线，总线一般比导线粗。结果如图 3-71 所示。

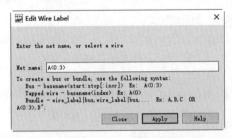

图 3-70　"Edit Wire Label"（编辑导线标签）对话框

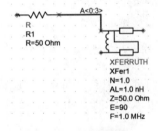

图 3-71　创建总线

3.7.5　放置接地符号

接地符号是电路原理图中必不可少的组成部分。放置接地符号的操作步骤如下。

① 单击菜单栏中的"Insert"（插入）→ "GROUND"（接地符号）命令，或单击"Insert"（插入）工具栏中的"GROUND"（接地符号）按钮 ，此时光标变成十字形状，并带有一个接地符号 。

② 移动光标到需要放置接地符号的地方，单击即可完成放置，如图 3-72 所示。此时光标仍处于放置接地的状态，重复操作即可放置其他的接地符号。

按下 Esc 键或单击鼠标右键选择"End Command"（结束命令）命令，即可退出操作。

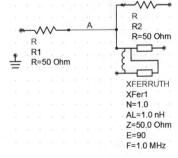

图 3-72　接地符号

3.7.6 放置层次块符号

采用层次电路的设计方法，需要创建层次块符号这个通道。在顶层添加层次块代表每个模块，而这些层次块代表的模块为子网络原理图，这些子网络原理图应该与顶层层次块有同样的名字，这些名称应该确保能将子网络原理图和顶层原理图连接起来。

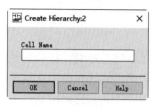

图 3-73　"Create Hierarchy"
（创建层次块）对话框

选择菜单栏中的"Edit"（编辑）→ "Component"（元器件）→ "Create Hierarchy"（创建层次块）命令，弹出"Create Hierarchy"（创建层次块）对话框，如图 3-73 所示。在"Cell Name"（设计名称）文本框中输入层次块符号的名称（SCH）。单击"OK"（确定）按钮，自动在工作区创建一个层次元器件 X1，如图 3-74 所示。

同时，自动生成与层次块同名的子网络设计文件 SCH，该设计下包含 Schematic（原理图视图）和 Symbol（符号视图），如图 3-75 所示。

图 3-74　创建层次块符号

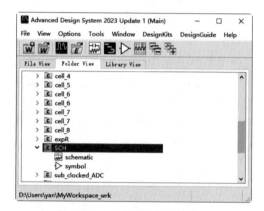

图 3-75　生成子网络设计文件

选择菜单栏中的"View"（视图）→ "Push Into Hierarchy"（推入层次结构）命令，自动打开层次块符号表示的子网络设计文件 SCH 下的 Schematic（原理图视图），如图 3-76 所示。

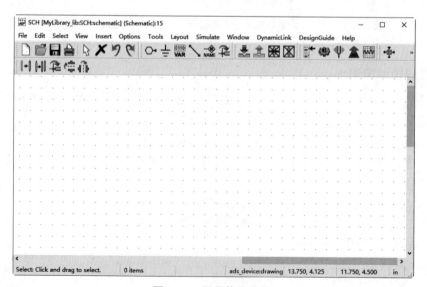

图 3-76　子网络原理图

3.7.7 放置输入 / 输出端口

通过前面的学习可以知道，在设计原理图时，两点之间的电气连接，可以直接使用导线连接，也可以通过设置相同的网络标号来完成。还有一种方法，就是使用电路的输入 / 输出端口。相同名称的输入 / 输出端口在电气关系上是连接在一起的。一般情况下，在一张图纸中是不使用端口连接的，但在层次电路原理图的绘制过程中经常用到这种电气连接方式。放置输入 / 输出端口的操作步骤如下。

① 选择菜单栏中的"Insert"（插入）→"Pin"（引脚）命令，或单击"Insert"（插入）工具栏中的"Insert Pin"（插入引脚）按钮 ○·，此时光标变成十字形状，并带有一个输入 / 输出端口符号。

② 移动光标到需要放置输入 / 输出端口的元器件引脚末端或导线上，单击确定端口的位置，即可完成输入 / 输出端口的一次放置。此时光标仍处于放置输入 / 输出端口的状态，重复操作即可放置其他输入 / 输出端口，如图 3-77 所示。

按下 Esc 键或单击鼠标右键选择"End Command"（结束命令）命令，即可退出操作。

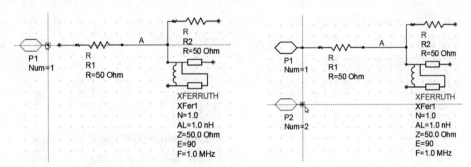

图 3-77 放置输入 / 输出端口

③ 设置输入 / 输出端口的属性。在放置输入 / 输出端口的过程中，用户可以对输入 / 输出端口的属性进行设置。双击输入、输出端口或者在光标处于放置状态时，弹出如图 3-78 所示的"Edit Pin"（编辑引脚）对话框，在该对话框中可以对输入 / 输出端口的属性进行设置。

其中各选项的说明如下。

● Term：设置新建端口的顺序，包括 By name（通过名称）、By number（通过编号）两种，如图 3-79 所示。

图 3-78 "Edit Pin"（编辑引脚）对话框

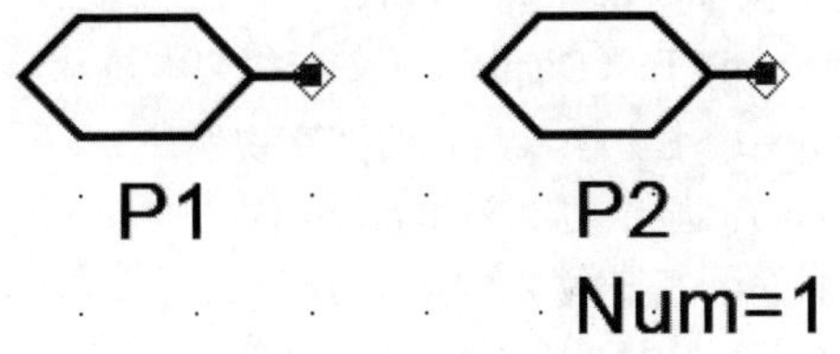

By name（通过名称）   By number（通过编号）

图 3-79 端口排列顺序

● Name：端口名称。这是端口最重要的属性之一，具有相同名称的端口在电气上是连通的。

- Number：端口编号。
- Type：用于设置端口的电气特性，为后面的电气规则检查提供一定的依据。包括：input（输入端口）、output（输出端口）、inOut（输入\输出端口）、switch（转换端口）、jumper（模块化跳线端口）、unused（未使用端口）、tristate（三态端口）。
- Shape：用于设置端口外观风格，包括 dot（点形式）、Instances based on term type（根据同项类型的实例）。

3.7.8 放置文本

在绘制电路原理图时，为了增加原理图的可读性，设计者会在原理图的关键位置添加文字说明，即添加文本。

① 选择菜单栏中的"Insert"（插入）→"Text"（文本）命令，此时光标变成十字形状。

② 移动光标到需要放置文本的位置处，单击显示文本编辑框，如图 3-80 所示，在鼠标显示处输入说明文字，在编辑框外单击，即可结束本次文本输入。

此时光标仍处于放置文本的状态，重复操作即可放置其他文本。按下"ESC"键或单击鼠标右键选择"End Command"（结束命令）命令，即可退出操作。

③ 设置文本的属性。双击文本，弹出如图 3-81 所示的"Properties"（属性）面板。在该面板中可以对文本的属性进行设置。

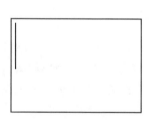

图 3-80　放置文本

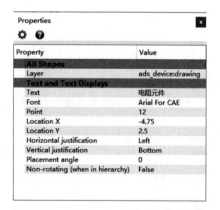

图 3-81　"Properties"（属性）面板

a. All Shapes（全部外形）选项组：在该选项组下"Layer"（图层）下拉列表中选择文本所在图层，默认为 ads_device:drawing。

b. Text and Text Displays（文本和文本显示）选项组：

- Text：用于输入具体的文字说明。
- Font：显示文本字体名。
- Point：显示文本字体大小。
- Location X：定义文本 X 坐标值。
- Location Y：定义文本 Y 坐标值。
- Horizontal justification：用于调整文本字在水平方向上的位置。有 3 个选项：Left、Middle 和 Right，默认为 Left（左对齐）。
- Vertical justification：用于调整文本字在垂直方向上的位置。也有 3 个选项：Bottom、Center 和 Top，默认为 Bottom（底对齐）。

● Placement angle：设置文本放置角度，默认角度为 0°。放置角度不是任意值，一般情况下，可以设置角度为：0°、90°、180°和 -90°。

● Non-rotating (when in hierarchy)：设置在生成层次电路时，文本是否进行旋转，默认选择"False"（否），不旋转。

3.7.9　放置文本注释

在 ADS 中，元器件本身的属性中包括一些系统的文本注释参数，包含 Library Name（库名称）、Cell Name（设计名称）、View Name（视图名称）、Last Time and Date Saved（最后保存时间），如图 3-82 所示。若需要放置这些文本注释，不需要文本输入，只需要选择文本注释对应的参数即可。

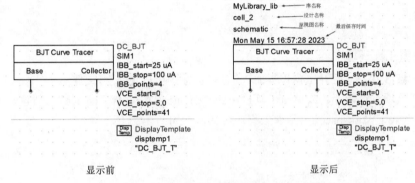

图 3-82　文本注释

① 选择菜单栏中的"Insert"（插入）→"Text Display"（文本显示）命令，弹出下面的子菜单，如图 3-83 所示。选择子菜单中的任意命令，此时光标变成十字形状。

② 移动光标到需要放置文本注释的位置单击，在元器件上方显示对应的文本注释。此时光标仍处于放置文本注释的状态，重复操作即可放置其他的文本注释。按下"Esc"键或单击鼠标右键选择"End Command"（结束命令）命令，即可退出操作。

③ 设置文本注释的属性。双击文本注释，弹出如图 3-84 所示的"Properties"（属性）面板。在该面板中可以对文本注释的实例属性进行设置。面板中参数与文本的属性设置选项相同，这里不再赘述。

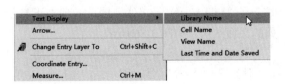

图 3-83　子菜单

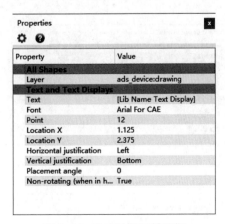

图 3-84　文本注释属性面板

3.8 操作实例

通过前面章节的学习，读者应对 ADS 2023 原理图编辑环境、原理图编辑器的使用有了初步的了解，并且能够完成简单电路原理图的绘制。

3.8.1 时钟电路

本实例将设计一个时钟电路，它用来产生高频脉冲作为 CPU 和 PPU 的时钟信号。石英晶体振荡器决定电路的振荡频率，游戏机中常用的石英晶体振荡器有 21.47727MHz、21.251465MHz 和 26.601712MHz 三种工作频率。选用时要依据 CPU 和 PPU 的工作特点而定。

扫码看视频

本例中将介绍创建原理图、设置图纸、放置元器件、元器件布局布线和放置电源符号等操作。

操作步骤：

（1）设置工作环境

① 启动 ADS 2023，打开主窗口界面。选择菜单栏中的"File"（文件）→"New"（新建）→"Workspace"（项目）命令，或单击工具栏中的"Create A New Workspace"（新建一个工程）按钮，弹出"New Workspace"（新建工程）对话框，如图 3-85 所示。

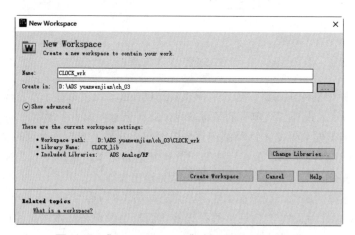

图 3-85 "New Workspace"（新建工程）对话框

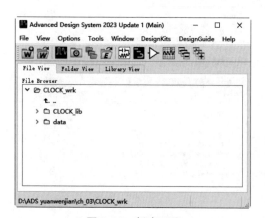

图 3-86 新建工程

② 在"Name"（名称）文本框内输入工程文件名称"CLOCK_wrk"，在"Create in"（路径）文本框内选择工程文件路径。

③ 完成设置后，单击"Create Workspace"（创建工程）按钮，新建一个工程文件 CLOCK_wrk，该文件夹下包含元器件库文件夹 CLOCK_lib。同时，在"File View"（文件视图）选项卡下显示工程的文件结构，如图 3-86 所示。

④ 在主窗口界面中，选择菜单栏中的"File"（文件）→"New"（新建）→"Schematic"（原理图）命令，或单击工具栏中的"New Schematic

Window"（新建一个原理图）按钮，弹出"New Schematic"（创建原理图）对话框，在"Cell"（单元）文本框内输入工程下的原理图名称 clock_signal，如图 3-87 所示。

⑤ 单击"Create Schematic"（创建原理图）按钮，在当前工程文件夹下，创建原理图文件 clock_signal，如图 3-88 所示。同时，自动打开原理图 clock_signal 视图窗口，如图 3-89 所示。

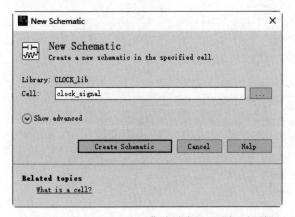

图 3-87　"New Schematic"（创建原理图）对话框　　　　图 3-88　新建原理图

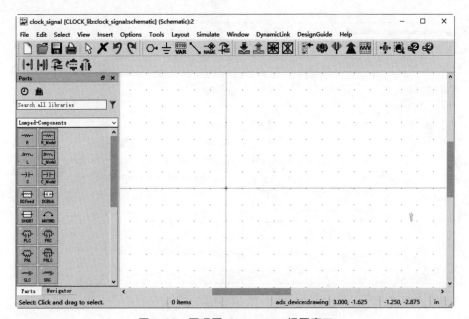

图 3-89　原理图 clock_signal 视图窗口

（2）原理图图纸设置

① 选择菜单栏中的"Options"（设计）→"Preferences"（属性）命令，或者在编辑区内单击鼠标右键，并在弹出的快捷菜单中选择"Preferences"（属性）命令，弹出"Preferences for Schematic"（原理图属性）对话框。在该对话框中可以对图纸进行设置。

② 单击"Grid/Snap"（网格捕捉）选项卡，在"Snap Grid per Display Grid"（每个显示网格的捕捉网格）选项组下"X"选项中输入 1，如图 3-90 所示。

③ 单击"Display"（显示）选项卡，在"Background"（背景色）选项下选择白色背景，如图 3-91 所示。

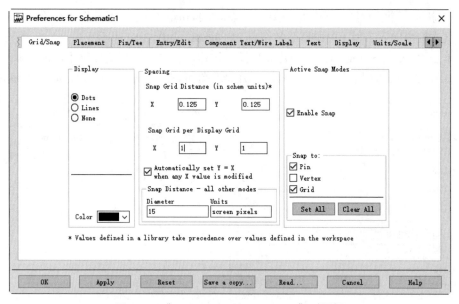

图 3-90　"Preferences for Schematic"对话框

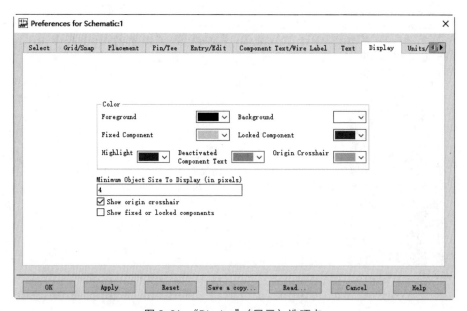

图 3-91　"Display"（显示）选项卡

（3）元器件的放置

① 激活 "Parts"（元器件）面板，在库文件列表中选择名为 "Lumped-Components" 的集总参数元器件库文件，然后在元器件列表中选择其中名为 "C" 的电容，如图 3-92 所示。

② 单击该元器件，然后将光标移动到工作窗口，鼠标上显示浮动的电容符号，如图 3-93 所示。

③ 按 Ctrl+R 键，翻转电容至如图 3-94 所示的角度。

④ 在适当的位置单击，即可在原理图中放置电容 C1，同时编号为 C2 的电容自动附在光标上，如图 3-95 所示。

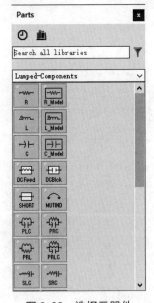

图 3-92　选择元器件

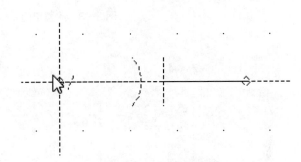

图 3-93　电容放置状态

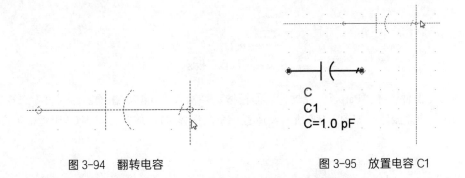

图 3-94　翻转电容

图 3-95　放置电容 C1

⑤ 按 Ctrl+R 键翻转电容，并在如图 3-96 所示的位置单击放置该电容。

⑥ 参照上面的数据，放置其他电容，如图 3-97 所示。

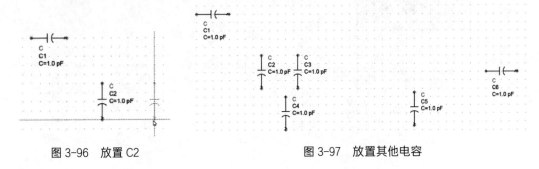

图 3-96　放置 C2

图 3-97　放置其他电容

⑦ 放置电阻。和放置电容相似，将这些电阻 R 放置在原理图中合适的位置上，如图 3-98 所示。

⑧ 采用同样的方法，在"Devices-BJT"元器件库中选择和放置两个 BJTNPN 三极管，如图 3-99 所示。

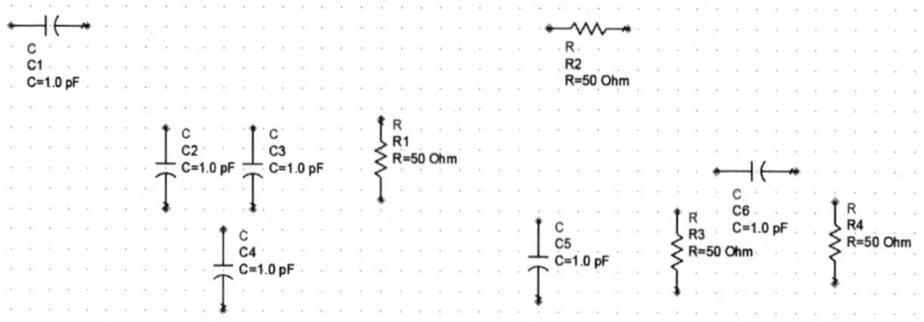

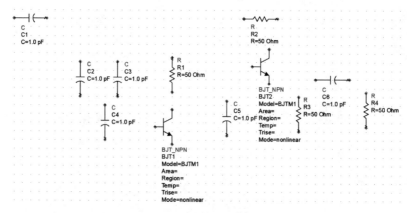

图 3-98　放置电阻

图 3-99　放置三极管

⑨ 搜索元器件。在"Parts"（元器件）面板搜索栏输入"xtal"，在元器件列表中选择其中名为"XTAL1"的晶振体，如图 3-100 所示。放置一个晶振体 X1，放置在电容 C1 附近，如图 3-101 所示。

图 3-100　搜索元器件

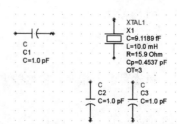

图 3-101　放置晶振体

（4）布局元器件

元器件放置完成后，需要适当地进行调整，将它们分别排列在原理图中最恰当的位置，这样有助于后续的设计。

① 单击选中元器件，按住鼠标左键进行拖动。将元器件移至合适的位置后释放鼠标左键，即可对其完成移动操作。

在移动对象时，可以通过滑动鼠标中键来缩放视图，以便观察细节。

② 采用同样的方法调整所有的元器件，效果如图 3-102 所示。

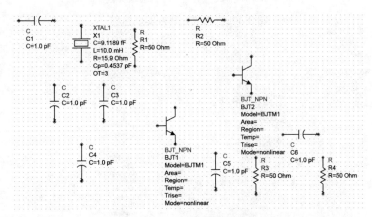

图 3-102　元器件调整效果

（5）元器件属性设置

① 双击三极管 BJT1，在弹出的"Edit Instance Parameters"（编辑实例参数）对话框中修改元器件属性，将"Instance name"（实例名称）设为 Q2，如图 3-103 所示。单击"OK"（确定）按钮，完成属性设置。此时原理图中三极管 BJT1 属性设置结果如图 3-104 所示。

图 3-103　设置三极管 BJT1 的属性

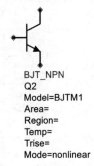

图 3-104　三极管属性设置结果

② 选中三极管元器件 BJT2 的标注部分（实例名称 BJT2），激活文本编辑框，修改元器件名称为 Q1，如图 3-105 所示。

③ 采用同样的方法，修改所有的元器件，效果如图 3-106 所示。

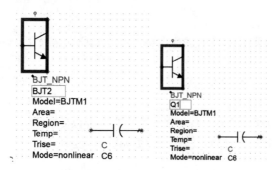

图 3-105　修改元器件实例名称

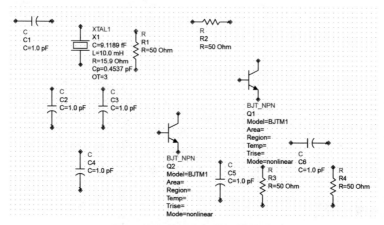

图 3-106　修改元器件属性效果

（6）原理图连线

① 选择菜单栏中的"Insert"（插入）→"Wire"（导线）命令，或单击"Insert"（插入）工具栏中的"Insert Wire"（放置导线）按钮，或按快捷键 Ctrl+W，进入导线放置状态，将光标移动到某个元器件的引脚上（如 C1），单击即可确定导线的一个端点。

② 将光标移动到 R2 处，单击即可放置一段导线。

③ 采用同样的方法放置其他导线，如图 3-107 所示。

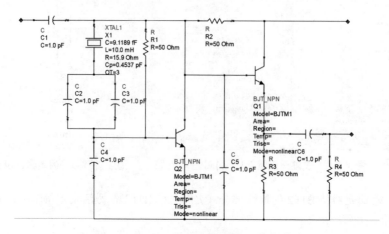

图 3-107　放置导线

④ 选择菜单栏中的"Insert"（插入）→ "Wire/Pin Labe"（导线 / 引脚标签）命令，或单击"Insert"（插入）工具栏中的"Wire/Pin Labe"（导线 / 引脚标签）按钮 ，此时光标变成十字形状。移动光标到 C6 右侧的引脚处，单击即可显示矩形文本框，输入"+5V"，如图 3-108 所示。

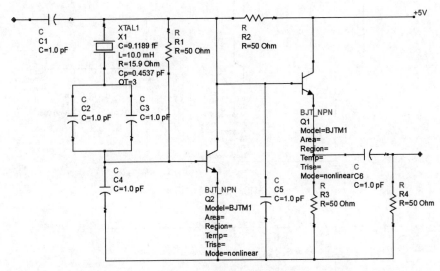

图 3-108　放置网络标签

⑤ 选择菜单栏中的"Insert"（插入）→ "Pin"（引脚）命令，或单击"Insert"（插入）工具栏中的"Insert Pin"（插入引脚）按钮 ，在弹出的"Create Pin"（创建引脚）对话框中，定义端口名称，放置输入 / 输出端口符号 PPUCLOCK 和 CPUCLOCK，如图 3-109 所示。

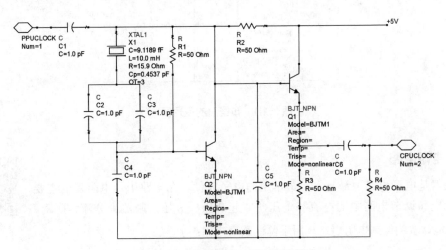

图 3-109　放置输入 / 输出端口符号

⑥ 单击菜单栏中的"Insert"（插入）→ "GROUND"（接地符号）命令，或单击"Insert"（插入）工具栏中的"GROUND"（接地符号）按钮 ，移动光标到 C4 下方的引脚处，单击即可放置一个接地符号，如图 3-110 所示。

⑦ 选择菜单栏中的"Edit"（编辑）→ "Move"（移动）→ "Move Component Text"（移动元器件文本）命令，或按下 F5 键，在原理图中移动压线的文本，并整理连接导线，布线后的原理图如图 3-111 所示。

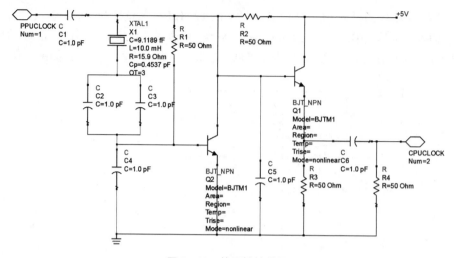

图 3-110　放置接地符号

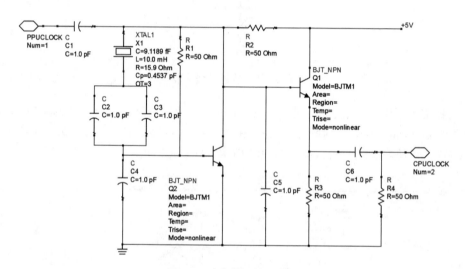

图 3-111　布线后的原理图

3.8.2　电阻电路

扫码看视频

电阻器是电子电路中最基本、最常用的电子元件。在电路中，电阻器的主要作用是稳定和调节电路中的电流和电压，即起降压、分压、限流、分流、隔离、滤波等功能。本例绘制电阻电路，用于验证欧姆定律：$I = \dfrac{U}{R}$。

操作步骤：

（1）设置工作环境

① 启动 ADS 2023，打开主窗口界面。选择菜单栏中的"File"（文件）→"New"（新建）→"Workspace"（项目）命令，或单击工具栏中的"Create A New Workspace"（新建一个工程）按钮 🔳，弹出"New Workspace"（新建工程）对话框，输入工程名称"Resistance_wrk"，新建一个工程文件 Resistance_wrk。

② 在主窗口界面中，选择菜单栏中的"File"（文件）→"New"（新建）→"Schematic"

（原理图）命令，或单击工具栏中的"New Schematic Window"（新建一个原理图）按钮🖼，弹出"New Schematic"（创建原理图）对话框，在"Cell"（单元）文本框内输入原理图名称 Kirchhoff's_Current_Law。单击"Create Schematic"（创建原理图）按钮，在当前工程文件夹下，创建原理图文件 Kirchhoff's_Current_Law，如图 3-112 所示。同时，自动打开原理图视图窗口。

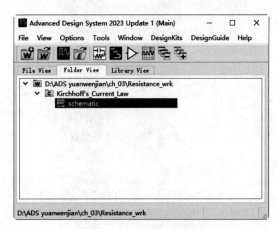

图 3-112　新建原理图

（2）原理图图纸设置

① 选择菜单栏中的"Options"（设计）→"Preferences"（属性）命令，或者在编辑区内单击鼠标右键，并在弹出的快捷菜单中选择"Preferences"（属性）命令，弹出"Preferences for Schematic"（原理图属性）对话框。在该对话框中可以对图纸进行设置。

② 单击"Grid/Snap"（网格捕捉）选项卡，在"Snap Grid per Display Grid"（每个显示网格的捕捉网格）选项组下"X"选项中输入 1。

③ 单击"Display"（显示）选项卡，在"Background"（背景色）选项下选择白色背景。

（3）元器件的放置

① 激活"Parts"（元器件）面板，在库文件列表中选择名为"Basic Components"的基本库，在库中单击选择电阻（R），按下 Ctrl+R 键，旋转元器件，在原理图中合适的位置上单击放置元器件，结果如图 3-113 所示。

② 在"Basic Components"中选择直流电压源（V_DC），在原理图中合适的位置上放置直流电压源 SRC1，结果如图 3-114 所示。

③ 在"Probe Components"（探针元器件）库中选择电流探针 I_Probe，在原理图中合适的位置上放置电流探针 I_Probe1，结果如图 3-115 所示。

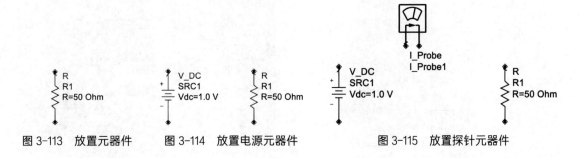

图 3-113　放置元器件　　　图 3-114　放置电源元器件　　　　　图 3-115　放置探针元器件

（4）原理图连线

① 选择菜单栏中的"Insert"（插入）→"Wire"（导线）命令，或单击"Insert"（插入）工具栏中的"Insert Wire"（放置导线）按钮✏，或按快捷键 Ctrl+W，进入导线放置状态，连接元器件，结果如图 3-116 所示。

② 选择菜单栏中的"Insert"（插入）→"GROUND"（接地符号）命令，或单击"Insert"（插入）工具栏中的"GROUND"（接地符号）按钮⏚，在原理图中放置接地符号，如图 3-117 所示。

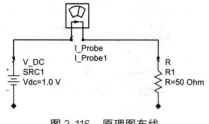

图 3-116　原理图布线

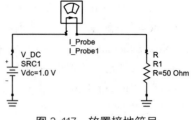

图 3-117　放置接地符号

（5）添加变量

① 选择菜单栏中的"Insert"（插入）→"VAR"（变量）命令，或单击"Insert"（插入）工具栏中的"Insert VAR"（插入变量和方程）按钮，放置 VAR。按下 Esc 键或单击鼠标右键选择"End Command"（结束命令）命令，即可退出操作。

② 双击 VAR 元器件，弹出如图 3-118 所示的"Edit Instance Parameters"（编辑实例参数）对话框，在"Name"（名称）文本框内输入变量 V，在"Variable Value"（变量值）文本框内输入变量值 1.0V。单击"OK"（确定）按钮，在原理图中显示变量设置结果，如图 3-119 所示。

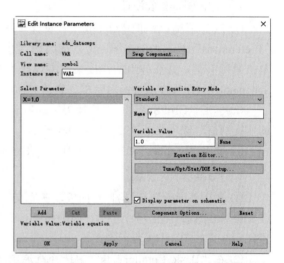

图 3-118　"Edit Instance Parameters"（编辑实例参数）对话框

（6）参数编辑

① 双击直流电压源 SRC1，弹出"Edit Instance Parameters"（编辑实例参数）对话框，设置直流电压 Vdc=V，如图 3-120 所示。

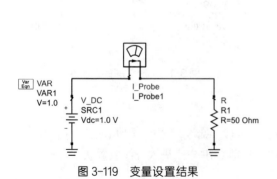

图 3-119　变量设置结果

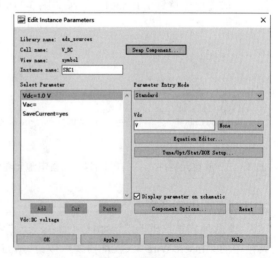

图 3-120　编辑电压参数

② 双击电流探针 I_Probe1，弹出"Edit Instance Parameters"（编辑实例参数）对话框，设置"Instance Name"（实例名称）为 Current，如图 3-121 所示。

至此，完成了电路图的绘制，结果如图 3-122 所示。

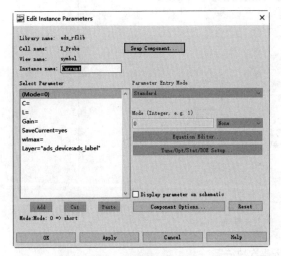

图 3-121　编辑实例名称

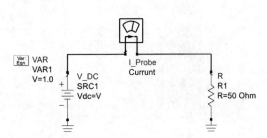

图 3-122　编辑原理图结果

（7）绘制层次电路

① 选择需要转换模块的原理图，如图 3-123 所示。

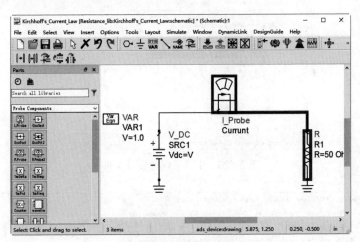

图 3-123　选择电路

② 选择菜单栏中的"Edit"（编辑）→"Component"（元器件）→
"Create Hierarchy"（创建层次块）命令，弹出"Create Hierarchy"（创
建层次块）对话框，在"Cell Name"（设计名称）文本框中输入层
次块符号的名称（Resistor_Circuit），如图 3-124 所示。

③ 单击"OK"（确定）按钮，自动在工作区创建一个层次元
器件 X1（Resistor_Circuit），如图 3-125 所示。

同时，自动生成与层次块同名的子网络设计文件 Resistor_
Circuit，该设计下包含"Schematic"（原理图视图）和"Symbol"
（符号视图），如图 3-126 所示。在"Schematic"（原理图视图）中显示选中电路对象生成的子网
络原理图，如图 3-127 所示。

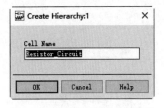

图 3-124　"Create Hierarchy"
（创建层次块）对话框

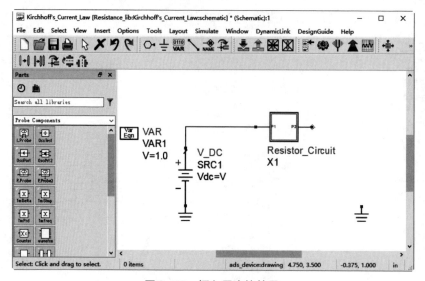

图 3-125　插入层次块符号

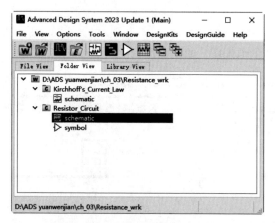

图 3-126　生成子网络设计文件

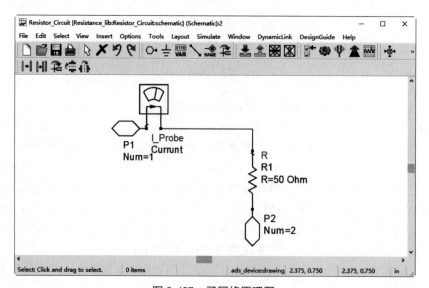

图 3-127　子网络原理图

④ 选择菜单栏中的"Insert"（插入）→"Wire"（导线）命令，或单击"Insert"（插入）工具栏中的"Insert Wire"（放置导线）按钮＼，或按快捷键 Ctrl+W，进入导线放置状态，绘制顶层原理图，结果如图 3-128 所示。

至此，完成了自下而上绘制层次电路的设计。

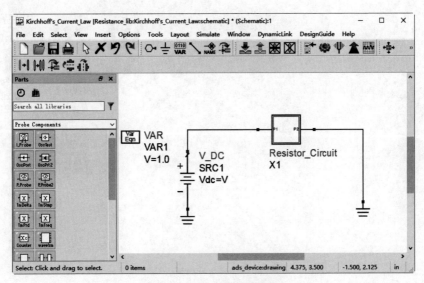

图 3-128　绘制顶层原理图

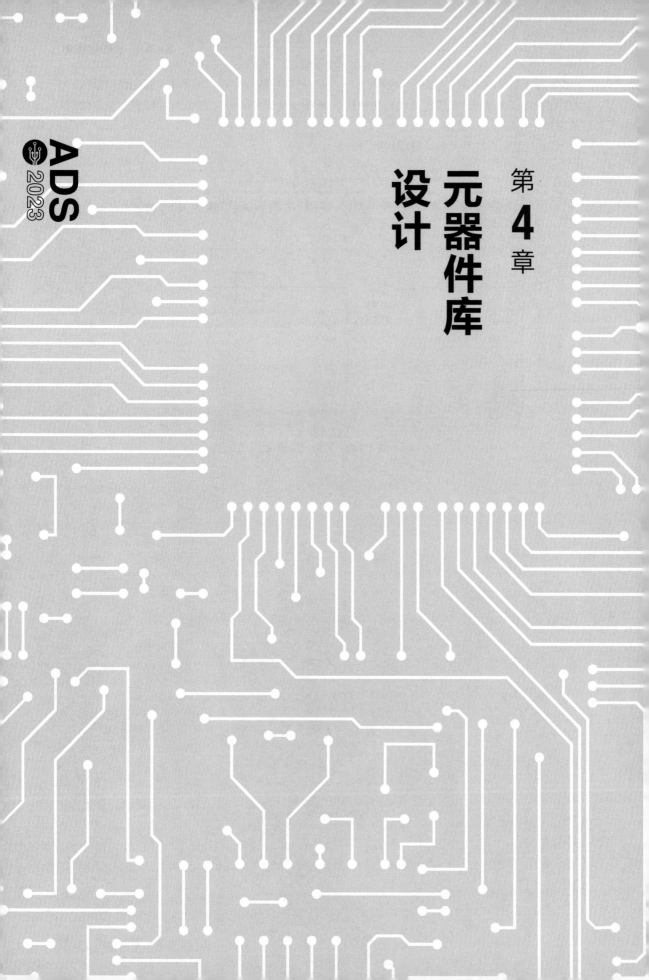

第 4 章

元器件库
设计

虽然 ADS 2023 提供了丰富的元器件库资源，但是在实际的电路设计中，由于电子元器件技术的不断更新，有些特定的元器件仍需自行制作。此外，根据工程的需要，建立基于该工程的元器件库，有利于在以后的设计中更加方便快速地调入元器件，管理工程文件。

本章将对元器件库的创建及元器件符号的绘制进行详细介绍，并介绍如何管理自建的元器件库，从而更好地为设计服务。

4.1　元器件库管理

绘制自定义元器件符号时，用户可以在原理图文件中绘制，也可以在空白元器件符号文件中绘制。第一种方法绘制的元器件符号将专用于该原理图，第二种方法绘制的元器件符号适用于任何原理图，因此一般采用第二种方法绘制自定义元器件符号。

本节首先介绍创建元器件库的方法，打开或新建一个元器件符号库文件，再新添加一个元器件符号文件，即可进入元器件符号编辑器。

4.1.1　新建元器件库文件

一个元器件库类似于 Windows 系统中的"文件夹"，在元器件库文件中可以执行对符号文件的各种操作，如新建、打开、关闭、复制与删除等。

在 ADS 2023 主窗口中，选择菜单栏中的"File"（文件）→"New"（新建）→"Library"（元器件库）命令，弹出"New Library"（创建元器件库）对话框，如图 4-1 所示。

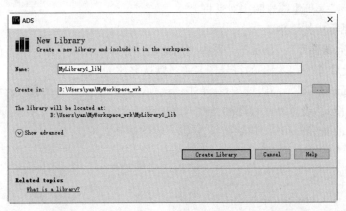

图 4-1　"New Library"（新建元器件库）对话框

下面介绍对话框中的选项。

① Name：输入新建的元器件库名称，如 MyLibrary1_lib。

② Create in（路径）：输入元器件库所在的工程名称。

单击"Create Library"（创建元器件库）按钮，在"Library View"（元器件库视图）选项卡中显示新建的元器件库 MyLibrary1_lib，如图 4-2 所示。此时，在源文件中工程文件 MyWorkspace_wrk 下创建元器件库文件夹 MyLibrary1_lib，如图 4-3 所示。

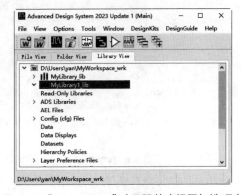

图 4-2　"Library View"（元器件库视图）选项卡

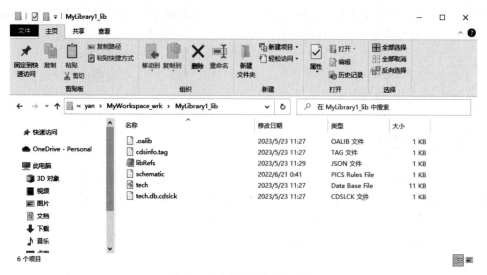

图 4-3 创建元器件库文件夹

4.1.2 创建元器件符号文件

在需要绘制新元器件时，需要在元器件库下创建一个新的元器件符号文件。

在主窗口中选择菜单栏中的"File"（文件）→"New"→"Symbol"（符号图）命令，或单击"Basic"（基本）工具栏中的"New Symbol Window"（新建符号窗口）按钮▷，弹出如图 4-4 所示"New Symbol"（新建符号图）对话框。

下面介绍对话框中的选项。

① Library:（元器件库）：显示符号图中使用的元器件库，在该元器件库下创建符号图。

② Cell（单元）：输入工程下的符号图名称，默认名称为 cell_1。

③ Show advanced（显示高级选项）：单击该选项，展开下面的高级选项，如图 4-5 所示。

● View（视图）：设置新建视图的类型，这里默认为 symbol（符号），表示创建符号图。

● 单击"Hide advanced"（隐藏高级选项），收起展开选项。

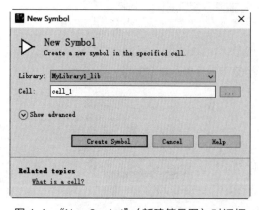

图 4-4 "New Symbol"（新建符号图）对话框

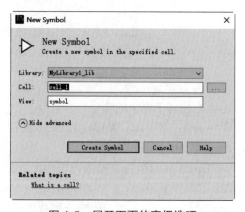

图 4-5 展开下面的高级选项

默认选择"Blank schematic"（空白原理图），单击"Create Symbol"（创建符号图）按钮，进入元器件符号编辑环境，如图 4-6 所示。同时自动打开"Symbol Generator"（符号生成器）对话框，可以根据参数生成符号，具体参数在后面章节专门介绍，这里不再赘述。

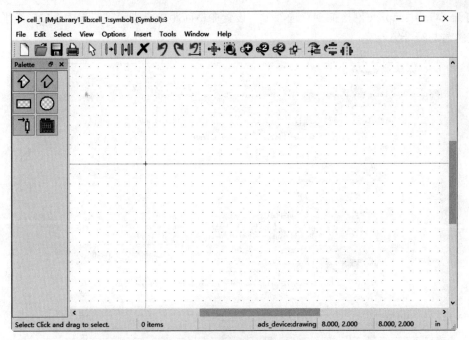

图 4-6　元器件符号编辑环境

在当前工程文件夹 MyWorkspace_wrk 元器件库 MyLibrary1_lib 下，默认创建空白元器件符号文件 cell_1 → symbol，如图 4-7 所示。源文件中 cell_1 → symbol 文件夹下包含 master.tag、symbol.oa、symbol.oa.cdslck 三个文件。

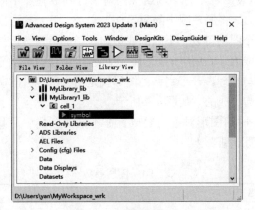

图 4-7　创建符号文件

元器件符号文件的保存、打开、复制和删除与原理图文件类似，这里不再赘述。

4.1.3　符号编辑器参数设置

在元器件符号的编辑环境中，选择菜单栏中的"Options"（选项）→ "Preferences"（属性）菜单命令，则弹出如图 4-8 所示的编辑器工作区对话框，可以根据需要设置相应的参数。

该对话框与原理图编辑环境中的"Preferences for Schematic"（原理图属性）对话框的内容相通，所以这里只介绍其中个别选项的含义，其他选项用户可以参考原理图编辑环境中的对话框进行设置。

打开"Grid/Snap"（网格捕捉）选项卡，设置栅格间距，引脚间隔应该为 0.125 英寸，以便自定义符号与符号集连接。

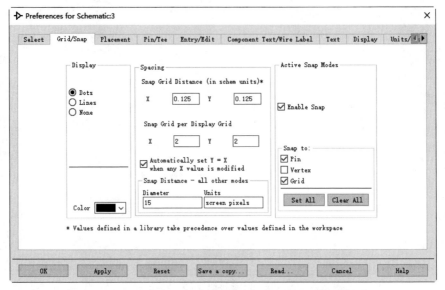

图 4-8 "Preferences for Schematic"（原理图属性）对话框

4.1.4 图层设置

ADS 图层的概念类似投影片，将不同属性的对象分别放置在不同的投影片（图层）上。例如，将原理图中的元器件、实例、符号等分别绘制在不同的图层上，每个图层可设定不同的线型、线条颜色，然后把不同的图层堆栈在一起，成为一张完整的视图，这样就可使视图层次分明，方便图形对象的编辑与管理。一个完整的图形就是由它所包含的所有图层上的对象叠加在一起构成的，如图 4-9 所示。

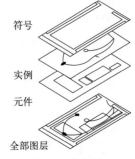

图 4-9 图层效果

元器件符号设计中不同的图形对象需要放置在不同的图层中，具体图层参数（图层名和说明）见表 4-1。

表 4-1 图层参数

图层名	说明
ads device:default	在未定义的图层上绘制对象
ads text:drawing	绘制文本
ads_device:drawing	绘制原理图符号主体轮廓
ads device:ads drawing4	放置符号体中包含的部分原理图符号
ads_wire:drawing	绘制线
ads_device:ads_drawing1	放置用户创建的原理图符号主体和文本
ads device:ads drawing3	放置用户创建的原理图符号
ads device:ads annotate	放置元器件或项的名称
ads_annotate:ads_drawing7	放置元器件或项的唯一 ID
ads annotate:drawing	绘制元器件或项的参数
ads annotate:ads drawing2	引脚编号和符号名称

图层名	说明
ads annotate:ads drawing3	其他描述性信息
ads y9:ads drawing1	信号处理整数数据
ads y9:ads drawing2	信号处理定点数据
ads y9:ads drawing3	信号处理浮点数据
ads y9:ads drawing4	信号处理复杂数据
ads y9:ads drawing5	信号处理定时数据
ads_y9:ads_drawing6	信号处理任意数据类型
ads_y9:ads_drawing7	信号处理自定义数据
ads_annotate:ads_drawing4	包含在原理图符号体中的文本
ads_device:ads_drawing5	带填充图案的原理图符号体
ads_device:ads_drawing6	标识引脚 1 的斜杠
ads_device:ads_drawing7	信号处理

4.2　绘图工具

图形符号有两种用途，在原理图中起到说明和修饰的作用，不具有任何电气意义；元器件符号用于元器件的外形绘制，可以提供更丰富的元器件封装库资源。本节详细讲解常用的绘图工具，从而更好地为原理图设计与元器件符号设计服务。

4.2.1　绘图工具命令

"Insert"（插入）菜单主要用于在元器件符号中绘制各种图形，这些图形在元器件符号图中进行元器件符号的绘制。

选择菜单栏中的"Insert"（插入）命令，弹出如图 4-10 所示的绘图工具菜单，选择菜单中不同的命令，就可以绘制各种图形。

- Polygon：绘制多边形。
- Polyline：绘制多段线。
- Rectangle：绘制矩形。
- Circle：绘制圆。
- Arc (clockwise)：顺时针绘制圆弧（起点、圆心、终点）。
- Arc (counter-clockwise)：逆时针绘制圆弧（起点、圆心、终点）。
- Arc (start,end,circumference)：绘制圆弧（起点、终点、第三点）。

如图 4-11 所示的"Palette"（调色板）工具栏中各个按钮的功能与"Insert"（插入）级联菜单中的各项命令具有对应关系。

- ⬦：绘制多边形。
- ⬦：绘制多段线。
- ▭：绘制矩形。
- ◯：绘制圆。
- ⬈：绘制引脚。
- ▦：元器件符号生成器。

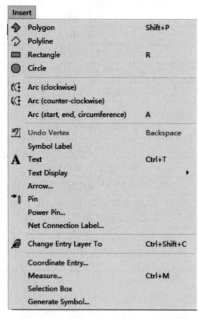

图 4-10　"Insert"（插入）子菜单

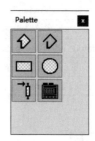

图 4-11　"Palette"（调色板）工具栏

4.2.2　绘制多段线

在原理图中，可以用多段线来绘制一些注释性的图形，如表格、虚线等，或者在编辑元器件时绘制元器件的外形。

绘制多段线的操作步骤如下。

① 选择菜单栏中的"Insert"（插入）→ "Shape"（绘图）→ "Polyline"（多段线）命令，或单击"Palette"（调色板）工具栏中的 ⬦，或按快捷键"Shift"+"P"，此时光标变成十字形状。同时弹出"Polyline Line Thickness"（多段线线宽）对话框，选择 Thin（细）、Medium（中）、Thick（粗）其中之一，默认选择 Thin（细）选项，如图 4-12 所示。

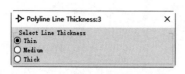

图 4-12　"Polyline Line Thickness"
（多段线线宽）对话框

② 移动光标到需要放置多段线的位置处，单击确定多段线的起点，多次单击确定多个顶点。一条多段线绘制完毕后，双击左键即可退出该操作，如图 4-13 所示。

③ 此时光标仍处于绘制多段线的状态，重复步骤②的操作即可绘制其他的多段线。按下"ESC"键或单击鼠标右键选择"End Command"（结束命令）命令，即可退出操作。

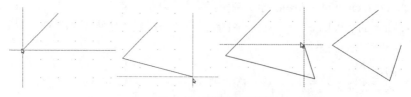

图 4-13　绘制多段线

④ 在多段线绘制过程中，需要撤销上一个顶点时，可以选择菜单栏中的"Insert"（插入）→ "Shape"（绘图）→ "Undo Vertex"（撤销顶点）命令，或按"Backspace"键来撤销上一个确定的多段线顶点位置。

⑤ 在多段线绘制结束后，需要在中间添加上一个顶点时。选中多段线，多段线的每个顶点上显示为矩形块，单击鼠标右键，选择"Add Vertex"（添加顶点）命令，在多段线指定位置单击，确定新顶点，移动该顶点，在适当位置单击，确定新顶点的最终位置，此时，完成一个顶点的添加。此时光标仍处于添加多段线顶点的状态，重复上面步骤的操作即可添加其他的多段线顶点，如图 4-14 所示。

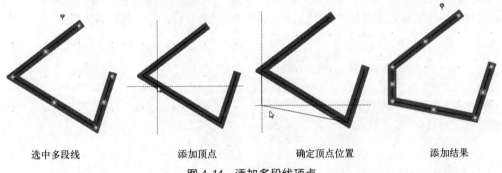

| 选中多段线 | 添加顶点 | 确定顶点位置 | 添加结果 |

图 4-14　添加多段线顶点

⑥ 设置多段线属性。双击需要设置属性的多段线，系统将弹出相应的多段线属性设置面板，如图 4-15 所示。

在该面板中可以对多段线的属性进行设置，其中各属性的说明如下。

a. All Shapes（全部形状）选项组：

● Layer：设置多边形和多段线所在图层，默认为 ads_device:drawing。

● Line thickness：设置线条粗细，包含 Thin、Medium、Thick，默认值为 Thin（细）。不同线型多段线设置结果如图 4-16 所示。

b. Polygons and Polylines（多边形和多段线）选项组：在 Vertices（顶点）行显示多边形或多段线顶点的个数，这里默认为 4，因此，下方显示多边形或多段线各个顶点 Vertices1~Vertices4 的位置坐标。用户可以改变每一个点中的 X、Y 值来改变各点的位置。

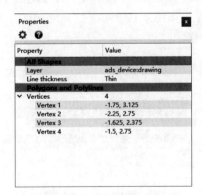

图 4-15　多段线属性设置面板

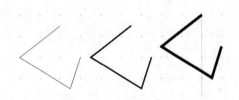

图 4-16　设置线条粗细

4.2.3　绘制多边形

绘制多边形相当于闭合的多段线，绘制的步骤如下。

① 选择菜单栏中的"Insert"（插入）→"Shape"（绘图）→"Polygon"（多边形）命令，或单击"Palette"（调色板）工具栏中的 ⟨⟩，此时光标变成十字形状。同时弹出"Polygon Line

Thickness"（多边形线宽）对话框，选择 Thin（细）、Medium（中）、Thick（粗）其中之一，默认选择 Thin（细）选项。

② 移动光标到需要放置多边形的位置处，单击确定多边形的起点，多次单击确定多个顶点，双击左键即可退出该操作。该命令与多段线命令基本相同，不同的是，绘制多边形时自动连接选择的最后一点与第一点，形成闭合图形，如图 4-17 所示。

③ 此时光标仍处于绘制多边形的状态，重复步骤②的操作即可绘制其他多边形。按下"ESC"键或单击鼠标右键选择"End Command"（结束命令）命令，即可退出操作。

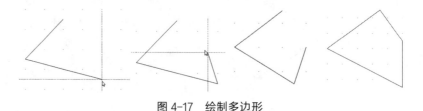

图 4-17　绘制多边形

多边形属性设置与多段线相同，这里不再赘述。

4.2.4　绘制矩形

绘制矩形的步骤如下。

① 选择菜单栏中的"Insert"（插入）→"Shape"（绘图）→"Rectangle"（矩形）命令，或单击"Palette"（调色板）工具栏中的▭，此时光标变成十字形状，同时弹出"Rectangle Line Thickness"（矩形线宽）对话框，选择 Thin（细）、Medium（中）、Thick（粗）其中之一，默认选择 Thin（细）选项。

② 将十字光标移到指定位置，单击鼠标左键，确定矩形左上角位置，拖动鼠标，调整矩形至合适大小，再次单击鼠标左键，确定右下角位置，如图 4-18 所示。

③ 矩形绘制完成。此时系统仍处于绘制矩形状态，若需要继续绘制，则按上面的方法绘制，否则按下"Esc"键或单击鼠标右键选择"End Command"（结束命令）命令，即可退出操作。

④ 矩形属性设置。双击需要设置属性的矩形，弹出如图 4-19 所示的"Properties"（属性）面板。在该面板中可以对矩形的属性进行设置。

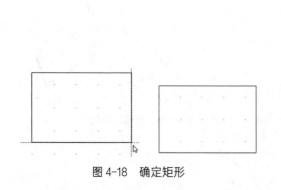

图 4-18　确定矩形

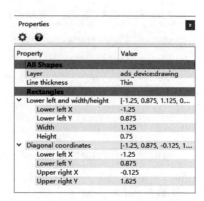

图 4-19　"Properties"（属性）面板

a. All Shapes（全部形状）选项组：

- Layer：设置矩形所在图层，默认为 ads device:drawing。

● Line thickness：设置线条粗细，包含 Thin、Medium、Thick，默认值为 Thin（细）。

b. Rectangles（矩形）选项组：在该选项组中显示两种设置矩形大小的方法。

Lower left and width/height：矩形左下角和宽 / 高。

● Lower left X：设置矩形左下角 X 坐标值。

● Lower left Y：设置矩形左下角 Y 坐标值。

● Width：设置矩形的宽。

● Height：设置矩形的高。

Diagonal coordinates：对角坐标。

● Lower left X：设置矩形左下角 X 坐标值。

● Lower left Y：设置矩形左下角 Y 坐标值。

● Upper right X：设置矩形右上角 X 坐标值。

● Upper right Y：设置矩形右上角 Y 坐标值。

4.2.5　绘制圆

绘制圆的步骤如下。

① 选择菜单栏中的"Insert"（插入）→"Shape"（绘图）→"Circle"（圆）命令，或单击"Palette"（调色板）工具栏中的〇，此时光标变成十字形状。同时弹出"Circle Line Thickness"（圆线宽）对话框，选择 Thin（细）、Medium（中）、Thick（粗）其中之一，默认选择 Thin（细）选项。

② 将光标移到指定位置，单击鼠标左键，确定圆的圆心位置，如图 4-20 所示。

③ 移动光标改变圆的半径，在合适位置单击鼠标左键确定半径的长度，如图 4-21 所示。

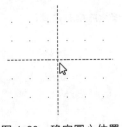

图 4-20　确定圆心位置

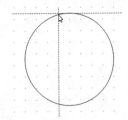

图 4-21　确定圆半径长度

④ 此时，完成一个圆的绘制。此时系统仍处于绘制圆状态，可以继续绘制圆。若要退出，单击鼠标右键或按"Esc"键。

⑤ 圆属性设置。双击需要设置属性的圆，弹出"Properties"（属性）面板。在该面板中可以对圆形的属性进行设置，如图 4-22 所示。

a. All Shapes（全部外形）选项组：在该选项组下设置图形所在图层和图形线条粗细。

b. Circles（圆）选项组：

● Center point X：圆心 X 坐标。

● Center point Y：圆心 Y 坐标。

● Edit mode：半径编辑模式，包括 Absolute radius（绝对半径）和 Delta radius（相对半径）。

● Radius：输入圆的半径。

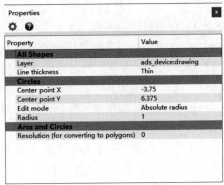

图 4-22　圆属性设置面板

c. Arcs and Circles（圆弧和圆）选项组：在 Resolution (for converting to polygons) 选项中设置图形的分辨率，用于将圆或圆弧转换为多边形。

4.2.6 绘制圆弧

除了绘制直线以外，用户还可以用绘图工具绘制圆弧，绘制圆弧时，不需要确定宽度和高度，只需确定圆弧的圆心、半径、起始点和终止点。

（1）绘制圆弧包括三种方法

① 顺时针绘制圆弧

a. 选择菜单栏中的"Insert"（插入）→"Shape"（绘图）→"Arc (clockwise)"（顺时针绘制圆弧）命令，此时光标变成十字形状。同时弹出"Arc Line Thickness"（圆弧线宽）对话框，选择 Thin（细）、Medium（中）、Thick（粗）其中之一，默认选择 Thin（细）选项。

b. 移动光标到指定位置，单击鼠标左键，确定圆弧的起点，移动光标到指定位置，单击鼠标左键，确定圆弧的圆心。

此时，在起点和圆心的右上方显示圆弧轮廓，沿圆边界方向顺时针移动鼠标，可以改变圆弧的长度，当长度合适后单击鼠标左键，确定圆弧的终点，如图 4-23 所示。

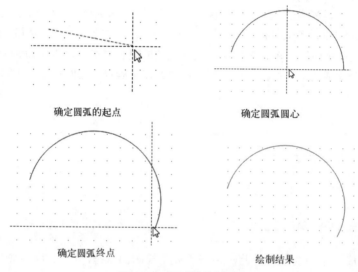

确定圆弧的起点　　　　　　确定圆弧圆心

确定圆弧终点　　　　　　绘制结果

图 4-23　顺时针绘制圆弧

② 逆时针绘制圆弧

a. 选择菜单栏中的"Insert"（插入）→"Shape"（绘图）→"Arc (counter-clockwise)"（逆时针绘制圆弧）命令，此时光标变成十字形状。同时弹出"Arc Line Thickness"（圆弧线宽）对话框，选择 Thin（细）、Medium（中）、Thick（粗）其中之一，默认选择 Thin（细）选项。

b. 移动光标到指定位置，单击鼠标左键，确定圆弧的起点，移动光标到指定位置，单击鼠标左键，确定圆弧的圆心。

此时，在起点和圆心的左下方显示圆弧轮廓，沿圆边界方向逆时针移动鼠标，可以改变圆弧的长度，当长度合适后单击鼠标左键，确定圆弧的终点，如图 4-24 所示。

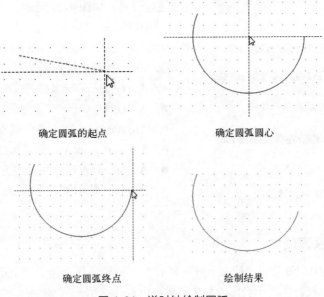

确定圆弧的起点　　　　　　　　　　确定圆弧圆心

确定圆弧终点　　　　　　　　　　　绘制结果

图 4-24　逆时针绘制圆弧

③ 三点绘制圆弧

a. 选择菜单栏中的"Insert"（插入）→ "Shape"（绘图）→ "Arc (start,end,circumference)"（三点绘制圆弧）命令，此时光标变成十字形状。同时弹出"Arc Line Thickness"（圆弧线宽）对话框，选择 Thin（细）、Medium（中）、Thick（粗）其中之一，默认选择 Thin（细）选项。

b. 移动光标到指定位置，单击鼠标左键，确定圆弧的起点，移动光标到指定位置，单击鼠标左键，确定圆弧的终点。

此时，光标自动移到圆弧的圆周上，移动鼠标可以改变圆弧的半径，改变圆弧的形状，在合适后位置单击鼠标左键，确定圆弧的中间点，如图 4-25 所示。

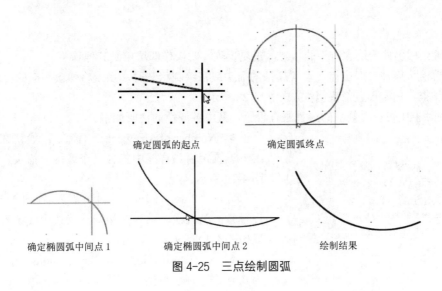

确定圆弧的起点　　　　　　　　　确定圆弧终点

确定椭圆弧中间点 1　　　　确定椭圆弧中间点 2　　　　绘制结果

图 4-25　三点绘制圆弧

（2）圆弧属性设置

双击需要设置属性的圆弧，系统弹出"Properties"（属性）面板，在该面板中可以对圆弧的

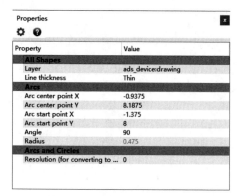

图 4-26 圆弧属性设置面板

属性进行设置，如图 4-26 所示。

① All Shapes（全部外形）选项组　在该选项组下设置圆弧所在图层和图形的线条粗细。

② Arcs（圆弧）选项组

- Arc center point X：圆弧圆心的 X 坐标值。
- Arc center point Y：圆弧圆心的 Y 坐标值。
- Arc start point X：圆弧起点的 X 坐标值。
- Arc start point Y：圆弧起点的 Y 坐标值。
- Angle：圆弧起始角和终止角的差值角度。
- Radius：显示圆弧对应圆的半径，该参数为不可编辑项。

4.2.7　绘制带箭头直线

在 ADS 原理图中，带箭头直线是特殊的注释性的图形，在功能上完全不同于前面介绍的导线，它不具有电气连接特性，不会影响到电路的电气连接结构。

绘制带箭头直线的操作步骤如下。

① 单击菜单栏中的"Insert"（插入）→"Arrow"（箭头）命令，此时光标变成十字形状。

② 移动光标到需要放置箭头的位置处，单击鼠标左键，确定箭头的起点，移动鼠标，单击鼠标左键，确定箭头的终点，如图 4-27 所示。一个箭头绘制完毕后，右击鼠标即可退出该操作。

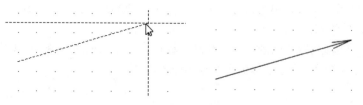

图 4-27　绘制箭头

③ 此时光标仍处于绘制箭头的状态，重复步骤②的操作即可绘制其他箭头。

④ 设置箭头属性。双击需要设置属性的箭头或在绘制状态时，系统将弹出相应的"Arrow"（箭头）对话框，用来设置箭头属性，如图 4-28 所示。

在该对话框中可以对箭头的属性进行设置，其中各属性的说明如下。

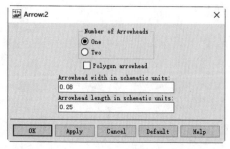

图 4-28　"Arrow"（箭头）对话框

- Number of Arrowheads（箭头个数）：在该选项组下设置带箭头直线中包含一个或两个箭头，效果如图 4-29 所示。

勾选"Polygon arrowhead"（箭头多边形）复选框，设置带箭头直线轮廓为多边形，默认由线条组成，效果如图 4-30 所示。

- Arrowhead width in schematic units：箭头宽度，为 0.08 个原理图单位。
- Arrowhead length in schematic units：箭头长度，为 0.25 个原理图单位。

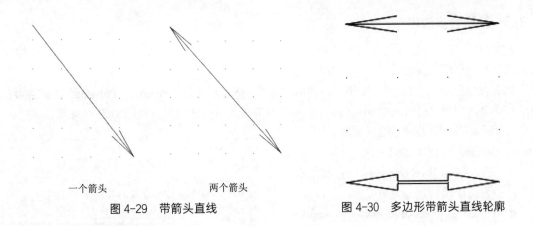

图 4-29　带箭头直线

图 4-30　多边形带箭头直线轮廓

4.3　图形编辑工具

图形编辑工具主要是对绘制的多边形和多段线进行修改，图形编辑工具配合绘图工具的使用可以进一步完成复杂图形对象的绘制工作，并可使用户合理安排和组织图形，保证作图准确，减少重复。因此，熟练掌握和使用"Modify"（修改）子菜单下的图形编辑命令，有助于提高设计和绘图效率，如图 4-31 所示。

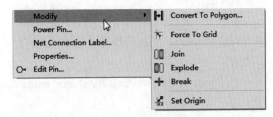

图 4-31　图形编辑命令

4.3.1　强制对象网格化

从 ADS 2016 开始，用户可以通过预先选择布局对象，然后将选中的对象强制移动到最近的网格点上，如图 4-32 所示。

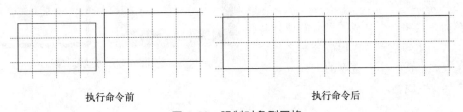

执行命令前　　　　　　　　　　执行命令后

图 4-32　强制对象到网格

选择菜单栏中的"Edit"（编辑）→"Modify"（修改）→"Force To Grid"（强制到网格）命令，在工作区中单击顶点不在网格上的对象，对象的顶点自动移动到最近的网格点上。

4.3.2　设置坐标原点

默认情况下，坐标（0,0）位于布局窗口的中心，但有些时候需要根据绘制的图形重新设置坐标原点，如图 4-33 所示。

选择菜单栏中的"Edit"（编辑）→"Modify"（修改）→"Set Origin"（设置原点）命令，在工作区适当位置单击，坐标原点移动到该位置。

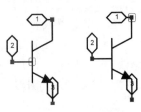

图 4-33　修改坐标原点

4.3.3 转换为多边形

ADS 提供将圆及包含圆弧的多边形转换为简单多边形的命令，该命令可使所有曲线都转换为接近其原始形状的线段。

选择菜单栏中的"Edit"（编辑）→"Modify"（修改）→"Convert To Polygon"（转换为多边形）命令，弹出"Flatten/Convert to Polygon"（多边形扁平化）对话框，如图 4-34 所示。

下面介绍该对话框中的各个选项。

① Options（选项）选项：

● Flatten one level of hierarchy：将层次结构转换为同层结构。

● Flatten all levels of hierarchy to shapes：将所有层次结构转换为同层结构。

● Convert to polygons (flattens all levels of hierarchy)：转换为多边形。

● Convert to polygons without arcs (flattens all levels of hierarchy)：转换为不包含区域的多边形。

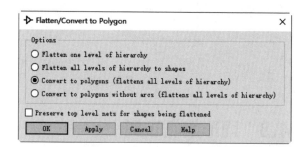

图 4-34　"Flatten/Convert to Polygon"（多边形扁平化）对话框

② Preserve top level nets for shapes being flattened：勾选该复选框，保留顶层网，用来放置被压平的符号形状。

4.3.4 分解命令

分解命令能够将多边形转换为在每个顶点断开的单个线段。

选择要分解的对象，选择菜单栏中的"Edit"（编辑）→"Modify"（修改）→"Explode"（分解）命令，该对象会被分解，如图 4-35 所示。

分解命令是将一个合成图形分解成为其部件的工具。比如，一个矩形被分解之后会变成四条直线，而一个有宽度的直线分解之后会失去其宽度属性。

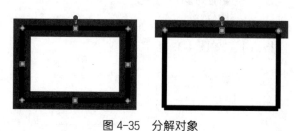

图 4-35　分解对象

4.3.5 合并命令

合并命令能够将端点一致的选定多段线连接为一条多段线。如果结果是闭合形状，则将连接的折线转换为多边形；还可以将同一图层上的直线、圆、圆弧等独立的线段合并为一个对象。

选择源对象或要一次合并的多个对象，选择菜单栏中的"Edit"（编辑）→"Modify"（修改）→"Join"（合并）命令，4 条直线已合并为 1 个矩形，如图 4-36 所示。

图 4-36　合并对象

4.3.6　打断命令

打断命令可以将多边形转换为单个线段。

选择多边形对象，选择菜单栏中的"Edit"（编辑）→"Modify"（修改）→"Break"（打断）命令，在多边形上的一个选择点上单击，将闭合的多边形从打断点处断开，转换为多段线，如图4-37所示。

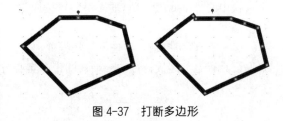

图 4-37　打断多边形

4.3.7　缩放命令

元器件符号的外形可以在 X、Y 轴方向设置不同的缩放比例，从而进行图形的缩小和放大，如图 4-38 所示。

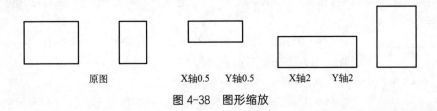

原图　　　　X轴0.5　Y轴0.5　　X轴2　Y轴2

图 4-38　图形缩放

选择菜单栏中的"Edit"（编辑）→"Scale/Oversize"（缩放）→"Scale"（缩小）命令，弹出"Scale"（缩小）对话框，如图4-39所示。在"ScaleX""ScaleY"文本框内输入 X、Y 轴缩放比例，默认值为 1.000。

完成参数设置后，单击"Apply"（应用）按钮，在工作区要缩放的对象上单击，选择对象并指定基点，图形根据指定的基点和比例进行缩小和放大。

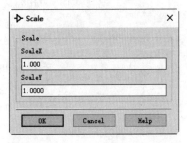

图 4-39　"Scale"（缩小）对话框

4.4　符号属性设置

符号的属性事实上是元器件本身的参数（电器特性）等。除了如名称、描述、制造商、图标和电特性的一般信息，还包括元器件仿真信息和封装信息。

4.4.1　放置引脚

引脚是元器件与元器件、元器件与导线连接的唯一接口，是元器件符号设计不可或缺的重要部分。ADS 中包含两种引脚：一般引脚和电源引脚。

（1）一般引脚

一般引脚表示网络端口的引脚，需要在另一种设计中将该网络连接为子网。

注意　　引脚 1 应放置在坐标 0,0 处，引脚间应有 0.125 英寸的间隔，以便自定义符号连接到提供的符号集。

① 选择菜单栏中的"Insert"（插入）→"Pin"（引脚）命令，或单击"Palette"（调色板）工具栏中的"Insert Pin"（插入引脚）按钮，光标变成十字形状，并附有一个引脚符号，如图4-40所示。

② 移动该引脚到元器件符号边框处，单击完成放置，如图4-41所示。在放置引脚时，一定要保证具有电气连接特性的一端，即带有实心方块的一端朝向符号轮廓。

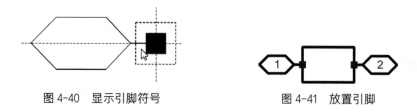

图4-40　显示引脚符号　　　　　　　图4-41　放置引脚

③ 放置引脚的同时，自动弹出"Create Pin"（创建引脚）对话框，如图4-42所示。下面介绍该对话框中的选项。

图4-42　"Create Pin"
（创建引脚）对话框

- Term：用于设置引脚显示选项类型，包括 By Name（通过名称）、By number（通过编号）。
- Name：用于设置元器件引脚的名称。
- Number：用于设置元器件引脚的编号，应该与实际的引脚编号相对应，这里输入"1"。这个数字会随着每个引脚的添加而自动增加。
- Type：用于设置元器件引脚的电气特性。包括：input（输入端口）、output（输出端口）、inOut（输入\输出端口）、switch（转换端口）、jumper（模块化跳线端口）、unused（未使用端口）、tristate（三态端口）。
- Shape：用于设置元器件引脚的形状。

（2）电源引脚

电源引脚也代表一个网络的端口，但不会出现在原理图中，通过电源引脚创建的连接是隐含连接。

选择菜单栏中的"Insert"（插入）→"Power Pin"（电源引脚）命令，弹出"Add Power Pin"（添加电源引脚）对话框，如图4-43所示。

- Term name：用于设置引脚选项名称。
- Term number：用于设置引脚的选项编号。
- Property：输入属性或名称（唯一标识符）。
- Default net：输入网络名称，例如层次结构中包含的全局节点的名称，用冒号分隔。
- Term Type：用于设置元器件引脚的电气特性，包括 Input（输入端口）、Output（输出端口）、Input/Output（输入或输出端口）。
- Connection Term：用于设置引脚连接类型，包括 By Name（通过名称）、By number（通过编号）。

（3）编辑元器件属性

选择菜单栏中的"Edit"（编辑）→"Edit Pin"（编辑引脚）命令，或者双击引脚，弹出如图4-44所示的"Edit Pin"（编辑引脚）对话框。在该对话框中可以设置引脚参数。具体参数与"Create Pin"（创建引脚）对话框主要设置内容相同，这里不再赘述。

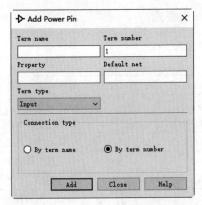

图 4-43　"Add Power Pin"（添加电源引脚）对话框

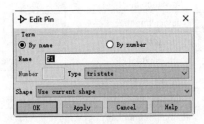

图 4-44　"Edit Pin"（编辑引脚）对话框

4.3.2　符号标签

符号标签是元器件的特性描述，可以描述库元器件功能。ADS 中符号标签包括 NLP 标签（原理图计算 cdsNLPEvalText）和 ILL 标签（Lisp 语法计算 cdsSkillEvalText）。

选择菜单栏中的"Insert"（插入）→"Symbol Label"（符号标签）命令，弹出"Create Symbol Label"（创建符号标签）对话框，如图 4-45 所示。

① Label：输入标签名称。

② Label Choice：选择符号的标签选项。

③ Label Type：选择标签类型。

同时，在工作区中光标变成十字形状，移动光标到元器件符号处，单击完成放置，如图 4-46 所示。完成绘制后，单击"Close"（关闭）按钮，关闭该对话框。

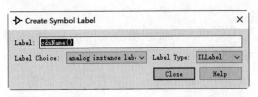

图 4-45　"Create Symbol Label"（创建符号标签）对话框

双击符号标签，或选择菜单栏中的"Edit"（编辑）→"Properties"（属性）命令，弹出"Properties"（属性）面板来修改符号标签属性，可以更改字体类型、大小和各种其他属性，如图 4-47 所示。

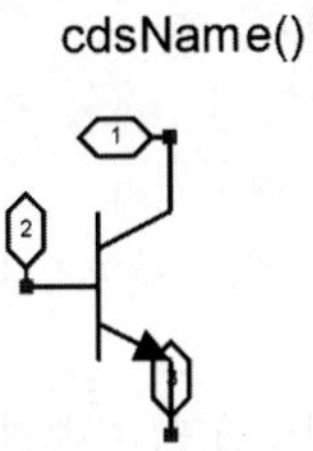

cdsName()

图 4-46　放置符号标签

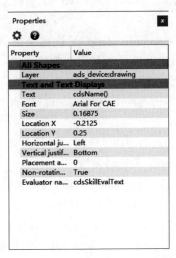

图 4-47　"Properties"（属性）面板

表 4-2 显示 ADS 中符号标签可以描述的信息和标签格式。

表 4-2　符号标签格式和说明

类型	格式	说明
instance label	[@instanceName]	显示实例的当前值
device annotate	[@refDes]	显示设备标注的值
logical label	[@partName]	显示逻辑标签
physical label	[@userPartName:%:[@phyPartName]]	显示物理标签
pin annotate	[@p_]cdsName()	显示引脚注释
analog instance label	cdsName()	显示模拟实例标签
analog pin annotate	cdsTerm(" ")	显示引脚标签
analog device annotate	cdsParam(1)	显示模拟设备注释

4.3.3　参数设置

如果需要将元器件符号值设计成变量，以便电路设计使用，那么就需要进行参数设计。

选择菜单栏中的"File"（文件）→"Design Parameters"（设计参数）命令，打开如图 4-48 所示的"Design Parameters"（设计参数）对话框，显示元器件符号所在的 Library（库）和 Cell（单元名称）。

该对话框中包含两个选项卡。

（1）"General Cell Definition"（通用定义）选项卡

① Description：显示符号的标识符。

② Component Instance Name：显示元器件实例名称。

③ Simulation（仿真）选项组：

● Model：选择仿真模型类型，包括 Subnetwork（子网络模型）、Built-in Component（内置元器件模型）和 Not Simulated（非仿真模型）。

● Simulate As：在 Model 下拉列表中选择 Built-in Component（内置元器件模型），

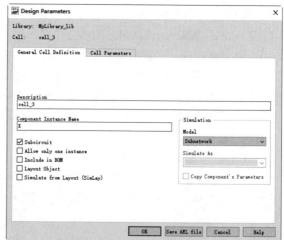

图 4-48　"Design Parameters"（设计参数）对话框

激活该选项，选择元器件类别，如 C、R、L、SRL、PRL、SLC、PLC、LQ、CQ、PLCQ。

● Copy Component's Parameters：勾选该复选框，为绘制的符号复制该系列元器件的参数。

④ Subcircuit：勾选该复选框，表示该符号为分支电路的层次符号。

⑤ Subnetwork：勾选该复选框，表示该符号为子网络的层次符号。

⑥ Allow only one instance：勾选该复选框，表示只显示一个实例。

⑦ Include in BOM：勾选该复选框，在输出的 BOM 报表中显示该符号信息。

⑧ Layout Object：勾选该复选框，表示该符号为布局图对象。

⑨ Simulate from Layout (SimLay)：勾选该复选框，该符号用于在白图中进行仿真设计。

（2）"Cell Parameters"（单元参数）选项卡

在该选项卡中添加自定义的参数，如图 4-49 所示。

4.3.4　符号生成器

ADS 元器件向导通过"Symbol Generator"（符号生成器）对话框来让用户输入参数，最后根据这些参数自动创建一个元器件。

选择菜单栏中的"Insert"（插入）→ "Generate Symbol"（生成符号）命令，或单击"Palette"（调色板）工具栏中的"Open Symbol Generator dialog"（打开符号生成器对话框）按钮▦，弹出"Symbol Generator"（符号生成器）对话框，如图 4-50 所示。

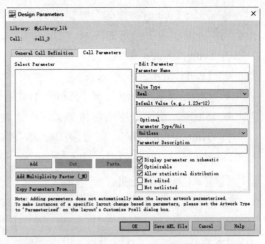

图 4-49　"Cell Parameters"（单元参数）选项卡

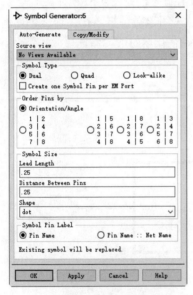

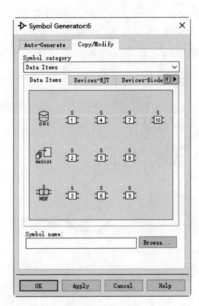

图 4-50　"Symbol Generator"（符号生成器）对话框

（1）"Anto-Generate"（自动生成）选项卡

在该选项卡中提供最小规格，为原理图或布局生成符号。

① Source view：选择源视图，默认选择"No Views Available"（没有可用视图）。

② Symbol Type：使用符号生成器自动生成三种类型的符号。

● Dual：矩形符号，将引脚限制在符号主体的左右两侧。

● Quad：四边形符号，允许在符号主体的四面都有引脚。

● Look-alike：相似符号，用作布局视图的简化缩放表示，作为原理图的符号。

③ Create one Symbol Pin per EM Port：如果源视图是 Layout 类型，则可以使用一个附加选项来为每个 EM 端口仅创建一个符号引脚。当在连接大量引脚的布局中定义端口时，启用此选项以减少符号引脚的数量。EM 协同仿真视图需要一个具有与布局视图中相同数量引脚的 Symbol 视图。

④ Order Pins by：控制符号引脚的位置。在"Orientation/Angle"（方向 / 角度）选项组下选择不同的方向和角度排列的选项。

⑤ Symbol Size：符号大小。

● Lead Length：引线长度，在符号主体和引脚之间绘制的任何线的长度，默认值为 25。

● Distance Between Pins：在符号本体同一侧绘制引脚之间的距离，默认值为 25。

● Shape：引脚使用的形状类型，默认为 dot（点）。

⑥ Symbol Pin Label：符号引脚标签，指定必须在符号上的每个引脚旁边添加文本标签，包括"Pin Name"（引脚名称）、"Pin Name:Net Name"（引脚名称 : 网络名称）。

（2）"Copy/Modify"（复制 / 修改）选项卡

在该选项卡中可以复制和修改现有的符号。或者可以手动创建符号视图。

● Symbol category：符号类别，在下拉列表中选择所需的符号类别（Data Items、Devices-BJT、Devices-Diode、DAC 等），每个符号类别选项卡将显示该类别的符号图标。

● Symbol name：单击所需的符号图标，在该文本框内显示其名称，也可以单击"Browse"（搜索）按钮，选择需要使用的实际符号名称。

单击"Apply"（应用）按钮，在设计窗口中查看符号，如图 4-51 所示。

完成参数设置后，单击"OK"（确定）按钮，关闭该对话框，在工作区创建新的元器件符号，此时，原始的元器件符号被覆盖（若工作区已经存在原始的元器件符号）。

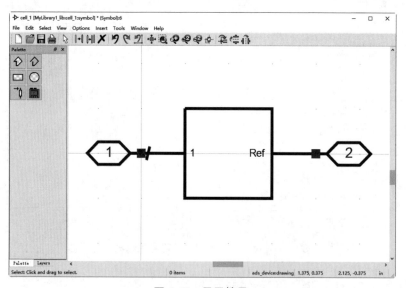

图 4-51　显示符号

4.5　操作实例

4.5.1　绘制 LCD 元器件

本节通过制作一个 LCD 显示屏接口的原理图符号，帮助大家巩固前面所学的知识。制作一个 LCD 元器件原理图符号的具体制作步骤如下。

扫码看视频

（1）新建工程文件

启动 ADS 2023，打开主窗口界面。选择菜单栏中的"File"（文件）→"New"（新建）→

"Workspace"（项目）命令，或单击工具栏中的"Create A New Workspace"（新建一个工程）按钮 ，弹出"New Workspace"（新建工程）对话框，设置工程名称和路径，如图 4-52 所示，新建工程文件"CustumLib_wrk"，同时，自动在工程下新建元器件库名称 CustumLib_lib，如图 4-53 所示。

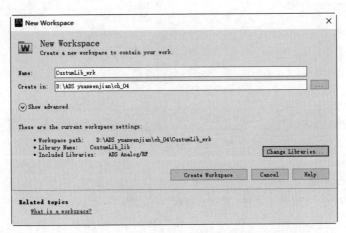

图 4-52 "New Workspace"（新建工程）对话框

（2）新建库文件

选择菜单栏中的"File"（文件）→"New"（新建）→"Library"（元器件库）命令，弹出"New Library"（创建元器件库）对话框，在"Name"（名称）文本框内输入新建的元器件库名称 NEWLib_lib，在"Create in"（路径）选项中选择文件路径，如图 4-54 所示。

单击"Create Library"（创建元器件库）按钮，在"Library View"（元器件库视图）选项卡中显示新建的元器件库 NEWLib_lib 和默认创建的元器件库 CustumLib_lib。

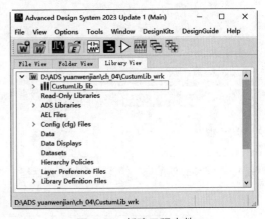

图 4-53 新建工程文件

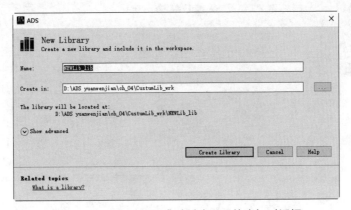

图 4-54 "New Library"（创建元器件库）对话框

此时，在"File View"（文件视图）选项卡中显示新建的元器件库文件夹 NEWLib_lib 和 CustumLib_lib，如图 4-55 所示。

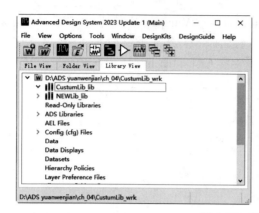 

图 4-55　新建元器件库

（3）新建符号文件

选择菜单栏中的"File"（文件）→"New"（新建）→"Symbol"（符号图）命令，或单击"Basic"（基本）工具栏中的"New Symbol Window"（新建符号窗口）按钮▷，弹出"New Symbol"（新建符号图）对话框，如图 4-56 所示。

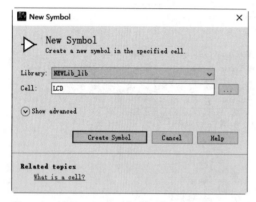

在"Library"（元器件库）下拉列表中选择新建的元器件库 NEWLib_lib，在该元器件库中创建符号文件。在"Cell"（单元）文本框内输入符号图名称 LCD。

单击"Create Symbol"（创建符号图）按钮，进入元器件符号编辑环境，如图 4-57 所示。同时自动打开"Symbol Generator"（符号生成器）对话框，可以根据参数向导生成符号。本节中不使用该方法，因此关闭该对话框。

图 4-56　"New Symbol"（新建符号图）对话框

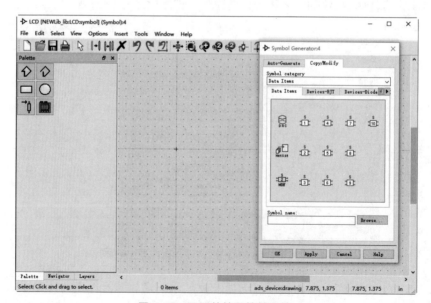

图 4-57　元器件符号编辑环境

（4）绘制元器件符号

首先，要明确所要绘制元器件符号的引脚参数，如表 4-3 所示。

表 4-3　元器件引脚参数

引脚号码	引脚名称	信号类型
1	VSS	unused
2	VDD	unused
3	VO	unused
4	RS	input
5	R/W	input
6	EN	input
7	DB0	InOut
8	DB1	InOut
9	DB2	InOut
10	DB3	InOut
11	DB4	InOut
12	DB5	InOut
13	DB6	InOut
14	DB7	InOut

（5）确定元器件符号的轮廓（放置矩形）

单击"Palette"（调色板）工具栏中的 □，此时光标变成十字形状，同时弹出"Rectangle Line Thickness"（矩形线宽）对话框，选择"Medium"（中）选项，如图 4-58 所示。

在工作区捕捉原点，单击鼠标左键，确定矩形左上角位置，拖动鼠标，再次单击鼠标左键，确定右下角位置，如图 4-59 所示。按下"Esc"键或单击鼠标右键选择"End Command"（结束命令）命令，即可退出操作。

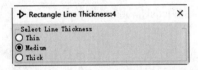

图 4-58　"Rectangle Line Thickness"（矩形线宽）对话框

图 4-59　确定矩形

（6）放置引脚

选择菜单栏中的"Insert"（插入）→"Pin"（引脚）命令，或单击"Palette"（调色板）工具栏中的"Insert Pin"（插入引脚）按钮 ，光标变成十字形状，并附有一个引脚符号，移动该引脚到元器件符号边框处，单击完成放置，如图 4-60 所示。放置引脚的同时，自动弹出"Create Pin"（创建引脚）对话框，按表 4-3 设置参数。

绘制过程中，鼠标指针上附着一个引脚的虚影，用户可以按 Ctrl+R 键改变引脚的方向，然后单击鼠标

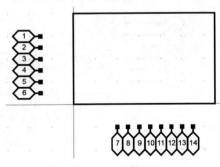

图 4-60　绘制引脚

放置引脚。

由于引脚号码具有自动增量的功能，第一次放置的引脚号码为1，紧接着放置的引脚号码会自动变为2，所以最好按照顺序放置引脚。另外，如果引脚名称的后面是数字的话，同样具有自动增量的功能。

（7）绘制连接线

单击"Palette"（调色板）工具栏中的⟨♢⟩，弹出"Polyline Line Thickness"（多段线线宽）对话框，选择"Medium"（中）选项。移动光标，单击放置多段线的起点，双击确定顶点，绘制引脚和元器件边框的连接线，如图4-61所示。

（8）添加文本标注

选择菜单栏中的"Insert"（插入）→"Text"（文本）命令，此时光标变成十字形状，进入放置文字状态，在合适的位置单击，在文本编辑框输入"VSS"。双击文本，弹出"Properties"（属性）面板，将字体大小设置为0.1。同样的方法继续放置文本，结果如图4-62所示。

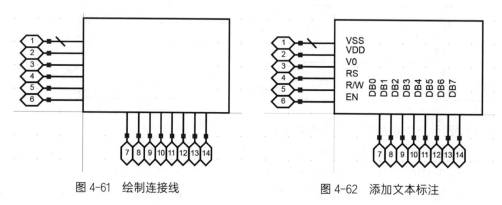

图 4-61　绘制连接线　　　　　　　图 4-62　添加文本标注

（9）放置标签

选择菜单栏中的"Insert"（插入）→"Symbol Label"（符号标签）命令，弹出"Create Symbol Label"（创建符号标签）对话框，输入标签 cdsName()，在符号上方单击完成放置，如图4-63 所示。

选择菜单栏中的"Edit"（编辑）→"Modify"（修改）→"Set Origin"（设置原点）命令，在工作区引脚 1 位置单击，将坐标原点移动到该位置，如图4-64 所示。

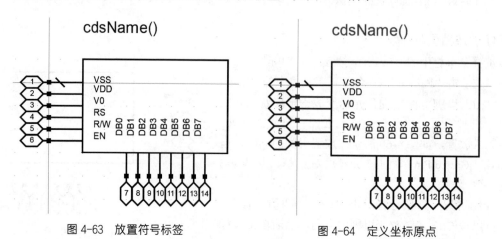

图 4-63　放置符号标签　　　　　　图 4-64　定义坐标原点

（10）添加形式参数

① 选择菜单栏中的"File"（文件）→ "Design Parameters"（设计参数）命令，打开"Design Parameters"（设计参数）对话框，打开"Cell Parameters"（参数）选项卡。

在"Parameter Name"（参数名称）文本框内输入"Temp"，在"Value Type"（参数值类型）列表中默认选择Real，在"Default Value (e. g., 1.23e-12)"（默认值）文本框内输入 0。单击"Add"（添加）按钮，将新建的参数（Temp 温度）添加到左侧"Select Parameter"（选择参数）列表中。

同样的方法，新建Resol、Refrate、Bri，新建分辨率、刷新率和亮度参数，如图 4-65 所示。

② 单击"OK"（确定）按钮，关闭对话框。

单击"default0"（默认）工具栏中的"Save"（保存）按钮 🖫 ，保存绘制结果。

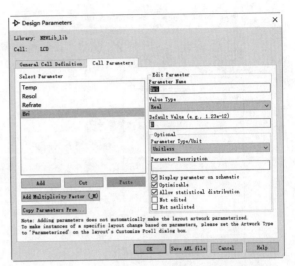

图 4-65　"Cell Parameters"（单元参数）选项卡

4.5.2　绘制 MC1413 芯片

本例绘制的 MC1413 芯片符号如图 4-66 所示。

启动 ADS 2023，打开主窗口界面。单击工具栏中的"Open A Workspace"（打开工程）按钮 🖼 ，弹出"Open Workspace"（打开工程）对话框，选择打开工程文件"CustumLib_wrk"。在工程下打开符号文件 LCD → symbol，进入符号视图窗口。

扫码看视频

单击"default0"（默认）工具栏中的"New"（新建）按钮 🗋 ，弹出"New Symbol"（新建符号图）对话框，如图 4-67 所示。

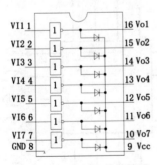

图 4-66　MC1413 芯片符号

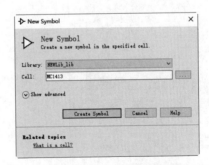

图 4-67　"New Symbol"（新建符号图）对话框

在"Library"（元器件库）下拉列表中选择新建的元器件库 NEWLib_lib，在该元器件库中创建符号文件。在"Cell"（单元）文本框内输入符号图名称 MC1413。单击"Create Symbol"（创建符号图）按钮，进入元器件符号编辑环境，如图 4-68 所示。同时自动打开"Symbol Generator"（符号生成器）对话框。

选择菜单栏中的"Insert"（插入）→ "Generate Symbol"（生成符号）命令，或单击"Palette"（调色板）工具栏中的"Open Symbol Generator dialog"（打开符号生成器对话框）按钮 🖿 ，弹出

"CSymbol Generator（符号生成器）"对话框。打开"Copy/Modify"（复制 / 修改）选项卡，在"Symbol category"（符号类别）下拉列表中选择 Linear-Data File → S16P，如图 4-69 所示。单击"OK"（确定）按钮，关闭该对话框，在工作区显示新的元器件符号，如图 4-70 所示。

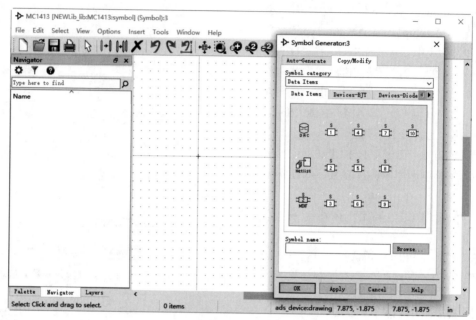

图 4-68　元器件符号编辑环境

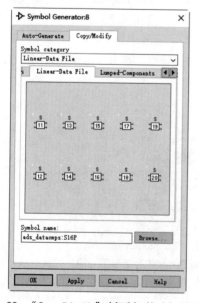

图 4-69　"Copy/Modify"（复制 / 修改）选项卡

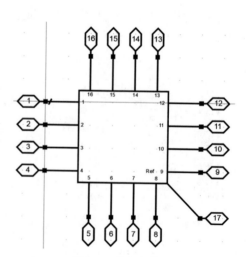

图 4-70　S16P 符号

根据图 4-66 所示的芯片图调整引脚的位置，结果如图 4-71 所示。

双击矩形框内的引脚名称 1，弹出"Properties"（属性）面板，在"Text"（文本）选项中修改引脚名称为 VTI，如图 4-72 所示。

同样的方法，修改其余引脚名称，结果如图 4-73 所示。

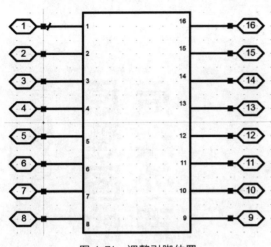

图 4-71　调整引脚位置

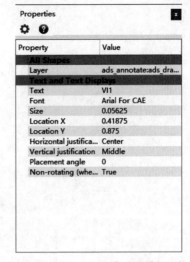

图 4-72　"Properties"（属性）面板

选择菜单栏中的"Edit"（编辑）→"Modify"（修改）→"Set Origin"（设置原点）命令，在工作区引脚 1 位置单击，将坐标原点移动到该位置，如图 4-74 所示。

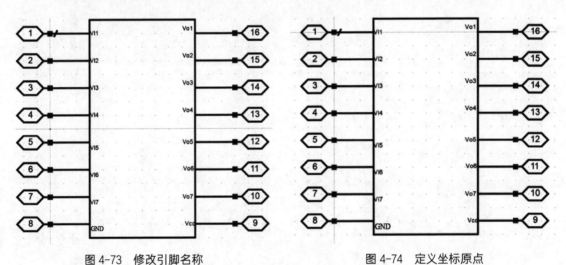

图 4-73　修改引脚名称　　　　　　　　　　　　图 4-74　定义坐标原点

单击"default0"（默认）工具栏中的"Save"（保存）按钮，保存绘制结果。

第 **5** 章

原理图的
后续处理

为了快捷准确地绘制原理图，ADS 提供了多种必要的辅助工具，如窗口缩放、图层显示、捕捉功能等。利用这些工具，可以方便、迅速、准确地实现原理图的绘制和编辑，不仅可提高工作效率，而且能更好地保证图形的质量。

5.1　原理图中的常用操作

前面介绍了原理图的绘制方法，本章将介绍原理图中的常用操作，包括原理图的绘制技巧，如窗口的缩放、查找捕捉等。

5.1.1　工作窗口的缩放

在原理图编辑器中，提供了电路原理图视图窗口的缩放功能，以便于用户进行观察。形状菜单栏中的"View"（视图）命令，其菜单如图 5-1 所示。在该菜单中列出了对原理图画面进行缩放的多种命令。

菜单中有关窗口缩放的操作可分为以下几种类型。

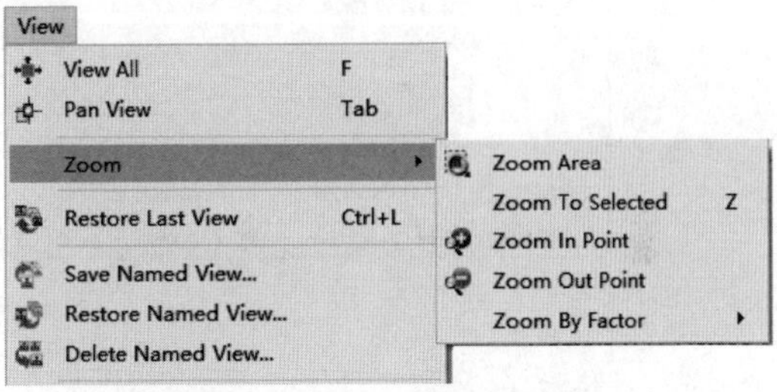

图 5-1　"View"（视图）菜单

（1）在工作窗口中显示选择的内容

该类操作包括在工作窗口显示整个原理图、显示所有元器件、显示选定区域、显示选定元器件和选中的坐标附近区域，它们构成了"View"（视图）菜单的第一栏。

● View All：显示全部图纸。该命令将整个电路图缩放显示在窗口中，包含图纸边框及原理图的空白部分，如图 5-2 所示。

● Pan View：平移视图。单击鼠标左键选中某个位置后，该命令将选中位置移动到视图的中间位置，如图 5-3 所示。

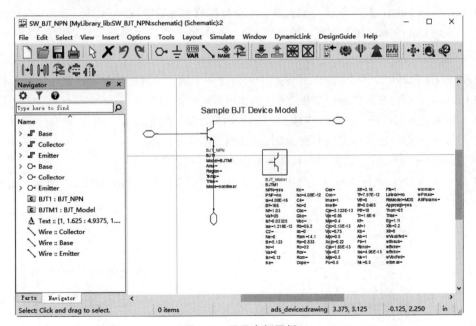

图 5-2　显示全部图纸

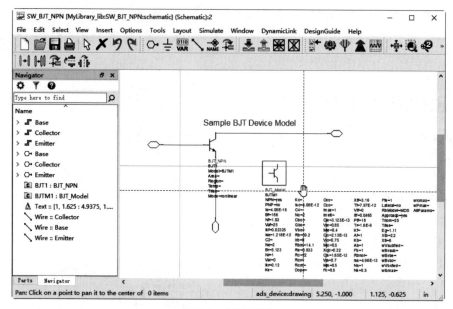

图 5-3 平移视图

（2）指定的缩放

"Zoom"（缩放）子菜单中包括原理图的放大和缩小显示，以及按原比例显示原理图上坐标点附近区域。

● Zoom Area：在工作窗口选中一个区域，放大选中的区域。具体的操作方法是：单击该命令，光标以十字形状出现在工作窗口中，在工作窗口单击，确定区域的一个顶点，移动光标确定区域的对角顶点，单击，在工作窗口中将只显示刚才选择的区域。

● Zoom To Selected：用于放大显示选中的对象。单击该命令后，选中的多个对象，将以适当的尺寸放大显示。

● Zoom In Point：在工作窗口放大显示一个坐标点附近的区域。

● Zoom Out Point：在工作窗口缩小显示一个坐标点附近的区域。

（3）显示比例的缩放

"Zoom By Factor"（因子缩放）子菜单中的命令用于确定原理图的显示比例，如图5-4所示。

● Zoom In x2：在工作窗口中按 200% 的比例显示实际图纸。

● Zoom Out x2：在工作窗口中按 50% 的比例显示实际图纸。

● Zoom In x5：在工作窗口中按 500% 的比例显示实际图纸。

● Zoom Out x5：在工作窗口中按 20% 的比例显示实际图纸。

● Zoom In By：执行该命令，弹出"Zoom By"（缩放）对话框，如图5-5所示，输入放大因子（大于1的值），根据放大因子放大视图。

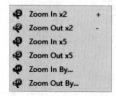

图 5-4 "Zoom By Factor"（因子缩放）子菜单

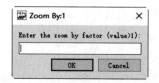

图 5-5 "Zoom By"（缩放）对话框

● Zoom Out By：执行该命令，弹出"Zoom By"（缩放）对话框，输入缩小因子（大于 1 的值），根据缩小因子缩小视图。

（4）视图操作

在用 ADS 进行电路原理图的设计和绘图时，少不了要对视图进行操作，熟练掌握视图操作命令，将会极大地方便实际工作的需求。

● Restore Last View：在工作窗口中恢复到上一个视图显示的画面。

● Save Named View：选择该命令，弹出"Save Named View"（保存命名视图）对话框，如图 5-6 所示，在"Enter view name"（输入视图名称）文本框内输入要保存视图的名称。对视图进行命名后方便下次访问该视图。

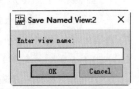

图 5-6　"Save Named View"（保存命名视图）对话框

● Restore Named View：选择该命令，弹出"Restore Named View"（恢复命名视图）对话框，如图 5-7 所示，在"Views Stored"（存储视图）文本框内选择文件中保存的视图列表（已命名），在"View Selected"（选中视图）中显示选中的视图，单击"OK"（确定）按钮，恢复到指定名称的视图画面。

● Delete Named View：选择该命令，弹出"Delete Saved Named View"（删除保存的已命名视图）对话框，如图 5-8 所示，在"Select Views to be deleted"（选择要删除的视图）列表中选择视图，单击"SelectAll"（全部选择）按钮，选中列表中所有的视图，单击"OK"（确定）按钮，删除选中的视图。

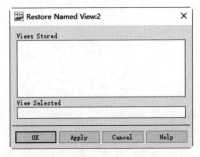

图 5-7　"Restore Named View"（恢复命名视图）对话框

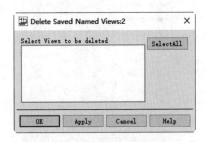

图 5-8　"Delete Saved Named View"（删除保存的已命名视图）对话框

（5）使用快捷键和工具栏按钮执行视图显示操作

ADS 2023 为大部分的视图操作提供了快捷键，为常用视图操作提供了工具栏按钮，具体如下。

① "Zoom"（缩放）工具栏按钮。

● （View All）按钮：在工作窗口中显示所有对象，也可以按下快捷键"F"。

● （Zoom In To a Designated Area）按钮：在工作窗口中显示选定区域，也可以按下快捷键"Z"。

● （Zoom In By 2）按钮：在工作窗口中按 200％ 的比例显示实际图纸，也可以按下快捷键"+"。

● （Zoom Out By 2）按钮：在工作窗口中按 50％ 的比例显示实际图纸，也可以按下快捷键"−"。

② 放大。向上滚动鼠标滚轮会放大显示图纸。

③ 缩小。向下滚动鼠标滚轮会缩小显示图纸。

5.1.2 图层的显示

ADS 2023 提供了详细直观的"Layers"（图层）对话框，用户可以方便地通过对该对话框中的各选项及其二级选项进行设置，从而实现设置图层在不同视图窗口中的显示与选择。

选择菜单栏中的"Options"（选项）→"Layer Preferences"（图层属性）命令；或在编辑窗口中单击鼠标右键，在弹出的快捷菜单中选择"Layer Preferences"（图层属性）命令；或在标题栏空白处单击鼠标右键，在弹出的快捷菜单中选择"Layer Preferences"（图层属性）命令；系统打开如图 5-9 所示的"Layers"（图层）对话框，在该对话框中显示原理图中所有的图层。

① Library：在该选项中显示需要设置的图层的所在元器件库。

② Layer（图层名称）、Fill（填充颜色）、Sel（选择与取消选择）、Vis（显示与隐藏）：在列表中显示图层的属性。

③ "Options"（选项）按钮 ✿：单击该按钮，弹出如图 5-10 所示的下拉菜单，显示关于图层显示与隐藏的快捷命令。

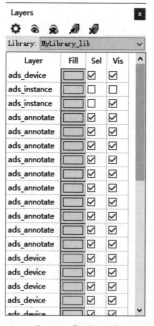

图 5-9 "Layers"（图层）对话框

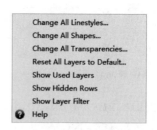

图 5-10 下拉菜单

● Change All Linestyles：单击该按钮，弹出"Select a LineStyle"（选择线型）对话框，如图 5-11 所示，更改所有线条样式。

● Change All Shapes：单击该按钮，弹出"Select a Shape"（选择形状）对话框，如图 5-12 所示，改变所有图层形状，Outlined（只有边框线）、Filled（只填充）、Both（边界线加填充）。

● Change All Transparencies：单击该按钮，弹出"Set Tranparency"（设置透明度）对话框，如图 5-13 所示，改变所有图层的透明度。

● Reset All Layers to Default：单击该按钮，重置所有图层为默认值。

● Show Used Layers：单击该按钮，显示已使用图层。

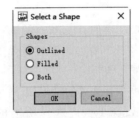

图 5-11　"Select a LineStyle"（选择线型）对话框　　图 5-12　"Select a Shape"（选择形状）对话框

● Show Hidden Rows：单击该按钮，显示隐藏行。

● Show Layer Filter：单击该按钮，在"Library"（库）选项下显示图层过滤器，如图 5-14 所示。在过滤器中根据输入的图层名称过滤图层列表，显示符合条件的图层，方便图层的查找和选择。

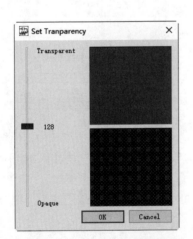

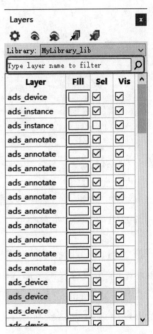

图 5-13　"Set Tranparency"（设置透明度）对话框　　　　图 5-14　显示图层过滤器

● Help：单击该按钮，图层 ADS Help 对话框，显示关于图层的帮助文件。

④ "Show All Layers"（显示全部图层）按钮 ：单击该按钮，设置列表中的所有图层为可见的，在设计中显示在该图层中的对象。

⑤ "Hide All Layers"（隐藏全部图层）按钮 ：单击该按钮，设置列表中的所有图层为不可见的，在设计中隐藏在该图层中的对象。

⑥ "Make All Layers Selectable"（选择全部图层）按钮 ：单击该按钮，列表中的所有图层中的对象可以被选择。

⑦ "Make All Layers Non-Selectable"（取消选择全部图层）按钮 ：单击该按钮，列表中的所有图层中的对象不可以被选择。

5.1.3 查找与替换

查找与替换命令用于在电路图中查找指定的文本，通过此命令可以迅速找到包含某一文字标识的图元。

选择菜单栏中的"Edit"（编辑）→"Component"（元器件）→"Search/Replace Reference"（查找 / 替换引用）命令，系统将弹出如图 5-15 所示的"Search/Replace Reference"（查找 / 替换引用）对话框。

该对话框中各选项的功能如下。

① Reference Type：选择所需的引用类型，可选择项为：Instance Name（实例名称）或 Variable（变量）。

② Search Only：勾选该复选框，禁用"Replace With"（替换）选项，只进行查找操作。

③ Search For：用于输入需要查找的元器件名称的关键词。单击"Select"（选择）按钮，弹出"Select"（选择）对话框，在列表中显示该原理图中所有符合条件的文本，直接选择需要查找的文本，如图 5-16 所示，在"Search For"（查找）文本框内显示该文本。

④ Replace With：用于输入替换原文本的新文本的关键词。单击"Select"（选择）按钮，选择需要替换的文本。

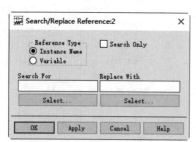

图 5-15　"Search/Replace Reference"（查找 / 替换引用）对话框

图 5-16　"Select"（选择）对话框

用户按照自己的实际情况设置完对话框的内容后，单击"Apply"（应用）按钮或"OK"（确定）按钮开始查找或替换。

在工作窗口中将高亮显示所有符合搜索条件的对象，并跳转到最近的一个符合要求的对象上。此时可以逐个查看这些对象。

5.1.4 坐标输入

每个需要单击窗口某处的命令都是坐标入口的潜在应用程序。实际上，以这种方式输入坐标取代了在原理图或布局中单击，将元器件放置在特定坐标上。

在以下情况下可以使用坐标输入：

- 在原理图或布局中放置元器件或文本。
- 使用参照点复制或移动对象。
- 绘制线条、形状、路径和轨迹线。
- 插入元器件。

在"Part"（部件）面板中选中一个元器件，在光标上显示浮动的元器件符号，如图 5-17 所示。此时，在窗口右下方显示当前元器件引脚 1 的坐标值。

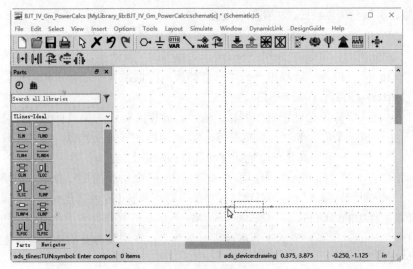

图 5-17　选择元器件

选择菜单栏中的"Insert"（插入）→"Coordinate Entry"（坐标）命令，弹出"Coordinate Entry"（坐标）对话框，如图 5-18 所示。

在对话框中输入 X 值和 Y 值，单击"Apply"（应用）按钮，在指定的坐标（0,5）处放置元器件，引脚 1 位于指定的坐标，如图 5-19 所示。

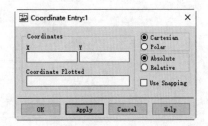

图 5-18　"Coordinate Entry"（坐标）对话框

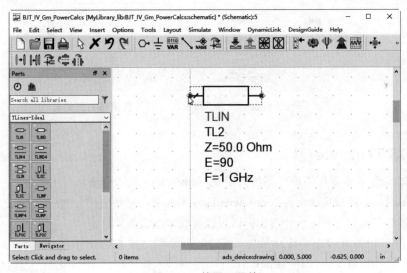

图 5-19　放置元器件

5.1.5　捕捉功能

为了准确地在屏幕上捕捉点，ADS 提供了三种捕捉功能：网格捕捉、引脚捕捉和顶点捕捉。

① 选择菜单栏中的"Options"（选项）→"Snap Enabled"（启用捕捉）命令，或按下快捷键"Ctrl"+"E"，激活捕捉功能。放置元器件或链接元器件时，可以将光标直接定位到最近的

捕捉点（网格、引脚、顶点）处，方便精确定位。

② 打开"Preferences for Schematic"（原理图属性）对话框中的"Grid/Snap"（网格捕捉）选项卡，如图 5-20 所示。勾选"Enabled Snap"（启用捕捉）复选框，激活捕捉功能。

③ 在"Snap to"（捕捉）选项组下显示三种捕捉点，根据需要选择需要捕捉的类型。包括 Pin（引脚）、Vertex（顶点）、Grid（网格）。

④ Grid（网格）模式下光标锁定到网格上的点，此模式是优先级最低的模式。网格捕捉功能是指在屏幕上生成一个隐含的网格（捕捉网格），该网格能够捕捉光标，约束它只能落在网格的某一个节点上，使用户能够高精确度地捕捉和选择该网格上的点。

⑤ 选择菜单栏中的"Options"（选项）→"Pin Snap"（引脚捕捉）命令，切换引脚捕捉的开启与关闭。Pin（引脚）模式下光标自动捕捉对象引脚，并且 Pin 模式优先于所有其他模式。

⑥ 选择菜单栏中的"Options"（选项）→"Vertex Snap"（顶点捕捉）命令，切换顶点捕捉的开启与关闭。Vertex（顶点）模式下光标捕捉对象顶点，在需要改变网格间距或者移动对象的情况下较为好用。

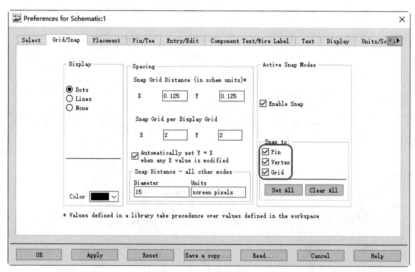

图 5-20 "Preferences for Schematic"（原理图属性）对话框

5.1.6 ADS Template

ADS 中自带了许多常用的原理图仿真模板 (Template)，为设计者节省了大量的时间。模板电路保存在 ads_templates 文件下，电路中都有默认设置好的参数和符号，设计者也可以根据需要修改这些参数。

在原理图编辑器窗口中，选择菜单栏中的"Insert"（插入）→"Template"（模板）命令，打开"Insert Template"（插入模板）对话框，如图 5-21 所示。该对话框中包含一些常用的模板，其中，包含了 3GPP 标准的测试、晶体管器件的直流测试、谐波平衡仿真和 S 参数仿真等。

选择"ads_templates:3GPPFDD_BS_TX_test"模板，单击"OK"按钮，放置 3GPP 标准的测试仿真模板，如图 5-22 所示。

图 5-21 "Insert Template"
（插入模板）对话框

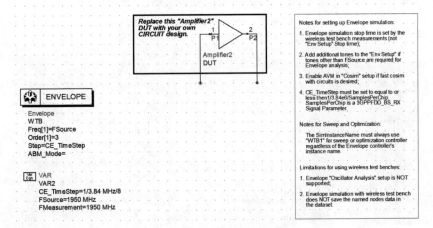

图 5-22　测试仿真模板

5.2　元件的过滤

在进行原理图或布局图设计时，用户经常希望能够查看并且编辑某些对象，但是在复杂的电路中，尤其是在进行布局图设计时，要将某个对象从中区分出来是十分困难的。因此，ADS 提供了一个十分人性化的过滤功能。经过过滤后，被选定的对象将清晰地显示在工作窗口中。同时，未被选定的对象也将变成为不可操作状态，用户只能对选定的对象进行操作。

5.2.1　使用"Navigator"（导航）面板

选择菜单栏中的"View"（视图）→"Docking Windows"（固定窗口）→"Navigator Window"（导航窗口）命令，在原理图编辑器或布局图编辑器中打开"Navigator"（导航）面板，如图 5-23 所示。"Navigator"（导航）面板的作用是快速浏览原理图中的元件、导线、网络，"Navigator"（导航）面板是 ADS 强大集成功能的体现之一。

在对原理图文档编译以后，单击"Navigator"（导航）面板中的"Show Options"（显示选项）按钮✿，激活"Select"（选中）、"Zoom to selected"（放大选中对象）命令，设置对象的显示方法，如图 5-24 所示。

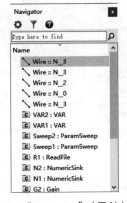

图 5-23　"Navigator"（导航）面板

图 5-24　选择显示菜单命令

单击"Object Filter"（对象过滤器）按钮▼，在下拉列表中显示快捷菜单，显示过滤器中对象的类型命令，如图 5-25 所示。在命令前面显示 √，表示在下面的列表中显示该类型的对象。默认情况下选择所有的对象类型，若选择"Show Nets"（显示网络）命令，则取消该命令前的 √，下面的列表中不显示网络对象，如图 5-26 所示。

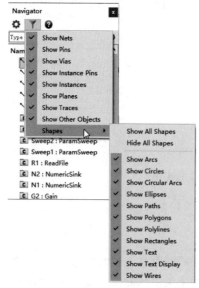

图 5-25　快捷菜单

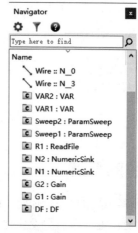

图 5-26　不显示网络对象

单击展开其中的一个网络，立即在下面的列表框中显示出与该网络相连的所有节点，同时工作窗口的图纸将该网络的所有元件高亮显示出来，并置于选中状态，如图 5-27 所示。

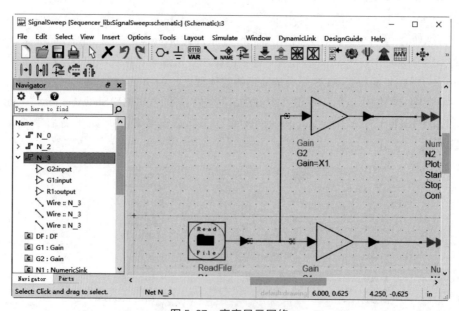

图 5-27　高亮显示网络

单击其中的一个节点（N_3 → Wire :: N_3），工作窗口的图纸将该节点高亮显示出来，并置于选中状态，如图 5-28 所示。

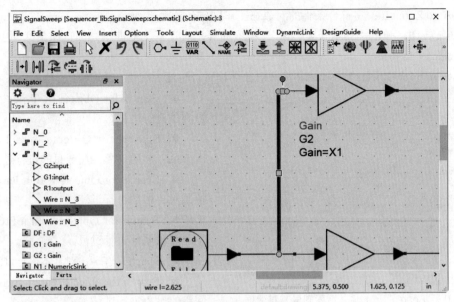

图 5-28　高亮显示节点

5.2.2　使用"Search"（搜索）面板

选择菜单栏中的"View"（视图）→"Docking Windows"（固定窗口）→"Search Window"（搜索窗口）命令，在原理图编辑器或布局图编辑器中打开"Search"（搜索）面板，在该面板中使用查询功能，查询结果将在工作窗口中启用过滤功能，如图 5-29 所示。

在过滤栏输入关键词"r"，单击 🔍 按钮，在下面的列表中显示符合条件的对象，并统计对象个数，如图 5-30 所示。

图 5-29　"Search"（搜索）面板

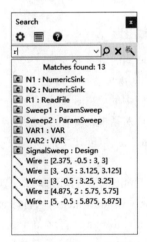

图 5-30　显示过滤结果

单击"Search"（搜索）面板中的"Show Options"（显示选项）按钮 ⚙，设置查找选项，用于更精细地进行搜索。

- Match case：对输入的关键词在搜索时区分大小写。
- Match whole word：匹配整个关键词，显示包含关键词的所有对象。
- Search current cellview：在当前视图窗口搜索。

● Auto Zoom In：将符合条件的对象在工作区自动放大显示。

单击 按钮，弹出"Search Wizard"（搜索向导）对话框，根据不同的过滤条件，进行高级过滤，如图 5-31 所示。

● Search for Objects by Name：按照对象名称进行过滤。

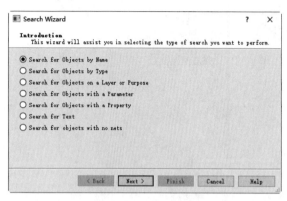

图 5-31　"Search Wizard"（搜索向导）对话框

● Search for Objects by Type：按照对象类型进行过滤。

● Search for Objects on a Layer or Purpose：按照对象图层或目的进行过滤。

● Search for Objects with a Parameter：按照对象参数进行过滤。

● Search for Objects with a Property：按照对象属性进行过滤。

● Search for Text：对文本进行过滤。

● Search for objects with no nets：对无网络的对象进行过滤。

5.3　报表打印输出

原理图设计完成后，经常需要输出一些数据或图纸。本节将介绍 ADS 2023 原理图的报表打印输出。ADS 2023 具有丰富的报表功能，可以方便地生成各种不同类型的报表。当电路原理图设计完成并且经过编译检查之后，应该充分利用系统所提供的这种功能来创建各种原理图的报表文件。借助于这些报表，用户能够从不同的角度，更好地掌握整个项目的设计信息，以便为下一步的设计工作做好充足的准备。

5.3.1　打印输出

为方便原理图的浏览和交流，经常需要将原理图打印到图纸上。ADS 2023 提供了直接将原理图打印输出的功能。

选择菜单栏中的"File"（文件）→"Print"（打印）命令，或按下"Ctrl"+"P"键，弹出"Print"（打印）对话框，如图 5-32 所示。

① "Create file"（创建文件）选项：勾选该复选框，创建一个 pdf 文件，包含需要打印的图纸对象。

② "Print Options"（打印选项）选项组：

● Print only window area：只打印选定的打印区域。

● Print entire design：打印整个设计文件。

③ "Printer Name"（打印机名称）选项：选择打印机名称，默认值为 Adobe PDF。

④ "Orientation"（方位）选项：图纸打印方向，包括 Portrait（纵向）、Landscape（横向）。

⑤ "Paper size"（图纸大小）选项：选择图纸大小。

⑥ 单击"Printer Setup"（打印机设置）按钮，弹出打印机设置对话框，对打印机进行设置，如图 5-33 所示。设置、预览完成后，单击"打印"按钮，打印原理图。

此外，选择菜单栏中的"File"（文件）→"Print Area"（打印区域）命令，在原理图中选择打印区域。

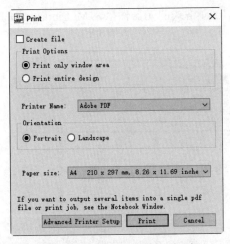

图 5-32　"Print"（打印）对话框

图 5-33　设置打印机

5.3.2　生成元器件报表

元器件报表主要用来列出当前项目中用到的所有元器件标识、元器件库中的名称等，相当于一份元器件清单。依据这份报表，用户可以详细查看项目中元器件的各类信息，同时在制作印制电路板时，也可以作为元器件采购的参考。

打开项目"MyWorkspace_wrk"中的原理图文件"BJT_IV_Gm_PowerCalcs"。

（1）BOM 元器件报表

选择菜单栏中的"File"（文件）→"Reports"（报表）→"Bill of Materials"（元器件清单）命令，系统弹出"Bill of Materials"（元器件清单）对话框，如图 5-34 所示。在该对话框中，可以设置创建的元器件报表的名称和类型。

单击"OK"（确定）按钮，关闭该对话框，输出 bom 格式的元器件报表 MyLibrary_lib_BJT_IV_Gm_PowerCalcs.bom，如图 5-35 所示。

图 5-34　"Bill of Materials"（元器件清单）对话框

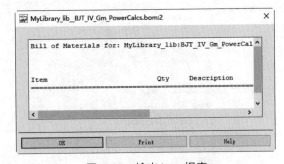

图 5-35　输出 bom 报表

在该对话框中，显示工程名称和原理图文件。在下面的列表中显示所有元器件属性信息，其中包括 Item（元器件项）、Qty（数量）和 Description（描述）。

（2）元器件报表

选择菜单栏中的"File"（文件）→"Reports"（报表）→"Parts List"（部件列表）命令，系统弹出"Parts List"（部件列表）对话框，如图 5-36 所示。在该对话框中，可以设置创建的报表的名称和类型。

单击"OK"（确定）按钮，关闭该对话框，输出 pl 格式的元器件报表 MyLibrary_lib_BJT_IV_Gm_PowerCalcs.pl，如图 5-37 所示。

图 5-36 "Parts List"（部件列表）对话框

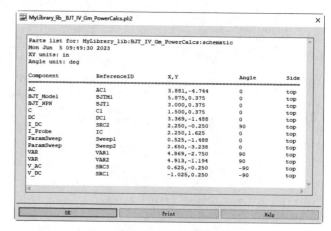

图 5-37 元器件报表

在该对话框中，每一行显示元器件的某一具体描述信息。如 Component（元器件名称）、ReferenceID（地址描述）、X,Y（位置坐标）、Angle（旋转角度）、Side（边）选项。

5.3.3 输出网络表

在由原理图生成的各种报表中，网络表是最为重要的。所谓网络，指的是彼此连接在一起的一组元件引脚，一个电路实际上就是由若干网络组成的。而 ADS 输出的网络表就是对电路或者电路原理图的一个完整描述，是一个非 ads 格式的网络列表文件。

选择菜单栏中的"Tools"（工具）→"Netlist Export"（输出网络表）→"Create ADS Front End netlist"（生成前端网络表）命令，弹出"Create ADS Front End Netlists"（生成前端网络表）对话框，如图 5-38 所示。

图 5-38 "Create ADS Front End Netlists"（生成前端网络表）对话框

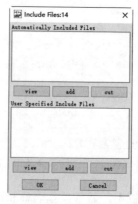

图 5-39 "Include Files"（包含文件）对话框

下面介绍该对话框中的选项。

① Tool（工具）：在该列表中选择所需的设计工具，前端流将产生与该工具兼容的网络表。可选项包括 Assura、Calibre 和 Dracula。

② Design To Netlist（网络表设计）：选择生成网络表的设计文件名称。

③ Netlist file（网络表文件）：输入输出网络表文件的名称。

④ Log file：输入输出日志文件的名称。

⑤ Modify Include File List（修改包含文件）：单击该按钮，弹出如图 5-39 所示的"Include Files"（包含文件）对话框，指定要包含在最终网络列表中的文件，包含 Automatically Included Files（自动包含文件）和 User Specified Include Files（自定义包含文件）。

⑥ Modify Options List（修改选项列表）：单击该按钮，指定在 netlist（网络表）头文件中生成输出的选项。

⑦ Comments（内容）列表：输入将在 netlist（网络表）头文件中输出的注释文本。

● Include date and time as a comment：勾选该复选框，在文件中放置一个注释行，该注释行指定生成网络列表的日期和时间。

● Include design name as a comment：勾选该复选框，在文件中放置一个注释行，该注释行指定用于生成网络列表的设计。

● View netlist file when finished：勾选该复选框，在完成输出网表后，将网表文件加载到标准文本编辑器中，可以直观地检查网清单错误。

● View log file when finished：勾选该复选框，在完成输出网表后，查看日志文件。

单击"OK"（确定）按钮，弹出"Information Message"（信息）对话框，显示网络表输出成功，如图 5-40 所示。

单击"OK"（确定）按钮，关闭该对话框后，自动生成了当前原理图的网络表文件"netlist.cnex"，并存放在当前项目下的"MyWorkspace_wrk"文件夹中，结果如图 5-41 所示。

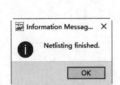

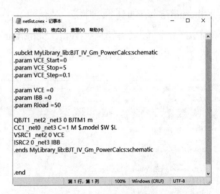

图 5-40　"Information Message"（信息）对话框

图 5-41　打开原理图的网络表文件

5.4　操作实例——多级放大电路

在实际应用中，由集成运放组成的放大电路也存在输出不能满足负载要求的问题，需要放大单元串接起来组成多级放大电路。

扫码看视频

由集成运放组成的两级放大电路如图 5-42 所示。从图中可以看出，电路由两个反相比例放大电路 A1 和 A2 组成，级间采取阻容耦合。

电路的放大倍数为：

$$A_{\mathrm{u}} = A_{\mathrm{u}1} \times A_{\mathrm{u}2} = \left(-\frac{R_{\mathrm{f}1}}{R_1}\right) \times \left(-\frac{R_{\mathrm{f}2}}{R_3}\right) = \frac{R_{\mathrm{f}1}R_{\mathrm{f}2}}{R_1R_3}$$

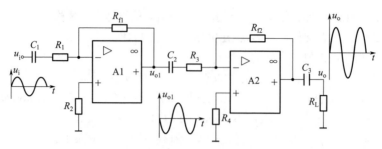

图 5-42　反向比例放大电路构成的两级放大电路原理图

操作步骤：

（1）设置工作环境

启动 ADS 2023，打开主窗口界面。选择菜单栏中的"File"（文件）→"New"（新建）→"Workspace"（项目）命令，或单击工具栏中的"Create A New Workspace"（新建一个工程）按钮 ，弹出"New Workspace"（新建工程）对话框。在"Name"（名称）文本框内输入工程文件名称"Amplifier_Circuit_wrk"，在"Create in"（路径）文本框内选择工程文件路径。

完成设置后，单击"Create Workspace"（创建工程）按钮，新建一个工程文件 Amplifier_Circuit_wrk，该文件夹下包含元器件库文件夹 Amplifier_Circuit_lib。同时，在"File View"（文件视图）选项卡下显示工程的文件结构，如图 5-43 所示。

在主窗口界面中，选择菜单栏中的"File"（文件）→"New"（新建）→"Schematic"（原理图）命令，或单击工具栏中的"New Schematic Window"（新建一个原理图）按钮 ，弹出"New Schematic"（创建原理图）对话框，在"Cell"（单元）文本框内输入工程下的原理图名称 Reverse_Proportional。单击"Create Schematic"（创建原理图）按钮，在当前工程文件夹下，创建原理图文件 Reverse_Proportional，如图 5-44 所示。同时，自动打开原理图视图窗口。

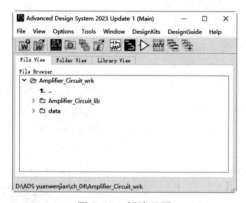

图 5-43　新建工程

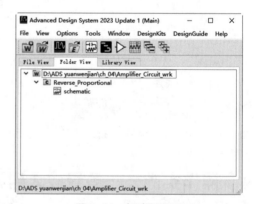

图 5-44　新建原理图

（2）原理图图纸设置

选择菜单栏中的"Options"（设计）→"Preferences"（属性）命令，或者在编辑区内单击鼠标右键，并在弹出的快捷菜单中选择"Preferences"（属性）命令，弹出"Preferences for Schematic"（原理图属性）对话框。在该对话框中可以对图纸进行设置。

● 单击"Grid/Snap"（网格捕捉）选项卡，在"Snap Grid per Display Grid"（每个显示网格的捕捉网格）选项组下"X"选项中输入 1。

● 单击"Display"（显示）选项卡，在"Bac-kground"（背景色）选项下选择白色背景。

（3）元器件的放置

① 激活"Parts"（元器件）面板，在库文件列表中选择名为"System-Amps & Mixers"中名为"OpAmp"的放大器。单击该元器件，然后将光标移动到工作窗口，在适当的位置单击，即可在原理图中放置放大器 AMP1、AMP2，如图 5-45 所示。

② 采用同样的方法，在"Basic Components"元器件库中选择和放置 3 个电容，7 个电阻，如图 5-46 所示。

图 5-45　放置放大器

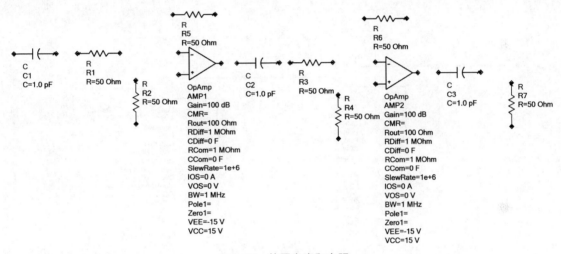

图 5-46　放置电容和电阻

（4）元器件属性设置

① 双击电阻 R5，在弹出的"Edit Instance Parameters"（编辑实例参数）对话框中修改元器件名称和阻值。将"Instance name"（实例名称）设为 Rf1，R=100Ohm，如图 5-47 所示。

② 同样的方法，修改其余元器件属性，结果如图 5-48 所示。

（5）原理图连线

① 选择菜单栏中的"Insert"（插入）→"Wire"（导线）命令，或单击"Insert"（插入）工具栏中的"Insert Wire"（放置导线）按钮，或按快捷键"Ctrl"+"W"，进入导线放置状态，结果如图 5-49 所示。

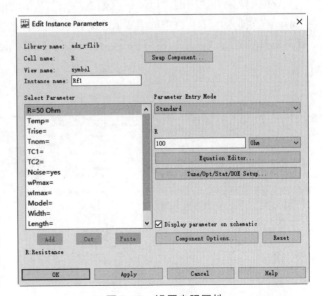

图 5-47　设置电阻属性

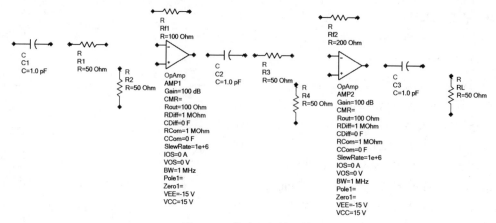

图 5-48　修改元器件属性

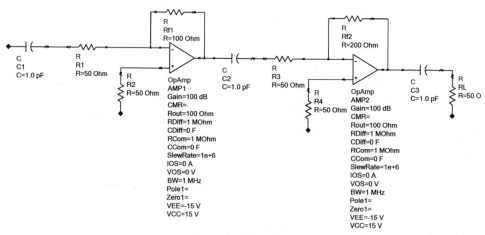

图 5-49　放置导线

② 选择菜单栏中的"Insert"（插入）→"Wire/Pin Labe"（导线 / 引脚标签）命令，或单击"Insert"（插入）工具栏中的"Wire/Pin Labe"（导线 / 引脚标签）按钮，此时光标变成十字形状，选择指定导线，添加网络标签，结果如图 5-50 所示。

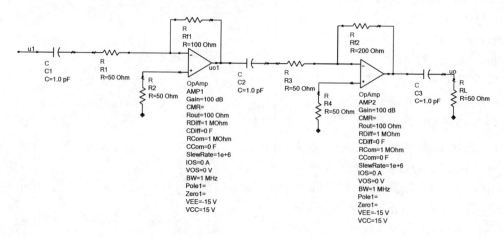

图 5-50　添加网络标签

③ 单击菜单栏中的"Insert"（插入）→"GROUND"（接地符号）命令，或单击"Insert"（插入）工具栏中的"GROUND"（接地符号）按钮 ⏚，单击放置接地符号，如图 5-51 所示。

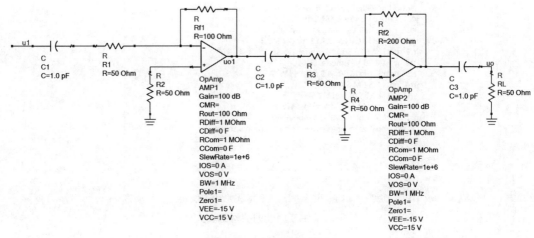

图 5-51　放置接地符号

（6）报表输出

① 选择菜单栏中的"File"（文件）→"Reports"（报表）→"Parts List"（部件列表）命令，系统弹出"Parts List"（部件列表）对话框，如图 5-52 所示。单击"OK"（确定）按钮，关闭该对话框，输出元器件报表，如图 5-53 所示。

② 选择菜单栏中的"Tools"（工具）→"Netlist Export"（输出网络表）→"Create ADS Front End Netlists"（生成前端网络表）命令，弹出"Create ADS Front End Netlists"（生成前端网络表）对话框，勾选"View netlist file when finished"复选框，如图 5-54 所示。单击"OK"（确定）按钮，自动生成当前原理图的网络表文件"netlist.cnex"，如图 5-55 所示。

图 5-52　"Parts List"（部件列表）对话框

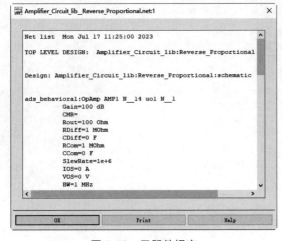

图 5-53　元器件报表

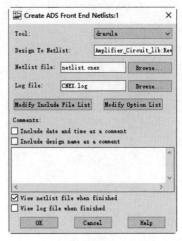

图 5-54　"Create ADS Front End Netlists"（生成前端网络表）对话框

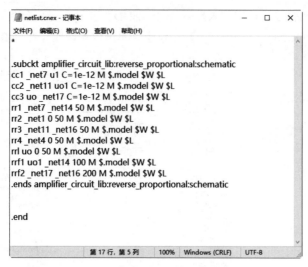

图 5-55　生成原理图的网络表文件

③ 保存项目，完成电路原理图的设计。

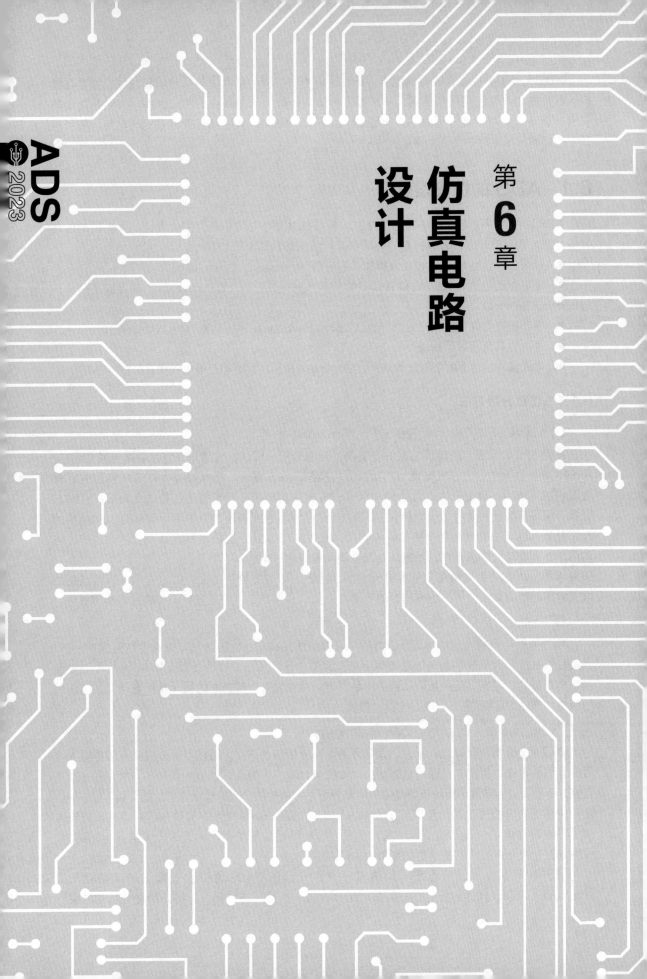

ADS
2023

第 **6** 章

仿真电路
设计

ADS 集成了多种仿真软件的优点，仿真手段丰富多样，可实现包括时域和频域、数字与模拟、线性与非线性、高频与低频、噪声等多种仿真分析，范围涵盖小至元器件，大到系统级的仿真分析设计；ADS 能够同时仿真射频 (RF)、模拟 (Analog) 数字信号处理 (DSP) 电路，并可对数字电路和模拟电路的混合电路进行协同仿真。

6.1 ADS 的仿真设计

ADS 软件可以供电路设计者进行模拟、射频与微波等电路和通信系统设计，其提供的仿真分析方法大致可以分为：时域仿真、频域仿真、系统仿真和电磁仿真。

- 时域仿真包括高频 SPICE 分析和卷积分析（Transient、Convolution）。
- 频域仿真包括 S（Z、Y 和 H 等参数）参数的线性分析（S Parameters）和谐波平衡分析（Harmonic Balance）。
- 混合模式仿真包括电路包络分析（Circuit Envelope）和托勒密分析（Ptolemy）。
- 系统仿真包括射频系统分析。
- 电磁仿真包括平面电磁仿真分析（Momentum）和立体结构三维电磁仿真分析（EMDS）。

6.1.1 仿真分析方法

（1）高频 SPICE 分析和卷积分析（Convolution）

高频 SPICE 分析方法提供 SPICE 仿真器的瞬态分析，可分析线性与非线性电路的瞬态效应。在 SPICE 仿真器中，无法直接使用的频域分析模型，如微带线、带状线等，可于高频 SPICE 仿真器中直接使用，因为在仿真时高频 SPICE 仿真器会将频域分析模型进行拉式变换后进行瞬态分析，而不需要使用者将该模型转化为等效 RLC 电路。因此高频 SPICE 除了可以做低频电路的瞬态分析，也可以分析高频电路的瞬态响应。此外高频 SPICE 也提供瞬态噪声分析的功能，可以用来仿真电路的瞬态噪声，如振荡器或锁相环的抖动 (jitter)。

卷积分析方法为架构在 SPICE 高频仿真器上的高级时域分析方法，借由卷积分析可以更加准确地用时域的方法分析与频率相关的元器件，如以 S 参数定义的元器件、传输线、微带线等。

（2）线性分析（S 参数）

线性分析为频域的电路仿真分析方法，可以将线性或非线性的射频与微波电路做线性分析。当进行线性分析时，软件会先针对电路中每个元器件计算所需的线性参数，如 S、Z、Y 和 H 参数、电路阻抗、噪声、反射系数、稳定系数、增益或损耗等（若为非线性元器件则计算其工作点的线性参数），再进行整个电路的分析、仿真。

（3）谐波平衡分析（Harmonic Balance)

谐波平衡分析提供频域、稳态、大信号的电路分析仿真方法，可以用来分析具有多频输入信号的非线性电路，得到非线性的电路响应，如噪声、功率压缩点、谐波失真等。与时域的 SPICE 仿真分析相比较，谐波平衡对于非线性的电路分析，可以提供一个比较快速有效的分析方法。

谐波平衡分析方法的出现填补了 SPICE 的瞬态响应分析与线性 S 参数分析对具有多频输入信号的非线性电路仿真上的不足。尤其在现今的高频通信系统中，大多包含了混频电路结构，使得谐波平衡分析方法的使用更加频繁，也越趋重要。

另外针对高度非线性电路，如锁相环中的分频器，ADS 也提供了瞬态辅助谐波平衡 (Transient Assistant HB) 的仿真方法，在电路分析时先执行瞬态分析，并将此瞬态分析的结果作为谐波平衡分析时的初始条件进行电路仿真，借由此种方法可以有效地解决在高度非线性的电路分析时会发生的不收敛情况。

（4）电路包络分析（Circuit Envelope）

电路包络分析包含了时域与频域的分析方法，可以用于包含调频信号的电路或通信系统中。电路包络分析借鉴了 SPICE 与谐波平衡两种仿真方法的优点，将较低频的调频信号用时域 SPICE 仿真方法来分析，而较高频的载波信号则以频域的谐波平衡仿真方法进行分析。

（5）射频系统分析

射频系统分析方法提供使用者模拟评估系统特性，其中系统的电路模型除可以使用行为级模型外，也可以使用元器件电路模型进行响应验证。射频系统仿真分析包含了上述的线性分析、谐波平衡分析和电路包络分析，分别用来验证射频系统的无源元器件与线性化系统模型特性、非线性系统模型特性、具有数字调频信号的系统特性。

（6）托勒密分析（Ptolemy）

托勒密分析方法具有可以仿真同时具有数字信号与模拟、高频信号的混合模式系统的能力。ADS 中分别提供了数字元器件模型（如 FIR 滤波器、IIR 滤波器，AND 逻辑门、OR 逻辑门等）、通信系统元器件模型（如 QAM 调频解调器、Raised Cosine 滤波器等）、模拟高频元器件模型（如 IQ 编码器、切比雪夫滤波器、混频器等），可供使用。

（7）电磁仿真分析 (Momentum)

ADS 软件提供了一个 2.5D 的平面电磁仿真分析功能——Momentum（ADS2005A 版本 Momentum 已经升级为 3D 电磁仿真器），可以用来仿真微带线、带状线、共面波导等的电磁特性，天线的辐射特性，以及电路板上的寄生、耦合效应。所分析的 S 参数结果可直接使用于谐波平衡和电路包络等电路分析中，进行电路设计与验证。在 Momentum 电磁分析中提供两种分析模式：Momentum 微波模式（Momentum）和 Momentum 射频模式（Momentum RF）；使用者可以根据电路的工作频段和尺寸判断、选择使用。

6.1.2　电路仿真步骤

（1）编辑仿真原理图

绘制仿真原理图时，图中所使用的元器件都必须具有仿真属性。如果某个元器件不具有仿真属性，则在仿真时将出现错误信息。对仿真元件的属性进行修改，需要增加一些具体的参数设置，例如三极管的放大倍数、变压器的原边和副边的匝数比等。

（2）设置仿真激励源

所谓仿真激励源就是输入信号，使电路可以开始工作。仿真常用激励源有直流源、脉冲信号源及正弦信号源等。

放置好仿真激励源之后，就需要根据实际电路的要求修改其属性参数，例如激励源的电压电流幅度、脉冲宽度、上升沿和下降沿的宽度等。

（3）放置节点网络标号

这些网络标号放置在需要测试的电路位置上。

（4）放置仿真控制器并设置参数

不同的仿真方式需要放置不同的仿真控制器、设置不同的参数，显示的仿真结果也不同。

用户要根据具体电路的仿真要求设置合理的仿真方式。

（5）执行仿真命令

将以上设置完成后，启动仿真命令。若电路仿真原理图中没有错误，系统将给出仿真结果；若仿真原理图中有错误，系统自动中断仿真，显示电路仿真原理图中的错误信息。

（6）分析仿真结果

用户可以在文件中查看、分析仿真的波形和数据。若对仿真结果不满意，可以修改电路仿真原理图中的参数，再次进行仿真，直到满意为止。

6.2　放置电源及仿真激励源

仿真激励源就是仿真时输入到仿真电路中的测试信号，根据观察这些测试信号通过仿真电路后的输出波形，用户可以判断仿真电路中的参数设置是否合理。

6.2.1　信号源元器件库

ADS 中提供了多种信号源元器件库，包括受控源、频域信号源、调制信号源、噪声信号源和时域信号源。每一类信号源都有其对应的元器件库。

（1）受控源

受控电源是指电压源的电压和电流源的电流是受电路中其他部分的电流或电压控制的。

打开"Sources-Controlled"元器件库，显示 ADS 中的受控源元器件，包括电流控制电流源(CCCS)、电流控制电压源 (CCVS)、电压控制电流源 (VCCS) 和电压控制电压源 (VCVS)，以及它们的 z 域形式，如图 6-1 所示。

（2）频域信号源

频域信号源是指能产生射频信号的信号源，产生周期波形或叠加的周期波形，可用于分析电路或者系统的稳态响应。

打开"Sources-Freq Domain"元器件库，显示 ADS 提供的频域信号源，包括直流电压 / 电流源、交流电压 / 电流源、单频信号源、多频信号源及带有相位噪声的本振源等，如图 6-2 所示。

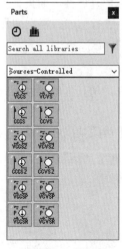

图 6-1　受控源

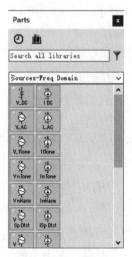

图 6-2　频域信号源

（3）调制信号源

调制信号源直接用于产生用户需要的标准调制信号，不需要通过混频器等信号调制模块。调制信号源一般为功率源或电压源。

打开"Source-Modulated"元器件库，显示 ADS 提供的调制信号源，包括 CDMA 调制信号源、GSM 调制信号源，以及各种脉冲信号和阶跃信号源，如图 6-3 所示。

（4）噪声信号源

噪声信号源用来分析电路或系统的噪声系数等噪声指标。

打开"Source-Noise"元器件库，显示 ADS 提供的电流噪声源和电压噪声源，用户可通过选择元器件来添加各种噪声信号源，如图 6-4 所示。

（5）时域信号源

时域信号源用于时域仿真。ADS 提供的时域信号源有时钟信号源、数字信号源、正弦余弦信号源等。

打开"Source-Time Domain"元器件库，显示 ADS 提供的各种时域信号源，如图 6-5 所示。

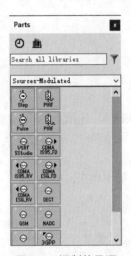
图 6-3　调制信号源

图 6-4　噪声信号源

图 6-5　时域信号源

6.2.2　直流电压 / 电流源

直流电压源"V_DC"与直流电流源"I_DC"分别用来为仿真电路提供一个不变的电压信号或不变的电流信号，符号形式如图 6-6 所示。在使用时，均被默认为理想的激励源，即电压源的内阻为零，而电流源的内阻为无穷大。

这两种电源通常在仿真电路上电时，或者需要为仿真电路输入一个阶跃激励信号时使用，以便用户观测电路中某一节点的瞬态响应波形。

双击新添加的仿真直流电压源（AC Voltage Source）V_DC，在出现的对话框中设置其属性参数。

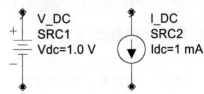
图 6-6　直流电压 / 电流源符号

- Vdc：直流电压。
- Vac：交流电压，用极坐标表示相位。
- SaveCurrent：保存支路电流标志。

双击新添加的仿真直流电流源（AC current source）I_DC，在出现的对话框中设置其属性参数。

- Idc：直流电流，单位为 mA，默认显示该参数。
- Iac：交流电流，用极坐标表示相位，单位为 mA。

6.2.3　交流信号激励源

交流信号激励源包括正弦电压源 (AC Voltage source)V_AC 与正弦电流源 I_AC (AC current source)，用来为仿真电路提供正弦交流激励信号，符号形式如图 6-7 所示，需要设置的仿真参数如下。

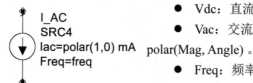

- Vdc：直流电压，通常设置为 0。
- Vac：交流电压，用极坐标表示相位，polar(Mag, Angle)。
- Freq：频率。
- V_Noise：噪声电压幅值，每平方 (Hz)。
- SaveCurrent：保存支路电流标志。

图 6-7　交流电压 / 电流源符号

- Idc：直流电流，单位为 mA，默认显示该参数。
- Iac：交流电流，用极坐标表示相位，单位为 mA。
- I_Noise：噪声电流大小。

6.2.4　单频交流信号激励源

单频调频激励源用来为仿真电路提供一个单频调频的激励波形，包括单频交流电压源 V_1Tone 与单频交流电流源 I_1Tone，用来为仿真电路提供单频交流激励信号，符号形式如图 6-8 所示，需要设置的仿真参数如下。

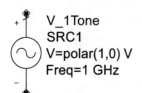
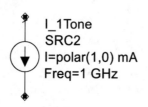

- V：中心频率电压。
- I：中心频率电流。
- Freq：中心频率，单位为 GHz。
- PhaseNoise：偏置频率、相位噪声对。
- I_USB：上边带小信号电流。
- I_LSB：下边带小信号电流。
- V_USB：上边带小信号电压。

图 6-8　单频交流电压 / 电流源符号

- V_LSB：下边带小信号电压。
- FundIndex：基频指数，可代替指定的"Freq"。
- Other：输出字符串到网络表 netlist。

6.2.5　交流电源

交流电源指的是产生并提供交流电能的电源设备。交流电是周期性变化的，因此交流电源的输出电压和电流也是随时间变化的，并且在正弦波周期内会从一个极值变化到相反的极值。

P_AC 是一种用于交流仿真的交流电源，符号形式如图 6-9 所示。当不使用时，它可以被视为阻抗。

需要设置的仿真参数如下。

- Num：端口号。
- Z：参考阻抗，是一个复数。
- Pac：交流电源。
- Freq：频率。
- Noise：使能 / 禁用端口热噪声。
- Vdc：开路直流电压。
- Temp：输出端口温度。

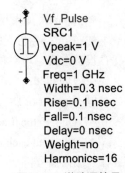

图 6-9　交流电源符号

6.2.6　周期脉冲源

周期脉冲电压激励源"Vf_Pulse"可以为仿真电路提供周期性的连续脉冲激励，激励源的符号形式如图 6-10 所示，相应要设置的仿真参数也是相同的。

需要设置的仿真参数如下。

- Vpeak：脉冲峰值电压幅值。
- Vdc：直流偏置。
- Freq：脉冲序列的基频分量（1/To，其中 To 为脉冲周期）。
- Width：脉宽。
- Rise：脉冲信号的上升时间。
- Fall：脉冲信号的下降时间。
- Delay：脉冲信号初始的延时时间。
- Weight：如果上升时间 (Rise) 或下降时间 (Fall) 为 0，脉冲中的不连续将在脉冲的傅里叶分量合成时产生吉布现象。不连续处的涟漪效应可以通过指定 Weight=yes 来平滑。
- Harmonics：谐波数。

这里介绍了几种常用的频域信号源及仿真参数的设置。此外，在 ADS 中还有线性受控源、非线性受控源等，在此不再一一赘述，读者可以参照上面所讲述的内容，自己练习使用其他的仿真激励源并进行有关仿真参数的设置。

6.3　仿真分析设置

在电路仿真中，一般来说，仿真分析的设置包含两部分，一是具体的仿真方式所需要的特定仿真器，二是各种仿真方式都需要的参数设置，二者缺一不可。

6.3.1　仿真参数设置

在原理图编辑环境中，选择菜单栏中的"Simulate"（仿真）→"Simulation Settings"（仿真设置）命令，系统将弹出如图 6-11 所示的"Simulation Settings"（仿真设置）对话框。

在该对话框的"Simulation mode"（仿真模式）列表框中，列出了若干选项供用户选择，一般选择 Local（本地控制）。

- Local（本地控制）：要在本地机器上进行仿真，选择该选项。
- Design Cloud（设计云控制）：要在设计云中进行仿真，选择该选项，激活 Design Cloud（设计云）选项卡中的选项。
- Simulation Manager（仿真管理器控制）：使用仿真管理器运行分布式仿真，选择该选项，激活 Simulation Manager（仿真管理器）选项卡中的选项。

（1）DC Annotation Options（直流标注选项）选项卡

默认情况下，直流工作点分析结果显示直流节点电压和支路 / 引脚电流，这些注释信息在原理图中显示。直流仿真是大多数其他类型仿真的一部分，因此该特性可用于大多数仿真。

打开 DC Annotation Options（直流标注选项）选项卡，在该选项卡中设置直流工作点分析结果。

① Save（保存）选项组：选择保存 Node Voltages（节点电压）、Pin Currents（引脚电流）。

② Device Operating Point（设备工作点）选项组：选择 None（无）选项之外的选项，会减慢大型电路的仿真速度。

● None：如果只有一个仿真控制器，选择该选项，表示不保存任何设备工作点信息。

● Brie：当仿真中存在多个仿真控制器时，可以保存仿真过程中元器件的所有工作点信息，保存设备电流、功率和一些线性化的设备参数。

● Detailed：保存工作点值，包括设备的电流、功率、电压和线性化的设备参数。

③ Number of DC Solutions to Save（扫描的选项）选项组：

● One — the first DC solution：选择该选项，在第一次直流仿真分析时进行扫描分析。

● All — at each sweep point for each controller：选择该选项，在每次直流仿真分析时都需要进行一次扫描分析。

（2）Output Setup（输出设置）选项卡

运行仿真时，仿真结果保存在数据集中，最后使用该数据集查看结果、显示数据。在该选项卡下设置数据集和数据显示选项，如选择要用于仿真的数据集的名称和位置，如图 6-12 所示。

图 6-11　"Simulation Settings"（仿真设置）对话框

图 6-12　"Output Setup"（输出设置）选项卡

① Dataset（数据集）选项组：

Use cell name：勾选该复选框，使用设计名称作为数据集的名称，数据集默认保存在工作空间 / 数据子目录中。取消勾选该复选框，单击"Browse"（浏览）按钮，从现有数据集文件名中进行选择。使用现有名称时，新结果将覆盖现有内容。

② Data Display（数据显示）选项组：

● Use cell name：勾选该复选框，使用设计名称作为数据显示文件的名称，也就是打开的 Data Display（数据显示）窗口的标题。

● Open Data Display when simulation completes：勾选该复选框，仿真运行结束后，自动打开数据显示窗口。

③ Simulation Hierarchy（仿真层次结构）选项组：

● Hierarchy Policy：选择层次结构策略。这里原理图视图窗口默认的层次结构策略称为 Standard，还包括 Only Schematic、or Only Layout。

● Choose Hierarchy Policy：单击该按钮，选择新的层次结构策略。

● Choose Config View：单击该按钮，查看或更改配置视图。配置视图将忽略原理图设计层次结构中的所有专门化实例。

④ Simulate equivalent traces from layout：勾选该复选框，在不修改布局或原理图视图的情况下以不同的精度级别模拟走线。

（3）Design Cloud（设计云）选项卡

ADS 提供了一系列简单而强大的方式来运行远程仿真，包括跨平台环境，用于 EM 和电路仿真，总体目的是将仿真从 ADS 无缝地发送到几种类型的远程机器（云、云合作伙伴、集群、服务器等），并在 EM 和电路模拟之间进行统一设置。在该选项卡上利用 Design Cloud（设计云）进行远程仿真，如图 6-13 所示。

（4）Simulation Manager（仿真管理器）选项卡

在该选项卡中提供使用仿真管理器模式来控制分布式仿真，如图 6-14 所示。仿真管理器主要支持扫描类型仿真，使用一个或多个扫描类型控制器（ParamSweep/BatchSim/MonteCarlo）来扫描一个或多个不同的分析类型（S-Param/Tran/ChannelSim/HB/Env/Budget/DataBasedLoadPull 等）。使用此种仿真模式时每个扫描点的仿真需要耗费很长时间才能运行。

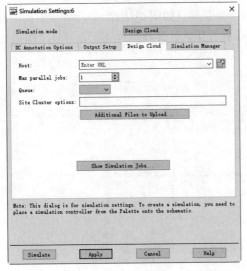
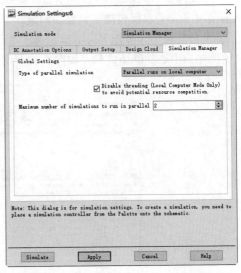

图 6-13　"Design Cloud"（设计云）选项卡　　图 6-14　"Simulation Manager"（仿真管理器）选项卡

● Type of parallel simulation：选择并行仿真类型，默认值为 Parallel runs on local computer（在本地计算机上并行运行）。有时在多台机器上并行地分解扫描并运行仿真，在每台机器上运行单独的扫描点，并将结果合并到本地机器上的单个数据集中。

- Disable threading (Local Computer Mode Only) to avoid potential resource competition：禁用线程（仅限本地计算机模式），避免潜在的资源竞争。
- Maximum number of simulations to run in parallel：并行运行的最大模拟数，默认值为 2。

6.3.2　仿真方法

选择菜单栏中的"Simulate"（仿真）→"Simulate"（仿真）命令，或单击"Simulate"（仿真）工具栏中的"Simulate"（仿真）按钮，或按下"F7"键，系统将弹出如图 6-15 所示的"hpeesofsim"（仿真消息）对话框，显示有关当前进程状态的消息，以及警告和错误消息。每个仿真生成自己的一组消息，存储在内存中。

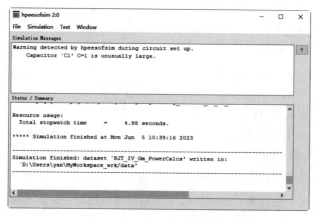

图 6-15　"hpeesofsim"（仿真消息）对话框

该窗口包含两个信息面板：Simulation Messages（仿真信息）和 Status/Summary（状态/总结）。

① Simulation Messages（仿真信息）面板显示有关仿真期间遇到的问题的详细消息，以及在可能的情况下，采取哪些措施来解决问题。若出现警告错误（如图 6-16 所示），单击仿真消息面板右侧的"?"按钮，弹出 Keysight EEsof 知识中心启动搜索，打开网页浏览器，显示将通过网络发送到知识中心的确切信息，如图 6-17 所示。

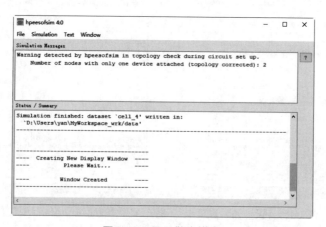

图 6-16　显示警告错误

② Status/Summary（状态/总结）面板显示仿真完成消息、统计信息，例如仿真或合成花费的时间，以及使用的系统资源，如图 6-18 所示。

图 6-17　网页浏览器

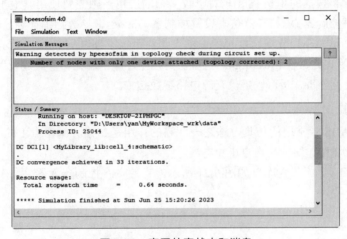

图 6-18　查看仿真状态和消息

仿真 / 合成完成后，可以将显示的信息保存到文件中，也可以直接发送到打印机，也可以搜索相关信息。

③ 选择菜单栏中的"File"（文件）→ "Save Text"（保存文本）命令，将当前显示的信息保存到具有默认文件名的文件中，并将文本文件保存到当前工作空间目录，如图 6-19 所示。默认文件名由模拟进程号（来自窗口的标题栏）、字符串 sessloghpeesofsim 的前缀和文件扩展名 .txt 组成。

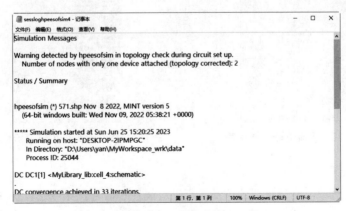

图 6-19　保存文本

由于每个仿真都会生成一组由唯一名称标识的消息，因此可以查看当前会话期间生成的任何消息，可以在同一窗口中一次查看文本，也可以打开多个窗口并同时显示不同的窗口。

6.3.3 仿真方式

ADS 系统提供了 8 种常用的仿真方式。在射频电路的设计中，不同的电路需要进行不同方式的仿真，只有通过仿真才能看到电路设计是否达到指标要求。

（1）直流仿真

电路的直流仿真是所有射频有源电路分析的基础，在执行有源电路交流仿真、S 参数仿真或谐波平衡仿真等其他仿真之前，首先需要进行直流仿真，直流仿真主要用来分析电路的直流工作点。

如图 6-20 所示的直流仿真元器件库 Simulation-DC 中包含多种直流仿真控制器，是进行晶体管仿真的重要工具。通常只需要设置扫描变量 (Sweep Var)、扫描变量的起始值 (Start)、扫描变量的终止值 (Stop) 和扫描的步长 (Stp)。对于较复杂的应用，则需要使用其他工具共同完成。其中，包括直流仿真控制器 DC、直流仿真设置控制器 Options、参数扫描计划控制器 Sweep Plan、参数扫描控制器 Prm Swp、节点设置 NdSet 和节点名元器件 NdSet Name、显示模板元器件 Disp Temp 和仿真测量等式元器件 Meas Egn。直流仿真元器件库中的元器件经过设置后，既可以提供有源电路单点的直流分析，又可以提供有源电路参数扫描。

（2）交流仿真

交流仿真是 ADS 中常用的仿真方法之一，它的作用是扫描各频率点上的小信号传输参数，如电压增益、电流增益、线性噪声电压和电流。

Simulation-AC（交流仿真库）如图 6-21 所示，它的主要控制器元器件与 DC 仿真元器件库中的控制器基本一致。

图 6-20　直流仿真元器件库

图 6-21　Simulation-AC（交流仿真库）

（3）S 参数仿真

S 参数仿真是射频电路最重要的仿真，可以对线性小信号在频域进行仿真。S 参数仿真分析用于计算 S 参数表征的系统特性。其中，S21、S31 是传输参数，反映传输损耗；S11、S22、

S33 分别是输入、输出端口的反射系数；S23 反映了两个输出端口之间的隔离度。

Simulation-S_Param（S 参数仿真库）如图 6-22 所示，其中的 S 参数仿真元器件可以全面分析线性网络的特性。

（4）谐波平衡仿真

谐波平衡仿真用于非线性电路的仿真，主要在频域内使用，用来分析频域信号经过非线性电路后产生谐波和交调的情况。

Simulation-HB（谐波平衡仿真库）如图 6-23 所示，其中包括频域电流显示元器件、频域电压显示元器件、功率谱密度显示元器件、输入三阶交调点分析元器件、输出三阶交调点分析元器件、N 阶截止点分析元器件，有频率预算元器件、增益预算元器件、反射系数预算元器件、三阶交调预算元器件、噪声功率预算元器件等。

与直流仿真相似，谐波平衡仿真也包含仿真控制器、仿真设置控制器、参数扫描计划控制器、参数扫描控制器、节点设置和节点名元器件、显示模板元器件和仿真测量等元器件。

图 6-22　S 参数仿真库面板

图 6-23　谐波平衡仿真库面板

（5）大信号 S 参数仿真

大信号 S 参数仿真是谐波平衡仿真的一种，不同的是前者执行大信号 S 参数分析，因此在设计功放时十分有用；而后者一般只用于小信号 S 参数分析。Simulation-LSSP（大信号 S 参数仿真元器件库）如图 6-24 所示。

（6）增益压缩仿真

增益压缩仿真用于寻找用户自定义的增益压缩点，它将理想的线性功率曲线与实际功率曲线的偏离点相比较。在设计射频器件时，可以很方便地找出 1dB、3dB 压缩点。

Simulation-XDB（增益压缩仿真元器件库）如图 6-25 所示。

（7）电路包络仿真

电路包络仿真多用于涉及调制解调，以及混合调制信号的电路和系统中。在通信中（如 CDMA、GSM、QPSK 和 QAM 等）和在雷达中（如 LFM 波、非线性调频波和脉冲编码等）均可用电路包络仿真进行仿真。

图 6-24　大信号 S 参数仿真元器件库面板　　　图 6-25　增益压缩仿真元器件库面板

Simulation-Envelope（电路包络仿真元器件库）如图 6-26 所示。

（8）瞬态仿真

瞬态仿真采用最原始的算法，直接在时域对电流、电压列节点方程，能够对所有的模拟电路、数字电路进行仿真。但是，在很多情况下，很难用瞬态仿真对高频系统进行仿真。

Simulation-Transient（瞬态仿真元器件库）如图 6-27 所示。

图 6-26　电路包络仿真元器件库面板　　　图 6-27　瞬态仿真元器件库面板

6.4　探针仿真分析

在电路仿真时，将各种测量探针（如电流探针）连接到电路中的测量点，如图 6-28 所示。

探针即可测量出支路的电流 / 电压 /S 参数等，但无法将电流波形在示波器中显示。在某些程度上，电压探针、电流探针可以替代电压表和电流表等仪表。

在"Part"（元器件）面板中选择 Probe Components（探针元器件）元器件库，显示探针列表，放置不同功能的探针，如图 6-29 所示。

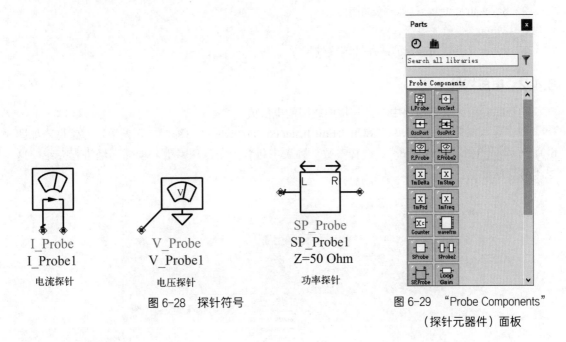

I_Probe
I_Probe1
电流探针

V_Probe
V_Probe1
电压探针

SP_Probe
SP_Probe1
Z=50 Ohm
功率探针

图 6-28 探针符号

图 6-29 "Probe Components"
（探针元器件）面板

6.4.1 电流探针

电流探针用来显示电路中节点的电流参数，放置电流探头必须使探头上的箭头指向（正）电流的方向。

双击电流探针 (I_Probe1)，弹出"Edit Instance Parameters"（编辑实例参数）对话框，如图 6-30 所示。"Select Parameter"（选择参数）列表中包含 7 个默认参数。下面分别进行介绍。

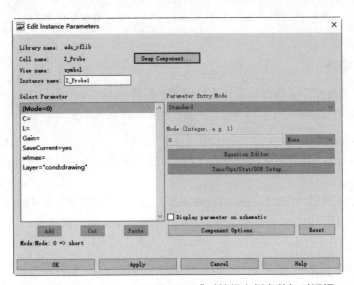

图 6-30 "Edit Instance Parameters"（编辑实例参数）对话框

147

- (Mode=0)：定义使用模式，0 表示 short（短路，未使用）。
- C=：直流块电容，仅用于瞬态分析。
- L=：直流馈电电感，仅用于瞬态分析。
- Gain=：电流增益。
- SaveCurrent=yes：保存支路电流。
- wlmax=：最大电流（警告）。
- Layer="cond:drawing"：探针连接的层。

6.4.2 电压探针

电压探针用来显示电路中节点与接地之间的电压值。

双击电压探针 (V_Probe1)，弹出"Edit Instance Parameters"（编辑实例参数）对话框，如图 6-31 所示。"Select Parameter"（选择参数）列表中包含 1 个默认参数。前面已经进行介绍，这里不再赘述。

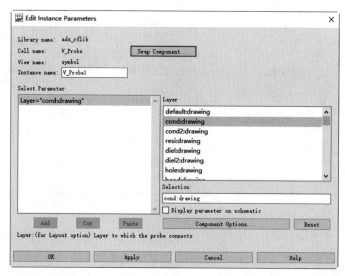

图 6-31 "Edit Instance Parameters"（编辑实例参数）对话框

6.4.3 S 参数探针

ADS 中的 S 参数探针能够将元器件的频域 S 参数转化为时域的阻抗参数，从而得到器件在信号传播路径上的阻抗参数。

（1）SProbe2

S 探针（SProbe2）用于测量两个方向（Z1 和 Z2）的小信号阻抗或反射系数，该元器件图标如图 6-32 所示。

双击 SProbe2，弹出"Edit Instance Parameters"（编辑实例参数）对话框，如图 6-33 所示。在"Select Parameter"（选择参数）列表中的 Z=50 Ohm，定义端口阻抗值。

（2）SP_Probe1

S 参数探针 (SP_Probe1) 使用 S 参数分析时域网络参数，该元器件图标如图 6-34 所示。当分析 SP_Probe（S 参数探针）时，其余的探针都处于短路状态。

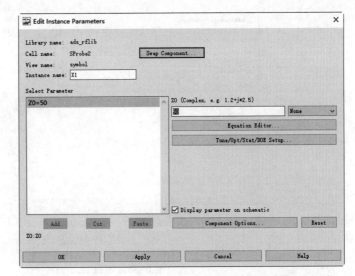

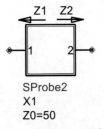

图 6-32　SProbe2 图标　　　　图 6-33　"Edit Instance Parameters"（编辑实例参数）对话框

双击 S 参数探针 (SP_Probe1)，弹出"Edit Instance Parameters"（编辑实例参数）对话框，如图 6-35 所示。"Select Parameter"（选择参数）列表中包含四个默认参数。下面分别进行介绍。

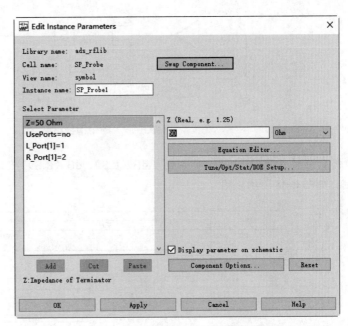

图 6-34　S 参数探针图标　　　　图 6-35　"Edit Instance Parameters"（编辑实例参数）对话框

① Z=50 Ohm：定义阻抗值。

② UsePorts：根据参数选择不同的模式。

● UsePorts=yes 时，称为 UsePorts 模式，如图 6-36 所示。在这种模式下，S 参数将根据 SP_Probe 连接的节点的左侧和右侧元器件进行定义。图 6-37 中，指针 L 端口左侧的 S 参数，测量的是 Term1 和左侧端口 L 之间放大器 AMP1 的 S 参数，而右侧的电路认为是开路；指针右侧测量的是 TwwoPort 的 S 参数。

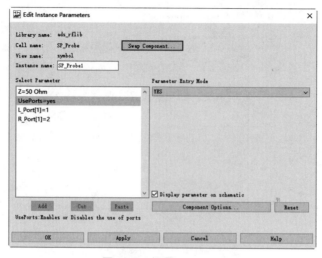

图 6-36　设置 UsePorts

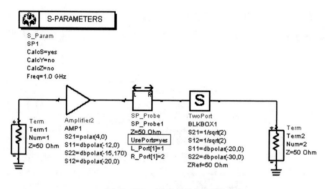

图 6-37　单个指针电路

仿真结果计算完整的网络参数集 dB（L.S）、dB（R.S）、L.Z、R.Z（包括 L_Port 和 R_Port 参数），如图 6-38 所示。

freq	dB(SP.S)			
	(1,1)	(1,2)	(2,1)	(2,2)
1.000 GHz	-10.737	-23.161	8.880	-33.814

freq	dB(L.S)
1.000 GHz	-15.000

freq	L.Z
1.000 GHz	35.039 + j2.235

freq	dB(R.S)
1.000 GHz	-20.000

freq	R.Z
1.000 GHz	61.111 + j0.000

图 6-38　完整的网络参数集

图 6-38 中，ADS 生成的正常 S 参数数据 dB(SP.S) 中添加了 SP 前缀，这样是为了区分现有的几组数据。

● UsePorts=no 时，被称为伽马模式。在这种模式下，只计算探针左右两侧的参数（S11 或 Z11 和 Y11）。使用 L_Port 和 R_Port 参数指定。

对包含两个探针的 "Example > RF_Microwave > SP_Probe_how_to_wrk" 电路（图 6-39）进行仿真运行后，可以计算下面五组网络参数：

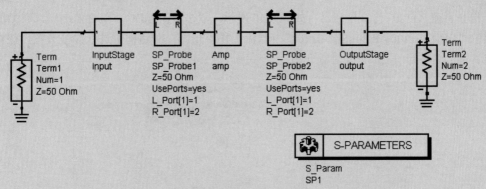

图 6-39　"SP_Probe_how_to_wrk" 电路图

● SP1.S：计算完整网络（Term 1 和 Term 2）之间的 S 参数。SP_Probe1 和 SP_Probe2 的行为类似于短路。

● SP1.SP_Probe1.L.S：计算 Term 1 和 SP_Probe1 中标记为 L 的端口之间的 S 参数。SP_Probe1 是开路，SP_Probe2 是短路。

● SP1.SP_Probe1.R.S：计算 SP_Probe1 标记为 R 的端口与 Term 2 之间的 S 参数。SP_Probe1 是开路，SP_Probe2 是短路。

● SP1.SP_Probe2.L.S：计算 Term 1 和 SP_Probe2 中标记为 L 的端口之间的 S 参数。SP_Probe1 是短路，SP_Probe2 是开路。

● SP1.SP_Probe2.R.S：计算 SP_Probe2 标记为 R 的端口与 Term 2 之间的 S 参数。SP_Probe1 是短路，SP_Probe2 是开路。

6.5　常用仿真元器件

ADS 提供了一系列仿真元器件库，其中列出了各种仿真控制器，可以通过手工添加规则仿真控制器的方式来执行仿真分析。

这些仿真元器件包括直流仿真元器件、交流仿真元器件、S 参数仿真元器件、谐波平衡仿真元器件、大信号 S 参数仿真元器件、增益压缩仿真元器件、电路包络仿真元器件、瞬态仿真元器件、工具仿真元器件、预算仿真元器件和排序仿真元器件。

常用的元器件库面板中的 Simulation-DC、Simulation-AC、Simulation-S Param、Simulation-HB、Simulation-LSSP、Simulation-XDBl、Simulation-Envelope、Simulation-Transients、Simulation-Instrument、Simulation-Budget 和 Simulation-Sequencing 上包含一系列仿真元器件，下面介绍几种常用的仿真元器件。

6.5.1 直流仿真控制器

选择直流（DC）仿真控制器，如图 6-40 所示。双击直流（DC）仿真控制器，在如图 6-41 所示的"DC Operating Point Simulation"（直流工作点仿真）对话框中进行参数设置，该对话框中包含 4 个选项卡，下面分别进行介绍。

图 6-40 直流仿真控制器 　　图 6-41 "DC Operating Point Simulation"（直流工作点仿真）对话框

（1）"Sweep"（扫描）选项卡

设置直流扫描分析的参数。

① "Parameter to sweep"：扫描变量的名称。若原理图中没有该变量，则应该先定义这个变量。

② "Sweep Type"：设置扫描类型，包括 Single point（单点扫描）、Linear（线性扫描）、Log（对数扫描）。

③ "Sart/Stop"：选择按照起点和终点设置扫描范围。

- "Sart"：输入扫描参数的起点。
- "Stop"：输入扫描参数的终点。
- "Step-Size"：输入扫描的步长。
- "Num.of pts."：输入扫描参数的点数。

④ "Center/Span"：选择按照中心点和扫描宽度设置扫描范围，此时下面的选项发生变化，如图 6-42 所示。

- "Center"：输入扫描参数的中心点。

图 6-42 选择"Center/Span"

- "Span"：输入扫描参数范围。
- "Num. of pts."：输入扫描参数的点数。

⑤ "Use sweep plan"：使用原理图中的 Sweep plan（参数扫描计划）元器件设置扫描参数。

（2）"Parameters"（参数）选项卡

指定基本仿真参数，如图 6-43 所示。

① "Status level"：设置仿真进度窗口显示的信息量。其中，"0"表示仿真进度窗口不显示任何信息。"1"和"2"则显示一些常规的仿真进程。"3"和"4"则显示仿真过程中所有的细节，包括仿真所用的时间、每个电路节点的错误、仿真是否收敛等。

② "Output solutions at all steps"：在仿真的数据文件中保存所有步骤的仿真结果。

③ "Advanced"：单击该按钮，弹出"DC Operating Point Simulation"（直流工作点仿真）对话框，勾选"Advanced Settings"（高级设置）复选框，激活需要设置的参数，如图 6-44 所示。

图 6-43 "Parameters"（参数）选项卡　　图 6-44 "DC Operating Point Simulation"（直流工作点仿真）对话框

a. Max Delta V (Volts)：每次迭代中节点电压的最大变化。默认值为热电压的 4 倍，即 0.1 V 左右。

b. Max.Iterations：要执行的最大迭代数，默认值为 250。

c. Mode：选择收敛模式，ADS 提供不同收敛算法，该选项仅适用于此 DC 仿真。

- Auto sequence：自动序列，默认收敛模式。
- Newton - Raphson：当进入每个节点的电流之和在每个节点处等于零且节点电压收敛时终止。
- Forward source-level sweep：前向源级扫描，将所有直流源设置为零，然后逐渐扫描到它们的全部值。
- Rshunt sweep：从每个节点插入一个小电阻到地，然后将此值扫描到无穷大。
- Reverse source-level sweep：反向源级扫描，类似于 Forward source-level sweep（前向源级扫描），只是方向相反。
- Hybrid solver：混合求解器。

● Pseudo Transient：伪瞬态步进算法。对原始电路衍生的伪电路进行暂态仿真。

d. Arc Max Step：弧长延续期间弧长步长的最大尺寸，默认值为 0.0。

e. Arc Level Max Step：限制源级延续的最大弧长步长。默认值为 0.0，表示弧长步长没有限制。

f. Arc Min Value：指定允许延续参数 p 的下限。

g. Arc Max Value：指定允许延续参数 p 的上限。

h. Max Step Ratio：控制连续步数的最大值。默认值是 100。

i. Max Shrinkage：控制弧长步长的最小尺寸。默认值是 1e-5。

j. Limiting Mode：设置每次迭代时对节点更改所做的限制类型。

● Global Element Compression：在每次迭代中，当变化超过内部确定的值时，使用 log 函数限制非线性节点的变化。

● Global Device-based Limiting：对非线性元器件在每次迭代中的变化进行限制。

● Dynamic Element Compression：在每次迭代中，当变化超过内部确定的值时，用 log 函数限制非线性节点的变化。

● Dynamic Vector Compression：在每次迭代中，当变化超过内部确定的值时，使用 log 函数限制所有节点的变化。

● Global Vector Compression：在每次迭代中，当变化超过内部确定的值时，使用 log 函数限制所有节点的变化。

● Global Vector Scaling：使用内部确定的缩放因子对每次迭代时节点的变化进行缩放。

● No Limiting：在每次迭代中对所有节点的更改不做限制。

（3）"Output"（输出）选项卡

设置仿真分析后需要保存的参数，如图 6-45 所示。

① Save by hierarchy：在顶层设计中输出下面选项指定的 Maximum Depth（层次结构级别）。

● Node Voltages：节点电压。

● Measurement Equations：测量方程。

● Branch Currents：支路电流。

● Pin Currents：引脚电流。在 For device types（器件类型）中选择引脚电流的选定器件类型。

② Save by name：指定输出的节点、方程和引脚列表。

a. 单击"Add Remove"（添加删除）按钮，弹出"Edit OutputPlan"（编辑输出计划）对话框，如图 6-46 所示。

b. 在"Available Outputs"（可用输出）列表中显示可以输出的 Nodes（节点）、Equations（方程）和 Pin Currents（引脚电流）。单击"Add"（添加）、"Remove"（删除）按钮，在"Current Seleotion"（当前选择）列表中显示需要输出的参数名称。选择名称时按"Ctrl"键可以选择和添加多个名称。

c. 单击"OK"按钮，关闭该对话框，返回"Output"（输出）选项卡，将选中的输出对象（节点、方程和引脚）添加到"Save by name"列表中。

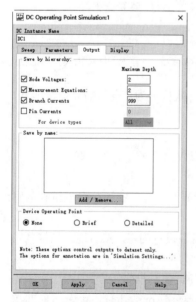

图 6-45　"Output"（输出）选项卡

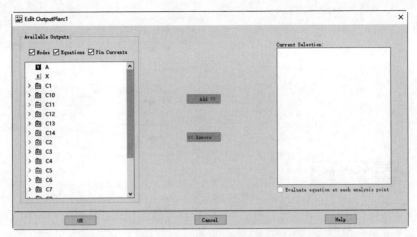

图 6-46 "Edit OutputPlan"（编辑输出计划）对话框

③ Device Operating Point：设备工作点分析。

（4）"Display"（显示）选项卡

控制原理图上仿真参数的可见性，如图 6-47 所示。下面介绍几种常用的仿真参数。

- Sweep Var：扫描变量。
- Sweep Plan：扫描计划。
- Start：扫描变量的起始值。
- Stop：扫描变量的终止值。
- Step：扫描的步长。

6.5.2 设置控制器

图 6-48 所示的 OPTIONS 控制器主要用于设置仿真的外部辅助信息，如环境温度、模型温度、电路技术规范的检查及警告、收敛性、仿真数据的输出特性等。

双击 OPTIONS 控制器，弹出"Simulation options"（仿真选项）对话框，如图 6-49 所示。

图 6-47 "Display"（显示）选项卡

该对话框中包含 8 个选项卡，下面介绍"Misc（通用）"选项卡中的常用选项。

（1）Temperature（温度）选项组

① "Simulation temperature"：设置电路的外部环境温度，默认值是 25℃。

② "Model temperature"：设置器件模型的表面温度，默认值是 25℃。

（2）Spare Devices Removal（设备移除）选项组

Remove spare devices and nodes：勾选该复选框，移除备用设备和节点。

（3）Topology checker 选项组

① "Perform topology check and correction"：勾选该复选框，仿真前检查技术错误，并在仿真信息窗口提示。默认选中勾选该复选框。

② "Format topology check warning messages"：设置技术检查提示的格式。默认时，显示全部有问题的节点名称。

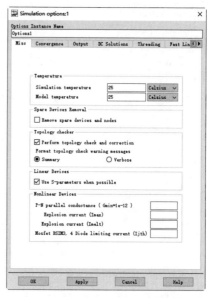

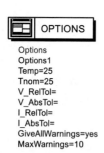

Options
Options1
Temp=25
Tnom=25
V_RelTol=
V_AbsTol=
I_RelTol=
I_AbsTol=
GiveAllWarnings=yes
MaxWarnings=10

图 6-48　OPTIONS 控制器　　　　图 6-49　"Simulation options"（仿真选项）对话框

（4）Linear Devices（线性设备）选项组

"Use S-parameters when possible"：勾选该复选框，对于线性器件，仿真器自动进行 S 参数仿真。

（5）Nonlinear Devices（非线性设备）选项组

① "P-N parallel conductance"：定义非线性器件中 PN 结的最小电导。

② "Explosion current(Imax)"：定义非线性器件中 PN 结的线性化最大扩散电流。在该电流范围内，PN 结处于线性区域。

③ "Explosion current(Imelt)"：定义非线性器件中 PN 结击穿的扩散电流。

④ Mosfet BSD3,4 Diode limiting current (Ijth)：定义非线性器件中二极管的限制电流。

6.5.3　扫描计划控制器

Sweep Plan（扫描计划控制器）用来设定参数扫描控制器中扫描变量的参数。用户可以添加任意数量的扫描变量和参数，如图 6-50 所示。

双击 Sweep Plan（扫描计划控制器），弹出"Sweep Plan"（扫描计划控制器）对话框，如图 6-51 所示。

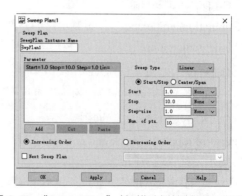

SweepPlan
SwpPlan1
Start=1.0 Stop=10.0 Step=1.0 Lin=
UseSweepPlan=
SweepPlan=
Reverse=no

图 6-50　Sweep Plan（扫描计划控制器）　　图 6-51　"Sweep Plan"（扫描计划控制器）对话框

下面介绍该对话框中的常用选项。

① SweepPlan Instance Name：输入 SweepPlan 控制器的名称，默认为 SwpPlan1。

② Parameter：向原理图添加、剪切和粘贴 "Start" "Stop" 和 "Step" 参数。如 Start=1.0 Stop=10.0 Step =1.0 Lin=...。参数可以按照 Increasing Order（升序）或 Decreasing Order（降序）排列。

③ Sweep Type：选择扫描类型。

● Single point：在单个频率点进行仿真。

● Linear：启用基于线性增量的值范围扫描。选择 "Start/Stop"（开始 / 停止）选项可选择扫描的 Start（开始值）和 Stop（停止值）；选择 "Center/Span"（中心 / 跨度）选项可设置扫描的 Center（中心值）和 Span（跨度）。还可以设置 "Step-Size"（扫描步长）和 "Num.of pts."（扫描参数的点数）。

● Log：启用基于对数增量的值范围扫描。

④ Next Sweep Plan：若要使用已定义并命名的扫描计划，勾选该复选框，输入扫描计划的名称。

6.5.4　参数扫描控制器

Parameter Sweep（参数扫描控制器）用来定义仿真时扫描的变量，它可以定义多个扫描变量，并在扫描计划控制器中设定变量的参数，如图 6-52 所示。

双击 Parameter Sweep（参数扫描控制器），弹出 "Parameter Sweep"（参数扫描控制器）对话框，如图 6-53 所示。

该对话框中包含三个选项卡，下面介绍对话框中的常用选项。

（1）Sweep（扫描）选项卡

① ParamSweep Instance Name：输入扫描控制器的名称，默认值是 Sweep1。

② Parameter to sweep：输入扫描变量。

③ Parameter sweep：选择各种扫描类型和其他参数，在前面章节中已经介绍，这里不再赘述。

④ Use Sweep Plan：若要使用已定义并命名的扫描计划，勾选该复选框，输入扫描计划的名称。

图 6-52　"Parameter Sweep"（参数扫描控制器）

图 6-53　"Parameter Sweep"（参数扫描控制器）对话框

（2）Simulations（仿真）选项卡

指定仿真器参数，如图 6-54 所示。

（3）Display（显示）选项卡

选择显示在仿真器下方的参数值，如图 6-55 所示。

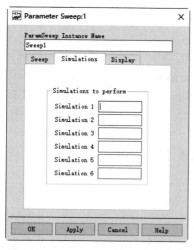

图 6-54　Simulations（仿真）选项卡

图 6-55　Display（显示）选项卡

6.5.5　交流仿真控制器

交流（AC）仿真控制器可以执行扫频或扫频变量小信号线性仿真，获得小信号传输参数（如：电压增益等）。

交流（AC）仿真控制器如图 6-56 所示。双击该元器件，弹出如图 6-57 所示的"AC Small Signal Simulation"（交流小信号仿真）对话框。

该对话框中包含 5 个选项卡，"Output"（输出）选项卡和"Display"（显示）选项卡与"DC Operating Point Simulation"（直流工作点仿真）对话框中的相同，这里不再赘述，其余选项卡中只介绍与该对话框不同的选项。

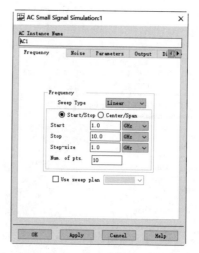

AC
AC1
Start=1.0 GHz
Stop=10.0 GHz
Step=1.0 GHz

图 6-56　交流（AC）仿真控制器　　图 6-57　"AC Small Signal Simulation"（交流小信号仿真）对话框

（1）"Frequency"（频率）选项卡

设置交流扫描分析的频率范围。

（2）"Noise"（噪声）选项卡

如图 6-58 所示。

① Calculate noise：勾选该复选框，进行噪声计算。

② Nodes for noise parameter calculation：添加电路中的节点，在仿真时计算该节点产生的噪声。

③ Noise Contributors：计算电路中每一个元器件产生的噪声。

a. Mode（模式）下拉列表中可以把产生噪声的元器件按照 4 种方式归类分组报告。一般设置为默认值"off"。

● Sort by value：将噪声值超过用户设定的门限值的噪声源，按从大到小排列。

● Sort by name：将噪声值超过用户设定的门限值的噪声源，按字母顺序排列。

● Sort by value with no device details：将噪声值超过用户设定的门限值的噪声源，按从大到小排列。

● Sort by name with no device details：将噪声值超过用户设定的门限值的噪声源，按字母顺序排列。

b. Dynamic range to display：设置噪声的门限值（最大值），在数据报告中将显示噪声小于该值的噪声源，用于精确控制各元器件的噪声大小。

④ Include port noise in node noise voltages：勾选该复选框，在节点噪声电压中计算端口噪声。

⑤ Bandwidth：计算噪声功率的带宽，默认值为 1Hz。

（3）"Parameters"（参数）选项卡

如图 6-59 所示。

图 6-58　"Noise"（噪声）选项卡

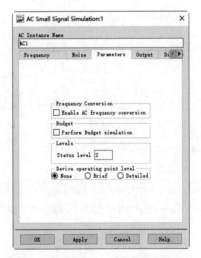

图 6-59　"Parameters"（参数）选项卡

① Enable AC frequency conversion：勾选该复选框，启用变频。

② Perform Budget simulation：勾选该复选框，执行预算仿真。

③ Status levels：设置摘要信息的状态级别。

④ Device operating point level（设备工作点水平）选项组：

- **None**：如果只有一个 S 参数仿真控制器，选择该选项，表示不保存任何设备工作点信息。
- **Brief**：当仿真中存在多个 S 参数仿真控制器时，可以保存仿真过程中元器件的所有工作点信息，保存设备电流、功率和一些线性化的设备参数。
- **Detailed**：保存工作点值，包括设备的电流、功率、电压和线性化的设备参数。

6.5.6　瞬态仿真控制器

瞬态仿真是 SPICE 最基本的仿真方法，常用于低频的模拟电路、数字电路仿真。在所有仿真手段中是最精确的、最耗费时间的。但对于高频信号则很难进行仿真。

Transient（瞬态仿真控制器）如图 6-60 所示。双击该元器件，弹出在如图 6-61 所示的"Transient/Convolution Simulation"（瞬态 / 卷积仿真）对话框。

该对话框中包含 9 个选项卡，"Output"（输出）选项卡和"Display"（显示）选项卡与前面对话框中的相同，这里不再赘述，其余选项卡中只介绍与该对话框不同的选项。

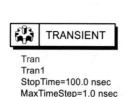

Tran
Tran1
StopTime=100.0 nsec
MaxTimeStep=1.0 nsec

图 6-60　Transient（瞬态仿真控制器）

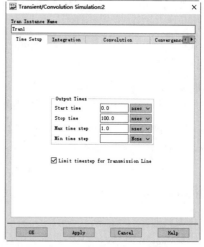

图 6-61　"Transient/Convolution Simulation"
（瞬态 / 卷积仿真）对话框

（1）"Time Setup"（时间设置）选项卡

设置时间和频率相关参数。

- Start time: 起始时间。
- Stop time: 终止时间。
- Max time step: 运行仿真的最大时间间隔。
- Min time step: 运行仿真的最小时间间隔。

（2）"Integration"（集成）选项卡

如图 6-62 所示。

选择集成模式和扫描偏移、打开信号源和电阻噪声，并设置设备适配参数。

① Time step control method：在下拉列表中选择时间间隔控制方式。

- Fixed：表示采用固定时间间隔方式。
- Iteration count：表示采用牛顿 - 莱布尼兹算法选择时间间隔。
- Trune error：表示采用遇错随机切断法选择时间间隔。

② Local truncation error over-est factor：Truncation error 的估算因子。

③ Charge accuracy：Truncation error 最小指示值。

④ Integration：综合算法仿真。包含 Trapezoidal、Gear's 两种方法。

⑤ Max Gerar order：选择 Gear's 时有效，表示最大多项式的次数。

⑥ Integration coefficient mu：选中 Trapezoidal 时有效，表示综合系数，默认值为 0.5。

（3）"Convolution"（卷积）选项卡

设置与卷积分析设置相关的参数，如图 6-63 所示。

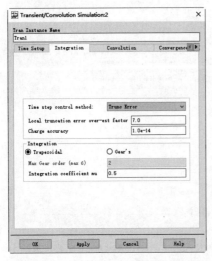

图 6-62　"Integration"（集成）选项卡　　　图 6-63　"Convolution"（卷积）选项卡

① Tolerance：设置脉冲响应的相对截断因子的公差 ImpRelTrunc 和绝对截断因子的公差 ImpAbsTrunc。

- Relax：ImpRelTrunc= 1e-2、ImpAbsTrunc= 1e-5。
- Auto：ImpRelTrunc= 1e-4、ImpAbsTrunc= 1e-7。
- Strict：ImpRelTrunc=1e-6、ImpAbsTrunc=1e-8。

② Enforce passivity：勾选该复选框，强制使用离散模式卷积模拟的线性频域元器件的无源性。在 SnP 元器件中设置参数 enforceppassivity =yes，可以达到同样的效果。

③ Use Transient low freq extrapolation：勾选该复选框，低频外推从瞬态引擎选择的自适应采样频率开始。

④ advanced：单击该按钮，弹出"Advanced Convolution Options"（高级卷积选项）对话框，对高级卷积选项进行设置，如图 6-64 所示。

- Use approximate models when available: 勾选该复选框，应用近似模型进行卷积分析。使模拟器绕过基于脉冲的卷积，近似忽略了诸如频率相关损耗和色散等影响，但包括了基本延迟和阻抗。未勾选该复选框，表示使用默认设置。
- Approximate short transmission lines：射频时传输线具有延时效应，此项用于设置延时参数。
- Max Frequency：最大频率，确定在频域分析时元件的最大频率值。
- Delta Frequency：频率改变值（间隔）。
- Save impulse spectrum：勾选该复选框，当在瞬态分析中使用离散模式卷积时，将脉冲响应、其 FFT 和原始频谱保存到数据集。

● Enforce strict passivity：当使用常规（非严格）强制被动选项时，如果卷积无法收敛，选择此选项。

● Number of passes for impulse calculation：如果模拟器在计算脉冲响应时内存不足，将此设置为大于 1 的整数。

（4）"Convergence"（收敛）选项卡

设置与实现收敛相关的参数，如图 6-65 所示。

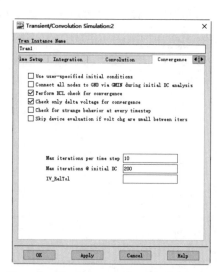

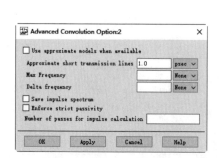

图 6-64　"Advanced Convolution Options"　　图 6-65　"Convergence"（收敛）选项卡
（高级卷积选项）对话框

● Use user-specified initial conditions：使用用户指定的初始条件。

● Connect all nodes to GND via GMIN during initial DC analysis：在初始直流分析时，通过 GMIN 将所有节点连接到 GND。

● Perform KCL check for convergence：检查每个节点满足基尔霍夫电流定律的程度。

● Check only delta voltage for convergence：只查找两个连续迭代之间的电压差。这种不严格的检查节省了时间和内存。

● Check for strange behavior at every timestep：查找不正常的设备电流或电压，并在找到任何支持过载警报并指定其极限值的设备或型号时返回警告消息。

● Skip device evaluation if volt chg are small between iters：如果发现迭代之间的小电压变化，仿真模拟器绕过设备的全面评估。

● Max iterations per time step：每个时间步允许的最大迭代次数。

● Max iterations @ initial DC：在源的步进开始之前，在直流分析期间允许的最大迭代次数。

● IV_RelTol：瞬态相对电压和电流容限。

6.6　操作实例

直流工作点分析用于测试设计电路的直流工作特性，它是所有模拟仿真、射频仿真的基础，是整个仿真的起点。对电路的直流仿真可以验证电路设计的 DC 特性、确定电路功耗、模拟 DC 传输特性（I-V 曲线）等。

6.6.1　三极管放大电路仿真

三极管组成放大电路必须遵循以下几个原则：电源的极性和大小应使晶体管发射结处于正向偏置，以保持三极管导通状态；集电结处于反向偏置，以保证晶体管工作在放大区。实用的三极管放大电路如图 6-66 所示。

电源 $+U_{CC}$ 为输出信号提供能量，基极电阻 R_1 和基极电源共同作用，使三极管 VT_1 发射结处于正向偏置，并提供大小适当的基极电流，使三极管起到放大作用。三极管 VT_1 是电路的核心元件，利用其电流放大作用，在集电极支路得到放大了的电流，这个电流受到输入信号的控制。在输入信号的控制下通过三极管将直流电源的能量转换为输出信号的能量。集电极电阻 R_2 的作用是将集电极电流的变化转化为电压的变化，以实现电压放大。电容 C_1、C_2 是耦合电容，它们在电路中起到两方面的作用。一方面是隔离直流，C_1 用来隔断放大电路与信号源之间的直流

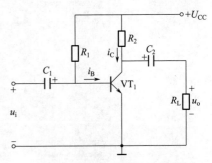

图 6-66　实用三极管放大电路

通路，C_2 用来隔离放大电路与负载之间的直流通路，这样信号源、放大电路和负载三者之间无直流联系，互不影响。另一方面的作用是交流耦合，即保证交流信号畅通无阻地经过放大电路，沟通信号源、放大电路和负载三者之间的交流通路。

操作步骤：

（1）设置工作环境

启动 ADS 2023，打开主窗口界面。选择菜单栏中的"File"（文件）→"New"（新建）→"Workspace"（项目）命令，或单击工具栏中的"Create A New Workspace"（新建一个工程）按钮 ，弹出"New Workspace"（新建工程）对话框，输入工程名称"Triode_Amplifier_wrk"，新建一个工程文件 Triode_Amplifier_wrk，如图 6-67 所示。

在主窗口界面中，选择菜单栏中的"File"（文件）→"New"（新建）→"Schematic"（原理图）命令，或单击工具栏中的"New Schematic Window"（新建一个原理图）按钮 ，弹出"New Schematic"（创建原理图）对话框，在"Cell"（单元）文本框内输入原理图名称 DC_Operating_Point。单击"Create Schematic"（创建原理图）按钮，在当前工程文件夹下，创建原理图文件 DC_Operating_Point，如图 6-68 所示。同时，自动打开原理图视图窗口，如图 6-69 所示。

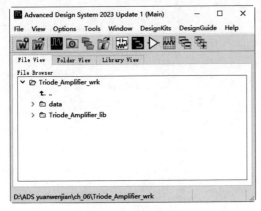

图 6-67　新建工程

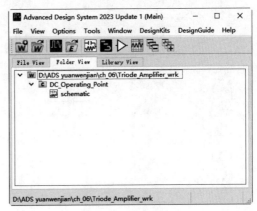

图 6-68　创建原理图

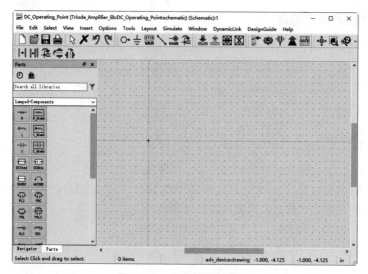

图 6-69　原理图视图窗口

（2）原理图图纸设置

① 选择菜单栏中的"Options"（设计）→"Preferences"（属性）命令，或者在编辑区内单击鼠标右键，并在弹出的快捷菜单中选择"Preferences"（属性）命令，弹出"Preferences for Schematic"（原理图属性）对话框。在该对话框中可以对图纸进行设置。

② 单击"Grid/Snap（网格捕捉）"选项卡，在"Snap Grid per Display Grid"（每个显示网格的捕捉网格）选项组下"X"选项中输入 1。单击"Display"（显示）选项卡，在"Background"（背景色）选项下选择白色背景。

（3）元器件的放置

① 激活"Parts"（元器件）面板，在库文件列表中选择名为"Basic Components"的基本元器件库，如图 6-70 所示。

② 在元器件库中依次单击选择电阻（R）、电容（C）、三极管（BJT_NPN），在原理图中合适的位置上放置，结果如图 6-71 所示。在放置过程中进行布局，这样减少后期布局操作的工作量。后期进行布线操作时，再对布局结果进行调整。

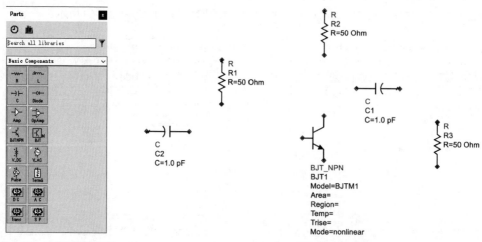

图 6-70　打开元器件库　　　　　　　　图 6-71　放置基本元器件

③ 在"Basic Components"（基本元器件库）中依次选择直流电源（V_DC）和交流电源（V_AC），在原理图中合适的位置上放置直流电源 SRC1 和交流电源 SRC2，结果如图 6-72 所示。

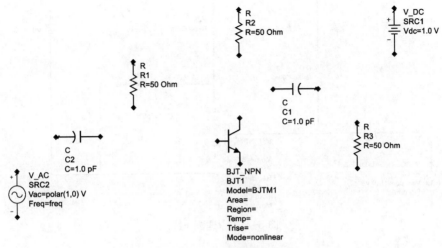

图 6-72　放置电源元器件

④ 在"Probe Components"（探针元器件）库中选择电流探针 I_Probe，在原理图中合适的位置上放置电流探针 I_Probe1，结果如图 6-73 所示。

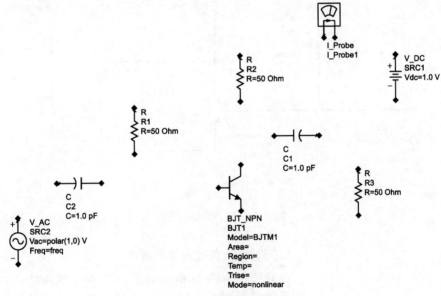

图 6-73　放置探针元器件

（4）原理图连线

① 选择菜单栏中的"Insert"（插入）→ "Wire"（导线）命令，或单击"Insert"（插入）工具栏中的"Insert Wire"（放置导线）按钮，或按快捷键"Ctrl"+"W"，进入导线放置状态，连接元件器件，结果如图 6-74 所示。

② 选择菜单栏中的"Insert"（插入）→ "GROUND"（接地符号）命令，或单击"Insert"（插入）工具栏中的"GROUND"（接地符号）按钮，在原理图中放置接地符号，如图 6-75 所示。

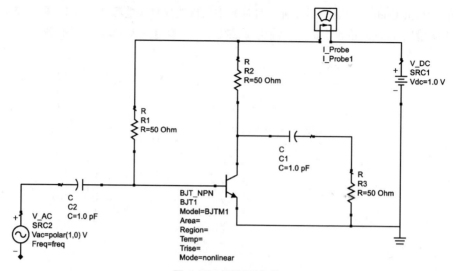

图 6-74　原理图布线

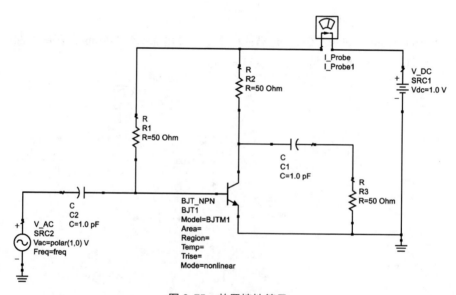

图 6-75　放置接地符号

图 6-76　放置仿真器元器件

（5）仿真参数属性设置

① 在"Basic Components"（基本元器件库）中选择双极晶体管模型 BJT_Model，在原理图中合适的位置上放置 BJTM1，结果如图 6-76 所示。

② 双击三极管模型 BJTM1，在弹出的"Edit Instance Parameters"（编辑实例参数）对话框中单击"Component Options"（元器件选项）按钮，弹出"Component Options"（元器件选项）对话框，取消勾选"Display Component Name"（显示元器件名称）复选框，隐藏双极晶体管模型参数，如图 6-77 所示。

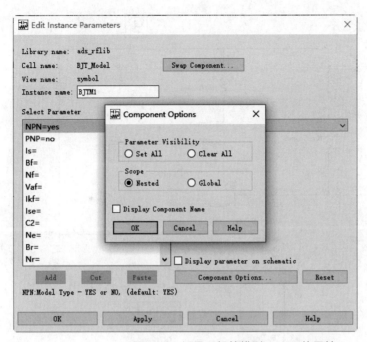

图 6-77　设置三极管模型 BJTM1 的属性

③ 在 "Basic Components"（基本元器件库）中选择直流仿真器 DC，在原理图中合适的位置上放置 DC1，结果如图 6-78 所示。

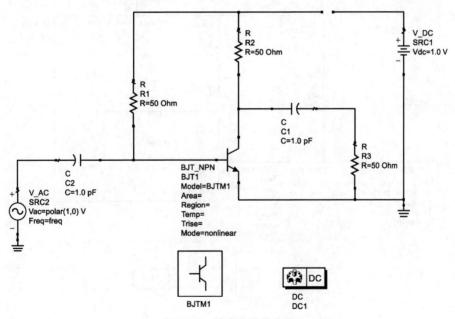

图 6-78　放置直流仿真器

选择菜单栏中的 "Simulate"（仿真）→ "DC Annotation"（直流标注）→ "Annotate Voltage"（电压标注）命令，在原理图中不同电路节点处显示节点电压值，如图 6-79 所示。

选择菜单栏中的 "Simulate"（仿真）→ "DC Annotation"（直流标注）→ "Annotate Pin Current"（支路电流标注）命令，在原理图中显示不同支路处显示电流值，如图 6-80 所示。

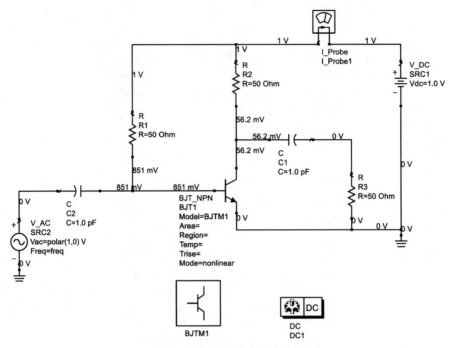

图 6-79　显示节点电压值

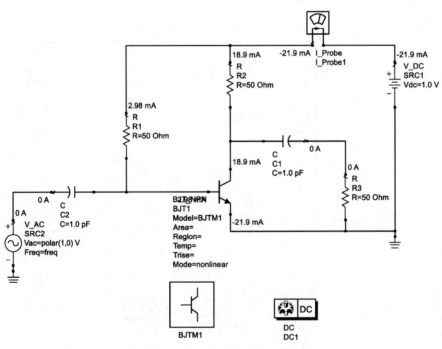

图 6-80　显示支路电流值

选择菜单栏中的"Simulate"（仿真）→"Simulation Settings"（仿真设置）命令，系统弹出"Simulation Settings"（仿真设置）对话框，在"Device Operating Point"（设备工作点）选项组中选择"Brie"，可以保存仿真过程中元器件的所有工作点信息，保存设备电流、功率和一些线性化的设备参数。如图 6-81 所示。单击"Apply"（应用）按钮，保存参数设置。单击"Simulate"

（仿真）按钮，在原理图中应用参数设置。

选择菜单栏中的"Simulate"（仿真）→"DC Annotation"（直流标注）→"Display Operating Point"（显示工作点）命令，弹出"Device Operating Point"（设备工作点）对话框，如图 6-82 所示。

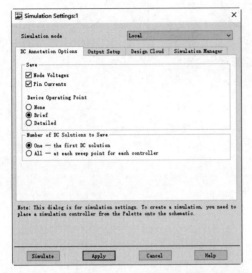

图 6-81　"Simulation Settings"（仿真设置）对话框　图 6-82　"Device Operating Point"（设备工作点）对话框

在原理图中单击三极管 BJT1，显示该元器件中设备信息，如图 6-83 所示。在原理图中单击电阻 R1，显示该元器件中电流、功率和电阻，如图 6-84 所示。

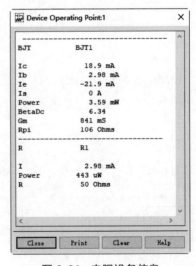

图 6-83　显示 BJT1 设备信息　　　　　图 6-84　电阻设备信息

单击"Basic"（基本）工具栏中的"Save"（保存）按钮 ，保存仿真原理图绘制结果。

6.6.2　同相比例放大电路仿真

同相比例运算放大电路如图 6-85 所示，输入电压 u_i 通过电阻 R_P 加到同相输入端，反相输入端通过电阻 R_1 接地，输出电压 u_o 通过电阻 R_f 反馈到反相输入端。R_P 同样是平衡电阻，应满足 $R_P=R_1/R_f$。

扫码看视频

169

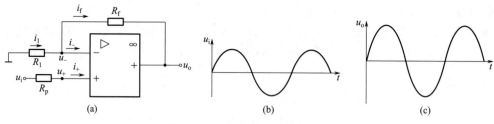

图 6-85　同相比例运算放大电路

根据虚短和虚断的概念可知：

$$u_+ = u_-$$
$$i_+ = i_- = 0$$

$i_+ = 0$ 则有：

$$u_+ = u_- = u_i$$

根据 KCL 可知：

$$i_1 = i_- + i_f = i_f$$

根据欧姆定律可知：

$$i_1 = \frac{0 - u_-}{R_1} = \frac{-u_i}{R_1}$$

$$i_f = \frac{u_- - u_o}{R_f} = \frac{u_i - u_o}{R_f}$$

$$u_o = (1 + \frac{R_f}{R_1})u_i$$

可见，输出电压和输入电压同相且成比例关系，故称此电路为同相比例运算电路。电路的电压放大倍数 A_u 为：

$$A_u = \frac{u_o}{u_i} = 1 + \frac{R_f}{R_1}$$

波形如图 6-85（b）和图 6-85（c）所示。同相比例电路引入了电压串联负反馈，其输入电阻为无穷大，输出电阻约为零。

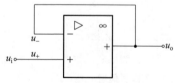

当同相比例运算电路中 $R_f = 0$、$R_1 = \infty$ 时，电路如图 6-86 所示，利用"虚短""虚断"的概念分析有：

$$u_i = u_+ = u_- = u_o$$

图 6-86　电压跟随器

即输出电压与输入电压大小相等、相位相同，故此电路称为电压跟随器。

操作步骤：

（1）设置工作环境

启动 ADS 2023，打开主窗口界面。选择菜单栏中的"File"（文件）→"New"（新建）→"Workspace"（项目）命令，或单击工具栏中的"Create A New Workspace"（新建一个工程）按

钮 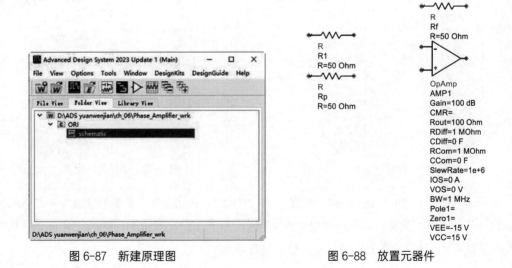，弹出"New Workspace"（新建工程）对话框，输入工程名称"Phase_Amplifier_wrk"，新建一个工程文件 Phase_Amplifier_wrk。

在主窗口界面中，选择菜单栏中的"File"（文件）→"New"（新建）→"Schematic"（原理图）命令，或单击工具栏中的"New Schematic Window"（新建一个原理图）按钮，弹出"New Schematic"（创建原理图）对话框，在"Cell"（单元）文本框内输入原理图名称 ORI。单击"Create Schematic"（创建原理图）按钮，在当前工程文件夹下，创建原理图文件 ORI，如图 6-87 所示。同时，自动打开原理图视图窗口。

（2）原理图图纸设置

选择菜单栏中的"Options"（设计）→"Preferences"（属性）命令，或者在编辑区内单击鼠标右键，并在弹出的快捷菜单中选择"Preferences"（属性）命令，弹出"Preferences for Schematic"（原理图属性）对话框。在该对话框中可以对图纸进行设置。

单击"Grid/Snap"（网格捕捉）选项卡，在"Snap Grid per Display Grid"（每个显示网格的捕捉网格）选项组下"X"选项中输入 1。单击"Display"（显示）选项卡，在"Background"（背景色）选项下选择白色背景。

（3）元器件的放置

在放置过程中进行布局，这样减少后期布局操作的工作量。后期进行布线操作时，再对布局结果进行调整。

① 激活"Parts"（元器件）面板，在库文件中打开"Basic Components"的基本元器件库，选择并放置电阻（R）元器件 R_1、R_f、R_p。

② 在元器件库中单击选择放大器（OpAmp），在原理图中合适的位置上放置 AMP1，如图 6-88 所示。

图 6-87　新建原理图　　　　　　　　图 6-88　放置元器件

③ 在"Basic Components"（基本元器件库）中依次选择直流电源（V_DC），在原理图中合适的位置上放置，结果如图 6-89 所示。

④ 选择菜单栏中的"Insert"（插入）→"Wire"（导线）命令，或单击"Insert"（插入）工具栏中的"Insert Wire"（放置导线）按钮，或按快捷键"Ctrl+W"，进入导线放置状态，连接元件器件，结果如图 6-90 所示。

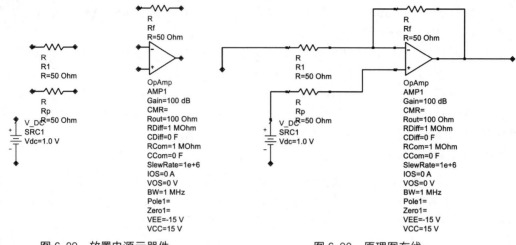

图6-89 放置电源元器件   图6-90 原理图布线

⑤ 选择菜单栏中的"Insert"（插入）→"GROUND"（接地符号）命令，或单击"Insert"（插入）工具栏中的"GROUND"（接地符号）按钮┷，在原理图中放置接地符号，如图6-91所示。

⑥ 双击原理图中的导线，弹出"Edit Wire Label"（编辑导线标签）对话框，在"Net name1"（网络名称）文本框中添加网络标签 Ui、Uo，结果如图6-92所示。其中，Ui表示输入电压，Uo表示输出电压。

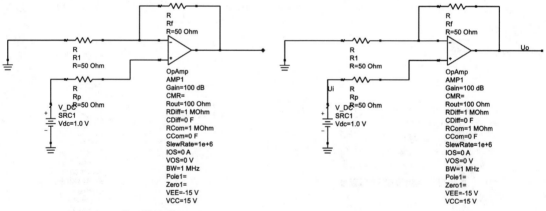

图6-91 放置接地符号   图6-92 添加网络标签

选择菜单栏中的"Simulate"（仿真）→"DC Annotation"（直流标注）→"Annotate Voltage"（电压标注）命令，在原理图中不同电路节点处显示节点电压值，如图6-93所示。其中，输入电压 U_i=1V，输出电压 U_o=2V。电压放大倍数 $A_u = \dfrac{u_o}{u_i} = 1 + \dfrac{R_f}{R_1} = 2$。

⑦ 双击电阻 Rf，修改阻值为100Ohm，选择菜单栏中的"Simulate"（仿真）→"DC Annotation"（直流标注）→"Annotate Voltage"（电压标注）命令，在原理图中显示节点电压值，如图6-94所示。

其中，输入电压 U_i=1V，输出电压 U_o=3V。电压放大倍数 $A_u = \dfrac{u_o}{u_i} = 1 + \dfrac{R_f}{R_1} = 3$。

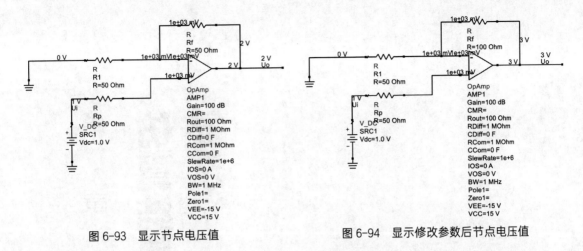

图 6-93　显示节点电压值　　　　　　　图 6-94　显示修改参数后节点电压值

单击"Basic"（基本）工具栏中的"Save"（保存）按钮 **▤**，保存仿真原理图绘制结果。

第 7 章

仿真结果显示

ADS 2023

ADS 的仿真数据显示和分析方式灵活，功能强大。当仿真正确运行后，可以通过数据显示窗口，对仿真数据或曲线进一步分析。

本章介绍在数据显示窗口中显示仿真分析结果的方法，用户以多种图表格式显示数据，使用标记读取仿真曲线上特定的数据，使用方程式对数据进行处理。

7.1 数据显示视窗

电路在原理图视窗和布局图视窗仿真后，需要在数据显示视窗中显示仿真结果。数据显示视窗有多种显示仿真结果的方法，包括用图形显示仿真结果和用数据列表显示仿真结果等。

创建数据显示的基本过程如下：

● 选择要显示的数据集（按名称）。

● 为显示选择绘图类型（如矩形和极坐标）。

● 指定要显示的数据变量。

● 选择跟踪类型（线性、散点、直方图等）。

● 应用程序默认使用自动跟踪类型。在某些情况下，Auto 将不会提供准确的结果，并且需要手动选择跟踪类型。

7.1.1 视窗的工作环境

下面分别介绍数据显示视窗中的工作界面，以帮助读者熟悉数据显示视窗的工作环境。

数据显示视窗的工作界面包括标题栏、菜单栏、工具栏和工作区等几部分，如图 7-1 所示。

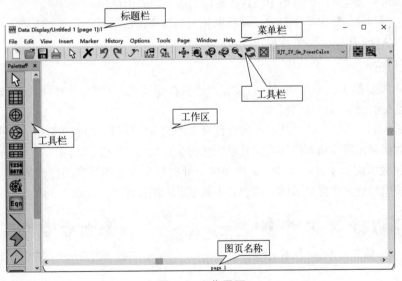

图 7-1 工作界面

（1）标题栏

工作界面中的标题栏标明了视窗的类型、电路名称和打开窗口编号，标题栏中的 Data Display 表示这个视窗为 ADS 的数据显示视窗。

（2）菜单栏

菜单栏位于界面的上方，包含了用户在数据显示视窗中的可执行操作。菜单栏中有 File（文件）、Edit（编辑）、View（视图）、Insert（插入）、Marker（标记）、History（历史）、Options（选项）、Tools（工具）、Page（页面）、Windows（窗口）和 Help（帮助），下面分别进行介绍。

- File（文件）：该菜单中包含了与数据显示文件相关的操作，包括新建数据显示图、打开已经存在的数据显示图、关闭数据显示图、保存数据显示图、将数据显示图保存为模板形式、导出文件、设置打印参数和退出 ADS 软件等。
- Edit（编辑）：该菜单中包含了与视窗中数据或图形的编辑相关的操作，包括撤销/重做命令、结束命令、剪切数据或图形、复制数据或图形、粘贴数据或图形、全选视图、数据或图形分组或取消分组、调整数据顺序和添加文本等。
- View（视图）：该菜单中包含了与视图显示相关的操作，包括显示全部视图、显示部分视图、隐藏视图、放大视图、缩小视图和显示工具栏等。
- Insert（插入）：该菜单中包含了与插入对象相关的操作，包括插入曲线、插入方程、插入直线、插入圆、插入矩形和插入文字等。
- Marker（标记）：该菜单中包含了在曲线上插入标记的相关操作，包括插入一个新标记、在峰值插入标记和在谷值插入标记等。
- History（历史）：该菜单中包含了在数据显示视窗显示上一步历史数据的操作。
- Options（选项）：该菜单中包含了在数据显示视窗进行基本设置的操作，包括设置热键、设置工具栏和设置参数等。
- Tools（工具）：该菜单中包含了数据显示视窗中常用的工具。
- Page（页面）：该菜单中包含了与数据显示窗口页面相关的操作，包括打开一个新显示页面、重命名一个显示页、删除一个显示页和切换页面等。
- Windows（窗口）：该菜单中包含了窗口的新建与关闭命令。
- Help（帮助）：该菜单中包含了与帮助相关的操作，包括帮助选项、主题索引、agilent 网络资料信息和 ADS 版本信息等。

（3）工具栏

数据显示视窗的工具栏包括了一些按钮，这些按钮是菜单栏中一些常用的菜单项，可以为电路图仿真结果的设计提供便利操作。

① Basic 基本工具栏　该工具栏中包含针对文件的操作按钮，如创建数据显示图按钮、打开已经存在的数据显示图按钮和保存数据显示图按钮等，如图 7-2 所示。

② Zoom 数据缩放工具栏　该工具栏中包含针对数据显示图外观的操作按钮，如观看全部数据显示图按钮、放大数据显示图按钮和缩小数据显示图按钮等，如图 7-3 所示。

图 7-2　Basic 基本工具栏 　　图 7-3　Zoom 数据缩放工具栏

③ Data Zoom 数据缩放工具栏　该工具栏中包含针对数据列表进行放大和缩小的操作按钮，如图 7-4 所示。

④ Palette 调色板工具栏　该工具栏中包含针对数据显示方式的一系列按钮命令，如图 7-5 所示。

- ：结束当前命令。
- ：在数据显示区创建一个直角坐标系的矩形图。
- ：在数据显示区创建一个极坐标系图。

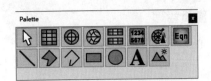

图 7-4　Data Zoom 数据缩放工具栏　　　　图 7-5　Palette 调色板工具栏

- ⊕：在数据显示区创建一个史密斯圆图。
- ▦：在数据显示区创建多个直角坐标系的矩形图。
- ▦：在数据显示区创建一个数据列表。
- Eqn：在数据显示区创建一个方程等式。
- ╲：在数据显示区绘制线条。
- ⬧：在数据显示区绘制多边形。
- ⬦：在数据显示区绘制折线。
- ●：在数据显示区绘制圆。
- ▭：在数据显示区绘制矩形。
- **A**：在数据显示区添加文本。
- ▨：在数据显示区添加图片。

⑤ Default Dataset 默认数据集工具栏　该工具栏中包含数据来源列表，如图 7-6 所示。工作界面中的数据来源列表列出了需要绘制图形和显示数据的所有数据来源，可以针对需要显示的数据内容选择数据来源。该图中仿真数据来源于 BJT_IV_Gm_PowerCalcs。

图 7-6　Default Dataset 默认数据集工具栏

（4）工作区

工作区是用户编辑、显示数据图的主要区域，占据了 ADS 数据显示窗口的绝大部分区域，如图 7-7 所示。

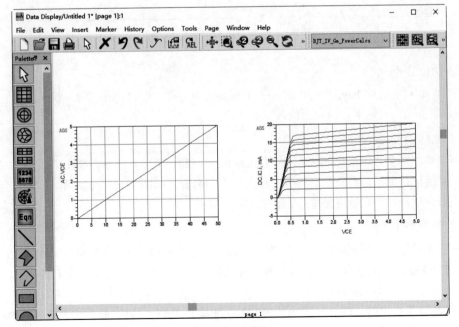

图 7-7　工作区

7.1.2 图页管理

Data Display（数据显示）窗口中默认打开的窗口为 Page 1，一般位于图形界面底部。同时可以添加多个页面，为绘图提供了更多的显示区域，显示和组织大量数据。

（1）插入新页

选择菜单栏中的"Page"（页面）→"New Page"（新建页面）命令，弹出"New Page"（新建页面）对话框，为页面输入一个新名称，如图 7-8 所示。单击"OK"（确定）按钮，关闭对话框，并自动进入新建的空白页面窗口 page2，如图 7-9 所示。

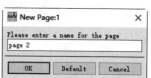

图 7-8 "New Page"（新建页面）对话框

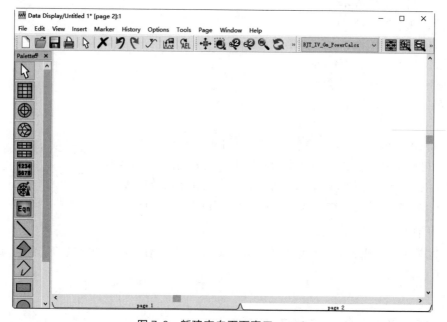

图 7-9 新建空白页面窗口 page2

（2）页面重命名

选择菜单栏中的"Page"（页面）→"Rename Page"（重命名页面）命令，弹出"New Page"（新建页面）对话框，为页面输入新的名称。

（3）删除页面

选择菜单栏中的"Page"（页面）→"Delete Page"（删除页面）命令，弹出"Delete Page"（删除页面）对话框，提示是否删除当前页面和页面中的内容，如图 7-10 所示。单击"OK"（确定）按钮，关闭对话框，并删除页面窗口 page2。

（4）查看多个页面

当有多个数据显示页面时，经常需要查看不同的页面，下面介绍几种查看页面方法：

● 单击 Data Display 窗口底部的页面名称选项卡，当前所选页面的选项卡名称以白色背景突出显示。

● 选择菜单栏中的"Page"（页面）→"Next Page"（下一页）命令，按照新建页面的顺序，切换到当前面的下一页。

- 选择菜单栏中的"Page"（页面）→ "Previous Page"（上一页）命令，按照新建页面的顺序，切换到当前面的上一页。
- 打开菜单栏中的"Page"（页面）命令，选择需要打开的页面名称，如图 7-11 所示，直接切换到指定名称的页面中。

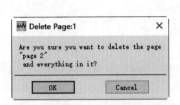

图 7-10　"Delete Page"（删除页面）对话框

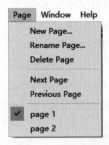

图 7-11　选择页面名称

7.2　工作环境设置

在数据显示窗口中，环境参数的设置尤为重要，一般是通过"Preference"（优选参数设置）对话框来完成的。需要注意的是，在该对话框中设置的参数只能应用于新绘制的图形，已经存在的图形不会自动更新参数设置。

选择菜单栏中的"Options"（选项）→ "Preference"（参数设置）命令，或在编辑窗口中右击，在弹出的右键快捷菜单中单击"Preferences"（参数设置）命令，系统将弹出"Preference"（参数设置）对话框，如图 7-12 所示。

在"Preference"（优选参数设置）对话框中主要有 11 个标签页，即 Trace（轨迹线）、Plot（绘图）、Marker（标记）、Text（文本）、Equation（方程）、Picture（图片）、Shapes（轮廓）、Limit Line（限制线）、Mask（掩膜）、Grid/Snap（网格捕捉）、Entry/Edit（输入编辑）。

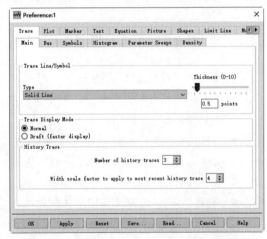

图 7-12　"Preference"（参数设置）对话框

7.2.1　Trace（轨迹线）选项卡

在该选项卡可以设置不同类型图形对象的外观。其中，Bus（总线图）、Symbols（符号）、Histogram（直方图）、Density（密度图）选项卡中分别介绍对应的图形类型对象。

（1）Main（主要）选项卡

在该子选项卡中设置针对所有类型图形对象的参数设置。

① Trace Line/Symbol（轨迹线）选项组：

- Type：选择轨迹线的线型，如图 7-13 所示。包括

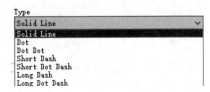

图 7-13　选择轨迹线的线型

179

Solid Line（实线，如图 7-14 所示）、Dot（点线，如图 7-15 所示）、Dot Dot（双点线）、Short Dash（短虚线）、Short Dot Dash（短点画线）、Long Dash（长虚线）、Long Dot DashSolid Line（长点画线）。

- Thickness (0-10)：设置轨迹线的粗细。

② Trace Display Mode（轨迹线显示模式）选项组：

- Normal：正常模式。
- Draft (faster display)：草图模式，快速显示模式。

③ History Trace（历史轨迹线）选项组：

- Number of history traces：可以同时显示轨迹线的数量，默认值为 3。
- Width scale factor to apply to most recent history trace：设置轨迹线宽度缩放因子，默认值为 4。

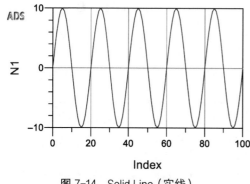

图 7-14　Solid Line（实线）

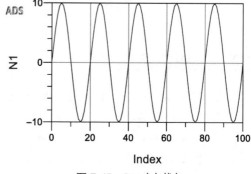

图 7-15　Dot（点线）

（2）Bus（总线图）选项卡

在该子选项卡中可以设置 Bus 图形对象的外观参数，如图 7-16 所示。

① Text（文本）选项组：

- Format：选择坐标轴文本中数值的显示格式，包含 Auto（自动）、Dec（十进制）、Hex（十六进制）、Octal（八进制）、Binary（二进制）。
- Font Type：选择文本字体类型，默认为系统字体 Arial For CAE。
- Text Color：选择文本的字体颜色。

② Always display transitions even if the data doesn't change：勾选该复选框，总是显示图形转换。

（3）Symbols（符号）选项卡

在该子选项卡中可以设置轨迹线中的数据点符号参数，如图 7-17 所示。

① Arrowheads on Spectral Traces（箭头）选项组：

- Display Arrowheads：选择该选项，显示带箭头的轨迹线。
- No Arrowheads：选择该选项，显示不带箭头的轨迹线。

② Symbols on Linear Traces（线性轨迹上的符号）选项组：

- Auto Space Symbols：选择该选项，在轨迹线上根据选择是否需要显示数据点符号。
- Place Symbols at all Data Points：选择该选项，在轨迹线所有数据点上放置数据点符号，如图 7-18（a）所示。

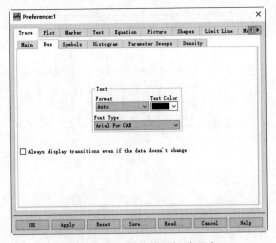

图 7-16　Bus（总线图）选项卡

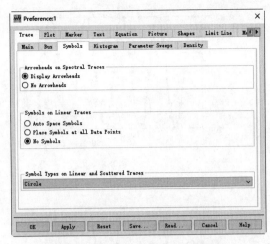

图 7-17　Symbols（符号）选项卡

● **No Symbols**：选择该选项，在轨迹线上不显示数据点符号（符号默认为圆圈），如图 7-18（b）所示。

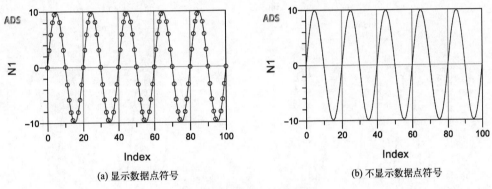

(a) 显示数据点符号　　　　　　　(b) 不显示数据点符号

图 7-18　数据点符号设置

③ Symbol Types on Linear and Scattered Traces：设置轨迹线中的符号类型。包括 Dot（实点）、Square（方形）、Circle（圆形）、Triangle（向下三角形）、Reverse Triangle（向上三角形）、Diamond（菱形）、Star（星形）、x（交叉号）、Cross（加号），如图 7-19 所示。

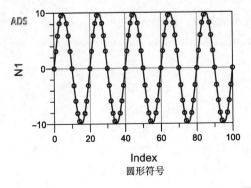

圆形符号

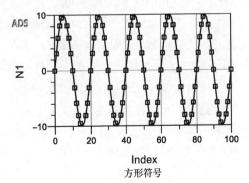

方形符号

图 7-19

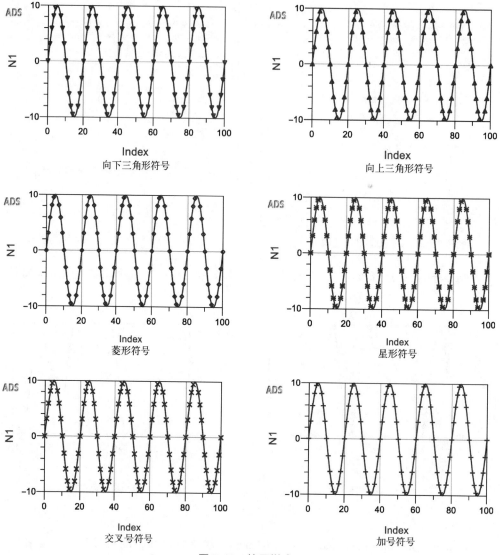

图 7-19　符号样式

（4）Histogram（直方图）选项卡

在该选项卡可以设置图形为直方图时，图形对象的参数，如图 7-20 所示。

- Use Fill Pattern：勾选该复选框，填充直方图中，如图 7-21 所示。
- Pattern：单击右侧下三角，选择填充图案。

（5）Parameter Sweeps（参数扫描）选项卡

在该选项卡可以设置多条轨迹线的扫描数据图形参数，如图 7-22 所示。

① Automatic Sequencing（自动序列）选项组：

- Line Color：勾选该复选框，选择需要设置轨迹线颜色的序列，可选择选项为 Sequence First（第一个序列）、Sequence Second（第二个序列）、Sequence Third（第三个序列）。

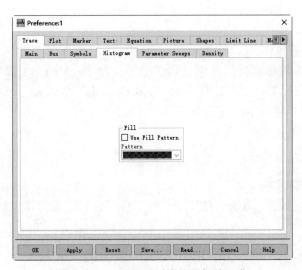

图 7-20 Histogram（直方图）选项卡

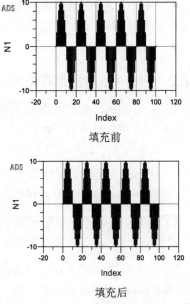

图 7-21 填充直方图

- **Line Type**：勾选该复选框，选择需要设置轨迹线类型的序列。
- **Symbol Type**：勾选该复选框，选择需要设置轨迹线数据点符号的序列。

② Trace Label（轨迹线标签）选项组：

- **Display Label**：勾选该复选框，在轨迹线上显示文本标签。
- **Number Format**：选择文本标签的数值格式。
- **Significant Digits**：设置文本标签的数值精度。
- **Font Type**：选择文本标签的字体类型。
- **Font Size**：设置文本标签的字体大小。
- **Display Units**：勾选该复选框，文本标签上显示单位。

（6）Density（密度图）选项卡

在该选项卡可以设置图形为密度图时，图形对象的参数，如图 7-23 所示。

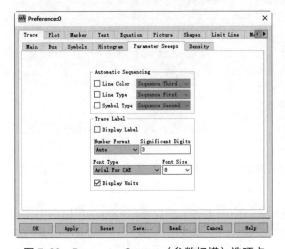

图 7-22 Parameter Sweeps（参数扫描）选项卡

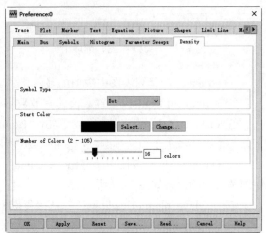

图 7-23 Density（密度图）选项卡

- Symbol Type：选择密度图中的数据点符号样式，默认为 Dot（实点）。
- Start Color：选择数据点符号颜色。
- Number of Colors (2 -105)：选择密度图中使用颜色的种类数。

7.2.2　Plot（绘图）选项卡

该选项卡用于设置图形显示区中的图形属性，其中包含 7 个子选项卡：Main（主要）、Linear Stack（线性堆叠）、Smith（史密斯图）、List（列表图）、Value ToolTip（值工具提示）、ADS Logo（ADS 图标）、Legend（图例），如图 7-24 所示。

（1）Main（主要）子选项卡

设置图形显示区中图形的标题、坐标轴等参数。

（2）Linear Stack（线性堆叠）子选项卡

设置坐标轴刻度的类型，包括 Linear（线性）、Log（对数）。

（3）Smith（史密斯图）子选项卡

选择 Smith 史密斯图中显示的参数为 Impedance（阻抗）、Admittance（导纳）或 Both（阻抗和导纳）。

（4）List（列表图）子选项卡

设置列表图中的图形对象属性，如图 7-25 所示。

图 7-24　Plot（绘图）选项卡

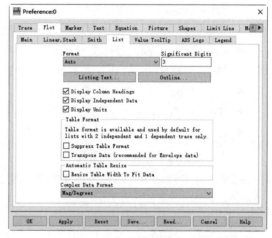

图 7-25　"List"（列表图）子选项卡

① Format：选择列表图中数值的显示格式。

② Significant Digits：设置数值的有效数字个数。

③ Listing Text：单击该按钮，弹出"Column Listing"（列列表）对话框，设置每列数值的字体类型、字体大小和文本颜色，如图 7-26 所示。

④ Outline：单击该按钮，弹出"Outline"（边框线）对话框，设置列表边框线的线条类型、粗细和线条颜色，如图 7-27 所示。

⑤ Display Column Headings：勾选该复选框，在列表图中显示列标题，默认选择该选项。

⑥ Display Independent Data：勾选该复选框，在列表图中显示自变量数据，默认选择该选项。

⑦ Display Units：勾选该复选框，在列表图中显示标题，默认选择该选项。

⑧ Table Format（表格格式）：选项组

● Suppress Table Format：勾选该复选框，不适用默认表格格式。

● Transpose Data (recommended for Envelope data)：勾选该复选框，转置数据。

⑨ Automatic Table Resize（自动表大小调整）选项组：

Resize Table Width To Fit Data：选择该复选框，自动调整表格宽度以适合数据。

⑩ Complex Data Format：在该选项下设置复数的数据格式。

图 7-26　"Column Listing"（列列表）对话框

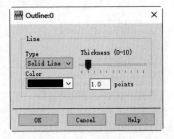

图 7-27　"Outline"（边框线）对话框

（5）Value ToolTip（值工具提示）子选项卡

工具提示被称为值工具提示，它通过将光标悬停在指定的轨迹点上来确定特定数据点的值，如图 7-28 所示。"工具提示"显示的数据与标记点显示的数据相同。在"Value ToolTip"（值工具提示）选项卡可以控制值工具提示中数据的显示，如图 7-29 所示。

① Display Value ToolTip：勾选该复选框，显示值工具提示。

② Readout Contents（读出内容）选项组：

● Independent Value：勾选该复选框，在值工具提示中显示自变量值。

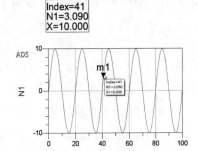

图 7-28　显示值工具提示

● Dependent Value：勾选该复选框，在值工具提示中显示因变量值。

● Smith Chart Value：勾选该复选框，在值工具提示中显示史密斯图值。

● Sweep Value：勾选该复选框，在值工具提示中显示扫描值。

③ Format：设置值工具提示中数值的显示格式，默认值为 Auto（自动）。

④ Significant Digits：设置值工具提示中数值的有效数字。

⑤ Dependent Value（因变量值）选项组：

Complex Format：设置值工具提示中复数数值的显示格式，包括 RealImaginary（实数虚数）、MagPhase（幅值相位）、dbPhase（相位增益）、MagRadians（相位弧度）、dbRadians（弧度增益）。

⑥ Smith Chart Value（史密斯图值）选项组：设置史密斯图中复数数值的显示格式。

（6）ADS Logo（ADS 图标）子选项卡

控制 ADS 图标的显示与隐藏。

（7）Legend（图例）子选项卡

设置图例中数值的格式、有效数字、字体样式、字体大小等，如图 7-30 所示。

在"Legend Format"（图例格式）下拉列表中选择图例的显示样式，包括 Indented（缩进）、Normal（正常）。

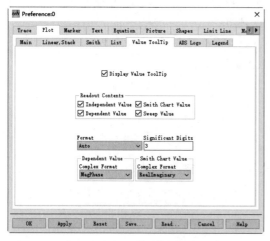

图 7-29　"Value ToolTip"（值工具提示）选项卡

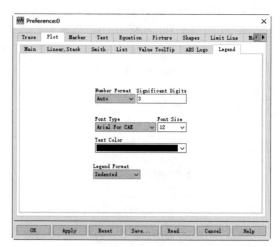

图 7-30　Legend（图例）子选项卡

7.2.3　Marker（标记）选项卡

在该选项卡中可以设置关于标记的属性，如图 7-31 所示。该选项卡下包含 Main（主要）、Format（格式）、Symbol（符号）、Font（字体）、Display（显示）这 5 个子选项卡。

（1）Main（主要）选项卡

① Peak/Valley Marker（峰 / 谷标记）选项组：

● Aperture Width %：孔径宽度。

● Aperture Height%：孔径高度。

② Offset Marker（编辑偏移）选项组：

Relative Offset：输入相对偏移量。

③ Enable Sweep Index Equations：勾选该复选框，启用扫描索引方程。

④ Maximum number traces supported by line markers：输入每行标记支持的最大轨迹线数。

图 7-31　Marker（标记）选项卡

（2）Format（格式）选项卡

设置标记中包含的数值文本格式，包含数值格式、有效数字、复数格式和史密斯图中的数值类型和格式。

（3）Symbol（符号）选项卡

设置标记符号的样式、颜色和大小，如图 7-32 所示。

（4）Font（字体）选项卡

设置标记包含的标记名称和标记内容（读取标记点的数据），可以分别进行设置。

● Marker Name：标记名称是一个文本，设置文本基本属性，包括文本的字体类型、字体大小、字体颜色。

● Readout Text：设置读取标记点数据的字体类型、字体大小、字体颜色。

（5）Display（显示）选项卡

设置在标记中需要显示的对象，如图 7-33 所示。其中，可以显示的对象包括 Readout（读取数据）、Symbol（标记符号）、Name（标记名称）。还可以选择在 Readout（读取数据）中显示的对象。

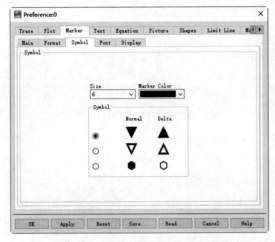

图 7-32　Symbol（符号）选项卡

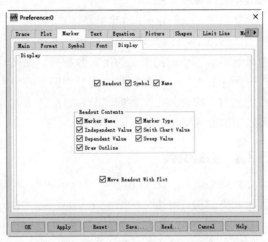

图 7-33　Display（显示）选项卡

7.2.4　Text（文本）选项卡

该选项卡用来设置文本说明文字的基本属性，如图 7-34 所示。主要包括字体类型、字体大小、文本颜色。

（1）Outline（边框线）选项组

设置是否需要绘制文本边框线，若有需要，还可以设置边框线的线型、粗细和颜色。

（2）Fill（填充）选项组

提供文本填充功能，可以选择填充颜色和填充图案。

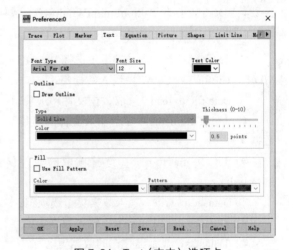

图 7-34　Text（文本）选项卡

7.2.5　Equation（方程）选项卡

方程是由字符和数值组成的文本表达式，在该选项卡中可以设置方程中文本的基本属性，与 Text（文本）选项卡基本相同，这里不再赘述。

7.2.6　Picture（图片）选项卡

在该选项卡中可以设置插入图片的边界线属性，如图 7-35 所示。

● Lock aspect ratio：勾选该复选框，锁定图片长宽比。

● Save external pictures to workspace：勾选该复选框，将外部图片保存到工作区。

其余选项卡内容与上面介绍类似，这里不再赘述。

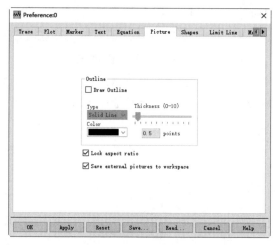

7.3 数据管理

在数据显示窗口中显示的数值数据有两个来源：数据集和方程。

当打开 Data Display（数据显示）窗口时，在"Default Dataset"（默认数据集）下拉列表中显示当前工作空间定义的所有数据集，如图7-36所示。选择一个数据集作为数据源。若没有为当前工作空间定义数据集，则自动将下拉列表中的数据集标签显示为当前设计名称。

图 7-35　Picture（图片）选项卡

7.3.1 数据文件

Data Display（数据显示）窗口中的数据集包含内部源（如仿真器）和外部源（网络分析器或 Touchstone 文件）。使用数据文件工具可以从数据文件（即 Touchstone、MDIF、Citifile 或 ICCAP）中读入数据集，或者可以从数据集写入数据文件，用来收集和存储数据。

图 7-36　选择数据集

选择菜单栏中的"Tools"（工具）→"Data File Tool"（数据文件工具）命令，打开"dftool/mainWindow"（数据文件工具主窗口）对话框，如图7-37所示。

（1）从数据文件读入数据集

"在 Mode"（模式）选项组中选择 Read data file into dataset 信息，将数据文件（即 Touchstone、MDIF、Citifile 或 ICCAP）读入数据集。

① Data file to read（读取数据文件）选项组：

● Input file name：显示输入文件的名称。单击"Browse"（搜索）按钮，选择需要读取的数据文件。

● File format to read：选择读取的文件格式，包括 Touchstone、MDIF、Citifile、ICCAP、SMatrixlO。

② Dataset to write（写入数据集）选项组：

● Dataset name Datasets：输入数据集的名称。

● Datasets：显示已存在的数据集名称。

● Update Dataset List：添加新的数据集后，单击该按钮，进行刷新，将新数据集添加到列表中。

③ Read File：单击该按钮，读取数据文件，识别文件中的变量和数值，保存到新建的数据集中。

④ View Dataset：单击该按钮，在"Dataset Viewer"（数据集显示器）对话框中显示包含数据的数据集信息，如图7-38所示。在"Variable Information"（变量信息）列表中显示 Independent Variables（自变量）和 Dependent Variables（因变量）。

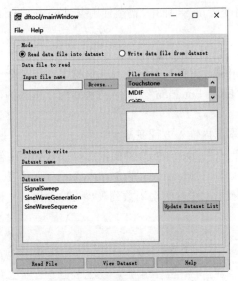

图 7-37　"dftool/mainWindow"
（数据文件工具主窗口）对话框

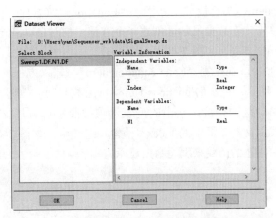

图 7-38　"Dataset Viewer"（数据集显示器）对话框

（2）从数据集写入数据文件

"在 Mode"（模式）选项组中选择 Write data file from dataset：从数据集写入数据文件。选择该选项，选项卡中的界面发生变化，如图 7-39 所示。

在 Data file to write（写入数据文件）中进行设置：

● Output file name：输入数据文件名称。

● File format to write：选择写入数据文件的格式。

● Complex data format：选择复数数据的显示格式，默认值 Mag/Angle（幅值相位）。

● Frequency units：选择频率单位，包括 Hz、kHz、MHz、GHz。

● Data notation format：选择数据符号格式。

● Max resolution：输入最大分辨率，默认值为 9。

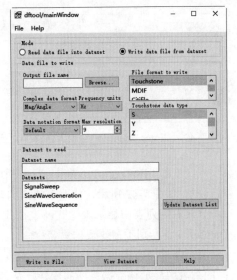

图 7-39　选择写入数据集选项

7.3.2　方程数据

在数据显示图上使用方程获取显示数据，能够对数据执行复杂的数学运算，以便进行进一步分析。

方程可以很简单，也可以很复杂。一个方程可以包括：数学表达式和运算、函数、其他数据显示方程、数据变量、数据集信息和标记的标签。

编写表达式需要遵守基本的规则，具体介绍如下：

● 方程式区分大小写。

● 方程式名称不能以数字开头。

● 所有函数都必须使用给定的语法完成。

● 括号用于定义操作顺序。

● 保留名称不能用作方程变量。例如，不能使用变量 mag=[1::3]，需要使用类似 mymag=[1::3] 的名称。

① 插入方程。选择菜单栏中的"Insert"（插入）→"Equations"（方程）命令，或单击 Palette（调色板）工具栏中"Equations"（方程）按钮**Eqn**，将鼠标悬停在显示区域，在适当位置单击，在数据显示区创建一个方程。同时自动弹出"Enter Equation"（输入方程）对话框，输入一个方程，如图 7-40 所示。

② 在左侧"Enter equation here"（输入方程）文本框内输入方程变量名。

③ 单击"Functions Help"（函数帮助）按钮，弹出"ADS Help"界面，用以获取到可用测量功能的链接，其中的列表选项按照字母顺序排列。单击 Measurement Expressions（测量表达式）文档左框中的 Index（检索）选项卡，如图 7-41 所示，获取滚动函数列表，可以使用该文档中描述的函数来编写数据显示方程。

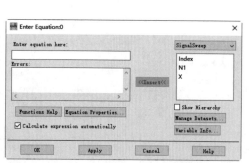

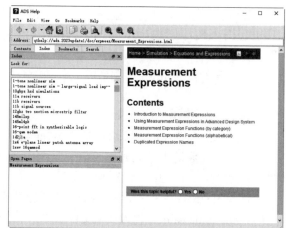

图 7-40　"Enter Equation"（输入方程）对话框　图 7-41　Measurement Expressions（测量表达式）文档

④ 单击"Equation Properties"（方程属性）按钮，弹出"Edit Text Properties"（编辑文本属性）对话框，如图 7-42 所示，修改表达式的显示属性。

⑤ 右侧列表中显示表达式。表达式可以包含前面列表中的任何项。如果默认数据集中包含 Dataset 变量，则不需要数据集名称。

⑥ 若要向方程等式中添加数据集变量，从上面的下拉列表框中选择数据集名称，自动在下面的列表中显示该数据集中的变量。从该列表中选择插入变量，单击"Insert"（插入）按钮，将变量插入到"Enter equation here"（输入方程）文本框内。

⑦ 勾选"Calculate expression automatically"（自动检查计算表达式）复选框，以便在每次更新公式或修改其成员之一时自动计算公式。

⑧ 选中"Show Hierarchy"（显示层次结构）复选框，以树格式显示数据集变量。

⑨ 单击"Manage Datasets"（管理数据集）按钮，定位当前工作区中不可用的数据集。

⑩ 单击"Variable Info"（变量信息）按钮，打开"Browse Data"（浏览数据）对话框。在该对话框的列表框中单击某个数据集变量，则在对话框的右侧显示该数据集变量的详细信息，如图 7-43 所示。

当方程式完成后，单击"OK"（确定）按钮，关闭对话框。如果输入的方程式不正确，将出现一条警告消息，并以红色显示方程式标识符 Eqn；如果方程式正确，则以黑色显示。

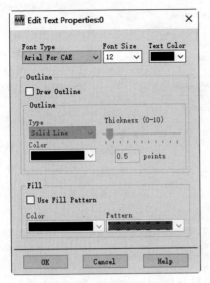

图 7-42　"Edit Text Properties"
（编辑文本属性）对话框

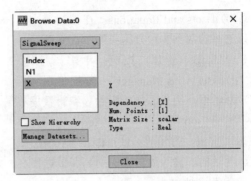

图 7-43　"Browse Data"（浏览数据）对话框

7.4　数据显示

数据显示视窗的数据显示区可以显示计算和仿真得到的数据，数据显示方式工具栏中提供了多种显示方式。主要方法是在 Palette（调色板）工具栏中选择不同的数据显示方式，然后在数据显示区以图形或列表的方式显示数据。

7.4.1　数据显示图

数据显示图由一个或多个坐标区和其中的轨迹线（包含数据注释和标记点注释）组成。本节使用矩形图的显示方式（一个直角坐标系）来介绍数据显示图的绘制方法。

选择菜单栏中的"Insert"（插入）→"Plot"（绘图）命令，或单击 Palette（调色板）工具栏中"Rectangular Plot"（矩形图）按钮，在工作区显示浮动的矩形图符号，如图 7-44 所示，在适当位置单击，在数据显示区创建一个直角坐标系的矩形图。同时自动弹出"Plot Traces & Attributes"（绘图轨迹和属性）对话框，用于设置数据显示参数，如图 7-45 所示。

该对话框包含三个选项卡，下面分别进行介绍。

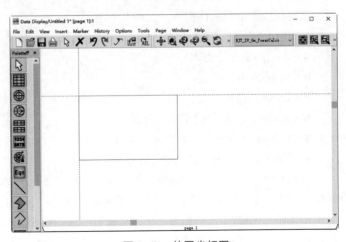

图 7-44　放置坐标图

（1）Plot Type（绘图类型）选项卡

在该选项卡的顶部显示绘图类型，可随时更改为不同的绘图类型，该操作与在 Palette（调色板）工具栏中选择不同的数据显示方式相同。

① Datasets and Equations：在该列表中显示可以选择的数据集和方程中的参数变量。

② Manage（管理）按钮：单击该按钮，弹出"Dataset Alias Manager"（数据集别名管理器）对话框，用于添加、删除、编辑数据集别名，如图 7-46 所示。单击"Add Alias"（添加别名）按钮，弹出"Add Dataset"（添加数据集）对话框，输入数据集的别名和数据集名称，如图 7-47 所示。

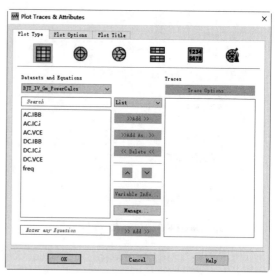

图 7-45 "Plot Traces & Attributes"
（绘图轨迹和属性）对话框

图 7-46 "Dataset Alias Manager"
（数据集别名管理器）对话框

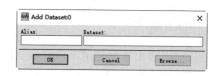

图 7-47 "Add Dataset"（添加数据集）对话框

③ Traces：在坐标图中显示该列表中的参数。

a. 单击"Add"（添加）按钮，使用系统默认的仿真自变量，在左侧列表中选择因变量，将列表中的参数和变量添加到该列表中。对于复数变量，弹出"Complex Data"（复数数据）对话框，选择添加变量的属性参数，如图 7-48 所示。

- dB：分贝。在直角坐标系显示方式中，不同频率的 S_{ii}（S 参数）用 dB（分贝）表示。
- dBm：毫瓦分贝。
- Magnitude：幅值。
- Phase：相位。
- Real part：复数的实数部分。
- Imaginary part：复数的虚数部分。
- Time domain signal：时域信号。

在数据列表显示方式和极坐标系显示方式中，不同频率的 S_n 用幅值和相位表示。在史密斯圆图显示方式中，不同频率的 S_{ii} 用幅值和相位表示，并给出了输入阻抗的值。

b. 单击"Add As"（添加为）按钮，弹出"Select Independent Variable"（选择自变量）对话框，选择自变量和因变量，如图 7-49 所示。在"Select the independent variable"（选择自变量）列表中选择函数 plot_vs 的自变量，在左侧列表中选择因变量，如图 7-50 所示。

c. 单击"Delete"（删除）按钮，从右侧列表中删除选择的参数和变量。

图 7-48 "Complex Data"（复数数据）对话框

图 7-49 "Select Independent Variable"
（选择自变量）对话框

（2）Plot Options（绘图选项）选项卡

在该选项卡中设置绘图属性，如图 7-51 所示。图中显示的是矩形图的绘图属性，若绘图类型为极坐标或史密斯图，绘图属性略有不同。

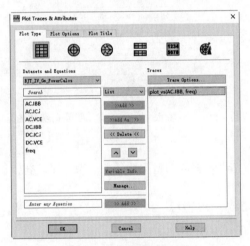

图 7-50 选择函数变量

图 7-51 "Plot Options"（绘图选项）选项卡

① Select Axis：在该列表中选择矩形坐标系的四个方向坐标轴。

② Axis Label：定义指定方向坐标轴的标签名称。单击"More"（更多）按钮，弹出"Axis Label"（坐标轴标签）对话框，设置标签文本的格式，如图 7-52 所示。

a. Format：选择标签中数值类型的格式。

● Auto：自动格式。

● Full：显示小数点前的所有数字。

● Scientific：科学格式显示。如，1000 显示为 1.00e3。

● Engineering：使用工程符号显示。例如，以 Hz 为单位表示的频率，1000Hz 显示为 1.0 kHz。

● Hex：以十六进制格式显示。

● Octal：以八进制格式显示。

● Binary：以二进制格式显示。

● Dataset Aliasing：数据集别名。

b. Significant Digits：输入有效数字个数。

c. Font Type：选择所需的字体。

d. Font Size：选择所需的字体大小。

e. Text Color：单击颜色栏选择新的文本颜色。

③ Auto Scale：勾选该复选框，设置自动缩放，以显示绘图上变量的整个范围，并给出数据的最佳视图。

④ Min、Max、Step：手动设置轴的起始值、结束值和增量值，以显示有限范围的数据。在极坐标图和 Smith 图中，可以指定图的半径和自变量的数据范围。

⑤ Scale：矩形、堆叠图和史密斯图的比例，可以设置为 Linear（线性）或 Log（对数）格式。

⑥ Add Axis：单击该按钮，弹出"Create New Axis"（创建新坐标轴）对话框，添加新的坐标轴，如图 7-53 所示。

图 7-52　"Axis Label"（坐标轴标签）对话框　　图 7-53　"Create New Axis"（创建新坐标轴）对话框

⑦ Grid：单击该按钮，弹出"Grid"（网格）对话框，更改网格中线条的类型、粗细和颜色，如图 7-54 所示。

⑧ ADS Logo：单击该按钮，可以隐藏或取消隐藏 ADS 徽标。

（3）Plot Title（绘图标题）选项卡

在该选项卡中输入图形的标题，如图 7-55 所示。

图 7-54　"Grid"（网格）对话框　　　　图 7-55　Plot Title（绘图标题）选项卡

图 7-56 给出了参数的 6 种显示方式，分别为直角坐标系显示方式、极坐标系显示方式、数据列表显示方式、史密斯圆图显示方式、极坐标系显示方式和天线（远场模拟结果）显示方式。

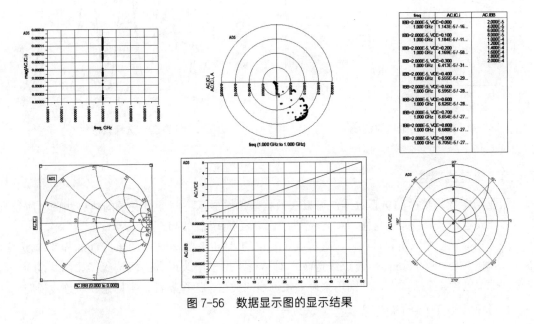

图 7-56　数据显示图的显示结果

7.4.2　轨迹线基本操作

在数据显示图中，根据数据集中的自变量和因变量绘制轨迹线。下面介绍关于轨迹线的基本操作。

（1）插入多条轨迹线

数据显示图中不止可以显示一条轨迹线，还可以继续添加轨迹线，下面介绍具体步骤。选中数据显示图，单击鼠标右键选择"Insert Trace"（插入轨迹线）命令，弹出"Insert Plot Traces"（插入绘图轨迹线）对话框，如图 7-57 所示。

该对话框中的选项与"Plot Traces & Attributes"（绘图轨迹和属性）对话框中类似，这里不再赘述。

在"Datasets and Equations"（数据集和方程）列表中选择变量，单击"Add"（添加）按钮，将其添加到"Traces"（轨迹线）列表中，即可绘制以该变量为因变量的轨迹线，如图 7-58 所示。

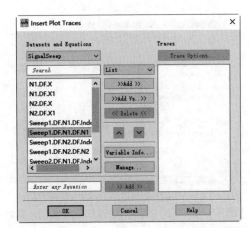

图 7-57　"Insert Plot Traces"（插入绘图轨迹线）
对话框

（2）选择轨迹线

对于复杂的图形，包含多种对象，如标记、注释等对象，ADS 提供了可以一次性直接选择所有轨迹线的命令。

选中数据显示图，单击鼠标右键选择"Select Traces"（选择轨迹线）命令，直接选中图中所有的轨迹线。选中的轨迹线颜色线条变宽，并高亮显示，如图 7-59 所示。

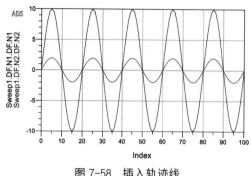

图 7-58　插入轨迹线

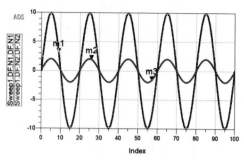

图 7-59　选择轨迹线

7.4.3　轨迹线属性

根据给定数据集中的仿真数据，可以在数据显示区显示不同参数变量的轨迹线图。所绘制的图形让人看起来舒服并且易懂，ADS 提供了许多轨迹线属性的命令。

在数据显示区中双击轨迹线，或选择菜单栏中的"Edit"（编辑）→"Item Options"（项选项）命令，弹出"Trace Options"（轨迹线选项）对话框，用于修改现有的轨迹线，如图 7-60 所示。该对话框中包含 4 个选项卡，分别用来设置轨迹线的类型、绘图属性、坐标系和轨迹线说明。

（1）Trace Type（轨迹线类型）选项卡

在该选项卡下设置当前选中轨迹线的类型，如图 7-61 所示。

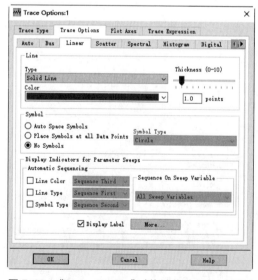

图 7-60　"Trace Options"（轨迹线选项）对话框

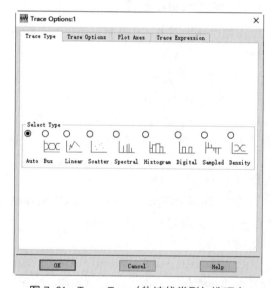

图 7-61　Trace Type（轨迹线类型）选项卡

"Select Type"（选择类型）选项组下显示 8 种轨迹线的类型，默认选择 Auto（自动）选项，根据参数自动定义为不同的类型。也可以根据需要选择指定的类型，如图 7-62 所示。

● Bus：总线图，以八进制、十进制或十六进制格式显示总线或长字数据。

● Linear：线性图，将数据显示为一行，通过对测量数据点之间的点进行线性插值，创建一个连接的轨迹线图。

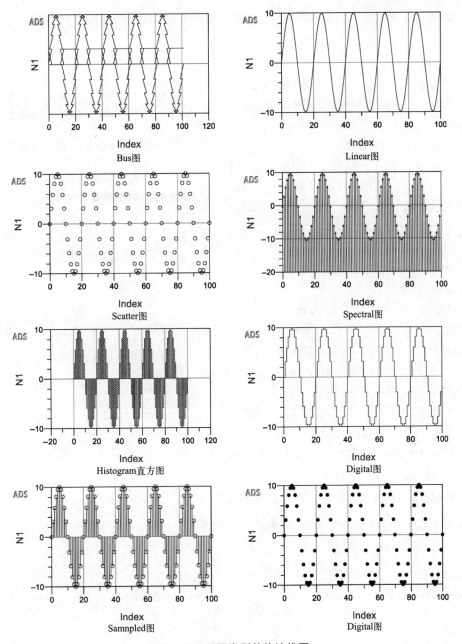

图 7-62　不同类型的轨迹线图

● Scatter：散点图，将数据显示为离散点。

● Spectral：光谱图，用垂直于 x 轴的箭头表示每个数据点，每个箭头的底在 x 轴上，每个箭头都指向正方向。

● Histogram：直方图，将数据显示为直方图或条形图，用于统计或产量分析。

● Digital：数字图，以阶梯格式显示数据，类似于数字脉冲。轨迹线的上升沿或下降沿取决于两个相邻点的相对位置。

● Sampled：采样图，类似于光谱图，除了矢量指向正方向和负方向之外，还可以指定在矢量末端使用的符号类型。

● Density：密度图，以不同颜色显示扫描数据，还可以选择颜色和顺序的颜色。

（2）Trace Options（轨迹线选项）选项卡

在该选项卡下包含 8 个选项卡，分别对上面 8 种图形的绘图属性进行设置。下面打开 Bus（总线图）选项卡，介绍 Bus 图的绘图属性，如图 7-63 所示。

① Text（文本）选项组

● Format：选择坐标轴文本中数值的显示格式，包含 Auto（自动）、Dec（十进制）、Hex（十六进制）、Octal（八进制）、Binary（二进制）。

● Font Type：选择文本的字体类型，默认为系统字体 Arial For CAE。

● Text Color：选择文本的字体颜色。

② Line（线条）选项组

● Type：选择轨迹线的线条类型，包括 Solid Line（实线）、Dot（点线）、Dot Dot（双点线）、Short Dash（短虚线）、Short Dot Dash（短点画线）、Long Dash（长虚线）、Long Dot DashSolid Line（长点画线）。

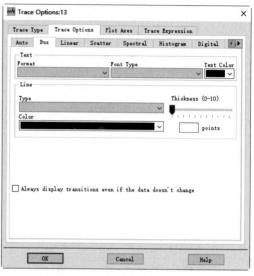

图 7-63　Bus（总线图）选项卡

● Thickness (0-10)：选择轨迹线的线条粗细。

● Color：选择轨迹线的颜色。

③ Always display transitions even if the data doesn't change：勾选该复选框，总是显示图形转换。

（3）Plot Axes（坐标轴）选项卡

在该选项卡下选择 X、Y 坐标轴，如图 7-64 所示。

（4）Trace Expression（轨迹线表达）选项卡

在该选项卡下设置轨迹线的坐标轴文本内容，如图 7-65 所示。

图 7-64　Plot Axes（坐标轴）选项卡

图 7-65　Trace Expression（轨迹线表达）选项卡

7.4.4　插入限制线

　　限制线指表征某项测试标准的一条直线或折线组合图形，用来显示跟踪数据的期望值。当绘图图形不在限制线定义的范围内时，限制线将改变图形外观，表明状态发生了变化。

　　限制线只有两种状态，通过和不通过。默认情况下，在通过状态下，限制线显示为紫色；在不通过状态下，限制线将显示为红色，如图 7-66 所示。

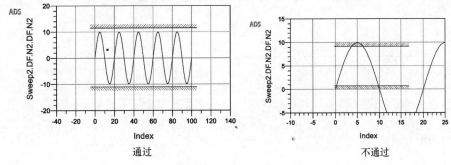

图 7-66　限制线状态

　　（1）绘制限制线

　　选择菜单栏中的"Insert"（插入）→"Limit Line"（限制线）命令，显示包含四种限制线命令，如图 7-67 所示。选择"Inside"（里面）命令，激活限制线操作。在绘图区单击确定矩形区域的第一个角点，拖动鼠标，确定第二个角点，即可得到限制线，如图 7-68 所示。

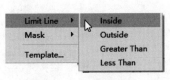

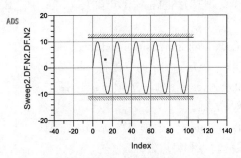

图 7-67　子菜单命令　　　　　　　　　　图 7-68　Inside 限制线

　　其余类型的限制线绘制步骤相同，效果如图 7-69 所示。

　　（2）编辑限制线属性

　　双击限制线，弹出"Edit Limit Line and Mask Properties"对话框，打开"Limit Lines"（限制线）选项卡，可以定义用于通过和不通过状态时限制线的颜色和线条样式，如图 7-70 所示。

　　下面介绍该选项卡中的选项。

　　① Specification Name：规格名称。

　　② Specification Pass or Fail Expression Name：规格通过或不通过表达式名称。

　　③ Options（选项）选项卡：

　　● Limit Line Expression Name：限制线表达式名称，这里为 LessThanLimitLine。

　　● Limit Line Pass or Fail Expression Name：限制线通过或不通过表达式名称。

　　● Pass：定义通过状态的限制线的 Type（线型）、Thickness（粗细）、Color（颜色）。

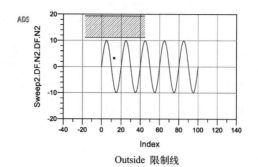

Outside 限制线

Greater Than 限制线　　　　　　　　　　　Less Than 限制线

图 7-69　限制线实例

● Fail：定义不通过状态的限制线的 Type（线型）、Thickness（粗细）、Color（颜色）。

● Lock limit line position and shape：勾选该复选框，锁定限制线的位置和形状。

④ Plot Axes（图轴）选项卡：选择坐标轴的 X、Y 轴。

⑤ Data Points（数据点）选项卡：编辑限制线的起点和终点坐标。

7.4.5　插入遮罩

遮罩是用户向绘图中添加简单的图形，限制线和遮罩都维护绘图中的数据位置，允许跟踪数据更新，并可能更改绘图轴范围或比例。

（1）绘制遮罩

选择菜单栏中的"Insert"（插入）→"Mask"（遮罩）命令，显示四种形状的遮罩，如图 7-71 所示。择"Rectangle"（矩形）

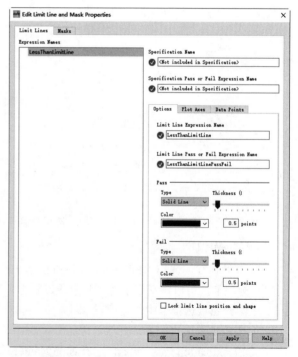

图 7-70　"Limit Lines"（限制线）选项卡

命令，激活遮罩操作。在绘图区单击确定矩形区域的第一个角点，拖动鼠标，确定第二个角点，即可得到矩形遮罩，如图 7-72 所示。

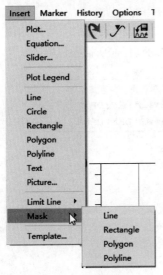

图 7-71　子菜单命令

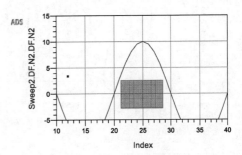

图 7-72　绘制矩形遮罩

（2）编辑遮罩属性

双击遮罩，弹出"Edit Limit Line and Mask Properties"对话框，打开"Masks"（遮罩）选项卡，可以定义用于遮罩的颜色和线条样式，如图 7-73 所示。

下面介绍该选项卡中的选项。

① Options（选项）选项卡：

● Mask Expression Name：遮罩说明名称。

● Outline：定义矩形遮罩边框线的Type（线型）、Thickness（粗细）、Color（颜色）。

● Rectangle Fill：定义矩形遮罩填充颜色。

● Lock limit line position and shape：勾选该复选框，锁定遮罩的位置和形状。

② Plot Axes（图轴）选项卡：选择坐标轴的 X、Y 轴。

③ Data Points（数据点）选项卡：编辑矩形遮罩的第一角点和第二角点坐标。

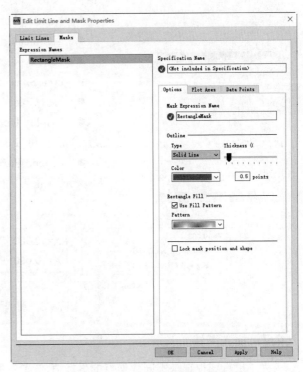

图 7-73　"Masks"（遮罩）选项卡

7.4.6　插入图例

通常情况下，若存在多条轨迹线，在轨迹线的顶部显示标签，这样很难识别分配给特定轨迹线的值。使用图例，不仅可帮助用户快速识别绘图中的特定轨迹，还可以帮助识别特定表达式。

（1）绘制图例

选择绘图区图形，选择菜单栏中的"Insert"（插入）→"Plot Legend"（绘图图例）命令，直接在工作区右侧添加图例，如图 7-74 所示，可以将图例移动到任何所需的位置。

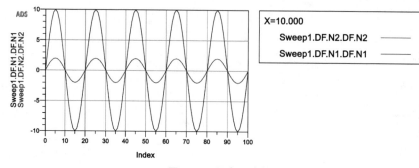

图 7-74　添加图例

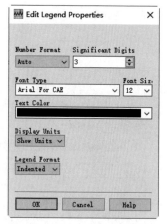

图 7-75　"Edit Legend Properties"
（编辑图例属性）对话框

（2）编辑图例

双击图例，弹出"Edit Legend Properties"（编辑图例属性）对话框，如图 7-75 所示。下面介绍该对话框中的选项。

● Number Format：设置图例中数值的显示格式。

● Significant Digits：选择图例中数值的有效数字个数。

● Font Type：选择图例中的字体样式。

● Font Size：选择图例中的字体对象。

● Text Color：选择图例中的文本颜色。

● Display Units：控制是否显示单位，包括 Show Units（显示单位）和 Hide Units（隐藏单位）。

● Legend Format：设置图例格式。包括 Indented（缩进）和 Normal（正常）两种样式，如图 7-76 所示。

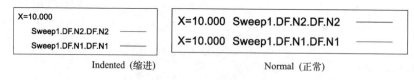

图 7-76　图例格式

7.4.7　插入滑块

为了更直观地记录不同数据点的坐标值，ADS 在数据显示图中添加了滑块，通过移动滑块指针跟踪扫描数据，并将其添加到 Tracelist 中，如图 7-77 所示。

选择绘图区图形，选择菜单栏中的"Insert"（插入）→"Slider"（滑块）命令，将鼠标放置在显示区域，在鼠标上附加一个矩形图像，单击鼠标左键，确定滑块放置位置，弹出"Slider Plot Trace & Attributes"（滑块绘图属性）对话框，用于设置滑块属性，如图 7-78 所示。

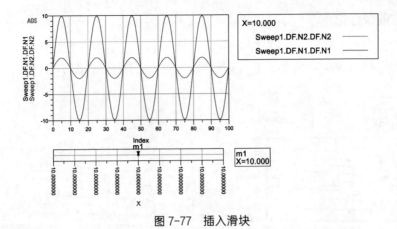

图 7-77　插入滑块

该对话框中包含两个选项卡，下面分别进行介绍。

（1）Plot Type（绘图类型）选项卡

① Datasets and Equations：在该列表中选择不同
数据集和方程下的数据变量。如选择 N1.DF.X，单击
"Add"（添加）按钮，将该变量添加到 Trace（轨迹线）
列表中，如图 7-79 所示。

② Trace：显示要绘制的数据变量。

③ Data to sweep with slider：选择要用滑块扫描的
数据。一般情况下数据将显示在滑块的 X 轴上。

（2）Plot Options（绘图选项）选项卡

为滑块添加 Title（标题）和 X Axis（显示坐标轴），
如图 7-80 所示。

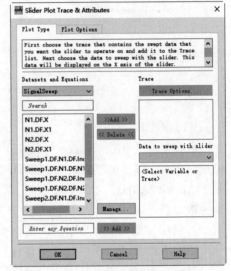

图 7-78　"Slider Plot Trace & Attributes"
（滑块绘图属性）对话框

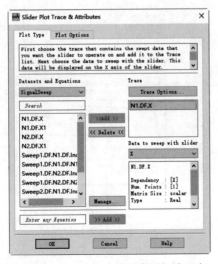

图 7-79　Plot Type（绘图类型）选项卡

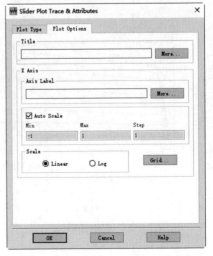

图 7-80　Plot Options（绘图选项）选项卡

7.4.8　插入曲线标记

为了增加图形的可读性，可以在直角坐标系、极坐标系和史密斯圆图中的曲线上插入标记，通过标记可以清楚地看到在指定参数下，不同显示方式上的数据，如图 7-81 所示。

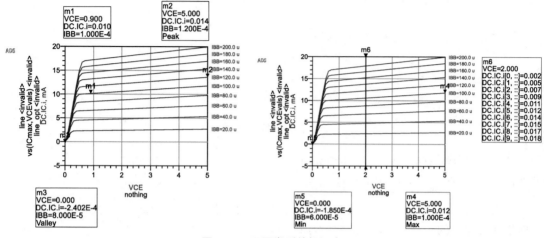

图 7-81　不同类型的标记点

（1）添加标记点

选择菜单栏中的"Marker"（标记）→"New"（新建标记点）命令，或单击"Basic"（基本）工具栏中的 ✗ 按钮，弹出"Insert Marker"（插入标记）对话框，激活标记操作，如图 7-82 所示。

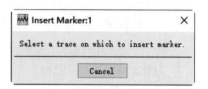

图 7-82　"Insert Marker"（插入标记）对话框

将鼠标放置在数据显示区，鼠标上显示倒三角标记符号，如图 7-83 所示。在曲线上指定位置单击，在该处添加标记符号，同时在图形左上角显示标记点的数据值，如图 7-84 所示。数据值以矩形框为边界，其中包括标记点名称 m1 和坐标值。

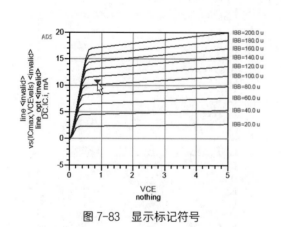

图 7-83　显示标记符号

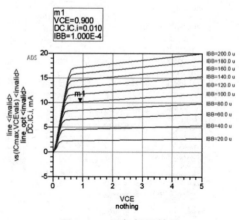

图 7-84　添加标记符号

（2）标记点类型

"Marker"（标记）工具栏中包含多种标记点类型，如图 7-85 所示。图 7-86 中 m1~m6 表示
不同类型的标记点，不同类型的标记点绘制方法相同，这里不再赘述。

- Normal：显示标记点的数据，如 m1。
- Peak：查找跟踪的局部峰值，如 m2。
- Valley：查找跟踪的局部谷值，如 m3。
- Max：查找反映最大数据值的数据点，如 m4。
- Min：查找反映最小数据值的数据点，如 m5。
- Line：显示标记线上所有的数据，如 m6。

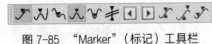

图 7-85　"Marker"（标记）工具栏

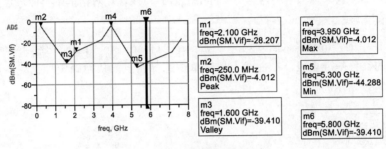

图 7-86　不同类型的标记点

不同的标记类型之间还可以相互切换。

选中当前标记符号，单击鼠标右键，选择"Marker Type"（标记类型）命令，如图 7-87 所示，
选择该菜单下的标记点命令，即可切换标记点类型。

（3）编辑标记点

双击标记点，弹出"Edit Marker Properties"（编辑标记属性）对话框，更改单个标记的属性，
如图 7-88 所示。该对话框中包含 5 个选项卡。

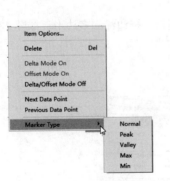

图 7-87　"Marker Type"（标记类型）命令子菜单　　图 7-88　"Edit Marker Properties"（编辑标记属性）
对话框

① Main（主要）选项卡

a. Marker Name：输入标记标签文本。通过将标记标签添加到方程中，可以在方程中使用
标记。

b. Marker Type：更改标记类型。

c. Marker Mode：选择标记模式，包括 Off（关闭）、Delta（增量）、Offset（偏移）。

d. Peak/Valley Marker：使用峰 / 谷标记区域控制光圈大小，包括 Aperture Width %（孔径宽度）和 Aperture Height %（孔径高度）。

e. Delta/Offset Marker：选择 Offset（偏移）模式，根据增量 / 偏移标记。

● Reference Marker：选择参考标记点。

● Relative Offset：输入相对偏移值。

f. Enable Sweep Index Equations：勾选该复选框，启用扫描索引方程。表示创建一个方程，该方程是标记当前位置的数据索引。

② 其余选项卡　其余选项卡中内容与"Preferences"（属性）对话框中类似，这里不再赘述。

（4）添加标记线

选择菜单栏中的"Insert"（插入）→"Marker"（标记）→"Line"（线条）命令，鼠标上显示十字交叉的红色基准虚线，在曲线上依次单击选择两点，从而确定标记线，显示线上所有跟踪值，如图 7-89 所示。

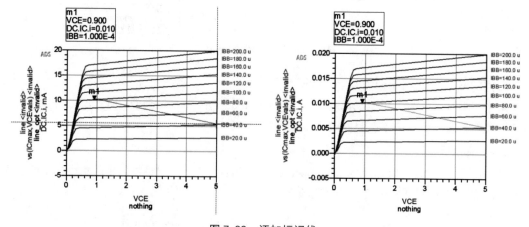

图 7-89　添加标记线

除此之外，还可以绘制不同形状的曲线标记，包括矩形、多边线和多边形，如图 7-90 所示。

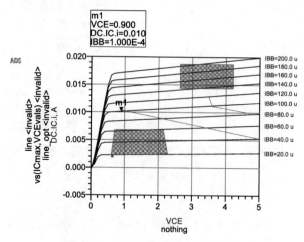

图 7-90　绘制不同形状的曲线标记

7.4.9　历史跟踪模式

历史跟踪模式能够执行一系列连续的仿真，并将结果轨迹线方便地显示在单个数据显示窗口中。ADS 还可以在某些轨迹或绘图中启用历史模式，而在其他轨迹或绘图中禁用历史模式。在历史跟踪模式中，最近收集的数据用较粗的轨迹线表示，所有以前的轨迹线都变细。

选择菜单栏中的"History"（历史）命令，选择"On"（打开）命令，打开跟踪历史记录；选择"Pause"（暂停）命令，暂停跟踪历史记录的收集；选择"Off"（关闭）命令，禁用历史模式，并清除"数据显示"窗口中现有的所有历史痕迹。

当启用历史模式时，在图表的右上角和轴标签的末尾出现一个指示器。当收集历史记录时，绘图上的指示器为绿色；当暂停历史记录时，该指示器为红色。轴标签末端的指示器不改变颜色。

7.5　操作实例——双稳态振荡器电路

本例介绍使用晶体管等单独的分立元件生产双稳态多谐振荡器的电路，如图 7-91 所示。并对电路进行直流工作点分析、瞬态特性分析、温度扫描分析、交流小信号分析和交流噪声分析。

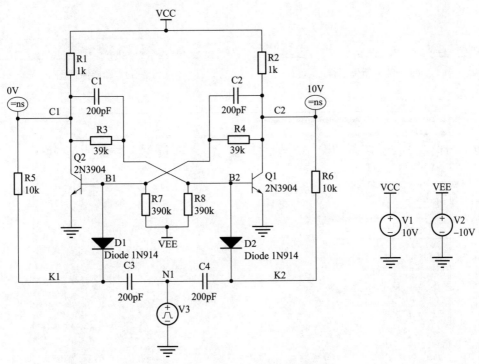

图 7-91　双稳态多谐振荡器电路

7.5.1　直流工作点分析

操作步骤：

（1）设置工作环境

① 启动 ADS 2023，打开主窗口界面。选择菜单栏中的"File"（文件）→"New"（新建）→"Workspace"（项目）命令，或单击工具栏中的"Create A New Workspace"（新建一个工程）按

扫码看视频

钮 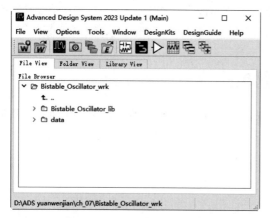，弹出"New Workspace"（新建工程）对话框，输入工程名称"Bistable_Oscillator_wrk"，新建一个工程文件 Bistable_Oscillator_wrk，如图 7-92 所示。

② 在主窗口界面中，选择菜单栏中的"File"（文件）→"New"（新建）→"Schematic"（原理图）命令，或单击工具栏中的"New Schematic Window"（新建一个原理图）按钮 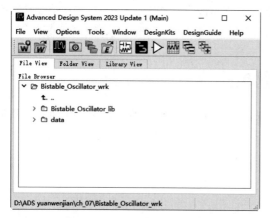，弹出"New Schematic"（创建原理图）对话框，在"Cell"（单元）文本框内输入原理图名称 DC1。单击"Create Schematic"（创建原理图）按钮，在当前工程文件夹下，创建原理图文件 DC1，如图 7-93 所示。同时，自动打开原理图视图窗口，如图 7-94 所示。

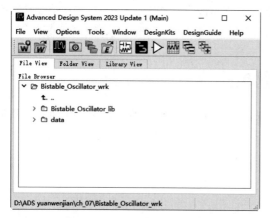

图 7-92　新建工程　　　　　　　　　　图 7-93　新建原理图

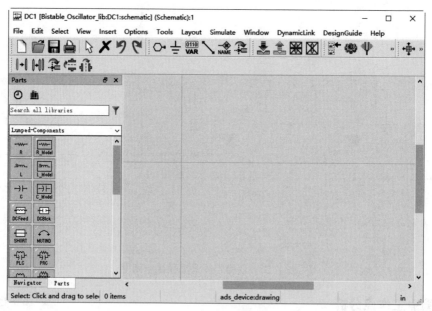

图 7-94　原理图视图窗口

（2）原理图图纸设置

① 选择菜单栏中的"Options"（设计）→"Preferences"（属性）命令，或者在编辑区内单击鼠标右键，并在弹出的快捷菜单中选择"Preferences"（属性）命令，弹出"Preferences for Schematic"（原理图属性）对话框。在该对话框中可以对图纸进行设置。

② 单击"Grid/Snap"（网格捕捉）选项卡，在"Snap Grid per Display Grid"（每个显示网格的捕捉网格）选项组下"X"选项中输入 1。单击"Display"（显示）选项卡，在"Background"（背景色）选项下选择白色背景。

（3）元器件的放置

在放置过程中进行布局，这样可减少后期布局操作的工作量。后期进行布线操作时，再对布局结果进行调整。

① 激活"Parts"（元器件）面板，在库文件中打开"Basic Components"的基本元器件库，选择并放置电阻（R）元器件，如图 7-95 所示。

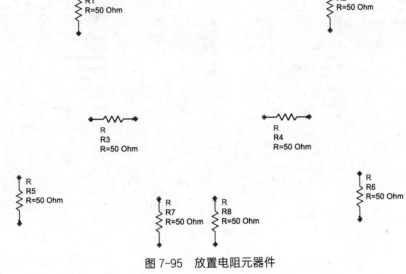

图 7-95　放置电阻元器件

② 在元器件库中单击选择电容（C），在原理图中合适的位置上放置，结果如图 7-96 所示。

③ 在元器件库中单击选择三极管（BJT_NPN），在原理图中合适的位置上放置，结果如图 7-97 所示。

④ 在元器件库中单击选择二极管（DIODE），在原理图中合适的位置上放置，结果如图 7-98 所示。

（4）原理图布线

① 选择菜单栏中的"Insert"（插入）→"Wire"（导线）命令，或单击"Insert"（插入）工具栏中的"Insert Wire"（放置导线）按钮，或按快捷键"Ctrl"+"W"，进入导线放置状态，连接元件器件，结果如图 7-99 所示。

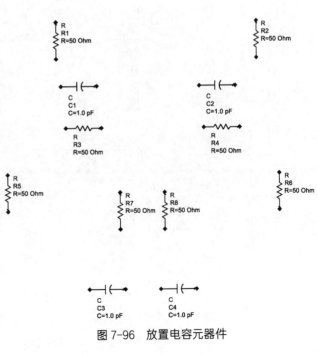

图 7-96　放置电容元器件

209

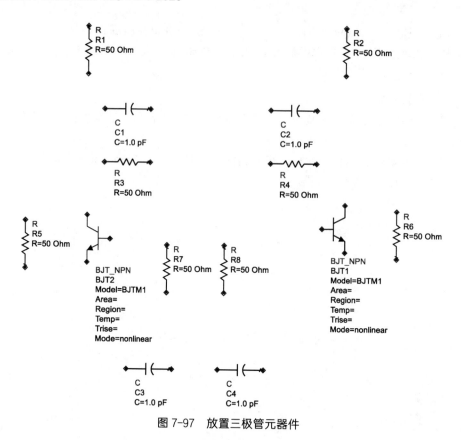

图 7-97 放置三极管元器件

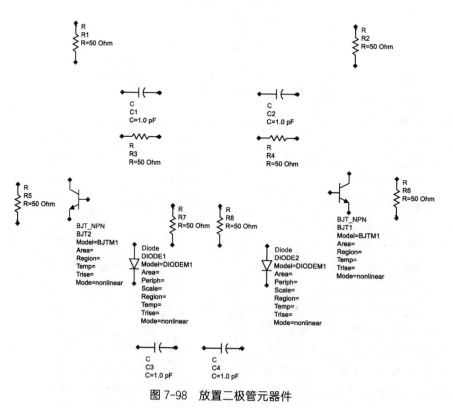

图 7-98 放置二极管元器件

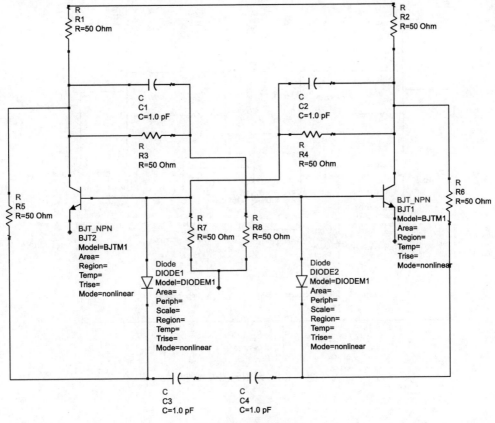

图 7-99　原理图布线

② 双击电阻 R1，在弹出的"Edit Instance Parameters"（编辑实例参数）对话框设置电阻 R 值为 1kOhm，如图 7-100 所示。

同样的方法设置其余元器件属性，结果如图 7-101 所示。

③ 在"Basic Components"（基本元器件库）中依次选择直流电源（V_DC）和脉冲电源（Vf_Pulse），在原理图中合适的位置上放置，结果如图 7-102 所示。

④ 选择菜单栏中的"Insert"（插入）→"GROUND"（接地符号）命令，或单击"Insert"（插入）工具栏中的"GROUND"（接地符号）按钮，在原理图中放置接地符号，如图 7-103 所示。

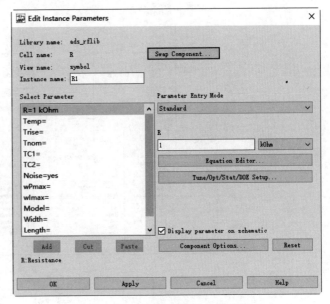

图 7-100　设置电阻 R1 的属性值

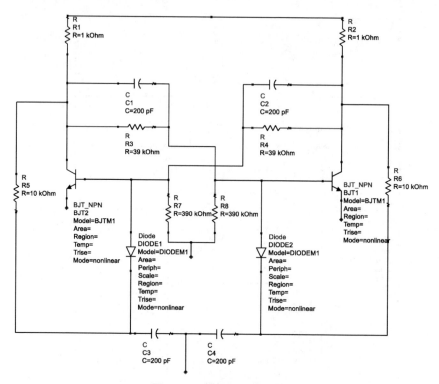

图 7-101　编辑元器件属性

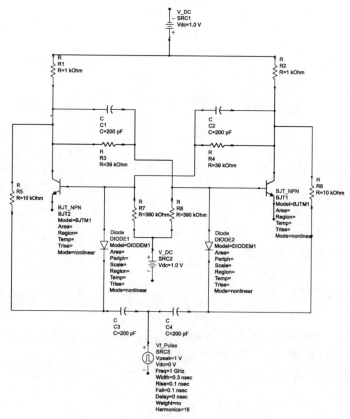

图 7-102　放置电源元器件

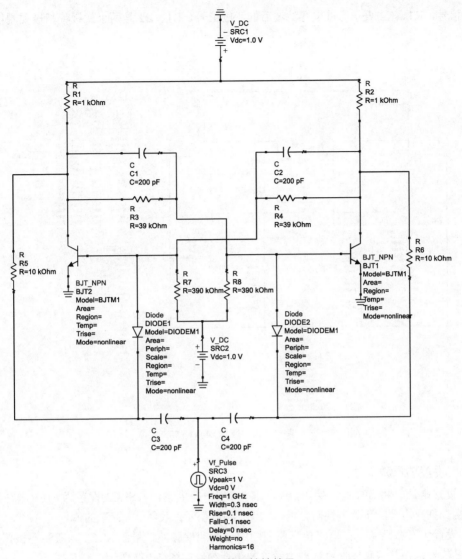

图 7-103　放置接地符号

（5）仿真参数属性设置

① 在"Basic Components"（基本元器件库）中选择双极晶体管模型 BJT_Model，在原理图中合适的位置上放置 BJTM1。

② 在"Part"（元器件）面板中搜索"Dio"，在搜索结果中选择二极管模型 Diode_Model，在原理图中合适的位置上放置 DIODEM1，如图 7-104 所示。

③ 双击原理图中的导线，弹出"Edit Wire Label"（编辑导线标签）对话框，在"Net name1"（网络名称）文本框中添加网络标签，结果如图 7-105 所示。网络标签作为仿真测试点，N1 表

图 7-104　放置仿真模型

示输入信号，K1、K2 表示通过电容滤波后的激励信号，B1、B2 是两个三极管基极观测信号。

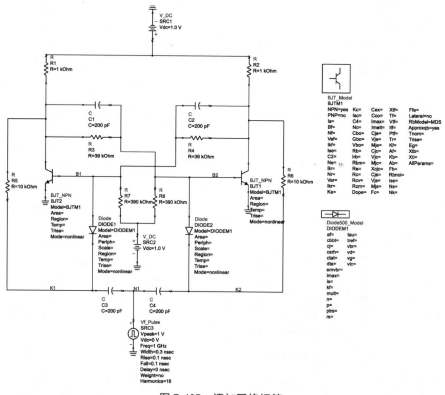

图 7-105　添加网络标签

（6）设置仿真激励源

① 设置电源。将 SRC1 设置为 10V，它为 VCC 提供电源，SRC2 设置为 -10V，它为 VEE 提供电源。打开电源的仿真属性对话框，如图 7-106 所示，设置"Vdc"的值。

② 设置仿真激励源。在电路仿真原理图中，周期性脉冲信号源 SRC3 为双稳态振荡器电路提供激励信号，在其仿真属性对话框中设置的仿真参数如图 7-107 所示。

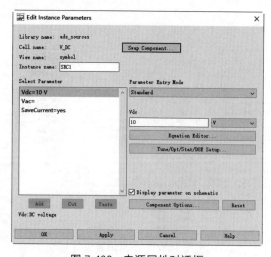

图 7-106　电源属性对话框

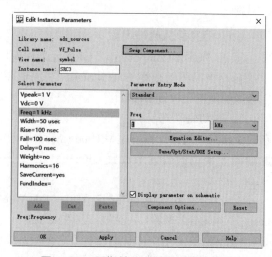

图 7-107　周期性脉冲信号源参数设置

③ 在"Basic Components"（基本元器件库）中选择直流仿真器 DC，在原理图中合适的位置上放置 DC1。

④ 在"Simulation-DC"（直流仿真器元器件库）中选择节点电压仿真器 NodeSet，在原理图中合适的位置上放置 NodeSet1、NodeSet2。其中 NodeSet2 节点电压为 10V，如图 7-108 所示。

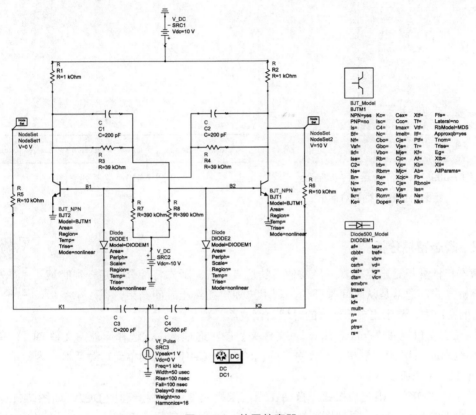

图 7-108　放置仿真器

单击"Basic"（基本）工具栏中的"Save"（保存）按钮 📁，保存仿真原理图绘制结果。

（7）仿真数据显示

① 选择菜单栏中的"Simulate"（仿真）→"Simulate"（仿真）命令，或单击"Simulate"（仿真）工具栏中的"Simulate"（仿真）按钮 🔷，弹出"hpeesofsim"窗口，显示仿真信息和分析状态。并自动创建一个空白仿真结果显示窗口 Display Window。在该窗口中，右上角显示进行仿真分析的原理图 Transient_Analysis。

② 单击 Palette（调色板）工具栏中"List"（列表）按钮 ▦，在工作区单击，自动弹出"Plot Traces & Attributes"（绘图轨迹和属性）对话框，在"Datasets and Equations"（数据集和方程）列表中选择 B1、B2、K1、K2、N1，单击"Add"（添加）按钮，将五个数据变量添加到右侧"Traces"（轨迹线）列表中，如图 7-109 所示。

③ 单击"OK"（确定）按钮，在数据显示区创建包含节点电压数据的列表，如图 7-110 所示。

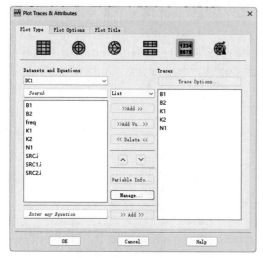

图 7-109 "Plot Traces & Attributes"
（绘图轨迹和属性）对话框

freq	B1	B2	K1	K2	N1
0.0000 Hz	828.3 mV	769.0 mV	364.6 mV	8.207 V	0.0000 V

图 7-110 绘制列表图

7.5.2 瞬态特性分析

扫码看视频

瞬态特性分析是电路仿真中经常使用的仿真方式。瞬态特性分析是一种时域仿真分析方式，通常是从时间零开始，到用户规定的终止时间结束，在一个类似示波器的窗口中，显示出观测信号的时域变化波形。

① 在主窗口界面"Folder View"（文件夹视图）选项卡中，选择原理图文件 DC1，单击右键选择"Copy Cell"（复制单元）命令，弹出"Copy Cell"（复制单元）对话框，为新单元命名DC2，如图 7-111 所示。

② 单击"OK"（确定）按钮，自动在当前工程文件下复制原理图 DC2，如图 7-112 所示。双击 DC2 下的 Schematic（原理图）视图窗口，进入原理图编辑环境。

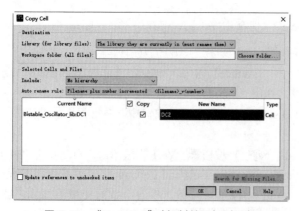

图 7-111 "Copy Cell"（复制单元）对话框

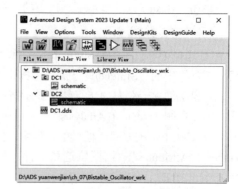

图 7-112 复制原理图

③ 在"Probe Components"（探针元器件）库中选择电流探针 V_Probe，在原理图中合适的位置上放置电压探针 V_Probe1、V_Probe2，结果如图 7-113 所示。

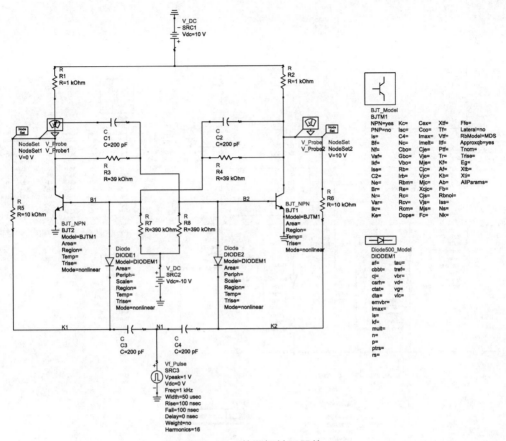

图 7-113　放置探针元器件

④ 在 "Simulation-DC"（直流仿真器元器件库）中选择瞬态仿真器 Tran，在原理图中合适的位置上放置 Tran1。

双击瞬态仿真器 Tran1，弹出 "Transient/Convolution Simulation"（瞬态卷积仿真）对话框，设置瞬态仿真器中 Stop Time=100 nsec，Max Time Step=0.1 nsed，如图 7-114 所示。

至此，完成仿真原理图的绘制，结果如图 7-115 所示。

⑤ 单击 Palette（调色板）工具栏中 "Stacked Rectangular Plot"（堆叠矩形图）按钮▦，在工作区单击，自动弹出 "Plot Traces & Attributes"（绘图轨迹和属性）对话框。打开 "Plot Type"（绘图类型）选项卡，在 "Datasets and Equations"（数据集和方程）列表中选择 B1、B2、V_Probe1.net、V_Probe2.net，单击 "Add"（添加）按钮，在右侧 "Traces"（轨迹线）列表中添加 B1、B2、V_Probe1.net、V_Probe2.net，如图 7-116 所示。

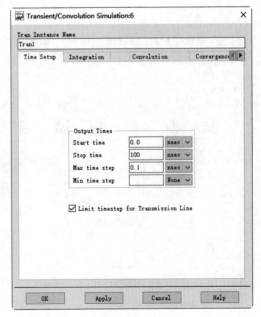

图 7-114　"Transient/Convolution Simulation"（瞬态卷积仿真）对话框

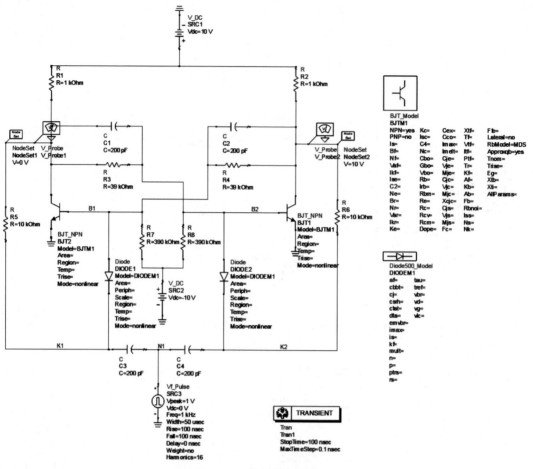

图 7-115　绘制仿真原理图

⑥ 单击"OK"（确定）按钮，在数据显示区创建直角坐标系的矩形图，显示节点电压随频率变化的曲线，如图 7-117 所示。

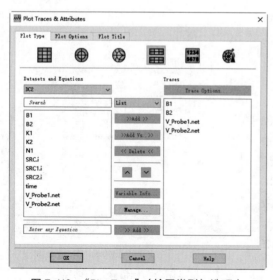

图 7-116　"Plot Type"（绘图类型）选项卡

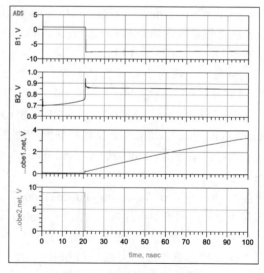

图 7-117　绘制节点电压曲线

⑦ 双击坐标区中的 B1.V 曲线，弹出"Trace Options"（轨迹线）对话框，打开"Linear"（线性）选项卡，设置曲线 Thickness (0-10)（粗细）为3，如图 7-118 所示。单击"OK"（确定）按钮，关闭该对话框。

⑧ 同样的方法，设置下方其他节点的电压值曲线线宽，结果如图 7-119 所示。

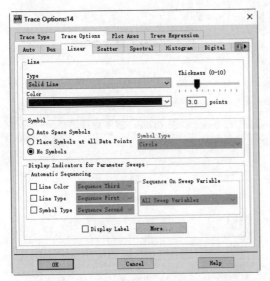

图 7-118　"Trace Options"（轨迹线）对话框

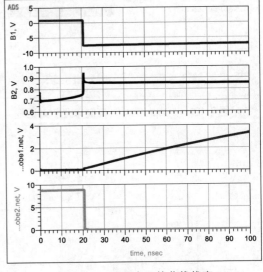

图 7-119　设置电压值曲线线宽

⑨ 单击"Basic"（基本）工具栏中的"Save"（保存）按钮 🖫，保存仿真数据文件，如图 7-120 所示。

7.5.3　温度扫描分析

温度扫描是指在一定的温度范围内，通过对电路的参数进行各种仿真分析，如瞬态特性分析、交流小信号分析、直流传输特性分析和传递函数分析等，从而确定电路的温度漂移等性能指标。

扫码看视频

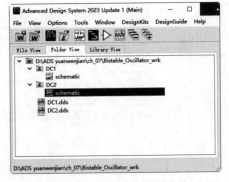

图 7-120　保存仿真数据文件

操作步骤：

（1）设置编辑环境

① 在主窗口界面"Folder View"（文件夹视图）选项卡中，选择原理图文件 DC1，单击右键选择"Copy Cell"（复制单元）命令，弹出"Copy Cell"（复制单元）对话框，为新单元命名 Temp，如图 7-121 所示。

② 单击"OK"（确定）按钮，自动在当前工程文件下复制原理图 Temp，如图 7-122 所示。双击 Temp 下的 Schematic（原理图）视图窗口，进入原理图编辑环境。

（2）编辑仿真原理图

① 删除节点仿真器 NodeSet2，添加网络标签 C2，如图 7-123 所示。C2 为三极管 BJT1 集电极仿真测试点。

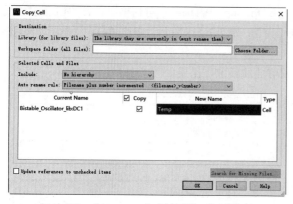

图 7-121　"Copy Cell"（复制单元）对话框

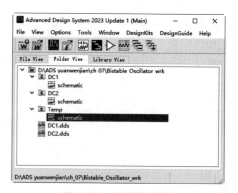

图 7-122　复制原理图

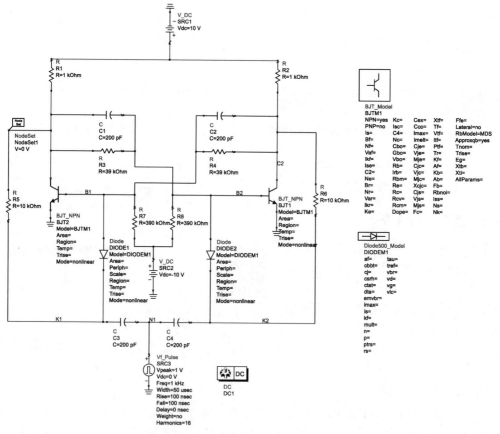

图 7-123　添加仿真测试点

② 在"Simulation-AC"（交流仿真库）中依次选择直流仿真器（DC），在原理图中合适的位置放置 DC2。

③ 双击直流仿真器 DC2，弹出直流仿真参数设置窗口。打开"Sweep"选项卡，按照下面内容对扫描参数进行设置。设置温度的范围为 -50 ～ 150，步长为 5，如图 7-124 所示。

● 在"Parameter To Sweep"框中输入 ADS 的全局（global）变量"temp"（温度），表示扫描参数为温度，默认单位为摄氏度。

● 在"Sweep Type"框中选择"Linear"，表示扫描方式为线形扫描。

● Start=-50，表示扫描起点为 -50。

● Stop=150，表示扫描终点为 150。

● Step=5，表示扫描间隔为 5。

④ 打开"Display"选项卡，勾选 SweepVar（扫描变量）、Start（开始值）、Stop（结束值）、Step（间隔值）复选框，选择控制器中需要显示的注释。

⑤ 单击"OK"（确定）按钮，确定设置并关闭对话框。至此，完成仿真原理图的绘制，结果如图 7-125 所示。

（3）仿真数据显示

① 选择菜单栏中的"Simulate"（仿真）→"Simulate"（仿真）命令，或单击"Simulate"（仿真）工具栏中的"Simulate"（仿真）按钮，弹出"hpeesofsim"窗口，显示仿真信息和分析状态。并自动创建一个空白仿真结果显示窗口 Display Window。

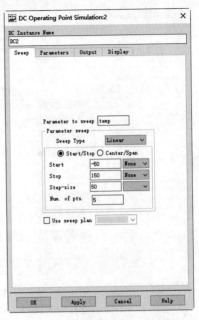

图 7-124　温度扫描参数设置

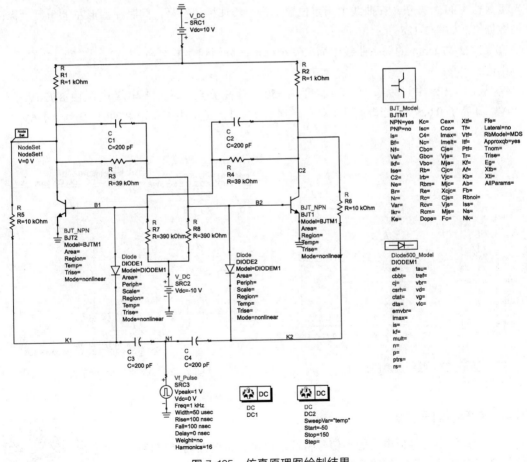

图 7-125　仿真原理图绘制结果

221

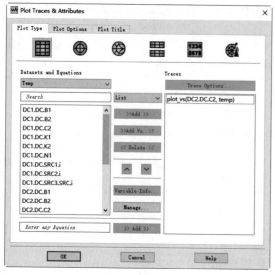

图 7-126　"Plot Traces & Attributes"（绘图轨迹和属性）对话框

② 选择菜单栏中的"Insert"（插入）→"Plot"（绘图）命令，或单击 Palette（调色板）工具栏中"Rectangular Plot"（矩形图）按钮▦，在工作区单击，自动弹出"Plot Traces & Attributes"（绘图轨迹和属性）对话框。

③ 在"Datasets and Equations"（数据集和方程）列表中选择 DC2.DC.C2，单击"Add As"（添加）按钮，弹出"Select Independ"（选择自变量）对话框，选择 temp 选项，单击"OK"（确定）按钮，关闭该对话框。在右侧"Traces"（轨迹线）列表中添加 plot_vs(DC2.DC.C2, temp)，如图 7-126 所示。

④ 单击"OK"（确定）按钮，在数据显示区选择三极管 BJT1、集电极 C2 和温度全局变量 temp 的关系曲线，如图 7-127 所示。

⑤ 选择菜单栏中的"Marker"（标记）→"New"（新建标记点）命令，或单击"Basic"（基本）工具栏中的 ⤴ 按钮，在曲线上指定位置单击，添加标记符号，同时在图形左上角显示标记点的数据值，如图 7-128 所示。

⑥ 在 C2 与 temp 的关系曲线中插入三个标记，分别观察温度为 -50℃、0℃和 150℃时 C2 的电压值。

⑦ 从图 7-128 中可以看出，当温度从 -50℃升高到 0℃时，集电极电压由 8.720V 变为 8.749V，升高了 0.029V。当温度从 0℃升高到 150℃时，集电极电压由 8.749V 变为 8.456V，下降了 0.293V。

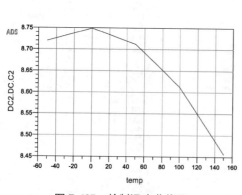

图 7-127　绘制温度曲线图

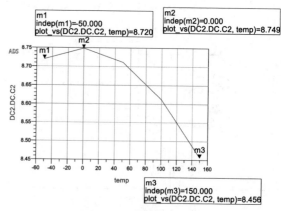

图 7-128　添加标记符号

7.5.4　交流小信号分析

交流仿真可用于分析电路的小信号特性，也可分析电路的噪声特性，在进行小信号交流仿真时，系统都需要对电路进行直流仿真，找到非线性器件的直流工

扫码看视频

作点。通过对电路的小信号分析，可以得到电路的电压 / 电流增益、跨阻等一系列参数。

操作步骤：

（1）设置工作环境

① 在主窗口界面"Folder View"（文件夹视图）选项卡中，选择原理图文件 DC_Analyze，单击右键选择"Copy Cell"（复制单元）命令，弹出"Copy Cell"（复制单元）对话框，为新单元命名 AC1。

② 单击"OK"（确定）按钮，自动在当前工程文件下复制原理图 AC1，如图 7-129 所示。双击 AC1 下的 Schematic（原理图）视图窗口，进入原理图编辑环境。

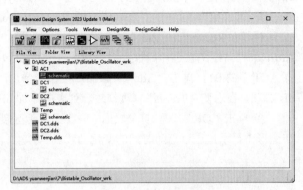

图 7-129　复制原理图

（2）编辑原理图

① 删除直流电压源 SRC2，在"Sources-Freq Domain"（信号源库）中依次选择交流电压源（V_AC），在原理图中合适的位置放置 SRC4。

② 删除直流仿真器 DC1，在"Simulation-AC"（交流仿真库）中依次选择交流仿真器（AC），在原理图中合适的位置放置 AC1。

至此，完成仿真原理图的绘制，结果如图 7-130 所示。

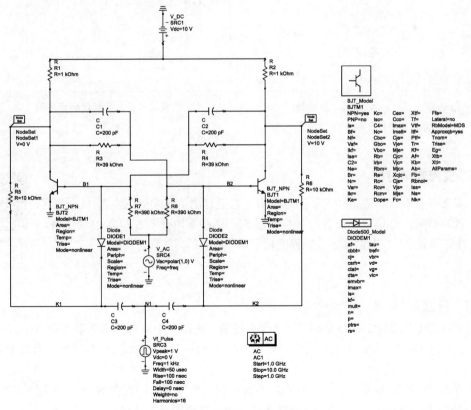

图 7-130　仿真原理图绘制结果

（3）仿真数据显示

① 选择菜单栏中的"Simulate"（仿真）→"Simulate"（仿真）命令，或单击"Simulate"（仿真）工具栏中的"Simulate"（仿真）按钮 ，弹出"hpeesofsim"窗口，显示仿真信息和分析状态。并自动创建一个空白仿真结果显示窗口 Display Window。

② 选择菜单栏中的"Insert"（插入）→"Plot"（绘图）命令，或单击 Palette（调色板）工具栏中"Rectangular Plot"（矩形图）按钮 ▦，在工作区单击，自动弹出"Plot Traces & Attributes"（绘图轨迹和属性）对话框。在"Datasets and Equations"（数据集和方程）列表中选择 AC1 下的 B1，单击"Add"（添加）按钮，弹出"Complex Data"（复数数据）对话框，选择 dB 选项，在右侧"Traces"（轨迹线）列表中添加 dB(B1)，如图 7-131 所示。

③ 单击"OK"（确定）按钮，在数据显示区创建直角坐标系的矩形图，如图 7-132 所示。在图形中显示电压节点随时间的变化曲线。

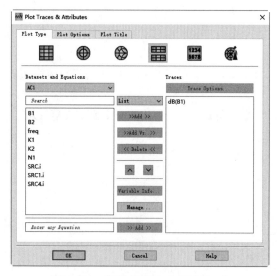

图 7-131　"Plot Traces & Attributes"
（绘图轨迹和属性）对话框

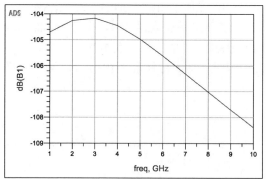

图 7-132　绘制坐标矩形图

7.5.5　交流噪声分析

交流噪声分析一般是和交流小信号分析一起进行的。在实际的电路中，由于各种因素的影响，总是会存在各种各样的噪声，这些噪声分布在很宽的频带内，每个元件对于不同频段上的噪声敏感程度是不同的。

扫码看视频

操作步骤：

（1）设置工作环境

① 在主窗口界面"Folder View"（文件夹视图）选项卡中，选择原理图文件 AC1，单击右键选择"Copy Cell"（复制单元）命令，弹出"Copy Cell"（复制单元）对话框，为新单元命名 Noise。

② 单击"OK"（确定）按钮，自动在当前工程文件下复制原理图 Noise，如图 7-133 所示。双击 Noise 下的 Schematic（原理图）视图窗口，进入原理图编辑环境。

（2）编辑仿真参数

① 双击 AC 仿真控制器 AC1，在参数设置窗口中打开"Noise"（噪声）选项卡，进行下面的设置，如图 7-134 所示。

● 勾选"Calculate Noise"选项，计算线性噪声。

● 在"Edit"下拉列表中选择需要显示噪声的节点名 B1，单击"Add"按钮，在"Select"文本框中添加要计算的噪声节点 B1。

● 在"Mode"（模式）下拉列表中选择噪声来源分类为"Sort by value"。

● 设置"Dynamic range to display"（动态范围）为 100dB。

② 单击"OK"（确定）按钮，关闭窗口。

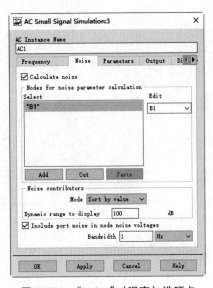

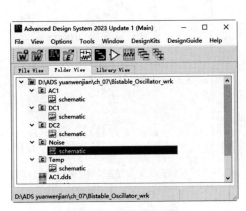

图 7-133　复制原理图

图 7-134　"Noise"（噪声）选项卡

（3）仿真数据显示

① 选择菜单栏中的"Simulate"（仿真）→"Simulate"（仿真）命令，或单击"Simulate"（仿真）工具栏中的"Simulate"（仿真）按钮 ，弹出"hpeesofsim"窗口，显示仿真信息和分析状态。并自动创建一个空白仿真结果显示窗口 Display Window。

② 选择菜单栏中的"Insert"（插入）→"Plot"（绘图）命令，或单击 Palette（调色板）工具栏中"Rectangular Plot"（矩形图）按钮 ，在工作区单击，自动弹出"Plot Traces & Attributes"（绘图轨迹和属性）对话框。在"Datasets and Equations"（数据集和方程）列表中选择 B1.noise，单击"Add"（添加）按钮，在右侧"Traces（轨迹线）"列表中添加 B1.noise，如图 7-135 所示。

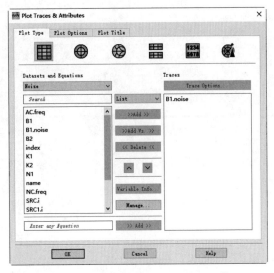

图 7-135　"Plot Traces & Attributes"（绘图轨迹和属性）对话框

③ 单击"OK"（确定）按钮，在数据显示区创建直角坐标系的矩形图，在图形中显示输出节点 B1 的总噪声。如图 7-136 所示。

④ 单击 Palette（调色板）工具栏中"List"（列表）按钮，在工作区单击，自动弹出"Plot Traces & Attributes"（绘图轨迹和属性）对话框，在"Datasets and Equations"（数据集和方程）列表中选择 vnc、name，单击"Add"（添加）按钮，将两个数据变量添加到右侧"Traces"（轨迹线）列表中。

⑤ 单击"OK"（确定）按钮，在数据显示区创建包含各噪声来源贡献的噪声分量数据列表，如图 7-137 所示。

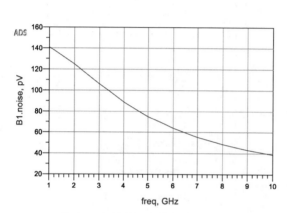

index	vnc	name
freq=1.000 GHz		
0	141.0 pV	total
1	138.7 pV	BJT2
2	138.5 pV	BJT2.ice
3	7.469 pV	BJT2.ibe
4	21.07 pV	BJT1
5	20.47 pV	BJT1.ice
6	4.988 pV	BJT1.ibe
7	9.975 pV	R1
8	7.697 pV	DIODE2
9	7.697 pV	DIODE2.Shot ...
10	4.098 pV	R2
11	3.179 pV	R5
12	2.649 pV	DIODE1
13	2.649 pV	DIODE1.Shot ...
14	1.313 pV	R6
15	505.5 fV	R8
16	207.5 fV	R7
17	8.996 fV	R3
freq=2.000 GHz		
0	124.9 pV	total
1	119.5 pV	BJT2
2	118.9 pV	BJT2.ice
3	12.07 pV	BJT2.ibe
4	33.35 pV	BJT1
5	33.08 pV	BJT1.ice
6	4.282 pV	BJT1.ibe
7	8.563 pV	R1
8	6.621 pV	R2

图 7-136　绘制输出节点 B1 总噪声　　图 7-137　各噪声来源贡献的噪声分量数据列表

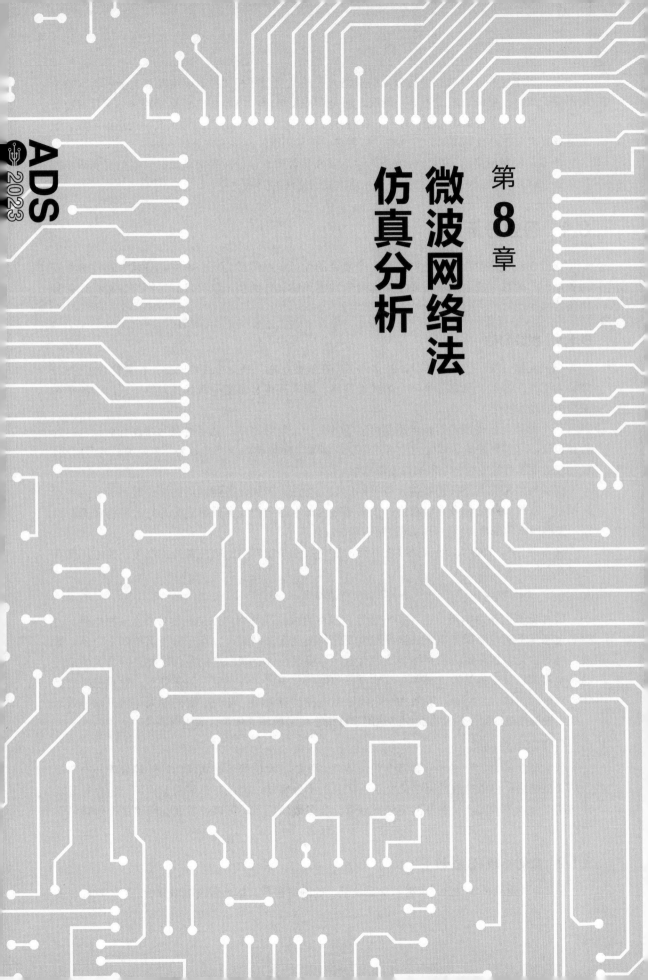

第 **8** 章

微波网络法
仿真分析

在射频电路中，当波长可与分立的电路元件的几何尺寸相比拟时，电压和电流不再保持空间不变。此时，射频传输线不再是导线，而是看成由电阻、电容和电感构成的网络，具有特征阻抗，需要用分布参数理论进行分析。在进行射频/微波电路设计时，进入高频传送的阶段，出现需要采用分布参数电路的分析方法，但更多的是采用微波网络法来分析电路。

本章从射频网络的等效分析方法入手，以 S 参数仿真、谐波平衡仿真、包络仿真和阻抗匹配（Smith Chart Utility Tool）为媒介，介绍微波网络法的分析过程。

8.1 等效分析

进行射频电路分析和设计时，将一个复杂的射频电路等效为一个网络，只需要通过测量获得各端口的特性和相互关系，而不必知道内部电路的具体结构，就可以利用网络参数描述射频电路的特性。

8.1.1 射频网络

微波元器件在小信号工作时，被认为工作在线性状态，是一个线性网络；在大信号工作时，被认为工作在非线性状态，是一个非线性网络。通常采用 S 参数分析线性网络，采用谐波平衡法分析非线性网络。

一个射频元器件或者射频电路都可以等效为一个射频网络。利用射频网络进行射频电路分析和设计，可以更好地理解射频电路的性能。例如，射频晶体管可等效为一个两端口有源网络，电感或者电容可等效为一个两端口无源网络。

射频网络根据其不同的特性，有不同的划分方法。例如，按照网络的端口数可划分为单端口网络、双端口网络和多端口网络；按照网络内部电路结构元器件可划分为有源网络和无源网络；按照网络内部电路特性分为线性网络和非线性网络。

无源器件构成的网络通常是线性网络，所谓线性是指网络的响应对施加在端口的电压或者电流存在线性叠加的关系。

（1）线性网络

线性无源网络由电阻、电容和电感等元器件组成，网络内电路的元器件参数（如电阻、电容和电感）不随电流或者电压的幅度发生变化。线性无源网络可以用于分析阻抗匹配电路、滤波电路等由无源器件组成的网络。线性有源网络满足线性无源网络的条件，并且网络内的电压源和电流源也保持为常数，或者与其他电压和电流成正比。在小信号的条件下，射频双极型晶体管对信号的放大作用可以等效为一个线性电流控制电流源，场效应管的放大作用可以等效为一个线性压控电流源。线性有源网络适用于分析小信号射频晶体管放大电路。

（2）非线性网络

包含有源器件的网络通常具有非线性特性，例如，大信号下射频晶体管就等效为一个非线性两端口网络。由于非线性网络的复杂性，分析十分困难，因此在小信号条件下，包含有源器件的网络可以等效为一个线性网络进行分析。在多数情况下，可以使用线性网络进行射频电路分析。

8.1.2 散射参数（S 参数）

S 参数是建立在入射波、反射波关系基础上的网络参数，适于微波电路分析，以器件端口的反射信号及从该端口传向另一端口的信号来描述电路网络。

阻抗和导纳矩阵反映了端口的总电压和电流的关系，而散射矩阵是反映端口的入射电压波和反射电压波的关系。散射参量可以直接用网络分析仪测量得到，可以用网络分析技术来计算。只要知道网络的散射参量，就可以将它变换成其他矩阵参量。

在射频和微波领域，阻抗矩阵和导纳矩阵的测量很不方便，为此引入一组新的参数，称为 S 参数。S 参数是根据入射波、反射波定义的。对于所有的电路元器件都有一个 S 矩阵存在。S 参数本身是没有单位的。

在图 8-1 所示的电路中，两端口网络的端口 I 和端口 II 分别与阻抗为 Z_0 的无耗传输线相连，可以依据传输线上入射功率波和反射功率波的关系定义两端口网络特性。

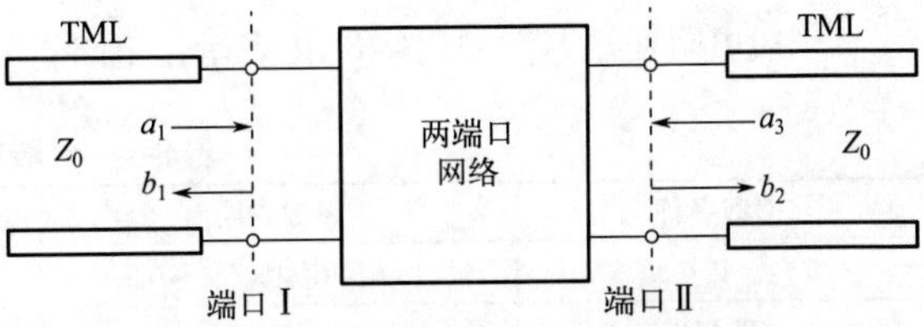

图 8-1　两端口网络的入射波和反射波

定义入射两端口网络的归一化功率波为 a，从两端口网络反射的归一化功率波为 b，端口 I 的归一化入射功率波和反射功率波分别为 a_1 和 b_1，端口 II 的归一化入射功率波和反射功率波分别为 a_2 和 b_2。

基于两端口网络归一化功率波 a 和 b，可以定义两端口网络的散射参数 S（散射矩阵 S 的元素）为：

$$S11 = \frac{b_1}{a_1}\bigg|_{a_2=0}, \quad S12 = \frac{b_1}{a_2}\bigg|_{a_1=0}, \quad S21 = \frac{b_2}{a_1}\bigg|_{a_2=0}, \quad S22 = \frac{b_2}{a_2}\bigg|_{a_1=0}$$

条件 $a_1=0$ 表示端口 I 的入射电压为零，条件 $a_2=0$ 表示端口 II 的入射电压为零。实现端口 II 入射归一化功率波 $a_2=0$ 的条件就是在端口 II 的传输线终端仅连接匹配负载 Z_0，使负载没有电压反射，实现从端口 II 没有入射电压进入网络。因此，条件 $a_1=0$ 和 $a_2=0$ 分别可以通过在端口 I 和端口 II 传输线终端连接匹配负载来实现。

Sij 表示能量从 j 口注入，在 i 口测得的能量，如 S11 定义为从 Port1 口反射的能量与输入能量比值的平方根，被简化为等效反射电压和等效入射电压的比值，各参数的物理含义和特殊网络的特性如下：

● S11：端口 2 匹配时，端口 1 的反射系数。
● S22：端口 1 匹配时，端口 2 的反射系数。
● S12：端口 1 匹配时，端口 2 到端口 1 的反向传输系数。
● S21：端口 2 匹配时，端口 1 到端口 2 的正向传输系数。

对于互易网络，S12 = S21；对于对称网络，S11 = S22；对于无耗网络，$S11^2 + S12^2 = 1$。

8.2　集总参数元件

在微波和微波低端的电路设计中经常用到集总参数的元器件，因此采用集总参数元器件来进行阻抗匹配，也是在射频设计中经常用到的。

集总参数元件是能反映实际电路中元件主要物理特征的理想元件，同时电路中元件在工作过程中还与电磁现象有关。在元件库 [Lumped-Components] 和 [Lumped-With Artwork] 中列出了各种集总参数元件，包含各种形式的电阻、电感、电容以上述元件组合而成的集总参数元件等，这些元件除可以设置电阻值、电感值和电容值等之外，还可以设置品质因数、温度等参数。

8.2.1 电阻

电阻器是电子电路中最基本、最常用的电子元件。在电路中，电阻器的主要作用是稳定和调节电路中的电流和电压，即起降压、分压、限流、分流、隔离、滤波等功能。在电路分析中，为了表述方便，通常将电阻器简称为电阻。

（1）一般电阻

一般电阻在电路图中用字母 R 表示，电路符号如图 8-2 所示，其主要参数见表 8-1。

表 8-1　一般电阻参数

参数名称	参数说明	单位	默认值
R	电阻值	mΩ, Ω,kΩ,MΩ,GΩ	50
TEMP	温度	℃	25
Trise	电阻温度与外界温度关系	℃	
Tnom	标称温度	℃	
TC1	线性温度系数	1/℃	
TC2	二次温度系数	$1/℃^2$	
Noise	是否产生噪声		是
wPmax	最大功率	pW,nW,μW,mW,W,kW,dBm,dBW	
wImax	最大电流	fA,pA,nA,μA,mA,A,kA	
Model	电阻模型实例名		
Width	物理宽度	μm,mm,cm,meter,mil,in,ft	
Length	物理长度	μm,mm,cm,meter,mil,in,ft	
_M	并联电阻个数		1
C	电容	F	0.0

（2）电阻模型

一般电阻模型在电路图中用字母 R_Model 表示，电路符号如图 8-3 所示，其主要参数见表 8-2（与一般电阻中相同的参数这里不再赘述）。

R
R1
R=50 Ohm

图 8-2　电阻电路符号

R_Model
RM1
R=50 Ohm
AllParams=

图 8-3　电阻模型电路符号

表 8-2　电阻模型参数

参数名称	参数说明	单位	默认值
Rsh	并联电阻	Ω	50
Narrow	由于蚀刻造成的长度和宽度变窄	℃	25
Scale (Scaler)	电阻比例系数		1
AllParams	基于 DAC (Data Access Component) 的参数		

参数名称	参数说明	单位	默认值
Dw (Etch)	因蚀刻造成的宽度变窄，以指定单位计量		
Dl (Etchl)	因蚀刻造成的长度变窄，以指定单位计量		
Kf	闪烁噪声系数		0.0
Af	闪烁噪声电流指数		0.0
Wdexp	闪烁噪声 W 指数		0.0
Ldexp	闪烁噪声 L 指数		0.0
Weexp	闪烁噪声韦夫指数		0.0
Leexp	闪烁噪声左指数		0.0
Fexp	闪烁噪声频率指数		1.0
Coeffs	非线性电阻多项式系数		
Shrink	长度和宽度的收缩系数		1.0
Cap	默认寄生电容	F	0.0
Capsw	侧壁条纹电容	F/m	0.0
Cox	零偏压底部电容	F/m	0.0
Di	相对介电常数		0.0
Tc1c	电容的一阶温度系数	1 /℃	0.0
Tc2c	电容的二阶温度系数	$1 /℃^2$	0.0
Thick	介质厚度	m	0.0
Cratio	分配寄生电容的比率		0.5

8.2.2　电容

电容器是一种具有储存电荷能力的元件，简称电容，它是由两个相互靠近的导体，中间夹着一层绝缘物质构成的，是电子产品中必不可少的元件。电容器具有通交流阻断直流的性能，常用于信号耦合、平滑滤波或谐振选频电路。

（1）一般电容

电路原理图中的一般电容用字母"C"表示，电路符号如图 8-4 所示，其主要参数见表 8-3。电容值大小的基本单位是法拉（F），简称法。常用单位还有毫法（mF）、微法（μF）、纳法（nF）、皮法（pF）。它们之间的换算关系是：$1F=10^3mF=10^6μF=10^9nF=10^{12}pF$。

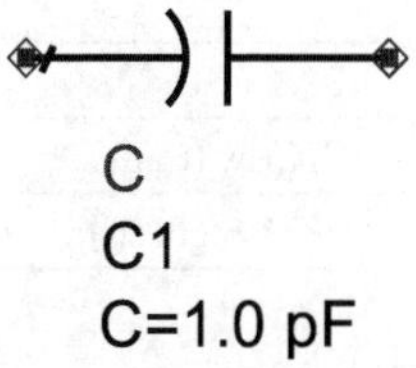

C
C1
C=1.0 pF

图 8-4　电容电路符号

表 8-3　电容参数

参数名称	参数说明	单位	默认值
C	电容值	F	1.0 pF
wBV	击穿警告电压	fV,pV,nV,μV,mV,V	
InitCond	瞬态分析初始状态		

（2）含 Q 值电容 (CAPQ)

Q 值（品质因子）是衡量电容的重要指标，含 Q 值电容电路符号如图 8-5 所示，其主要参数见表 8-4。

表 8-4　含 Q 值的电容参数

参数名称	参数说明	单位	默认值
C	电容值	F	1.0 pF
Q	Q 值（品质因子）	$Q=\dfrac{2\pi FC}{G}$	50.0
F	当前 Q 值时对应的工作频率，其中，$F>0$	MHz	100.0
Model	Q 值与频率的关系	Model=1:Q 值与频率成正比 Model=2:Q 值与频率平方成正比 Model=3:Q 值独立于频率	1
Alph	指数比例因子		

（3）电容模型 (C_Model)

电容模型为电容器 C 提供参数值，基于物理的电容器根据长度和宽度进行建模，其电路符号如图 8-6 所示，其主要参数见表 8-5。

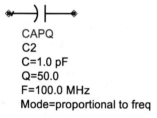

CAPQ
C2
C=1.0 pF
Q=50.0
F=100.0 MHz
Mode=proportional to freq

图 8-5　含 Q 值的电容电路符号

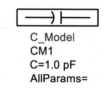

C_Model
CM1
C=1.0 pF
AllParams=

图 8-6　电容模型电路符号

表 8-5　电容模型参数

参数名称	参数说明	单位	默认值
C	电容值	fF,pF,nF,μF,mF	
Cj	单位面积电容		
Cjsw (Capsw)	侧壁或外围电容		
Length (L)	物理长度		

8.2.3　电感

电感器是一种储能元件，它可以把电能转换成磁场能并储存起来，当电流通过导体时，会产生电磁场，电磁场的大小与电流成正比。电感器就是将导线绕制成线圈的形状而制成的。

一般电感在电路图中用字母 L 表示，电路符号如图 8-7 所示，其主要参数见表 8-6。

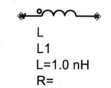

L
L1
L=1.0 nH
R=

图 8-7　电感电路符号

表 8-6　一般电感参数

参数名称	参数说明	单位	默认值
L	电容值	fH,pH,nH,μH,mH	
R	串联电阻值	mΩ,kΩ,MΩ,GΩ	

8.3　S 参数仿真

对于微波网络而言，最重要的参数就是 S 参数。S 参数是入射波和反射波建立的一组线性关系，在微波电路中通常用于分析和描述网络的输入特性。S 参数中的 S11 和 S22 反映了 VO 端的驻波特性，S21 反映了电路的幅频、相频特性和群时延特性，S12 反映了电路的隔离性能。

S 参数仿真时，将电路视为一个 4 端口网络，在工作点上将电路线性化，执行线性小信号分析，通过其特定的算法，分析出各种参数值。因此，S 参数仿真可以分析线性 S 参数、线性噪声参数、传输阻抗（Zij）和传输导纳（Yij）。

8.3.1　S 参数仿真分析步骤

S 参数仿真的主要功能包括：获得器件或电路的 S 参数，将该参数转换成 Y 参数或 Z 参数；分析仿真群时延；分析仿真线性噪声；分析频率改变对小信号的影响。

下面介绍 S 参数仿真的一般过程。

① 选择元器件模型并建立电路原理图。

② 确定需要进行 S 参数仿真的 I/O 端口，并在"Simulation-S_Param"元件面板中选择终端负载控件 Term 分别连接在电路的 I/O 端口。

③ 在"Simulation-S_Param"元件面板列表中选择 S 参数仿真控制器 SP，并放置在电路图设计窗口中。

④ 双击 S 参数仿真控制器，在"Frequency"（频率）选项卡中对交流仿真中频率扫描类型和扫描范围等进行设置。

⑤ 如果扫描变量较多，则需要在"Simulation-S_Param"元件面板中选择"PARAMETER SWEEP"控件，在其中设置多个扫描变量，以及每个扫描变量的扫描类型和扫描参数范围等。

⑥ 如果需要计算电路的群时延特性，则需要在 S 参数仿真控制器参数设置窗口中选择"Parameters"（参数）选项卡，在"Calculate"（计算）项中选中"Group delay"（群时延），允许在仿真中计算群时延参数。

⑦ 如果需要对电路进行线性噪声分析，则需要在 S 参数仿真控制器参数设置窗口的"Noise"（噪声）选项卡中选中"Calculate noise"（计算噪声）项，在仿真中计算线性噪声，然后分别设置噪声的输入端口、输出端口、噪声来源分类方式、噪声的动态范围和噪声带宽等内容。

⑧ 设置完成后，执行仿真。

⑨ 在数据显示窗口中选择对应参数，查看仿真结果（仿真曲线或仿真列表）。

8.3.2　S 参数仿真元器件库

S 参数仿真是射频电路最重要的仿真，可以对线性小信号在频域进行仿真。S 参数仿真分析用于计算 S 参数表征的系统特性。其中，S21、S31 是传输参数，反映传输损耗；S11、S22、S33 分别是输入、输出端口的反射系数；S23 反映了两个输出端口之间的隔离度。

S 参数仿真元器件库面板如图 8-8 所示，表 8-7 显示所有 S 参数仿真需要的元器件。

图 8-8　S 参数仿真元器件库面板

表 8-7　S 参数仿真需要的元器件

元器件	说明
SP	参数仿真控制器
Sweep Plan	参数扫描计划控制器
Options	S 参数仿真设置控制器
RefNet	参考网络控件
LinearNet	Collapser 线性网络
NdSetName	节点名控件
Disp Temp	显示模板控件
MaxGain	最大增益控件
VoltGain	电压增益控件
GainRip	增益波纹控件
MuPrim	计算源稳定系数控件
StabMs	计算电路稳定系数 b
Zin	输入阻抗控件
SP Lab	S 参数仿真测试平台控件
PrmSwp	参数扫描控制器控件
Term	终端负载
OscTest	接地振荡器测试
NdSet	节点设置控件
SP Output	S 参数输出控件
Meas Eqn	仿真测量等式控件
PwrGain	功率增益控件
VSWR	电压驻波比控件
Mu	计算负载稳定系数控件
Stabfct	计算 Rollett 稳定因子 K
Yin	输入导纳控件
GaCir-sCir:Smith	GaCir-NsCir:Smith 圆图控件

8.3.3　S-Parameters 仿真控制器

　　S-Parameters 仿真控制器可以全面分析线性网络的特性，计算元器件、电路或子网的散射参数（S 参数），并将其转换为 Y 参数或 Z 参数，其图标如图 8-9 所示。

　　双击 S 参数仿真控制器，弹出"Scattering-Parameter Simulation"（散射参数仿真）对话框，如图 8-10 所示。该对话框中包含 5 个选项卡，下面分别介绍常用选项介绍。前面章节中已经介绍的选项，这里不再赘述。

　　（1）Frequency（频率）选项卡

　　设置交流扫描分析的频率范围。

　　（2）Parameters（参数）选项卡

　　用来设置 S 参数仿真的基本参数，如图 8-11 所示。

　　① Calculate（计算）选项组：

　　● S-parameters：勾选该复选框，计算电路的 S 参数，若同时勾选"Enforce Passivity"，则强制计算电路的无源 S 参数。

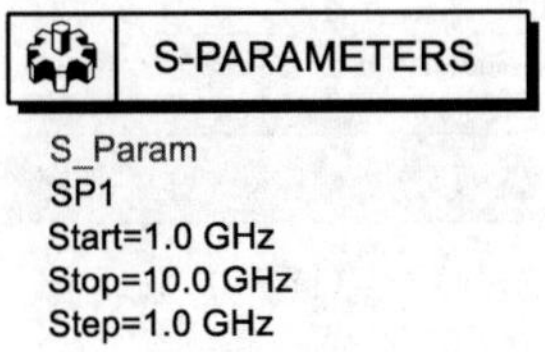

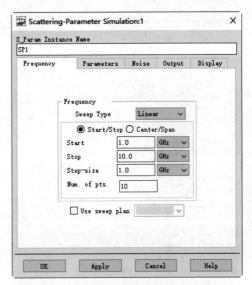

图 8-9　S-Parameters 图标

图 8-10　"Scattering-Parameter Simulation"
（散射参数仿真）对话框

● Y-parameters：勾选该复选框，将 S 参数控制器仿真的结果转换成 Y 参数。同时在数据输出窗口也可以输出 S 参数。

● Z-parameters：勾选该复选框，将 S 参数控制器仿真的结果转换成 Z 参数。同时在数据输出窗口也可以输出 S 参数。

● Group delay：勾选该复选框，利用 S 参数控制器仿真的同时计算群时延参数。

② Frequency Conversion（变频）选项组：

Enable AC frequency conversion：选中该项可进行交流频率转换 S 参数仿真。

③ Levels（水平）选项组：

Status level：控制着仿真时弹出的仿真进度窗口显示的信息量。"0"表示仿真进度窗口不显示任何信息。"1"和"2"则显示一些常规的仿真进程。"3"和"4"则显示仿真过程中所有的细节，包括仿真所用的时间、每个电路节点的错误、仿真是否收敛等。

④ Device operating point level（设备工作点水平）选项组：

● None：如果只有一个 S 参数仿真控制器，选择该选项，表示不保存任何设备工作点信息。

● Brief：当仿真中存在多个 S 参数仿真控制器时，可以保存仿真过程中元器件的所有工作点信息，保存设备电流、功率和一些线性化的设备参数。

● Detailed：保存工作点值，包括设备的电流、功率、电压和线性化的设备参数。

（3）Noise（噪声）选项卡

计算电路中元器件产生的噪声，如图 8-12 所示。

● Calculate noise：勾选该复选框，S 参数仿真过程中执行噪声分析，如果选择不执行噪声分析，该选项卡中的其他参数设置无效。

● Noise input port：设定噪声分析时噪声的输入端口。

● Noise output port：设定噪声分析时噪声的输出端口。

● Noise contributors：设定噪声分析时各噪声来源的分类方法。

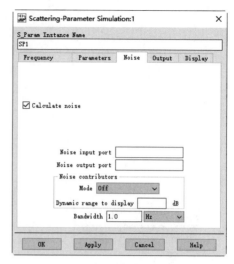

图 8-11　Parameters（参数）选项卡　　　图 8-12　Noise（噪声）选项卡

- Dynamic range to display：设定噪声显示的范围。
- Bandwidth：设定噪声分析带宽。

8.3.4　节点与节点名

通过在电路中添加节点 (NdSet) 控制器或节点名 (NdSet Name) 控制器可以设置该节点直流仿真的最佳参考电压和电阻。这种方法可以帮助直流仿真控制器确定分析范围，减少仿真运算时间。尤其适用于双稳态电路仿真中，如双稳态多谐振荡器、环形振荡器等。节点 (NdSet) 控制器、节点名 (NdSet Name) 控制器如图 8-13 所示。

双击 NdSet（节点）控制器，弹出 "Edit Instance Parameters"（编辑实例参数）对话框，如图 8-14 所示。该对话框在前面已经介绍，这里不再赘述。

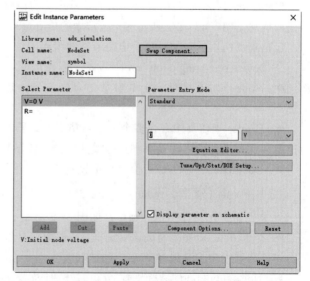

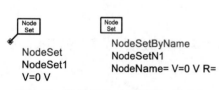

图 8-13　节点 (NdSet) 控制器、节点名　　　图 8-14　"Edit Instance Parameters"（编辑实例参数）
　　　　　(NdSet Name) 控制器　　　　　　　　　　　　　　　对话框

8.3.5　显示模板控制器

Display Template（显示模板）控制器可以载入 ADS 中的显示模板，用来查看仿真结果，如图 8-15 所示。

双击 Display Template（显示模板）控制器，弹出 "Automatic Data Display Template"（数据自动显示模板）对话框，如图 8-16 所示。

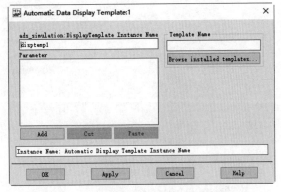

| Disp
Temp | **DisplayTemplate**
disptemp1 |

图 8-15　Display Template（显示模板）控制器　　　　图 8-16　"Automatic Data Display Template"（数据自动显示模板）对话框

① ads_simulation:DisplayTemplate Instance Name：输入显示模板中的实例名称，默认值为 disptempl。

② Parameter：在模板中添加参数。

③ Template Name：可以直接输入模板名称，也可以单击 "Browse installed templates"（搜索已安装的模板）按钮，在弹出的对话框中选择显示模板，如图 8-17 所示。加载的模板可以是系统自带的模板或用户根据自己需要编辑的模板。

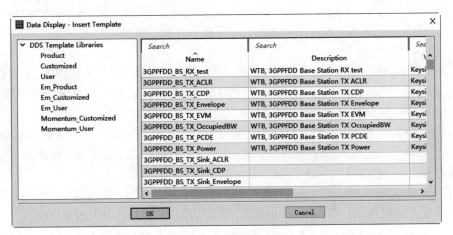

图 8-17　选择显示模板

8.3.6　公式编辑控制器

MeasEqn（公式编辑）控制器用于在原理图上编辑和显示计算公式。该公式可以调用原理图中的所有参数和仿真结果，其结果可在数据显示窗口中显示出来，如图 8-18 所示。

双击 MeasEqn（公式编辑）控制器，弹出"Edit Instance Parameters"（编辑实例参数）对话框，如图 8-19 所示。在"Instance name"（实例名称）文本框内显示元器件实例名称为 Meas1，在"Paraneter Entry Mode"（参数接口模式）中显示"Value"（值）选项，在"Select Paraneter"（选中参数）列表中显示设置的参数 Meas1=1。

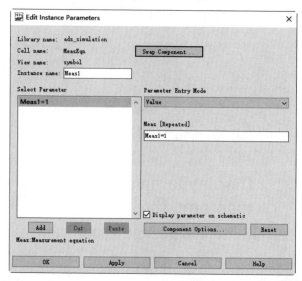

图 8-18 MeasEqn（公式编辑）控制器 　　图 8-19 "Edit Instance Parameters"（编辑实例参数）对话框

8.3.7 实例——三极管放大电路 S 参数分析

扫码看视频

（1）设置工作环境

① 启动 ADS 2023，打开主窗口界面。选择菜单栏中的"File"（文件）→"Open"（打开）→"Workspace"（项目）命令，或单击工具栏中的"Open New Workspace"（打开工程）按钮 ，弹出"New Workspace"（新建工程）对话框，选择打开工程文件 Triode_Amplifier_wrk，如图 8-20 所示。

② 在主窗口界面"Folder View"（文件夹视图）选项卡中，选择原理图文件"DC_Operating_Point"，单击右键选择"Copy Cell"（复制单元）命令，弹出"Copy Cell"（复制单元）对话框，为新单元命名"S_Parameter_Analysis"。

③ 单击"OK"（确定）按钮，自动在当前工程文件下复制原理图"S_Parameter_Analysis"，如图 8-21 所示。双击"S_Parameter_Analysis"下的"Schematic"（原理图）视图窗口，进入原理图编辑环境。

④ 在"Basic Components"（基本元器件库）中选择端口 Term、接地端口 TermG，在原理图中合适的位置上放置 Term1、Term2、TermG3，连接原理图，结果如图 8-22 所示。

⑤ 在"Basic Components"（基本元器件库）中选择 S 参数仿真器 S_Param，在原理图中合适的位置上放置 SP1，如图 8-23 所示。

（2）编辑仿真参数

① 双击 S 参数仿真器 SP1，弹出"Scattering-Parameter"（S 参数设置）对话框，打开"Frequency"（频率）选项卡，进行下面的设置，如图 8-24 所示。

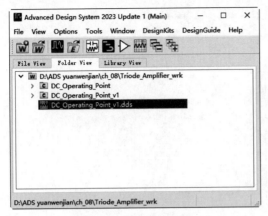

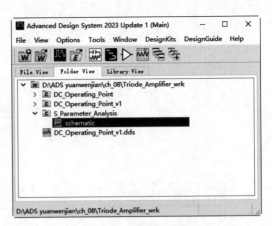

图 8-20　打开工程文件

图 8-21　复制原理图

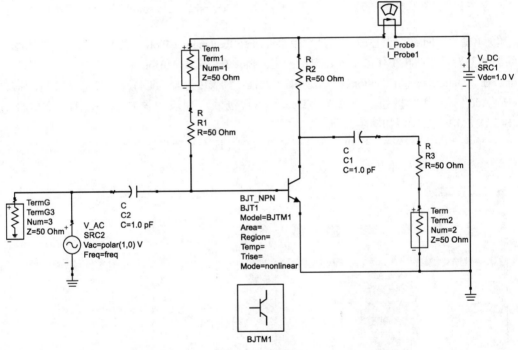

图 8-22　放置端口

- 在"Sweep Type"（扫描类型）下拉列表中选择"Linear"（线性扫描）。
- 设置 Start=100，单位为 MHz，表示频率扫描起点为 100MHz。
- 设置 Stop=1.0，单位为 GHz，表示频率扫描终点为 1GHz。
- 设置 Step=100，单位为 MHz，表示频率扫描间隔为 100 MHz。

② 单击"OK"（确定）按钮，关闭窗口。

（3）仿真数据显示

① 选择菜单栏中的"Simulate"（仿真）→"Simulate"（仿真）命令，或单击"Simulate"（仿真）工具栏中的"Simulate"按钮 ，弹出"hpeesofsim"窗口，显示仿真信息和分析状态。并自动创建一个空白仿真结果显示窗口 Display Window。

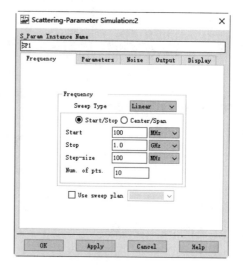

S_Param
SP1
Start=1.0 GHz
Stop=10.0 GHz
Step=1.0 GHz

图 8-23　放置 S 参数仿真器　　　　　　图 8-24　"Scattering-Parameter"（S 参数设置）对话框

② 单击"Palette"（调色板）工具栏中"Stacked Rectangular Plot"（堆叠矩形图）按钮▦，选择绘图类型为堆叠图在工作区单击，自动弹出"Plot Traces & Attributes"（绘图轨迹和属性）对话框。在"Datasets and Equations"（数据集和方程）列表中选择 S(1,1)、S(1,2)、S(2,1)、S(2,2)，单击"Add"（添加）按钮，在右侧"Traces"（轨迹线）列表中添加 dB(S(1,1))、dB(S(1,2))、dB(S(2,1))、dB(S(2,2))，如图 8-25 所示。

③ 单击"OK"（确定）按钮，在数据显示区创建四个直角坐标系的矩形图，显示以 dB 为单位的 S 参数，如图 8-26 所示。

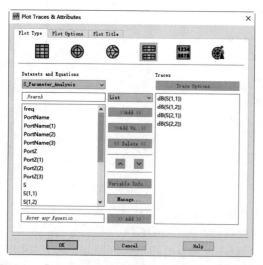

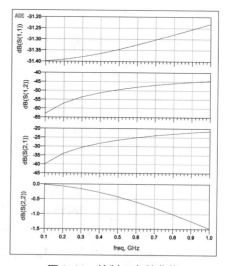

图 8-25　"Plot Traces & Attributes"（绘图轨迹和属性）
对话框

图 8-26　绘制 S 参数曲线

（4）计算群延时

群延时是信号通过被测器件的各正弦分量的振幅包络的时延，并且是各频率分量的函数，或指描述相位变化随着频率变化的快慢程度的量。通过在 S 参数仿真控制器中进行相应的设置计算群延时。

① 双击 S 参数仿真控制器 SP1，弹出"Scattering-Parameter"（S 参数设置）对话框，打开"Parameters"（参数）选项卡，在"Calculate"（计算）选项组中选择"Group delay"（群延时）复选框，在仿真中计算群延时参数，如图 8-27 所示。

② 单击"Simulate"（仿真）工具栏中的"Simulate"（仿真）按钮❀，重新执行仿真，打开数据显示窗口。

③ 选择菜单栏中的"Insert"（插入）→"Plot"（绘图）命令，或单击"Palette"（调色板）工具栏中"Stacked Rectangular Plot"（堆叠矩形图）按钮，在工作区单击，自动弹出"Plot Traces & Attributes"（绘图轨迹和属性）对话框。在"Datasets and Equations"（数据集和方程）列表中选择 delay(1,1)、delay(1,2)、delay(2,1、delay(2,2)，单击"Add"（添加）按钮，在右侧"Traces"（轨迹线）列表中添加 delay(1,1)、delay(1,2)、delay(2,1)、delay(2,2)。

④ 单击"OK"（确定）按钮，在数据显示区创建直角坐标系的矩形图，显示出现群延时的以 dB 为单位的 delay 参数，如图 8-28 所示。

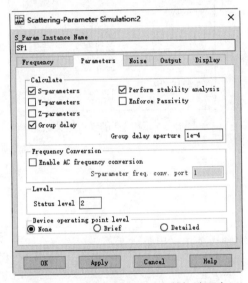

图 8-27　"Parameters"（参数）选项卡

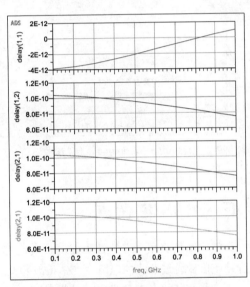

图 8-28　绘制群延时 S 参数曲线

（5）计算线形噪声

通过在 S 参数仿真控制器中进行相应的设置，计算线形噪声。

① 双击 S 参数仿真控制器 SP1，弹出"Scattering-Parameter"（S 参数设置）对话框，打开"Noise"（噪声）选项卡，如图 8-29 所示。

● 勾选"Calculate noise"（计算噪声）复选框，在仿真中计算线形噪声。

● 在"Noise input port"（噪声输入端口）中输入 1，表示噪声输入端口为端口 1；在"Noise output port"（噪声输出端口）中输入 2，表示噪声输出端口为端口 2。

● 在"Mode"（模式）下拉列表中选择噪声源的分类方式为"Sort by value"，按照噪声源产生的噪声大小对噪声源进行分类。

② 单击"Simulate"（仿真）工具栏中的"Simulate"（仿真）按钮❀，重新执行仿真，打开数据显示窗口。

③ 单击"Palette"（调色板）工具栏中"List"（列表）按钮🔢，在工作区单击，自动弹出"Plot Traces & Attributes"（绘图轨迹和属性）对话框。在"Datasets and Equations"（数据集和方

程）列表中选择 port2.NC.vnc 和 port2.NC.name，单击"Add"（添加）按钮，在右侧"Traces"（轨迹线）列表中添加数据。

④ 单击"OK"（确定）按钮，在数据显示区创建直角坐标系的矩形图，显示端口 2 的噪声相关数据，如图 8-30 所示。

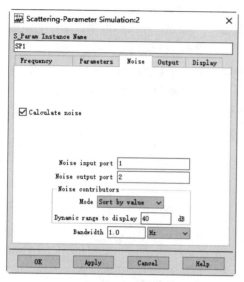

图 8-29 "Scattering-Parameter"（S 参数设置）对话框

index	port2.NC.vnc	port2.NC.name
freq=100.0 MHz		
0	31.08 pV	_total
1	28.45 pV	R3
2	11.63 pV	BJT1
3	11.03 pV	BJT1.ibe
4	3.694 pV	BJT1.ice
5	4.529 pV	R1
6	869.0 fV	R2
freq=200.0 MHz		
0	61.78 pV	_total
1	56.55 pV	R3
2	23.13 pV	BJT1
3	21.93 pV	BJT1.ibe
4	7.345 pV	BJT1.ice
5	9.004 pV	R1
6	1.728 pV	R2
freq=300.0 MHz		
0	91.77 pV	_total
1	84.00 pV	R3
2	34.35 pV	BJT1
3	32.58 pV	BJT1.ibe
4	10.91 pV	BJT1.ice
5	13.37 pV	R1
6	2.567 pV	R2
freq=400.0 MHz		
0	120.7 pV	_total
1	110.5 pV	R3

图 8-30 端口 2 的噪声相关数据

8.4 谐波平衡仿真

谐波平衡仿真用于非线性电路的仿真，主要在频域内使用，用来分析频域信号经过非线性电路后产生谐波和交调的情况。

谐波平衡仿真是非线性系统分析最常用的分析方法，用于仿真非线性电路中的噪声、增益压缩、谐波失真、振荡器寄生、相噪和互调产物，可以用于对混频器、振荡器、放大器等进行仿真分析。

谐波平衡仿真有如下的功能。

- 确定电流或电压的频谱成分。
- 计算参数，如三阶截取点、总谐波失真及交调失真分量。
- 执行电源放大器负载激励回路分析。
- 执行非线性噪声分析。

8.4.1 谐波平衡仿真元器件库

谐波平衡仿真元器件库面板如图 8-31 所示，其中包括频域电流显示元器件、频域电压显示元器件、功率谱密度显示元器件、输入三阶交调点分析元器件、输出三阶交调点分析元器件、N 阶截止点分析元器件、有频率预算元器件、增益预算元器件、反射系数预算元器件、三阶交调预算元器件、噪声功率预算元器件等。

图 8-31 谐波平衡仿真元器件库面板

　　与直流仿真相似，谐波平衡仿真也包含仿真控制器、仿真设置控制器、参数扫描计划控制器、参数扫描控制器、节点设置和节点名元器件、显示模板元器件和仿真测量等式元器件。

8.4.2　谐波平衡仿真控制器

　　HB（谐波平衡仿真控制器）利用非线性谐波平衡技术在频域求出稳态解，该元器件在设计射频放大器、混频器和振荡器时非常有用。HB（谐波平衡仿真控制器）元器件图标如图 8-32 所示。

　　双击 HB（谐波平衡仿真控制器），弹出"Harmonic Balance"（谐波平衡）对话框，如图 8-33 所示。该对话框中包含 10 个选项卡，下面介绍其中主要几个。

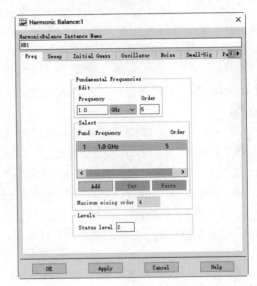

图 8-32　HB（谐波平衡仿真控制器）元器件图标　　图 8-33　"Harmonic Balance"（谐波平衡）对话框

（1）Freq（频率）选项卡

设置谐波平衡仿真分析的频率范围。

Fundamental Frequencies（基本频率）选项组：

① Edit（编辑）选项

- Frequency：输入基波的频率。
- Order：输入仿真中要考虑的谐波数（阶数）。

② Select（选择）选项：查看、添加或删除基频。

（2）Sweep（扫描）选项卡

设置参数扫描分析的参数，选择扫描类型并设置相关特征，同时还可以制定扫描计划。

（3）Initial Guess（初始猜想）选项卡

① Transient Assisted Harmonic Balance（瞬态辅助谐波平衡）选项组：设置 TAHB 模式，包含 Auto（自动）、On（打开）和 Off（关闭）选项，默认选择 Auto（自动），表示在开始仿真时，谐波平衡模拟器使用直流解决方案作为初始猜测。

　　若选择"On"（打开）选项，激活"Advanced Transient Settings"（高级瞬态设置）按钮，单击该按钮，弹出"Advanced Transient Settings"（高级瞬态设置）对话框，如图 8-34 所示。在

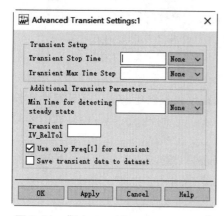

图 8-34 "Advanced Transient Settings"
（高级瞬态设置）对话框

仿真高度非线性和包含锐边波形（如分频器）的电路时，选择瞬态初始猜测，可以为谐波平衡提供更好的起点。

● Transient Stop Time：瞬态停止时间。

● Transient Max Time Step：瞬态最大时间步长。

● Min Time for detecting steady state：瞬态仿真器开始检测稳态条件的最早时间点。

● Transient IV_RelTol：设置瞬态的特定（电流和电压的）相对公差。

● Use only Freq[1] for transient：在多频率谐波平衡仿真分析中执行单频率瞬态仿真。

● Save transient data to dataset：将最终谐波平衡数据和初始猜测的瞬态仿真数据都输出到数据集。

② Harmonic Balance Assisted Harmonic Balance（设置 HBAHB 模式）选项组：包含 Auto（自动）、On（打开）和 Off（关闭）选项，默认选择 Auto（自动）。

③ Initial Guess（初始猜测）选项组，如图 8-35 所示。

● Use Initial Guess：勾选该复选框，输入要用作初始猜测的解决方案的文件名。如果没有提供初始猜测文件名，则在内部生成一个默认名称（使用 DC 解决方案）。

● Regenerate Initial Guess for ParamSweep (Restart)：勾选该复选框，不使用最后一个解作为下一个解的初始猜测。

④ Final Solution（最终解决方案）选项组：

● Write Final Solution：勾选该复选框，将最终 HB（谐波平衡）解决方案保存到输出文件中，在"File"（文件）文本框内输入设计名称，使用设计名称在内部生成文件名（*.hbs）。

（4）Oscillator（振荡器）选项卡

如图 8-36 所示。

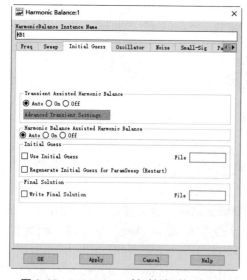

图 8-35 Initial Guess（初始猜测）选项组

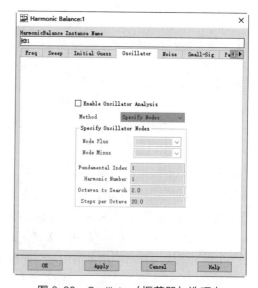

图 8-36 Oscillator（振荡器）选项卡

① Enable Oscillator Analysis：若原理图中包含 OscPort 元器件，勾选该复选框，激活下面的振荡器分析参数。

② Method（方法）选项组：

● Use Oscport：勾选该复选框，系统自动选择设计中的 OscPort 或 OscPort2 元器件，不需要指定 OscPort 元器件的名称。

● Specify Nodes：若设计中不包含 OscPort 或 OscPort2 元器件，选择该选项。

③ Specify Oseillater Nodes（指定振荡器节点）选项组：

● Node Plus：振荡器中指定节点的名称。一般为有源设备或在谐振器中的输入或输出，也可以使用分层节点名。

● Node Minus：指定第二个节点名称，只能为差分（平衡）振荡器。

● Fundamental Index：指定模拟器（求解的未知振荡器频率）基频。

● Harmonic Number：指定振荡器使用基频的谐波。如果要分析振荡器后面有分频器，则该参数应设置为分频比。

● Octaves to Search：指定振荡器分析期间初始频率搜索中使用的八度数。

● Steps per Octave：指定初始频率搜索中使用的每个八度的步数。

（5）Noise（噪声）选项卡

进行电路仿真的噪声设置，如图 8-37 所示。

① NoiseCans：勾选该复选框，激活噪声仿真设置。

② Select NoiseCons：选择对非线性噪声控制器元器件进行电流谐波平衡分析仿真。

③ Nonlinear Noise：勾选该复选框，设置非线性噪声配置，激活 Noise(1)、Noise(2) 按钮。

a. Noise(1)：得到谐波平衡解后，单击该按钮，弹出"Noise(1)"对话框，进行噪声分析，如图 8-38 所示。

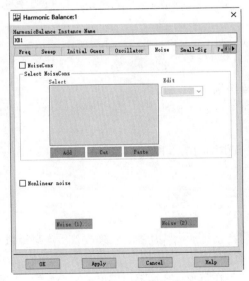

图 8-37　Noise（噪声）选项卡

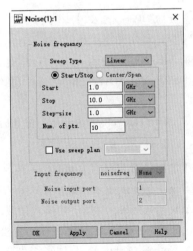

图 8-38　"Noise(1)"对话框

b. Noise(2)：单击该按钮，弹出"Noise(2)"对话框，开启噪声计算，如图 8-39 所示。

（6）Small-Sig（小信号）选项卡

如图 8-40 所示。

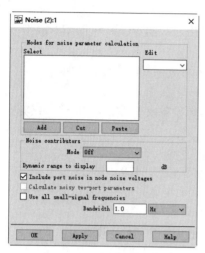

图 8-39 "Noise(2)"对话框

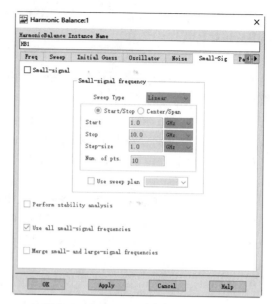

图 8-40 Small-Sig（小信号）选项卡

① Small-Signal：勾选该复选框，启用小信号方法，激活下面的分析参数。

② Small-Signal frequency（小信号频率）选项组：指定扫描类型和相关参数。

③ Perform stability analysis：勾选该复选框，执行稳定性分析。

④ Use all small-signal frequencies：勾选该复选框，在两侧频带解决所有小信号混频器频率。该操作需要更多的内存和模拟时间，但属于最精确的仿真操作。

⑤ Merge small- and large-signal frequencies：默认情况下，仿真器只报告混频器或振荡器仿真中的小信号上边带和下边带频率，勾选该复选框，使基频恢复到数据集，并按顺序进行合并。

（7）Params（参数）选项卡

用于指定基本仿真参数，如图 8-41 所示。

① Device operating point level：指定设备工作点级别。

② Fundamental Oversample：输入高电平，通过减少 FFT 混叠误差和提高收敛性来提高解的精度。

③ Perform Budget simulation：仿真后，报告设备引脚的电流和电压数据。

（8）Solver（求解器）选项卡

用于选择仿真使用的求解器，如图 8-42 所示。

① Convergence Mode（融合模式）选项组：

a. Auto (Preferred)：默认的模式设置。该模式将自动激活高级功能，实现收敛。如果模拟不满足默认公差，Auto 模式还允许在更宽松的公差下收敛。

b. Advanced (Robust)：启用高级牛顿求解器，确保在每次迭代中最大限度地减少 KCL 残差。通常模拟速度稍慢，但对于非常非线性的电路（即具有非常高的功率电平的电路）效果很好。当选择该模式时，建议将 Max iterations（最大迭代次数）设置为"Robust"或"Custom"，取值范围在 50~100 之间。

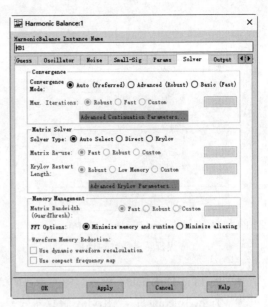

图 8-41　Params（参数）选项卡　　　　　图 8-42　Solver（求解器）选项卡

c. Basic (Fast)：启用基本的牛顿求解器。它速度快，适用于大多数电路，但对于高度非线性电路，可能难以收敛。

② Advanced Continuation Parameters（高级延续参数）按钮：单击该按钮，弹出"Advanced Continuation Parameters"（高级延续参数）对话框，设置弧长延续参数，如图 8-43 所示。

● Arc Max Step：限制弧长延续过程中弧长步长的最大尺寸。在弧长延续中，弧长是逐步增加的，需要为每个问题自动计算步长。默认值是 0，表示没有弧长步长上限。

● Arc Level Max Step：限制源级延续的最大弧长步长。

● Arc Min Value：允许延续参数 p 的下限。

● Arc Max Value：允许延续参数 p 的上限。

● Max Step Ratio：控制延续步骤的最大数量（默认为 100）。

● Max Shrinkage：控制弧长步长的最小大小（默认为 1e-5）。

③ Matrix Solver（矩阵求解器）选项组：

a. Solver Type：选择求解器类型，包括 Auto Select（默认选项）、Direct（用于具有相对较少的器件、非线性元器件和谐波的小型电路）、Krylov（用于求解具有许多器件、非线性元器件和大量谐波的大型电路）。

b. Matrix Re-use：此参数仅适用于 Direct（直接求解器），控制雅可比矩阵的构造和分解频率。

c. Krylov Restart Length：定义重新启动 Krylov（克雷洛夫解算器）求解器的迭代次数。

d. Advanced Krylov Parameters（设置 Krylov 求解器的参数）按钮：单击该按钮，弹出"Advanced Krylov Parameters"（设置 Krylov 求解器的参数）对话框，设置弧长延续参数，如图 8-44 所示。

● Max Iterations：允许的 GMRES 迭代的最大次数。

● Krylov Noise Tolerance：当 Krylov 求解器用于小信号谐波平衡分析或非线性噪声分析时，设置该解算器的容差。

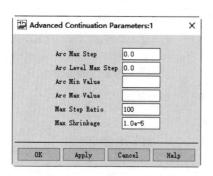

图 8-43 "Advanced Continuation Parameters"（高级延续参数）对话框

图 8-44 "Advanced Krylov Parameters"（设置 Krylov 求解器的参数）对话框

- Packing Threshold：设置装箱的带宽阈值。默认值为 1e-8。
- Tight Tolerance：当 Krylov 解算器残差小于该公差（默认值 =0.001）时，求解器实现完全收敛。
- Loose Tolerance：指定迭代次数之后，求解器使用该公差（默认值 =0.1）实现部分收敛。
- Loose Iterations：设置允许的迭代次数。
- Matrix packing：用来减少雅可比矩阵所需的内存，通常减少 60% ～ 80%。
- Preconditioner：选择预条件，Krylov 求解器需要一个预条件以保证鲁棒和有效的收敛。

④ Memory Management（内存管理）选项组：

a. Matrix Bandwidth（矩阵带宽保护阈值）：

- Fast：带宽截断加快了雅可比分解并节省了内存，但由于牛顿方向不准确，可能导致收敛问题。
- Robust：以便获得雅可比矩阵块的全带宽并改善收敛性。
- Custom：使用此选项指定自定义带宽。

b. FFT Options：控制多频谐波平衡的频率图的包装。

- Minimize memory and runtime：支持频率映射封装。
- Minimize aliasing：尽量减少混叠，禁用频率映射打包，获得最准确的结果。

c. Use dynamic waveform recalculation：勾选该复选框，允许重用动态波形内存，而不是在所有波形上预先存储。

d. Use compact frequency map：勾选该复选框，支持频谱压缩，通常单个波形需要更少的内存。

8.4.3　实例——三极管放大电路谐波平衡仿真分析

扫码看视频

（1）设置工作环境

① 启动 ADS 2023，打开主窗口界面。选择菜单栏中的"File"（文件）→ "Open"（打开）→ "Workspace"（项目）命令，或单击工具栏中的"Open New Workspace"（打开工程）按钮，弹出"New Workspace"（新建工程）对话框，选择打开工程文件 Triode_Amplifier_wrk。

② 在主窗口界面"Folder View"（文件夹视图）选项卡中，选择原理图文件 DC_Operating_Point，单击右键选择"Copy Cell"（复制单元）命令，弹出"Copy Cell"（复制单元）对话框，

为新单元命名 HB_Analysis。

③ 单击"OK"(确定)按钮，自动在当前工程文件下复制原理图 HB_Analysis，如图 8-45 所示。双击 HB_Analysis 下的 Schematic(原理图)视图窗口，进入原理图编辑环境。

（2）编辑仿真参数

① 在"Sources-Freq Domain"(频率激励源库)中选择单频交流电压源 V_1Tone，在原理图中合适的位置上放置 SRC3。

双击单频交流电压源 SRC3，弹出"Edit Instance Parameters"(编辑实例参数)对话框，设置中心频率电压 V 为 0.1V，中心频率 Freq 为 100MHz，如图 8-46 所示。

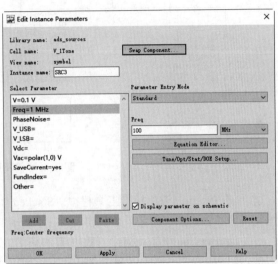

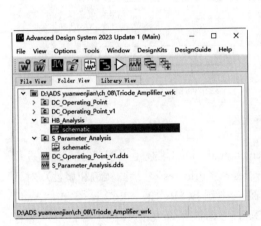

图 8-45　复制原理图

图 8-46　"Edit Instance Parameters"(编辑实例参数)对话框

② 在"Simulation-HB"(谐波平衡仿真元器件库)中选择谐波平衡仿真器 HB，在原理图中合适的位置上放置 HB1。

双击谐波平衡仿真器 HB1，弹出"Harmonic Balance"(谐波平衡)对话框，打开"Freq"(频率)选项卡，在"Frequency"(基波频率)中输入 100 MHz，Order 谐波次数为 7，单击"Add"(添加)按钮，添加到"Select"(选择)列表中，如图 8-47 所示。

单击"OK"(确定)按钮，关闭窗口。仿真原理与结果如图 8-48 所示。

（3）仿真数据显示

① 选择菜单栏中的"Simulate"(仿真)→"Simulate"(仿真)命令，或单击"Simulate"(仿真)工具栏中的"Simulate"(仿真)按钮，弹出"hpeesofsim"窗口，显示仿真信息和分析状态。并自动创建一个空白仿真结果显示窗口 Display Window。

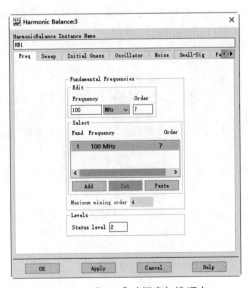

图 8-47　"Freq"(频率)选项卡

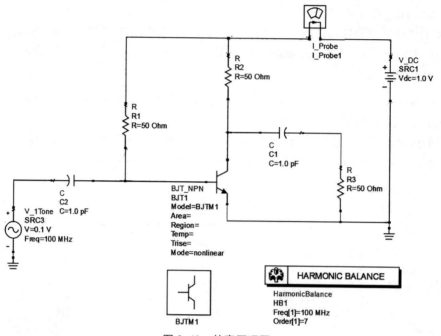

图 8-48　仿真原理图

② 单击 Palette（调色板）工具栏中"Stacked Rectangular Plot（堆叠矩形图）"按钮▦，选择绘图类型为堆叠图在工作区单击，自动弹出"Plot Traces & Attributes"（绘图轨迹和属性）对话框。在"Datasets and Equations"（数据集和方程）列表中选择 SRC1.i、SRC3.i，单击"Add"（添加）按钮，弹出"Harmonic Balance Simulation Data"（谐波平衡仿真数据）对话框，选择"Spectrum in dB"选项，单击"OK"（确定）按钮，在右侧"Traces"（轨迹线）列表中添加 dB(SRC1.i)、dB(SRC3.i)，如图 8-49 所示。

③ 单击"OK"（确定）按钮，在数据显示区创建矩形图，显示以 dB 为单位的功率谱曲线，如图 8-50 所示。

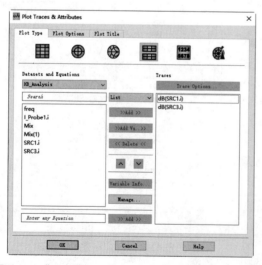

图 8-49　"Plot Traces & Attributes"（绘图轨迹和属性）对话框

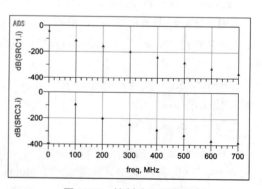

图 8-50　绘制功率谱曲线

8.5　包络仿真

电路包络仿真将谐波平衡法和时域仿真技术结合在一起，有效地描述了谐波平衡结果的时间变化级数，非常适合对数字调制射频信号等复杂信号进行快速、完全的分析。电路包络仿真在时域中得到扩展，它不被局限在仅描述稳态行为，尤其能很好地仿真具有高频载波和较慢时间变化调制的电路，其中数字调制载波用于通信，脉冲载波用于节能电路，其结果是用电路包络对这类电路进行仿真和分析的时间只是 SPICE 的几分之一。因此，电路包络仿真是目前在数字、高频和微波系统上进行数模混合仿真最有效率的工具之一。

8.5.1　包络仿真元器件库

包络仿真元器件库面板如图 8-51 所示，其中包括包络仿真需要的元器件。

电路包络仿真多用在涉及调制解调及混合调制信号的电路和系统中。例如，在通信系统仿真中，它可以用在带有 CDMA、GSM、QPSK 和 QAM 等调制信号的通信系统中；在雷达系统仿真中，它可以对 LFM 波、非线性调频波、脉冲编码等系统进行分析和仿真。从射频电路设计的角度来讲，对于随时间变化的电路，如 PLL、AGC、调制器和 VCO 等，电路包络仿真极为有用。

图 8-51　包络仿真元器件库面板

8.5.2　包络仿真控制器

Envelope（包络仿真控制器）设置电路包络仿真的基本参数，如图 8-52 所示。双击 Envelope（包络仿真控制器），弹出"Circuit Envelope"（电路包络）对话框，如图 8-53 所示。该对话框中包含 11 个选项卡，下面介绍常用选项卡。

图 8-52　Envelope（包络仿真控制器）元器件图标

（1）Env Setup（包络设置）选项卡

电路包络仿真是一种频域综合的仿真方法，对仿真执行的起始时间点、终止时间点、基准频率和高次谐波等时频参数进行设置，如图 8-53 所示。

① Times（时间）选项组：

● Stop time：仿真执行的终止时间。

● Time step：仿真执行的时间间隔。

● Use automatic time step control：勾选该复选框，根据谐波的 LTE（局部截断误差）调整步长以适应波形的动态。

● Enable Compact Test Signal：勾选该复选框，用紧凑的测试信号功能，产生单一的信号源。

● Compact Test Signal Length：设置紧凑测试信号的长度。

② Fundamental Frequencies（基本频率）选项组：

● Frequency：设置基波频率。

- Order：最大谐波阶数（谐波数）。
- Maximum mixing order：最大混频次数。

③ Enable Fast Envelope：激活快速包络功能，使用宏观模型的计算取代传统的电路包络积分。选择 Modeling type（模型类型）和 Modeling accuracy（模型评估方法）。

④ Status level：仿真状态窗口中显示信息的多少。

- 0 显示很少的仿真信息。
- 1 和 2 显示正常的仿真信息。
- 3 和 4 显示较多的仿真信息。

（2）Env Params（包络参数）选项卡

设置仿真执行的算法、扫描偏移量、系统噪声和带宽等相关参数，如图 8-54 所示。

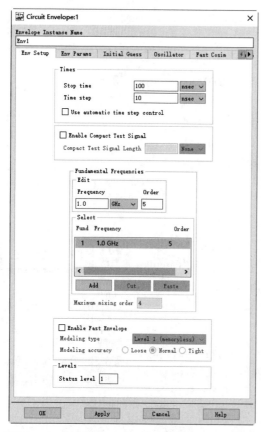

图 8-53 "Circuit Envelope"（电路包络）对话框　　图 8-54　Env Params（包络参数）选项卡

① Env Params（包络参数）选项组：

a. Integration：仿真执行采用的综合算法。

- Backward Euler：表示仿真中采用 Backward Euler 综合算法。
- Trapezoidal：表示仿真中采用 Trapezoidal 综合算法。
- Gear's：表示仿真中采用 Gear's 综合算法 Sweep offset 扫描偏移量。

b. Sweep offset：设置仿真执行的时间偏移，如 Stop time 设置为 1ms，Sweep offset 设置为 0.6ms，则在仿真结果中将显示 0-0.4ms 的数据。

c. Turn on all noise：包络噪声设置，勾选该复选框，打开所有的噪声。

② Device Fitting（设备拟合）选项组：仅用于频率响应不能表示为形式的有理多项式的数据集设备或一般线性设备。

- Bandwidth fraction：包络带宽，设定在仿真执行时间内的包络信号带宽。
- Relative tolerance：相对公差，设置仿真相对公差。
- Absolute tolerance：绝对公差，设置仿真绝对公差。
- Use convolution：勾选该复选框，对一些频率相关的设备使用卷积而不是多项式拟合。
- Warn when poor fit：勾选该复选框，当包络不适合时，出现警告消息。
- Use fit when poor：勾选该复选框，执行仿真时使用差拟合值而不是常数值。
- Skip fit at baseband：勾选该复选框，执行仿真时不在基带 (DC) 包络处使用极点 / 零点拟合或卷积。
- Skip fit at harmonics：勾选该复选框，不在最高谐波频率下使用极点 / 零点拟合或卷积。在最高次谐波处，用常数拟合代替 S 参数曲线。
- Enforce Passivity：勾选该复选框，通过检查采样的 S 矩阵的特征值来检查和强制生成的拟合模型（极点 / 零点和卷积）的无源性。
- Check fit accuracy on carriers：勾选该复选框，执行初始检查，以评估设备装配的影响。
- Dump fitting data：勾选该复选框，将拟合数据保存到数据集中。

8.5.3　实例——三极管放大电路包络仿真分析

扫码看视频

电路包络仿真可以用来同时显示信号及电路的时域和频域特性。在时域上，对相对低频的调制信息进行直接采样处理，而对相对高频的载波成分，则采用类似谐波平衡法仿真的方法，在频域进行处理。

GSM 调制是一种相位调制，它的典型频率值为 900MHz，通过载波相位的变化来表示传输信号是 0 或 1，本节对带有 GSM 源的三极管放大电路进行电路包络仿真。

（1）设置工作环境

① 启动 ADS 2023，打开主窗口界面。选择菜单栏中的"File"（文件）→ "Open"（打开）→ "Workspace"（项目）命令，或单击工具栏中的"Open New Workspace"（打开工程）按钮，弹出"New Workspace（新建工程）"对话框，选择打开工程文件 Triode_Amplifier_wrk。

② 在主窗口界面"Folder View"（文件夹视图）选项卡中，选择原理图文件 S_Parameter_Analysis，单击右键选择"Copy Cell"（复制单元）命令，弹出"Copy Cell"（复制单元）对话框，为新单元命名 Env_Analysis。

③ 单击"OK"（确定）按钮，自动在当前工程文件下复制原理图 Env_Analysis，如图 8-55 所示。双击 Env_Analysis 下的 schematic（原理图）视图窗口，进入原理图编辑环境。

（2）编辑仿真参数

① 在"Sources-Modulated"（调制信号库）中选择调制信号源 GSM，在原理图中合适的位置上放置 SRC2，如图 8-56 所示。

② 选择菜单栏中的"Insert"（插入）→ "Pin"（引脚）命令，或单击"Insert"（插入）工具栏中的"Insert Pin"（放置引脚）按钮，放置引脚。

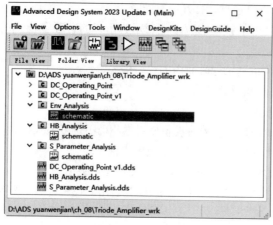

图 8-55　复制原理图

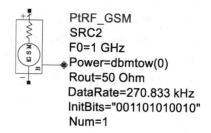

图 8-56　放置调制信号源 GSM

③ 双击原理图中的导线，弹出"Edit Wire Label"（编辑导线标签）对话框，在"Net name1"（网络名称）文本框中添加网络标签。

④ 在"Simulation-Envelope"（包络仿真库）中选择谐波平衡仿真器 ENV，在原理图中合适的位置上放置 Env 1, 结果如图 8-57 所示。

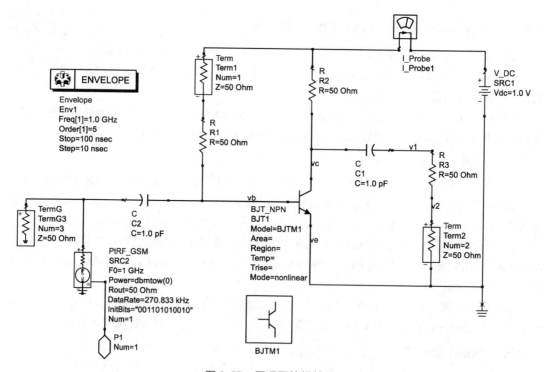

图 8-57　原理图编辑结果

（3）仿真数据显示

① 选择菜单栏中的"Simulate"（仿真）→"Simulate"（仿真）命令，或单击"Simulate"（仿真）工具栏中的"Simulate"（仿真）按钮 ，弹出"hpeesofsim"窗口，显示仿真信息和分析状态。并自动创建一个空白仿真结果显示窗口 Display Window。

② 单击 Palette（调色板）工具栏中 "List"（列表）按钮 ，在工作区单击，自动弹出 "Plot Traces & Attributes"（绘图轨迹和属性）对话框，如图 8-58 所示。

● 打开 "Plot Type"（绘图类型）选项卡，在 "Traces"（轨迹线）列表中添加数据变量 v2。

● 打开 "Plot Options"（绘图选项）选项卡，勾选 "Traspose Data (recommended for Envelope data)" 复选框，进行数据转换。

③ 单击 "OK"（确定）按钮，在数据显示区创建包含节点 v2 电压数据的列表，如图 8-59 所示。

图 8-58　"Plot Traces & Attributes"（绘图轨迹和属性）对话框

time	v2					
	freq=0.000	...00000.000	...00000.000	...00000.000	...00000.000	...00000.000
0.0000 sec	0.480 / 18...	0.316 / -90...	4.542E-19...	2.207E-17...	1.157E-17...	1.029E-17...
10.00 nsec	0.480 / 18...	0.316 / -90...	1.800E-17...	2.330E-17...	1.357E-17...	2.109E-17...
20.00 nsec	0.480 / 18...	0.316 / -90...	1.749E-17...	9.560E-18...	1.535E-17...	1.265E-17...
30.00 nsec	0.480 / 18...	0.316 / -90...	1.072E-17...	7.091E-18...	3.064E-17...	8.198E-18...
40.00 nsec	0.480 / 18...	0.316 / -90...	1.229E-17...	1.179E-17...	2.159E-17...	1.364E-17...
50.00 nsec	0.480 / 18...	0.316 / -90...	2.233E-17...	2.004E-17...	1.033E-17...	1.651E-17...
60.00 nsec	0.480 / 18...	0.316 / -91...	1.356E-17...	9.783E-18...	9.937E-18...	8.660E-18...
70.00 nsec	0.480 / 18...	0.316 / -91...	2.385E-17...	3.507E-17...	3.523E-18...	5.456E-18...
80.00 nsec	0.480 / 18...	0.316 / -91...	3.489E-17...	8.753E-18...	2.613E-17...	1.710E-17...
90.00 nsec	0.480 / 18...	0.316 / -91...	3.701E-17...	1.455E-17...	1.280E-17...	1.625E-17...
100.00 nsec	0.480 / 18...	0.316 / -92...	3.559E-17...	2.682E-17...	2.125E-17...	2.958E-17...

图 8-59　绘制列表图

④ 选择菜单栏中的 "Insert"（插入）→ "Plot"（绘图）命令，或单击 Palette（调色板）工具栏中 "Rectangular Plot"（矩形图）按钮 ，在工作区单击，自动弹出 "Plot Traces & Attributes"（绘图轨迹和属性）对话框。在 "Datasets and Equations"（数据集和方程）列表中选择 v2，单击 "Add"（添加）按钮，弹出 "Circuit Envelope Simulation Data"（包络仿真数据）对话框，选择 "Spectrum of the carrier in dBm (Kaiser windowing)" 选项，如图 8-60 所示。单击 "OK"（确定）按钮，在右侧 "Traces"（轨迹线）列表中添加 dBm(fs(v2[1].. "Kaiser"))，如图 8-61 所示。

⑤ 单击 "OK"（确定）按钮，在数据显示区创建直角坐标系的矩形图，输出以 dBm 为单位的 v2 的载波频谱图，如图 8-62 所示。其中频谱图数据假设载波索引值是 [1]。

⑥ 选择菜单栏中的 "Insert"（插入）→ "Equation"（方程）命令，弹出 "Enter Equation"（输入方程）对话框。在 "Enter equation here"（方程位置）列表中输入 "baseband=diff(unwrap (phase(v2[1]))/360)"，如图 8-63 所示。单击 "OK"（确定）按钮，在数据显示区右侧 "Traces"（轨迹线）列表中添加方程 baseband，如图 8-64 所示。其中，unwrap 函数表示从绝对相位中去掉 ±180° 的转化格式。

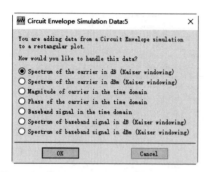

图 8-60 "Circuit Envelope Simulation Data"（包络仿真数据）对话框

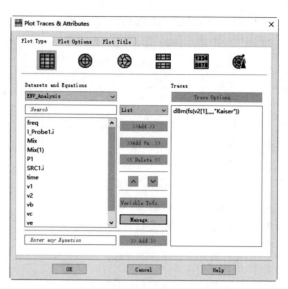

图 8-61 "Plot Traces & Attributes"（绘图轨迹和属性）对话框

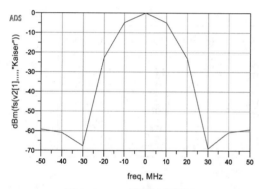

图 8-62 v2 的载波频谱图

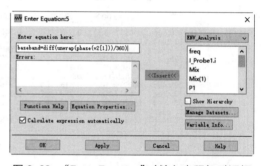

图 8-63 "Enter Equation"（输入方程）对话框

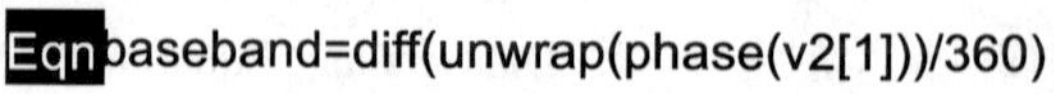

Eqn baseband=diff(unwrap(phase(v2[1]))/360)

图 8-64 插入方程

⑦ 选择菜单栏中的"Insert"（插入）→ "Plot"（绘图）命令，或单击 Palette（调色板）工具栏中"Rectangular Plot"（矩形图）按钮▦，在工作区单击，自动弹出"Plot Traces & Attributes"（绘图轨迹和属性）对话框。在"Datasets and Equations"（数据集和方程）列表"Equations"（方程）中选择 baseband，单击"Add"（添加）按钮，在右侧"Traces"（轨迹线）列表中添加 baseband，如图 8-65 所示。

⑧ 单击"OK"（确定）按钮，在数据显示区创建直角坐标系的矩形图，输出信号带宽 baseband 曲线图，如图 8-66 所示。

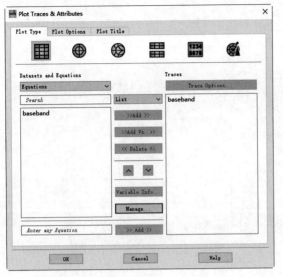

图 8-65　"Plot Traces & Attributes"
（绘图轨迹和属性）对话框

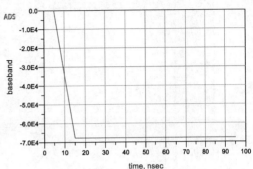

图 8-66　baseband 曲线图

8.6　Smith Chart Utility Tool

Smith Chart Utility Tool 是 ADS 进行阻抗匹配的图形工具，可在 Smith Chart 上绘制输入 / 输出稳定性圆、等增益圆、等 Q 值线、等 VSWR 圆、等噪声圆等。

8.6.1　Smith Chart Utility 界面

在原理图窗口里，打开 Smith Chart Utility 界面包含两种方法：

①选择菜单栏中的"Tools"（工具）→"Smith Chart（史密夫图表）"命令。

②选择菜单栏中的"Design Guide"（设计向导）→"Amplifier（放大器）"命令，弹出如图 8-67 所示的"Amplifier"（放大器）对话框，选择"Tools"（工具）→"Smith Chart"（史密夫图表）选项，单击"OK"（确定）按钮，关闭该对话框。

执行上述操作，打开 Smith Chart Utility（史密夫图表工具），如图 8-68 所示。该界面可以分成标题栏、菜单栏、工具栏、元器件面板、绘图区、参数提示区、网络响应图、匹配网络预览区等部分。

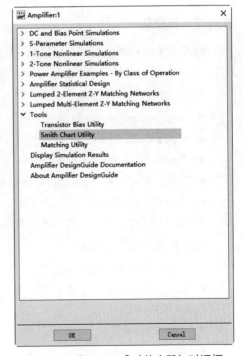

图 8-67　"Amplifier"（放大器）对话框

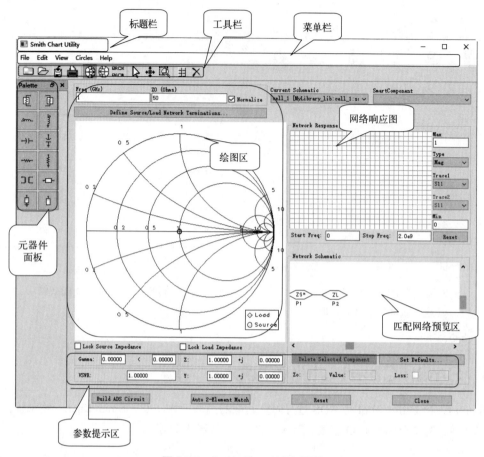

图 8-68　Smith Chart Utility 界面

8.6.2　菜单栏

Smith Chart Utility 的菜单栏包括"File"（文件）、"Edit"（编辑）、"View"（视图）、"Circles"（圆图）、"Help"（帮助）。下面将分别进行介绍。

（1）File（文件）菜单

- New Smith Chart：创建一个新的 Smith Chart Utility。
- Open Smith Chart：打开一个已经存在的 Smith Chart Utility。
- Save：保存 Smith Chart Utility。
- Save As：另存一个 Smith Chart Utility。
- Import Data File：导入数据文件，如 S2P 文件。
- Exit Utility：退出当前的 Smith Chart Utility。

（2）Edit（编辑）菜单

- Delete SmartComponent：删除原理图中的 smartComponent。
- Rest：把作图区的匹配网络复位（清零），即删除一切匹配电路，恢复到输入 V 输出端口全在 Smith 圆图圆心。
- Refresh：刷新。
- End Command：终止当前操作。

（3）View（视图）菜单

- Chart Options：在这里可以选择 Smith 圆图上为阻抗图还是导纳图，以及主要的刻度。
- Colors：选择在 Smith 圆图中显示的不同圆系和曲线的颜色，ADS201105 未显示圆系名称，可能是设计 BUG。
- S Parameters：输入 S 参数。
- Noise Parameters：输入噪声参数。
- Palette：作图区左上角的 Palette 元器件列表。
- Zoom In：将选定的区域放大。
- Auto Zoom：查看全部。

（4）Circles（圆图）菜单

- Input Stability：绘制输入稳定性圆。
- Output Stability：绘制输出稳定性圆。
- Q：绘制等 Q 值曲线。
- Noise：绘制等噪声圆。
- VSWRin：绘制输入等 VSWR 圆。
- VSWRout：绘制输出等 VSWR 圆。
- Unilateral：单向化设计，即假定 S12=0，其中有等源增益圆和等负载增益圆两项子项。
- Bilateral：双向化设计。其中有等功率增益圆和等有效功率增益圆。

（5）Help（帮助）菜单

- Smith Chart Utility Documentation：帮助文件的主题和目录。
- About Smith Chart Utility：关于 Smith Chart Utility。

8.6.3　工具栏

Smith Chart Utility 只包含两组工具栏，通过它们可以方便地进行快捷操作。

（1）AJ_SmithChartToolbar（默认的工具栏）

- 🗀：新建一个 Smith Chart Utility。
- 🗁：打开一个存在的 Smith Chart Utility。
- 💾：保存当前的 Smith Chart Utility。
- 🖨：打印。
- 🌐：在作图区的 Smith 圆图显示（或不显示）阻抗圆图。
- 🌐：在作图区的 Smith 圆图显示（或不显示）导纳圆图。
- ▦：圆图显示选项按钮。
- ▷：操作结束的快捷按钮。
- ✥：完整显示 Smith 圆图显示的快捷按钮。
- 🔍：选定放大的快捷按钮。
- ⊞：元器件面板快捷按钮。
- ✕：删除 SmartComponent 快捷按钮。

（2）Palette（调色板）工具栏

在界面左上角显示该工具栏，一般显示为两列图标，可以在 Smith Chart 中画出相应的元器件用于匹配。

- ⊡：源（共轭）端口。
- ⊡：负载端口。
- ⊶：串联电感，沿阻抗圆顺时针移动。
- ⌐：并联短路电感，沿导纳圆逆时针移动。
- ⊣⊢：串联电容，沿阻抗圆逆时针移动。
- ⊥：并联短路电容，沿导纳圆顺时针移动。
- ⊸⊸：串联电阻，沿等阻抗圆移动。
- ⌐：并联短路电阻，沿等导纳圆移动。
- ⊐⊏：变压器，沿等 Q 值线移动。
- ⊢▢⊣：串联微带线，沿等 VSWR 圆顺时针移动。
- ⊔：并联短路微带线枝节，沿等导纳圆逆时针移动。
- ⊔：并联开路微带线枝节，沿等导纳圆顺时针移动。

8.6.4　绘图区

绘图区位于在中间的 Smith 圆图中，用来绘制输入 / 输出稳定性圆、等增益圆、等 Q 值线、等 VSWR 圆、等噪声圆等，显示具体的匹配路径，如图 8-69 所示。

史密斯图本身由四组恒定值的圆图组成：电阻 (R)、电抗 (X)、电导 (G) 和电纳 (B)，可以切换这些圆图的开启和关闭。默认情况下，蓝色线表示的是阻抗圆图，红色线表示的是导纳圆。

8.6.5　匹配网络示图区

Smith Chart 的匹配网络示图区位于界面右侧，包括 Network Respons（频率响应区）和 Network Schematic（匹配网络结构区域），如图 8-70 所示。

（1）Network Respons（频率响应区）

频率响应区 Network Respons 可以很方便快捷地显示、调整匹配网络的性能和响应。Smith Chart 的每个参数变化都会实时地反映在频响曲线里。

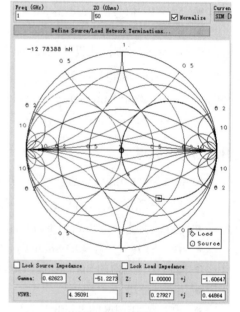

图 8-69　绘图区

- Start Freq：起始频率（单位 Hz）。
- Stop Freq：截止频率（单位 Hz）。
- Max：纵坐标的最上边缘的最大值。对于幅度响应，最大值为 1；对于相位响应，最大值为 180。
- Min：纵坐标的最下边缘的最小值。对于幅度响应，最小值为 0；对于相位响应，最小值为 -180。
- Type：设置显示类型，有幅度、相位和 dB3 种方式。
- Trace1：选择一个 S 参数（蓝色线条）。
- Trace2：选择一个 S 参数，包括 S11、S22、S12、S21（红色线条）。

● Reset：复位全部的设置。

（2）Network Schematic（匹配网络结构区域）

匹配网络结构区域 Network Schematic 可以预览匹配电路，也可以修改元器件参数值或删除元器件。

若选择元器件时，在 Zo 和 Value 中显示相应元器件的值。在网络响应（频域）里面可以显示匹配网络的 S 参数的幅度和相位。

匹配网络结构区域可以预览匹配电路，也可以修改元器件参数值或删除元器件。

● Delete Selected Component：从原理图中删除选中的元器件，并在 Smith Chart 区域内去掉被删元器件的响应。

● Set Defaults：为 Q 值、损耗和特性阻抗选择默认值。

● Zo：微带线（短路枝节、串联枝节和线路长度）的特性阻抗。

● Value：元器件的值（例如，Ohms、Farads 等）。

● Loss：设置元器件的损耗，实际中传输线存在有损耗，可以从这里进行设置（如 dB/m 或者 Q）。

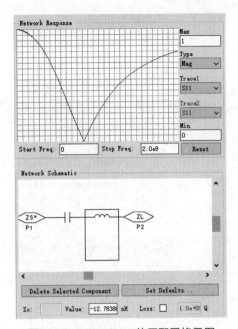

图 8-70　Smith Chart 的匹配网络示图

8.6.6　参数设置

（1）图表选项设置

选择菜单栏中"VIEW"（视图）→"Chart Option"（图表选项）命令，弹出"Chart Options"（图表选项）对话框，修改其刻度和 Colors 选项修改其颜色，如图 8-71 所示。

（2）Smith 图颜色设置

选择菜单栏中"VIEW"（视图）→"Colors"（颜色）命令，弹出"Smith Chart Colors"（Smith 图颜色）对话框，更改 Smith 图表上的圆图颜色，如图 8-72 所示。

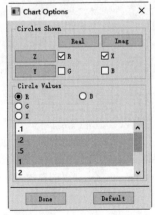

图 8-71　"Chart Options"（图表选项）对话框

图 8-72　"Smith Chart Colors"（Smith 图颜色）对话框

（3）散射参数设置

选择菜单栏中"VIEW"（视图）→"S Parameters"（S 参数）命令，弹出"Scattering Parameters"（散射参数）对话框，输入 S 参数，如图 8-73 所示。

选择菜单栏中"VIEW"（视图）→"Noise Parameters"（噪声参数）命令，弹出"Noise Parameters"（噪声参数）对话框，输入噪声参数，得到噪声曲线，如图 8-74 所示。

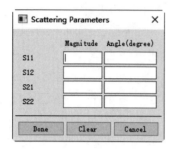

图 8-73 "Scattering Parameters"（散射参数）对话框

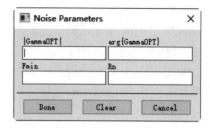

图 8-74 "Noise Parameters"（噪声参数）对话框

- |GammaOPT|：最小噪声处的输入端最佳反射系数绝对值。
- arg{GammaOPT}：最小噪声处的输入端最佳反射系数的复数角度。
- Fmin：最小噪声系数（dB），它与偏置条件和工作频率有关。如果器件没有噪声，则 Fmin=1。
- Rn：器件的等效噪声电阻。

（4）归一化设置

在 Smith 圆图的上方，勾选"Normalize"（归一化）复选框，可以设置频率和归一化阻抗。

（5）网络终端设置

单击"Define Source/Load Network Terminations"按钮，弹出的"Network Terminations"（网络终端）对话框，可以设置输入和输出阻抗，如图 8-75 所示。

在 Source Impedance（输入阻抗和输出阻抗）下拉菜单里包含如下阻抗类型：

- Resistive：电阻。
- Series RL：串联电阻电感。
- Series RC：串联电阻电容。
- Parallel RL：并联电阻电感。
- Parallel RC：并联电阻电容。
- Series RLC：串联电阻电感电容。
- Parallel RLC：并联电阻电感电容。
- S-Parameter File：导入 S 参数数据文件的阻抗（如 sNp 文件）。
- Complex Impedance：复数阻抗。
- Manual Entry：手动输入。

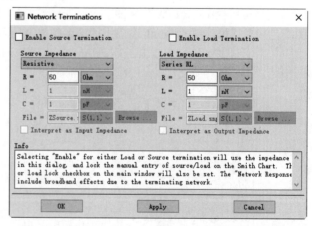

图 8-75 "Network Terminations"（网络终端）对话框

8.7　操作实例——电路阻抗匹配

阻抗匹配是指负载阻抗与激励源内部阻抗互相适配，得到最大功率输出的一种工作状态。对于不同特性的电路，匹配条件是不一样的。阻抗匹配电路设计一个匹配网络来实现阻抗变换，目的就是实现功率的最大传输。

阻抗匹配（impedance matching）信号源内阻与所接传输线的特性阻抗大小相等且相位相同，或传输线的特性阻抗与所接负载阻抗的大小相等且相位相同，分别称为传输线的输入端或输出端处于阻抗匹配状态，简称为阻抗匹配。否则，便称为阻抗失配。

常见的集总参数匹配电路有三种，L 型、T 型和 Π 型。常用的 L 型匹配电路有两种，如图 8-76 所示，即右 L［图 8-76（a）］和左 L［图 8-76（b）］。这种匹配电路只有两个元器件，简单易做，成本低廉并且性能稳定。应用比较广泛。

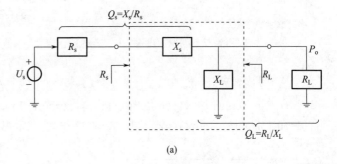

(a)

本节设计 L 型阻抗匹配网络，使 Z_s=100-10j Ohm 信号源与 Z_L= Z= 20-15j Ohm 的负载匹配，频率为 2GHz。

（1）设置工作环境

① 启动 ADS 2023，打开主窗口界面。选择菜单栏中的"File"（文件）→"New"（新建）→"Workspace"（项目）命令，或单击工具栏中的"Create A New Workspace"（新建一个工程）按钮 ，弹出"New Workspace"（新

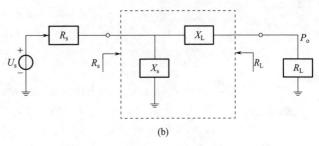

(b)

图 8-76　L 型匹配电路

建工程）对话框，输入工程名称"Impedance_Matching_wrk"，新建一个工程文件 Impedance_Matching_wrk。

② 在主窗口界面中，选择菜单栏中的"File"（文件）→"New"（新建）→"Schematic"（原理图）命令，或单击工具栏中的"New Schematic Window"（新建一个原理图）按钮，弹出"New Schematic"（创建原理图）对话框，在"Cell"（单元）文本框内输入原理图名称 SIM。单击"Create Schematic"（创建原理图）按钮，在当前工程文件夹下，创建原理图文件 SIM，如图 8-77 所示。

（2）绘制原理图

① 在"Simulation-S_Param"（S 参数仿真库）中选择接地端口 TermG，在原理图中合适的位置上放置 TermG1、TermG2。

② 在"Simulation-S_Param"（S 参数仿真库）中选择 S 参数仿真器 S_Param，在原理图中合适的位置上放置 SP1，如图 8-78 所示。

③ 在"Smith Chart Matching"（史密斯图表匹配库）中选择史密斯图表 DA_SmithChartMatch_SIM，在原理图中合适的位置上放置 DA_SmithChartMatch1，利用导线连接电路，结果如图 8-79 所示。

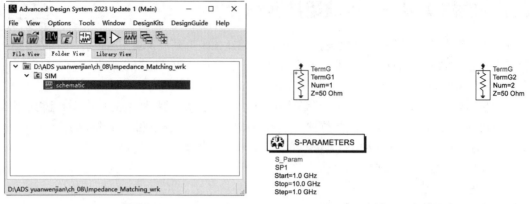

图 8-77　创建原理图　　　　　　　　　　　图 8-78　放置 S 参数仿真器

（3）编辑仿真参数

① 双击 TermG 端口，弹出设置对话框，分别把 TermG1 设置成 Z=100-10j Ohm，TermG2 设置 Z=20-15j Ohm。TermG1 作为源，TermG2 作为负载，如图 8-80 所示。

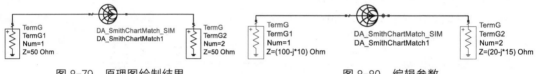

图 8-79　原理图绘制结果　　　　　　　　　图 8-80　编辑参数

② 双击 S 参数仿真器 SP1，弹出"Scattering-Parameter"（S 参数设置）对话框，打开"Frequency"（频率）选项卡，进行下面的设置，设置结果如图 8-81 所示。

● 在"Sweep Type"（扫描类型）下拉列表中选择 Linear（线性扫描）。
● 设置 Start=1，单位为 GHz，表示频率扫描起点为 1GHz。
● 设置 Stop=6，单位为 GHz，表示频率扫描终点为 6GHz。
● 设置 Step=0.001，单位为 GHz，表示频率扫描间隔为 0.001GHz。

③ 单击"OK"（确定）按钮，关闭窗口。

④ 双击 Smith Chart Matching，弹出"Edit Instance Parameters"（编辑实例参数）对话框，进行参数配置，如图 8-82 所示。其中，Zg 为源端阻抗（100-j*10），ZL 为负载端阻抗（20-j*15），Z0 为传输线特性阻抗。完成设置后，单击"OK"（确定）按钮，关闭该对话框。

（4）史密夫图表设计

选择菜单栏中的"Tools"（工具）→"Smith Chart"（史密夫图表）命令，同时弹出"SmartComponent Sync"对话框，选择默认选项，如图 8-83 所示。单击"OK"（确定）按钮，关闭该对话框。

（5）设置匹配参数

① 打开 Smith Chart Utility（史密夫图表工具）图形界面，在"Freq(GHz)"文本框内输入频率为 2GHz，勾选"Normalize"（归一化）复选框，并将传输线特性阻抗 Z0 设为 2。

② 单击"Define Source/Load Network Terminations"按钮，弹出的"Network Terminations"（网络终端）对话框，如图 8-84 所示。

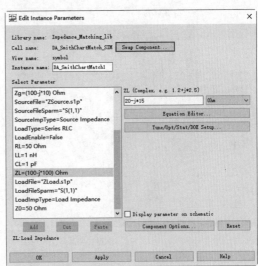

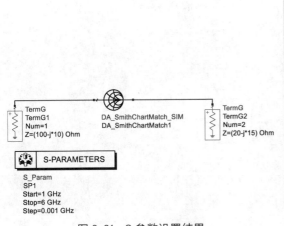

图 8-81　S 参数设置结果

图 8-82　"Edit Instance Parameters"
（编辑实例参数）对话框

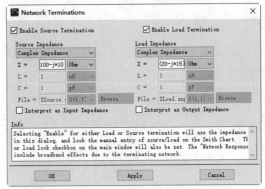

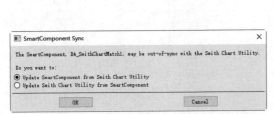

图 8-83　"SmartComponent Sync"对话框

图 8-84　"Network Terminations"（网络终端）
对话框

● 勾选"Enable Source Termination"（激活源阻抗）、"Enable Load Termination"（激活负载阻抗）。

● 在"Source Impedance"（源阻抗）下拉列表中选择"Complex Impedance"（复数阻抗），设置输入阻抗为（100- j*10）。

● 在"Load Impedance"（负载阻抗）下拉列表中选择"Complex Impedance"（复数阻抗），设置输出阻抗为（20-j*15）。

③ 单击"OK"（确定）按钮，关闭该对话框。返回 Smith Chart Utility（史密夫图表工具）图形界面，如图 8-85 所示。

（6）开始匹配

① 在 Smith 圆图中选中负载点（Z_L），从负载开始匹配。在左侧"Palette"（配色板）中选择电感和电容，绘制 L 型匹配网络。

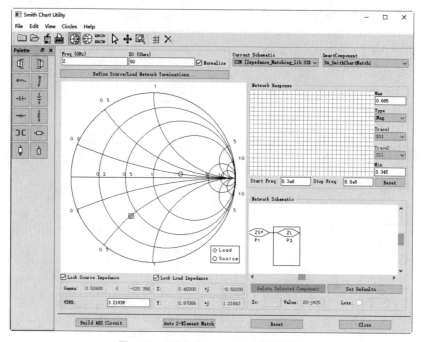

图 8-85　Smith Chart Utility 图形界面

② 先选择电感，拖到恰当位置，如图 8-86 所示，再选择电容，拖到恰当位置，如图 8-87 所示。

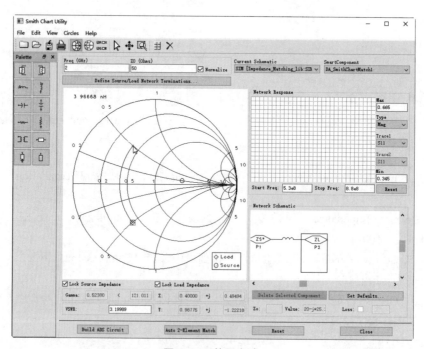

图 8-86　放置电感

③ 匹配完成后，单击"Build ADS Circuit"（创建电路）按钮，打开 DA_SmithChartMatch1_ SIM 原理图界面，显示匹配网络电路，如图 8-88 所示。

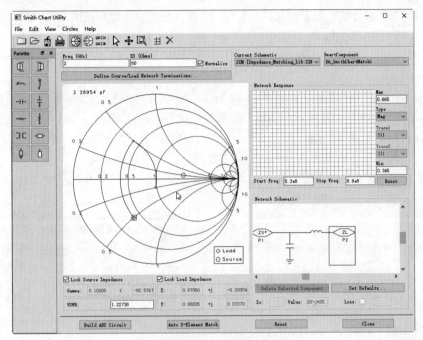

图 8-87　放置电容

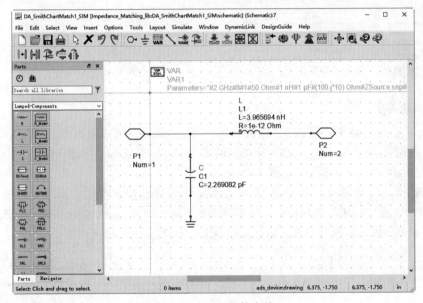

图 8-88　匹配网络电路

（7）仿真显示

① 打开 SIM 原理图界面，选择菜单栏中的"Simulate"（仿真）→"Simulate"（仿真）命令，或单击"Simulate"（仿真）工具栏中的"Simulate"（仿真）按钮，弹出"hpeesofsim"窗口，显示仿真信息和分析状态。并自动创建一个空白仿真结果显示窗口 Display Window。

② 单击 Palette（调色板）工具栏中"Rectangular Plot"（矩形图）按钮，选择绘图类型在工作区单击，自动弹出"Plot Traces & Attributes"（绘图轨迹和属性）对话框。在"Datasets and

Equations"（数据集和方程）列表中选择 S(1,1)，单击"Add"（添加）按钮，在右侧"Traces"（轨迹线）列表中添加 dB(S(1,1))。

③ 单击"OK"（确定）按钮，在数据显示区创建矩形图，显示以 dB 为单位的参数 S(1,1)，如图 8-89 所示。

④ 单击"Basic"（基本）工具栏中的"Insert A New Marker"（插入新标记）按钮 🜾，在曲线上添加标记符号 m1、m2，同时在图形左上角显示标记点的数据值。

⑤ 选择菜单栏中的"Marker"（标记）→"New Min"（新的最小值）命令，在曲线上添加标记符号 m1，同时在图形左上角显示标记点的数据值，如图 8-90 所示。

由此可见，匹配电路中心频率在 1.8G 时反射系数最小，说明匹配结果良好。

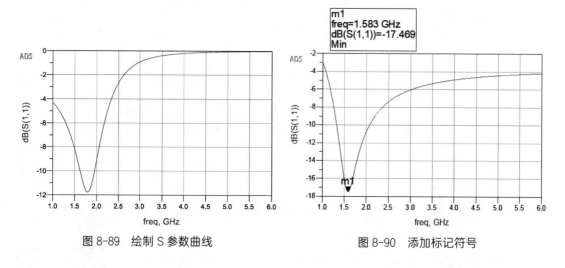

图 8-89　绘制 S 参数曲线　　　　　图 8-90　添加标记符号

（8）自动匹配

① 在 L 型匹配电路中，根据需要匹配的负载阻抗和源阻抗的关系决定选择选用左 L 型或右 L 型。在负载阻抗 R_L 和源阻抗 R_s 都为纯电阻的情况下，如果 $R_s>R_L$，则选用左 L 型，其电路形式依然可以分为低通型和高通型，如图 8-91 所示。

② 匹配的过程除了可以手动选择合适的元件进行匹配，也可以单击"Auto 2-Element Match"（自动匹配）按钮，进行自动两元器件匹配。弹出"Network Selector"（选择匹配网络）对话框，提供两个匹配网络供选择，如图 8-92 所示。

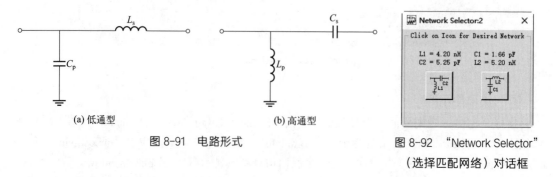

图 8-91　电路形式　　　　　图 8-92　"Network Selector"
（选择匹配网络）对话框

③ 选择左侧电路形式（高通型），Smith Chart Utility（史密夫图表工具）图形界面自动匹配的结果如图 8-93 所示。

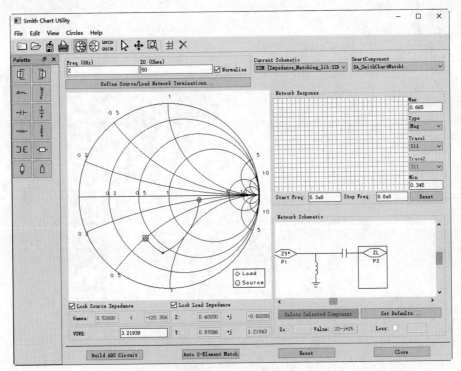

图 8-93　自动匹配结果

④ 匹配完成后，单击"Build ADS Circuit"（创建电路）按钮，生成原理图元件，如图 8-94 所示。

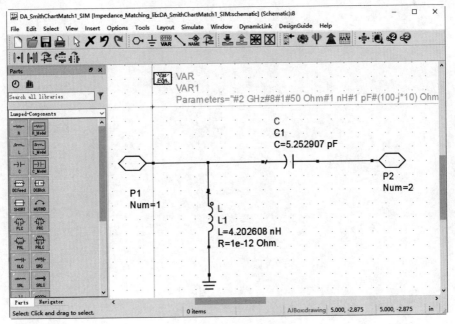

图 8-94　自动匹配电路

第 9 章

布局图设计
视图

电路板设计是整个工程设计的最终目的。原理图设计得再完美，如果电路板设计得不合理，性能也将大打折扣，严重时甚至不能正常工作。制板商要参照用户所设计的 PCB 来进行电路板的生产。

本章主要介绍印制电路板的结构、Layout（布局图）文件的创建、图层和技术参数的设置等知识，使读者对 ADS 布局图的设计有一个全面的了解。

9.1　印制电路板的概念

印制电路板设计也称印制板排版设计，它是整机工艺设计中的重要一环。其设计质量不仅关系到元件在焊接、装配、调试中是否方便，而且直接影响整机技术性能。

9.1.1　印制电路板的作用

印制电路板是焊装各种集成芯片、晶体管、电阻器、电容器等元器件的基板，英文名称为 Printed Circuit Board，简称 PCB，它是指在绝缘基板上，有选择性地加工和制造出导电图形的组装板。目前的印刷电路板一般以铜箔覆在绝缘板（基板）上，故亦称覆铜板。

在电子设备中，印刷电路板通常起以下作用。

① PCB 为元器件、零部件、引入端、引出端、测试端等提供固定和装配的机械支撑点。印制电路板是组装电子元器件的基板，提供各种电子元器件固定、装配的机械支撑，如图 9-1 所示。

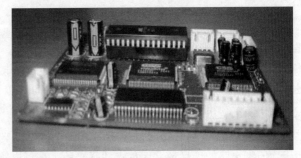

图 9-1　印制电路板的固定支撑

② 实现各种电子元器件之间的电气连接。

印制电路板上所形成的印制导线（铜膜走线，俗称导线），将各种电子元器件有机地连接在一起，使其发挥整体功能，如图 9-2 所示。一个设计精良的印制电路板，不但要布局合理，满足电气要求，还要充分体现审美意识，这也是印制电路设计的新理念。

③ 用标记符号将板上所安装的各个元器件标注出来，便于插装、检查及调试。

印制电路板除了提供机械支撑和电气连接之外，还提供阻焊图形和丝印图形，如图 9-3 所示。阻焊图是在印制板的焊点外区域印制一层阻止锡焊的涂层，防止焊锡在非焊盘区桥接。丝印图包括元器件字符和图形、关键测量点、连线图形等，为印制电路板的装配、检查和维修提供了极大的方便。

④ 便于电子设备的集成化、微型化、生产的自动化，并为装配、维护提供方便。

电子设备采用印制板后，由于同类印制板的一致性，从而避免了人工接线的差错，并可实现电子元器件自动插装或贴装、自动焊锡、自动检测，保证了电子设备的质量，提高了劳动生产率，降低了成本，而且由于 PCB 产品与各种元件整体组装的部件是以标准化设计与规模化生产的，因而这些部件也是标准化的。所以，一旦系统发生故障，可以快速、方便、灵活地进行维修或更换，迅速恢复系统的正常工作。

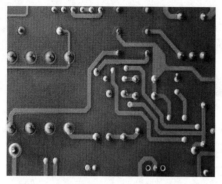

图 9-2　印制电路板的布线和电气连接

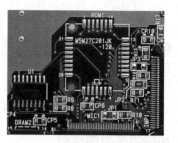

图 9-3　印制电路板上的丝印图

9.1.2　印制电路板设计原则

把电子元器件在一给定印制板上合理地排版布局，是设计印制板的第一步。为使整机能够稳定可靠地工作，要对元器件及其连接在印制板上进行合理排版布局。如果排版布局不合理，就有可能出现各种干扰，以致合理的原理方案不能实现，或使整机技术指标下降。一般有以下设计原则。

（1）电源线设计

根据印制电路板电流的大小，尽量加粗电源线的宽度，减小回路电阻。同时电源线、地线的走向和数据传递的方向一致，有助于增强抗噪声能力。电路板上同时安装模拟电路和数字电路的，它们的供电系统要完全分开。

（2）地线设计

公共地线应布置在板的最边缘，便于印制板安装在机架上。数字地和模拟地尽量分开。如图 9-4 所示，低频电路的地尽量采用单点并联接地，高频电路的地采用多点串联就近接地，地线应短而粗，频率越高，地线应越宽。每级电路的地电流主要在本级地回路中流通，减小级间地电流耦合。

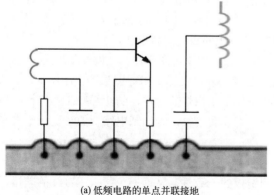

(a) 低频电路的单点并联接地　　　　(b) 高频电路的多点串联接地

图 9-4　地线设计

（3）信号线设计

通常按照信号的流程逐个安排各个功能电路单元的位置，以每个功能电路的核心元件为中心，围绕它进行布局。

元件的布局应便于信号流通，使信号尽可能保持一致的方向。多数情况下，信号的流向安排为从左到右或从上到下，与输入、输出端直接相连的元件应当放在靠近输入、输出接插件或连接器的地方。

将高频线放在板面的中间，印制导线的长度和宽度宜小，导线间距要大，避免长距离平行走线。双面板的两面走线应垂直交叉，如图 9-5 所示。高频电路的输入输出走线应分列于电路板的两边，如图 9-6 所示。

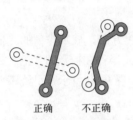

正确　　　不正确

图 9-5　双面板两面走线

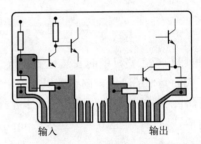

输入　　　　　　　输出

图 9-6　输入输出走线分列于电路板的两边

（4）印制导线的对外连接

印制电路板间的互连或印制电路板与其他部件的互连，可采用插头座互连或导线互连。采用导线互连时，为了加强互连导线在印制板上的连接可靠性，印制板一般设有专用的穿线孔，导线从被焊点的背面穿入穿线孔，如图 9-7 所示。

（5）元器件布局原则

把整个电路按照功能划分成若干个单元电路，按照电信号的流向，依次安排各个功能电路单元在板上的位置，其布局应便于信号流通，并使信号流向尽可能保持一致的方向。通常情况下，信号流向安排成从左到右（左输入、右输出）或从上到下（上输入、下输出）的走向原则。除此之外还应遵循以下几条原则。

① 在保证电性能合理的原则下，元器件应相互平行或垂直排列，在整个板面上应分布均匀、疏密一致。

② 元器件不要布满整个板面，注意板边四周要留有一定余量。余量的大小要根据印制板的面积和固定方式来确定，位于印制电路板边上的元器件，距离印制板的边缘应该大于 2mm。电子仪器内的印制板四周，一般每边都留有 5 ～ 10mm 空间。

③ 元器件的布设不能上下交叉。相邻的两个元器件之间要保持一定的间距。间距不得过小，避免相互碰接。如果相邻元器件的电位差较高，则应当保持安全间距，如图 9-8（b）所示。安全间距一般不应小于 0.5mm。一般环境中的间距安全电压是 200V/mm。

④ 通常情况下，不论单面板还是双面板，所有元器件应该布设在印制板的一面，并且每个元器件的引出脚要单独占用一个焊盘。

⑤ 元器件的安装高度要尽量低，一般元件体和引线离开板面不要超过 5mm，如图 9-9 所示。过高则承受振动和冲击的稳定性变差，容易倒伏或与相邻元器件碰接。

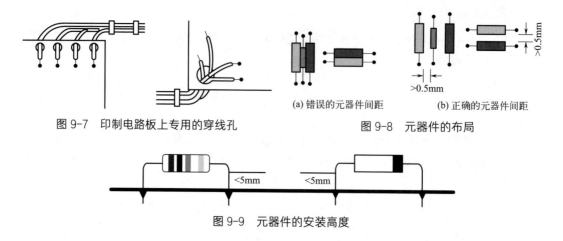

图 9-7 印制电路板上专用的穿线孔

(a) 错误的元器件间距   (b) 正确的元器件间距

图 9-8 元器件的布局

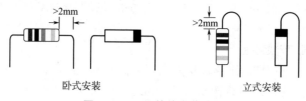

图 9-9 元器件的安装高度

⑥ 根据印制板在整机中的安装位置及状态，确定元件的轴线方向。规则排列的元器件，应该使体积较大的元件的轴线方向在整机中处于竖立状态，可提高元器件在板上固定的稳定性。

⑦ 元器件两端焊盘的跨距应该稍大于元件体的轴向尺寸，如图 9-10 所示。引线不要齐根弯折，弯脚时应该留出一定的距离（至少 2mm），以免损坏元器件。

卧式安装   立式安装

图 9-10 元器件的弯曲成形

（6）印制电路板布线原则

印制导线的形状除要考虑机械因素、电气因素外，还要考虑是否美观大方，所以在设计印制导线的图形时，应遵循以下原则。

① 同一印制板的导线宽度（除电源线和地线外）最好一致。

② 印制导线应走向平直，不应有急剧的弯曲和尖角，所有弯曲与过渡部分均用圆弧连接。

③ 印制导线应尽可能避免有分支，如必须有分支，分支处应圆滑。

④ 印制导线应避免长距离平行，对双面布设的印制线不能平行，应交叉布设。

⑤ 如果印制板面需要有大面积的铜箔，例如电路中的接地部分，则整个区域应绕制成栅状，这样在浸焊时能迅速加热，并保证涂锡均匀。此外还能防止板受热变形，防止铜箔翘起和剥落。

⑥ 当导线宽度超过 3mm 时，最好在导线中间开槽成两根并联线。

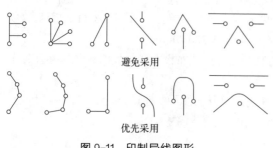

避免采用

优先采用

图 9-11 印制导线图形

⑦ 印制导线由于自身可能承受附加的机械应力，以及局部高电压引起的放电现象，因此，尽可能避免出现尖角或锐角拐弯，一般优先选用和避免采用的印制导线形状如图 9-11 所示。

⑧ 焊盘。焊盘在印制电路中起固定元器件和连接印制导线的作用，焊盘线孔的直径一般比引线直径大 0.2 ～ 0.3mm。常见的焊盘

形状有岛形焊盘、圆形焊盘、方形焊盘、椭圆形焊盘、泪滴式焊盘、开口式焊盘和多边形焊盘，如图 9-12 所示。

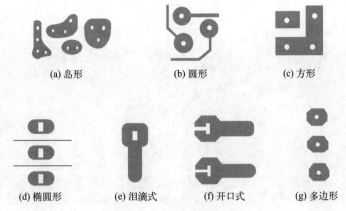

(a) 岛形　　　　　　　(b) 圆形　　　　　　　(c) 方形

(d) 椭圆形　　　(e) 泪滴式　　　(f) 开口式　　　(g) 多边形

图 9-12　各种形状的焊盘

　　岛形焊盘常用于元器件密集固定的情况，当元器件采用立式安装时更为普遍；方形焊盘设计制作简单，手工制作时常采用；椭圆形焊盘常用于双列值插式器件；泪滴式焊盘用于高频电路。

9.1.3　印制电路板的分类

　　印制电路板的种类很多，划分标准也很多。常见的有以下几种分类。

（1）印制电路板根据 PCB 导电板层划分

可分为：单面印制板、双面印制板和多层板。

　　① 单面印制板（Single Sided Print Board）　单面印制板指仅一面有导电图形的印制板，板的厚度为 0.2 ～ 5.0mm，它是在一面敷有铜箔的绝缘基板上，通过印制和腐蚀的方法在基板上形成印制电路。有铜箔导线的一面称为"焊接面"，另一面称为"元件面"，如图 9-13 所示。这种电路板多用于简单电路系统中，或是需要生产成本控制在最低水平的情况下。它在目前生产的专业和非专业等级的电路板中占很大比重。

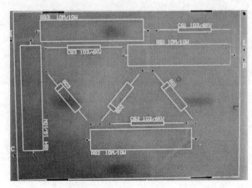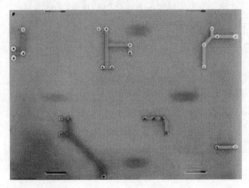

图 9-13　单面印制电路板

　　② 双面印制板（Double Sided Print Board）　双面印制板指两面都有导电图形的印制板，板的厚度为 0.2 ～ 5.0mm，它是在两面敷有铜箔的绝缘基板上，通过印制和腐蚀的方法在基板上形

成印制电路，如图 9-14 所示。由于双面都有导电图形，所以一般采用金属化孔（即孔壁上镀覆金属层的孔）使两面的导电图形连接起来，因而双面印制板的布线密度比单面印制板更高，使用更为方便。它适用于要求较高的电子设备，由于双面印制板的布线密度较高，所以能减小设备的体积。

(a) 印制板的正面　　　　　　　　　　　　(b) 印制板的反面

图 9-14　双面印制电路板

③ 多层板（Multilayer Print Board）　多层板是指由三层或三层以上导电图形和绝缘材料层压合成的印制板，如图 9-15 所示。多层印制板的内层导电图形与绝缘黏结片间叠放置，外层为覆箔板，经压制成为一个整体。其相互绝缘的各层导电图形按设计要求通过金属化孔实现层间的电连接。多层板与集成电路相配合，可使整机小型化，减少整机重量。

图 9-16 所示为四层板剖面图。通常在电路板上，元件放在顶层，所以一般顶层也称元件面；而底层一般是焊接用的，所以又称焊接面。元件也分为两大类，插针式元件和表面贴片式元件（SMD）。对于 SMD 元件，顶层和底层都可以放元件。

图 9-15　多层印制电路板

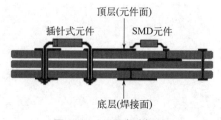

图 9-16　四层板剖面图

（2）根据 PCB 所用基板材料划分

可分为：刚性印制板、挠性印制板和刚 - 柔性印制板。

① 刚性印制板（Print Circuit Board）　刚性印制板是指以刚性基材制成的 PCB，常见的 PCB 一般是刚性 PCB，如计算机中的板卡、家电中的印制板等。常用刚性 PCB 有：纸基板、玻璃布板和合成纤维板，后者价格较贵，性能较好，常用在高频电路和高档家电产品中；当频

率高于数百兆赫兹时，必须用介电常数和介质损耗更小的材料，如聚四氟乙烯和高频陶瓷作基板。

② 挠性印制板（Flex Print Circuit，简称"FPC"）　大多数电子产品中所应用的印制电路板都是硬性印制电路板。但是，由于电子产品有着向小体积发展的趋势，因此，在一些空间比较小或需要动态连接的地方，一般采用挠性印制电路板，如图 9-17 所示。挠性印制电路板是以软性材料为基材制成的印制板，也称软性印制板或柔性印制板，其特点是重量轻、体积小，可折叠弯曲、卷绕，可利用三维空间做成立体排列，能连续化生产，顺应了电子产品的发展潮流。

挠性印制板是以软性绝缘材料为基材的 PCB。由于它能进行折叠、弯曲和卷绕，因此可以节约 60%～ 90% 的空间，为电子产品小型化、薄型化创造了条件，它在计算机、打印机、自动化仪表及通信设备中得到广泛应用。

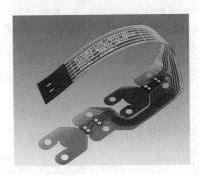

图 9-17　挠性印制电路板图

③ 刚 - 柔性印制板（Flex-rigid Print Board）　刚 - 柔性印制板指利用柔性基材，并在不同区域与刚性基材结合制成的 PCB，如图 9-18 所示，主要用于电路的接口部分。

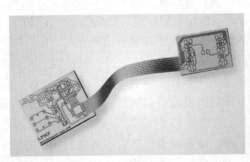

图 9-18　刚 - 柔性印制电路板

（3）根据覆铜板增强材料的不同划分

可分为纸基板、玻璃布基板和合成纤维板。

纸基板价格低廉，但性能较差，可用于低频和要求不高的场合。玻璃布基板和合成纤维板价格较高，但性能较好，可用于高频和高档电子产品中。当频率高于数百兆赫兹时，则必须用聚四氟乙烯等介电常数和介电损耗更小的材料作基板。

（4）根据覆铜板黏结剂树脂的不同划分

可分为酚醛覆铜板、环氧覆铜板、聚四氟乙烯覆铜板等。

常用覆铜板的规格、特性见表 9-1。

表 9-1 常用覆铜板规格和特性

名称	标称厚度 /mm	铜箔厚度 /μm	特点	应用
酚醛纸质覆铜板	1.0，1.5，2.0，2.5，3.0，3.2，6.4	50～70	价格低，阻燃强度低，易吸水，不耐高温	中低档民用品，如收音机、录音机等
环氧纸质覆铜板	1.0，1.5，2.0，2.5，3.0，3.2，6.4	35～70	价格高于酚醛纸板，机械强度好，耐高温，潮湿性较好	工作环境好的仪器、仪表及中档以上民用电器
环氧玻璃覆铜板	0.2，0.3，0.5，1.0，1.5，2.0，2.5，3.0，5.0，6.4	35～50	价格较高，性能优于环氧酚醛纸板且基板透明	工业、军用设备、计算机等高档电器
聚四氟乙烯覆铜板	0.25，0.3，0.5，0.8，1.0，1.5，2.0	35～50	价格高，介电常数低，介质损耗低，耐高温，耐腐蚀	高频、高速电路、航空航天、导弹、雷达等
聚酰亚胺柔性覆铜板	0.5，0.8，1.2，1.6，2.0	12～35	可挠性，质量轻	各种需要使用挠性电路的产品

实际电子产品和装置中使用的印制板千差万别，最简单的可以只有几个焊点，一般简单的电子产品中印制板焊点数在数十到数百个，焊点数超过 600 个属于较为复杂的印制板，如计算机主板。

9.1.4 印制电路板的组成

（1）板层（Layer）

板层分为敷铜层和非敷铜层，平常所说的几层板是指敷铜层的层数。一般敷铜层上放置焊盘、线条等完成电气连接；在非敷铜层上放置元件描述字符或注释字符等；还有一些层面用来放置一些特殊的图形来完成一些特殊的作用或指导生产。

敷铜层包括顶层（又称元件面）、底层（又称焊接面）、中间层、电源层、地线层等；非敷铜层包括印记层（又称丝网层）、板面层、禁止布线层、阻焊层、助焊层、钻孔层等。

对于一个批量生产的电路板而言，通常在印制板上铺设一层阻焊剂，阻焊剂一般是绿色或棕色，除了要焊接的地方外，其他地方根据电路设计软件所产生的阻焊图来覆盖一层阻焊剂，这样可以快速焊接，并防止焊锡溢出引起短路；而对于要焊接的地方，通常是焊盘，则要涂上助焊剂。

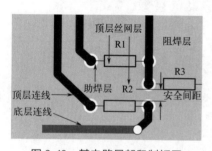

图 9-19 某电路局部印制板图

为了让电路板更具有可看性，便于安装与维修，一般在顶层上要印一些文字或图案，如图 9-19 中的 R1 等，这些文字或图案用于对电路进行说明，通常放在丝网层上，在顶层的称为顶层丝网层（Top Overlay），而在底层的则称为底层丝网层（Bottom Overlay）。

（2）焊盘（Pad）

焊盘用于固定元器件引脚或用于引出连线、测试线等，它有圆形、方形等多种形状。焊盘的参数有焊盘编号、X 方向尺寸、Y 方向尺寸、钻孔孔径尺寸等。

焊盘分为插针式及表面贴片式两大类，其中插针式焊盘必须钻孔，表面贴片式焊盘无须钻孔，图 9-20 所示为焊盘示意图。

插针式焊盘　　　　　　　　　　　　　表面贴片式焊盘

图 9-20　焊盘示意图

（3）过孔（Via）

过孔也称金属化孔，在双面板和多层板中，为连通各层之间的印制导线，在各层需要连通的导线的交会处钻上一个公共孔，即过孔。在工艺上，过孔的孔壁圆柱面上用化学沉积的方法镀上一层金属，用以连通中间各层需要连通的铜箔，而过孔的上下两面做成圆形焊盘形状，过孔的参数主要有孔的外径和钻孔尺寸。

过孔不仅可以是通孔式，还可以是掩埋式。所谓通孔式过孔是指穿通所有敷铜层的过孔；掩埋式过孔则仅穿通中间几个敷铜层面，仿佛被其他敷铜层掩埋起来。

图 9-21 为六层板的过孔剖面图，包括顶层、电源层、中间 1 层、中间 2 层、地线层和底层。

（4）连线（Track、Line）

连线指的是有宽度、有位置方向（起点和终点）、有形状（直线或弧线）的线条。在铜箔面上的线条一般用来完成电气连接，称为印制导线或铜膜导线；在非敷铜面上的连线一般用作元件描述或其他特殊用途。

印制导线用于印制板上的线路连接，通常印制导线是两个焊盘（或过孔）间的连线，而大部分的焊盘就是元件的引脚，当无法顺利连接两个焊盘时，往往通过跳线或过孔实现连接。图9-22 所示为印制导线走线图，图中为双面板，采用垂直布线法，一层水平走线，另一层垂直走线，两层间印制导线的连接由过孔实现。

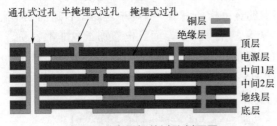

图 9-21　六层板的过孔剖面图

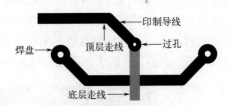

图 9-22　印制导线走线图

（5）元件的封装（Component Package）

元件的封装是指实际元件焊接到电路板时所指示的外观和焊盘位置。不同的元件可以使用同一个元件封装，同种元件也可以有不同的封装形式。

在进行电路设计时要分清楚原理图和印制板中的元件，原理图中的元件指的是单元电路功能模块，是电路图符号；PCB 设计中的元件是指电路功能模块的物理尺寸，是元件的封装。

元件封装形式可以分为两大类：插针式元件封装（THT）和表面安装式封装（SMT），例如三极管 8550 有 TO-92 和 SOT23 的封装形式，如图 9-23 所示。TO-92 为通孔安装形式，SOT23 为表面安装形式，主要区别在焊盘上。

图 9-23　两种类型元件封装

元件封装的命名一般与引脚间距和引脚数有关，如电阻的封装 AXIAL0.3 中的 0.3 表示引脚间距为 0.3in 或 300mil（1in=1000mil）；双列直插式 IC 的封装 DIP8 中的 8 表示集成块的引脚数为 8。元件封装中数值的意义如图 9-24 所示。

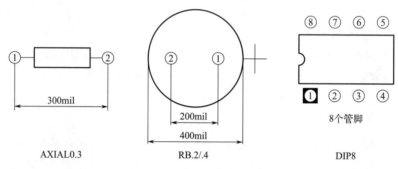

图 9-24　元件封装中数值的意义

（6）金手指

金手指是在 PCB 边缘上设置的镀金连接器的通用名称，它由众多金黄色的导电触片组成，因其表面镀金而且导电触片排列如手指状，所以称为"金手指"。如果要将两块印刷电路板相互连接，一般都会用到手指。金手指用来与连接器弹片之间的连接，进行压迫接触而使其导电并互相连接。连接时，通常将其中一片印刷电路上的金手指插进另一片印刷电路上合适的插槽上。由于金的导电性好，在低温和高温下不被直接氧化，不会生锈，而且电镀加工也非常容易，外观也好看，故电子产品的接点表面几乎都选择电镀金。在计算机中，如图形显示卡、声卡、网卡或是其他类似的界面卡，都是使用金手指（如图 9-25 所示）来实现与主机板之间的连接。

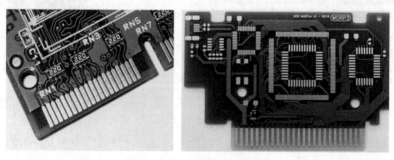

图 9-25　金手指

9.1.5　印制电路板的发展趋势

近年来由于集成电路和表面安装技术的发展，电子产品迅速向小型化、微型化方向发展。作为集成电路载体和互连技术核心的印制电路板也在向高密度、多层化、高可靠方向发展，目前还没有一种互连技术能够取代印制电路板的作用。新的发展主要集中在高密度板、多层板和特殊印制板三个方面。

（1）高密度板

电子产品微型化要求尽可能缩小印制板的面积，朝大规模集成电路的发展则是芯片对外引线数的增加，而芯片面积不增加甚至减小，解决的办法只有增加印制板上布线密度。增加密度的关键有两条，一是减小线宽或间距，二是减小过孔孔径。

（2）多层板

多层板是在双面板的基础上发展的，除了双面板的制造工艺外，还有内层板的加工、层间定位、叠压、黏合等特殊工艺。目前多层板生产多集中在 4~6 层，如计算机主板、工控机 CPU 板等。在巨型机等领域内可达到几十层的多层板。

（3）特殊印制板

在高频电路及高密度装配中用普通印制板往往不能满足要求，各种特殊印制板应运而生，并在不断发展。

① 微波印制板　在高频（几百兆以上）条件下工作的印制板，对材料、棉线布局都有特殊要求，例如印制导线线间和层间分布参数的作用，以及利用印制板制作出电感、电容等印制元件。微波电路板除采用聚四氟乙烯板以外，还有复合介质基片和陶瓷基片等，其线宽、间距要求比普通印制板高出一个数量级。

② 金属芯印制板　金属芯印制板可以看作一种含有金属层的多层板，主要解决高密度安装引起的散热性能差的问题，且金属层有屏蔽作用，有利于解决干扰问题。

③ 碳膜印制板　碳膜印制板是在普通单面印制板上制成导线图形后再印制一层碳膜形成跨接线或触点（电阻值符合设计要求）的印制板。它可使单面板实现高密度、低成本、良好的电性能及工艺性，适用于电视机、电话机等家用电器。

④ 印制电路与厚膜电路的结合　将电阻材料和铜箔顺序黏合到绝缘板上，用印制板工艺制成需要的图形，在需要改变电阻的地方用电镀加厚的方法减小电阻，用腐蚀的方法增加电阻，制造成印制电路和厚膜电路结合的新的内含元器件的印制板，从而在提高安装密度、降低成本上开辟出新的途径。

9.2　布局图视图窗口

Layout（布局图）视图窗口界面主要包括菜单栏、工具栏和工作区等几个部分，如图 9-26 所示。

布局图视窗的界面与原理图视窗的界面基本一致，使用方法也基本相同，因此对布局图视窗就不再详细介绍了。

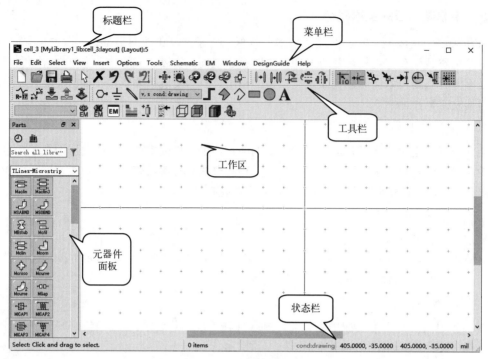

图 9-26　布局图视图界面

9.2.1　创建空白布局图

用户可以使用菜单命令直接创建一个布局图文件，之后再为该文件设置各种参数。创建一个空白布局图文件可以采用以下几种方式。

（1）主窗口创建

在 ADS 2023 主窗口中，选择菜单栏中的"File"（文件）→"New"（新建）→"Layout"（布局图）命令，或单击工具栏中的"New Layout Window"（新建一个布局图）按钮 ，弹出"New Layout"（创建布局图）对话框，如图 9-27 所示。

（2）布局图视图窗口创建

在布局图编辑环境中，选择菜单栏中的"File"（文件）→"New"（新建）命令，或单击"Basic"（基本）工具栏中的"New"（新建）按钮 ，弹出如图 9-27 所示"New Layout"（创建布局图）对话框。

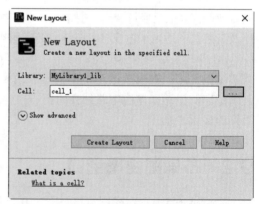

图 9-27　"New Layout"（创建布局图）对话框

单击"Create Layout"（创建布局图）按钮，进入布局图编辑环境，如图 9-28 所示。在当前工程文件夹下，默认创建空白原理图文件 cell_1 → layout，如图 9-29 所示。

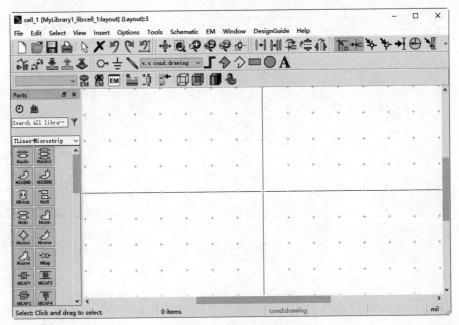

图 9-28　布局图编辑环境

新创建的 Layout 布局图文件的各项参数均采用系统默认值。在进行具体设计时，我们还需要对该文件的各项参数进行设置，这些将在本章后面的内容中进行介绍。

9.2.2　从原理图生成布局图

除了直接创建布局图外，ADS 还提供了从原理图中生成布局图的方式，其操作步骤如下。

在原理图视图窗口中，选择菜单栏中的 "Schematic"（原理图）→ "Generate/Update Layout"（生成 / 更新布局图）命令，直接创建与原理图同名的布局图，如图9-30 所示。同时，弹出 "Generate/Update

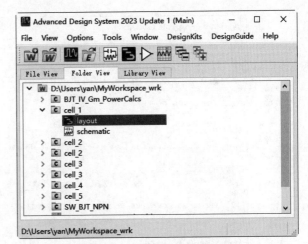

图 9-29　创建空白原理图文件

Layout"（生成 / 更新布局图）对话框，用来设置更新的布局图的参数选项，如图 9-31 所示。

下面介绍该对话框中的选项。

（1）Options（选项）选项组

① Delete equivalent components in Layout that have been deleted/deactivated in Schematic：勾选该复选框，在布局图中删除在原理图中删除 / 停用的等效元器件。

② Show status report：勾选该复选框，显示状态报告。

③ Fix starting component's position in Layout：勾选该复选框，固定启动元器件在布局中的位置。

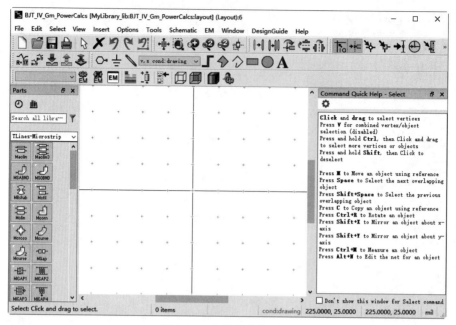

图 9-30　自动生成布局图

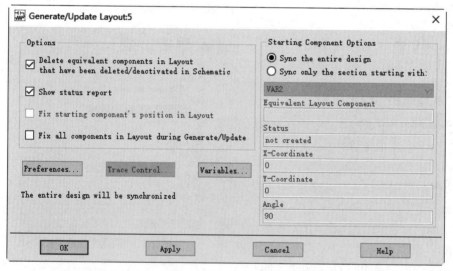

图 9-31　"Generate/Update Layout"（生成 / 更新布局图）对话框

④ Fix all components in Layout during Generate/Update：勾选该复选框，固定生成 / 更新过程中布局中的所有元器件。

⑤ Preferences：单击该按钮，弹出"GenerateUpdatePreferences"（生成更新属性）对话框，设置布局图中连接线的长度、元器件文本字体和大小、负片的大小和单位、引脚和接地符号的大小和单位、默认图层，如图 9-32 所示。

⑥ Trace Control：设置走线控制参数。

⑦ Variables：单击该按钮，弹出"Variables"（变量）对话框，设置定义顶层设计，用于连接不同的层次结构，如图 9-33 所示。

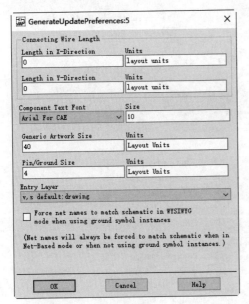

图 9-32　"GenerateUpdatePreferences"
（生成更新属性）对话框

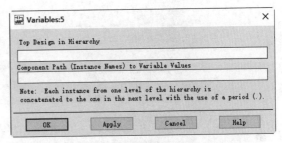

图 9-33　"Variables"（变量）对话框

（2）Starting Component Options（启动元器件选项）选项组

① Sync the entire design：同步整个设计。

② Syne only the section starting with：只同步以下选项为开头的部分。

● Equivalent Layout Component：指定同步等效布局元器件名称。

● Status：指定元器件状态。

● X-Coordinate：指定同步元器件的 X 坐标。

● Y-Coordinate：指定同步元器件的 Y 坐标。

● Angle：指定同步元器件的角度。

9.3　图层定义

在布局图中，所有电路板外形都是在图层上输入的，在指定绘图层绘制不同的外形，通过图层控制形状的颜色和可见性。因此，在开始电路板设计之前，应根据需要设置指定当前默认图层。

9.3.1　图层分类

随着技术的不断发展，PCB 由最初的单层，发展到了多层，如今 2 ～ 8 层的电路板已经非常普遍了，图 9-34 所示。

在多层板设计中，主要使用三种类型的层：信号层、平面层、混合层。信号层由多种类型的信号组成。

① 信号层具有多种类型的信号，不依赖于特殊标准。这些主要是低电压、低电流信号，主要用于承载中高速数据线。这种类型的层不包含通过多边形浇注制作的地平面或电源平面。在非常高速的信号中，由于杂散电容和杂散电感的累积，接地层或电源层会导致阻抗变化。

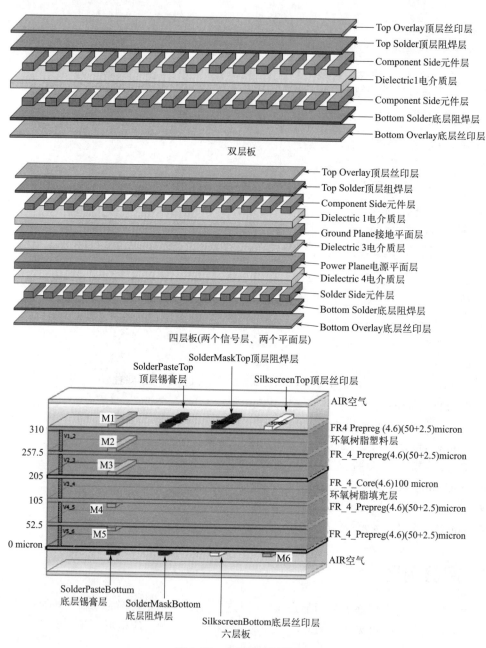

图 9-34　多层板图层堆叠

② 平面层不包含除接地层或电源层以外的任何信号，主要是整个电路都有良好的接地和电源路径。整个电路板上都铺有实心铜，只需切割铜平面，即可创建单独的段以提供不同的平面信号。

③ 混合层使用信号和铜填充作为一个平面，是二层板和六层板中最常用的层型。有时也用于四层板。

9.3.2　图层管理

在 ADS 中，可以通过设置图层首选项更改临时显示属性，例如打开或关闭图层可见性或更改图层的颜色。其中，可以更改的显示属性不包括添加或修改图层。如果需添加或修改图层，使用"Layer Definitions"（图层定义）对话框进行图层定义。该对话框在前面已经介绍，这里不再赘述。

（1）层的显示与隐藏

在进行层板设计时，经常需要只看某一层，或者把其他层隐藏，这种情况就要用到层的显示与隐藏功能。

选择菜单栏中的"View"（视图）→"Docking Windows"（固定窗口）→"Layer Windows"（图层窗口）命令，系统打开如图 9-35 所示的"Layers"（图层）对话框，在 Vis 显示与隐藏列单击层名称前面的复选框，控制图层和图层中对象的显示。

（2）层颜色设置

为了便于识别层内的信息，可以对不同的层设置不同的颜色。在"Layers"（图层）对话框，单击层名称后面的 Fill（填充颜色）列的颜色图标可以进行颜色设置。

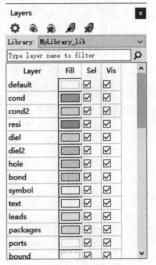

图 9-35　"Layers"（图层）对话框

9.4　技术参数设置

Technology（技术）参数用于定义 ADS 设计中 PCB 叠层或者 IC 工艺制程，必须在创建布局图和基板之前进行设置。

选择菜单栏中的"Options"（选项）→"Technology"（技术）命令，打开如图 9-36 所示的子菜单，用于设置设计文件中的技术参数。

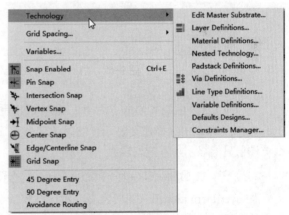

图 9-36　"Technology"（技术）子菜单

同一个 Library（元器件库）下所有的 View（视图窗口）都使用相同的 Technology（技术），下面介绍具体的设置参数。

- Edit Master Substrate：编辑主基板。
- Layer Definitions：定义图层。
- Material Definitions：定义材料。
- Nested Technology：嵌套技术。
- Padstack Definitions：定义焊盘。
- Via Definitions：定义过孔。
- Line Type Definitions：定义传输线类型。
- Variable Definitions：定义变量。
- Defaults Designs：默认设计。默认设计中的元器件应该是无针的元器件，如电路基板、模型和 VAR 元器件。
- Constraints Manager：设置约束管理器。

9.4.1　图层的定义

ADS 提供了图层工具，对每个图层规定其颜色和线型，并把具有相同特征的图形对象放在同一层上绘制，这样绘图时不用分别设置对象的线形和颜色，不仅方便绘图，而且存储图形时只需存储几何数据和所在图层，因而既节省了存储空间，又可以提高工作效率。

选择菜单栏中的"Options"（选项）→"Technology"（技术）→"Layer Definitions"（图层定义）命令，系统打开如图 9-37 所示的"Layer Definitions"（图层定义）对话框，用户可以方便地通过对该对话框中的各选项及其选项卡中的选项进行设置，从而实现建立新图层、设置图层颜色及线型等各种操作。

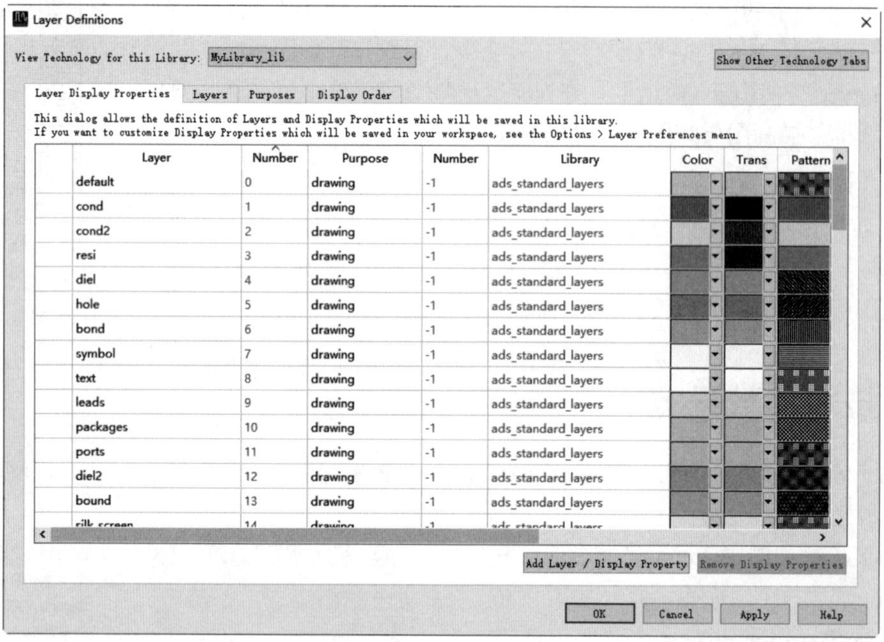

图 9-37 "Layer Definitions"（图层定义）对话框

（1）View Technology for this Library（查看元器件库的技术）

在下拉列表中选择需要显示、编辑的元器件库，若图层列表中图层属于其余元器件库，那么该图层只能显示，不能编辑。

（2）Show Other Technology Tabs（显示其他技术选项卡）

"Layer Definitions"（图层定义）对话框默认显示 4 个选项卡，单击该按钮，显示其他技术设置选项卡，如图 9-38 所示，添加 Layout Units（布局单位）选项卡、Referenced Libraries（参考库）选项卡和 Nested Technology（嵌套技术）选项卡。

Layout Units（布局单位）选项卡、Referenced Libraries（参考库）选项卡在前面的"Technology Setup"（技术设置）对话框中已经介绍，这里不再赘述。

（3）Layer Display Properties（图层显示和属性编辑）选项卡

在图层列表中根据属性和图层名称分类显示所有图层，如图 9-38 所示。不同属性相同名称的图层分行显示。

① Add Layer / Display Property：单击该按钮，弹出"Add Layer / Display Property"（添加图层 / 显示属性）对话框，如图 9-39 所示。

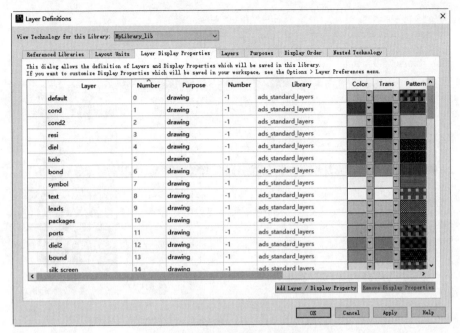

图 9-38　显示其他技术设置选项卡

● Add new layer：选择该选项，添加新图层。

● Use existing layer：选择该选项，为已存在的图层添加新属性。

● Layer Name：输入图层名称。默认情况下，新图层名称显示 layer_<N>，其中 <N> 是下一个可用的层号。用户可使用此名称，也可改名。

● Layer Number：输入图层编号，默认从 1 开始计数。默认情况下，新图层将显示未使用的最低数字（0~4294967295）。

● Layer Process Role：图层进程角色。指定该图层在设计中所代表的角色，如 Conductor 表示该图层为导体层。

● Layer Binding：输入图层绑定信息，正确指定层绑定是很重要的。层绑定字段是一个由空格分隔的单词列表，通常是层名。当引脚或元器件形状重叠

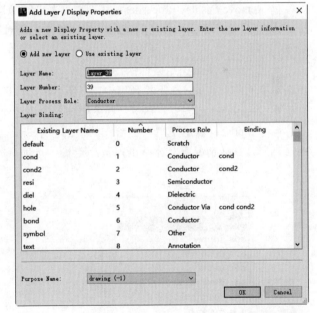

图 9-39　"Add Layer / Display Property"（添加图层 / 显示属性）对话框

但位于两个不同的图层（图层 1 和图层 2）时，如果图层 1 绑定信息字段与图层 2 绑定信息字段匹配，则可以连接图层 1 和图层 2。

● Purpose Name：选择图层的创建目的。

在该对话框只能编辑在当前元器件库（MyLibrary_lib）进行新图层的定义（layer_39），并为图层添加新的属性（drawing），如图 9-40 所示。

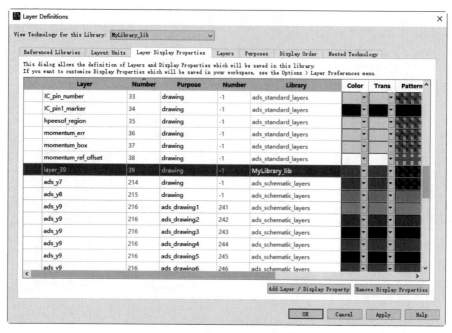

图 9-40　添加新图层和属性

② Remove Display Properties：在图层列表中删除选中的某一图层或具有某个属性的图层。

③ 若需要修改某一图层的某一特性，单击它所对应的图标即可。图层列表区中各列的含义如下。

● Layer：显示满足条件的图层名称。如果要对某图层修改，首先要选中该图层的名称，单击右侧的向下箭头，在下拉列表中选择新名称，如图 9-41 所示。

● Number：为图层名称定义的图层编号，该选项不可编辑。

● Purpose：显示使用图层绘图的目的，单击右侧的向下箭头，在下拉列表中选择，如图 9-42 所示。默认情况下，选择 drawing（绘图）选项。

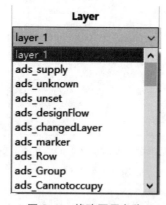

图 9-41　修改图层名称

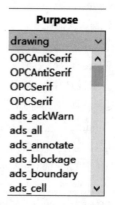

图 9-42　修改图层目的

● Number：根据图层绘图的目的进行编号，该选项不可编辑。

● Library：定义图层显示属性的元器件库名，该选项不可编辑。

● Color：显示和改变图层的颜色。如果要改变某一图层的颜色，单击其对应的颜色图标或

右侧的向下箭头，系统打开如图 9-43 所示的
"Select Color"（选择颜色）对话框，用户可
从中选择需要的颜色。

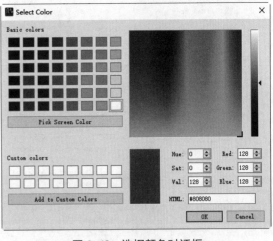

● Trans：显示和改变图层的透明度。
单击透明度图标或右侧的向下箭头，系统打
开如图 9-44 所示的 "Set Tranparency"（设置
透明度）对话框，用户可从中设置透明度，
范围从 0（完全透明）到 255（完全不透明）。

● Pattern：显示和改变图层的填充模
式。单击透明度图标或右侧的向下箭头，系
统打开如图 9-45 所示的 "Select Pattern"（选
择模式）对话框，用户可从预定义的模式中
选择填充模式。

图 9-43　选择颜色对话框

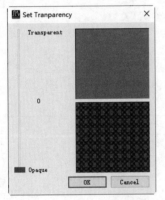

图 9-44　"Set Tranparency"（设置透明度）对话框

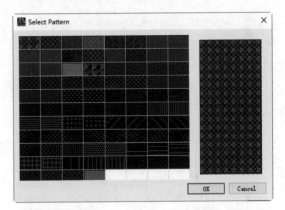

图 9-45　"Select Pattern"（选择模式）对话框

● Sel：设置该图层是否被选中。

● Vis：设置该图层是否显示，用来确定在布局、原理图或符号视图中进行设计时，使用
给定显示属性的形状是否可见。

● Shape Display：形状显示样式，包括 Outlined（使用轮廓）、Filled（填充）、Both（同时使
用填充和轮廓）。

● Line Style：显示和改变绘制形状轮廓的线条样式。

（4）Layers（图层）选项卡

在该选项卡中提供编辑图层的选项，如图 9-46 所示。图层列表中按照图层编号递增显示当
前元器件库中的所有图层。

● Add Layer：直接添加新图层。每次单击该按钮会在图层列表中添加一个默认层，在图层
列表中可以修改图层名称和图层编号。元器件库的每一层必须有唯一的名称和编号。

在原理图中，Number（编号）为 200～255 范围内的图层用于原理图和符号设计，因此
新建的图层编号需要避开这些编号，如图 9-47 所示。

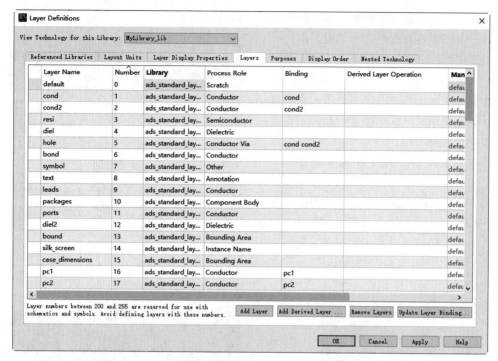

图 9-46　Layers（图层）选项卡

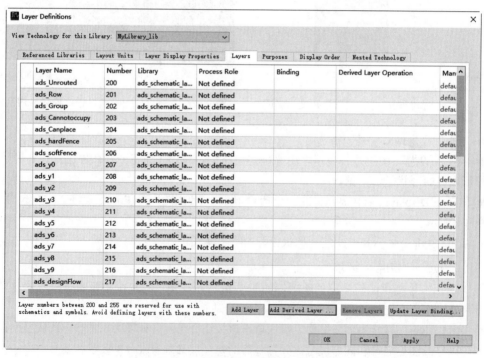

图 9-47　原理图 Layers（图层）选项卡

● Add Derived Layer：添加派生图层。派生层是一种技术层，图层形状自动从其他技术层派生出来，还可以通过指定生成层所需的操作类型（如 AND、OR 和异或）来派生层。用户也可以在为物理 EM 模拟预处理布局时替换和生成派生层上的形状。

- **Remove Layers**：删除新建的图层。要删除多个图层，按下 **Ctrl** 或 **Shift** 键，选择多个图层。

- **Update Layer Binding**：如果在基板中已经定义了层绑定，则可以自动更新层绑定信息。

（5）Purposes（目的）选项卡

在该选项卡中设置编辑图层的目的，可以用来区分同一层上的形状，如图 9-48 所示。

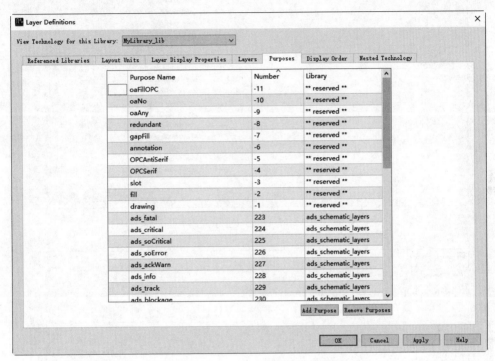

图 9-48　Purposes（目的）选项卡

- **Purpose Name**：目的名称，必须在此元器件库和该技术引用的任何其他元器件库中是唯一的。

- **Number**：图层目的的编号，该编号也是唯一的。

- **Library**：选择的元器件库。

（6）Display Order（显示顺序）选项卡

在该选项卡中编辑图层 / 目的组合的显示顺序，如图 9-49 所示。在该对话框中使用鼠标拖放选项可以重新排列图层顺序。

（7）Nested Technology（嵌套技术）选项卡

嵌套技术是指将来自另一种技术的布局放置到来自该技术的布局中，如图 9-50 所示。

① Technology Scale Factor：指定嵌套技术比例因子。当集成电路技术升级和缩小规模时，最常使用此功能。例如，如果将 45 nm 的 IC 重新缩放到 40 nm，则将比例因子设置为 0.8888888。

② Smart Mount for multi-technology：选择创建多技术布局的首选方法。

③ Layer Mapping：映射层列表。通过创建一个嵌套的技术层映射，可以将一个元器件库中的元器件放置到另一个元器件库布局的顶部层或底部层。

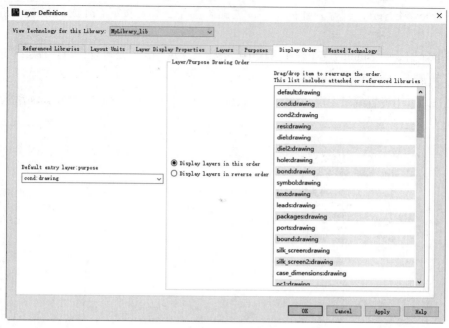

图 9-49　Display Order（显示顺序）选项卡

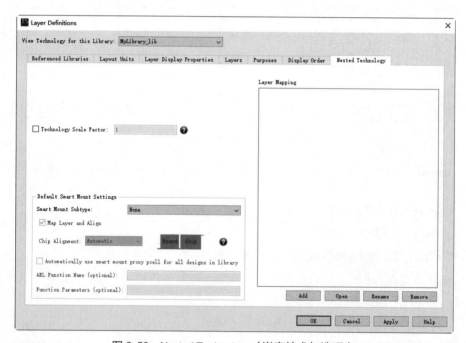

图 9-50　Nested Technology（嵌套技术）选项卡

9.4.2　材料的定义

　　随着信号速率的提升和系统越来越复杂，设计中不得不考虑传输线的损耗问题。传输线不是理想传输线，是有损传输线，本身造成的损耗才是最主要的。

　　一般的传输线损耗分为两个部分，一个部分是介质损耗，一个部分是导体损耗。介质损耗主要是板材参数的影响。导体损耗主要是本身传导损耗、趋肤效应和表面粗糙度。

在 ADS 中，传输线材料定义分为三种类型（导体、介质和半导体），不同类型的材料具有不同的电磁参数。本节通过对材料的定义分析影响传输线损耗的参数。

选择菜单栏中的"Options"（选项）→"Technology"（技术）→"Material Definitions"（材料定义）命令，系统打开如图 9-51 所示的"Material Definitions"（材料定义）对话框，从列表中添加或删除材料定义并编辑其参数，还可以从预定义的材料数据库中添加材料。

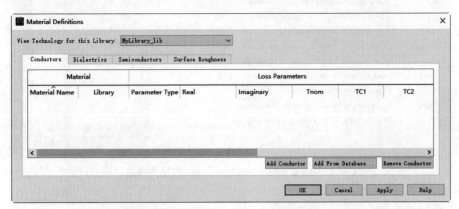

图 9-51　"Material Definitions"（材料定义）对话框

（1）View Technology for this Library（查看元器件库的技术）选项卡

显示使用当前工程中的 lib.defs 文件加载的元器件库。用户可以打开下拉列表列更改正在查看的库，以便编辑或查看有关所使用的其他库的信息。

（2）Conductors（导体）选项卡

在该选项卡中为设计文件中添加导体材料并设置材料的相应参数。

① Add Conductor：添加导体材料。单击该按钮，在列表中添加默认参数的导体材料 Conductor_1，如图 9-52 所示。

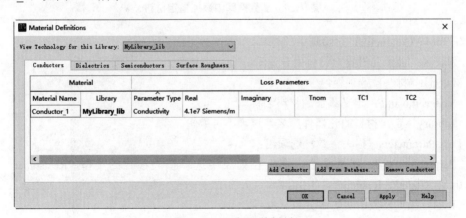

图 9-52　添加导体材料

② Add From Database：从数据库导入材料。单击该按钮，弹出"Add Material From Database"（从数据库添加材料）对话框，如图 9-53 所示，单击选择一种材料（例如 Ag），单击"OK"（确定）按钮，在列表中添加指定名称（Ag）的材料，如图 9-54 所示。

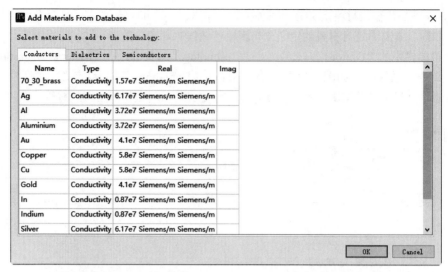

图 9-53 "Add Material From Database"（从数据库添加材料）对话框

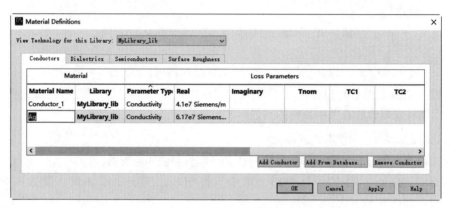

图 9-54 从数据库中添加指定材料

③ Remove Conductor：删除选中的材料。

④ 列表区：显示并设置当材料为导体时的电和磁参数。

a. Material（材料）选项组：

- Material Name：定义添加的材料名称。

- Library：定义材料的元器件库名，该项不可编辑。

b. Loss Parameters（损失参数）选项组：

- Parameter Type：参数类型，在下拉列表中选择损失参数的类型，Resistance（电阻）、Conductivity（电导）、Resistivity（电阻率）。

- Real：损失参数的实数部分。

- Imaginary：损失参数的虚部。

- Tnom：标称温度。

- TC1：线性温度系数，默认显示为 0，单位：$1/℃$。

- TC2：二次性温度系数，默认显示为 0，单位：$1/℃$。

c. Permeability (MUr)（磁导率）选项组：

- Real：磁导率的实数部分。

- Imaginary：磁导率的虚部。
- Conductivity (k)：传导率 (W/mK)。材料传导或传递热量的能力，随温度发生变化。

d. Thermal Properties（热性能）选项组：

- Z Conductivity (k)：Z 传导性 (W/mK): 材料传导或传递热量的各向异性能力的量度，随方向和温度变化。
- Heat Capacity(Cv)：热容 $(J/m^3 \cdot K)$，表示在一定温度下，一定体积的物质贮存内能的能力，不发生相变。
- Mean Free Path：平均自由程 (m)。表示移动电子在改变其方向、能量或其他性质的连续撞击之间所走过的平均距离。

（3）Dielectrics（电介质）选项卡

在该选项卡中可以添加、删除电介质材料，同时需要设置电介质材料的电磁参数，如图 9-55 所示。该选项卡中与前面相同的参数这里不再介绍。

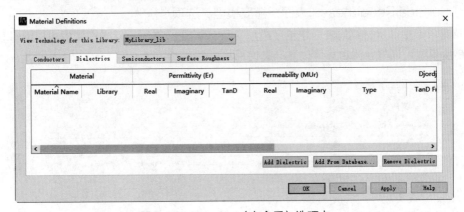

图 9-55　Dielectrics（电介质）选项卡

① Permittivity(Er)（介电常数）选项组：
- Real：相对介电常数的实数部分。
- Imaginary：介电常数的虚部。
- TanD：损耗正切。不能同时定义 TanD 和虚部，Imaginary =-TanD * Real。

② Permeability (MUr)（磁导率）选项组：
- Real：磁导率的实数部分。
- Imaginary：磁导率的虚部。

③ Thermal Properties（热性能）选项组：
- Type：选择介质模型，包括 Frequency Independent（自变量频率，与频率无关）、Svensson/Djordjevic（与频率有关的介质模型）两种。
- TanD Freq：损耗正切的频率。
- Low Freq：最低频率。
- High Freq：最高频率。

（4）Semiconductors（半导体）选项卡

在该选项卡中显示当材料为半导体时需要设置的电磁参数，如图 9-56 所示。

① Resistivity：电阻率，单位为 Ohm · cm。

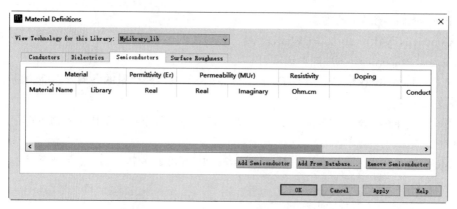

图 9-56　Semiconductors（半导体）选项卡

② Doping：选择在半导体材料中掺的杂质类型，包括 p-type、n-type。

（5）Surface Roughness（表面粗糙度模型）选项卡

在该选项卡中显示材料的表面粗糙度模型参数，如图 9-57 所示。当在基板窗口编辑基板时，表面粗糙度模型可以与导体和导体过孔一起使用。

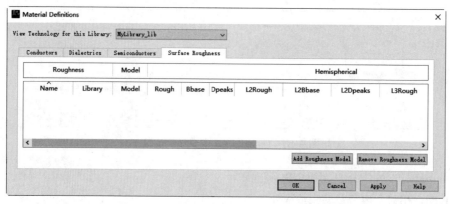

图 9-57　Surface Roughness（表面粗糙度模型）选项卡

① Roughness（表面粗糙度模型）选项组：
- Name：表面粗糙度名称。
- Library：元器件库名称。

② Model（模型）选项组：PCB 铜箔在传输线损耗中，频率的根号因素是决定因素，其中包含趋肤效应及粗糙度，其中粗糙度在原有损耗的基础上乘以一个系数。该系数就和使用的模型有关：hammerstad 模型、hemisphere 模型及 huray 模型。hammerstad 模型简单，低粗糙度模型拟合较好，而 hemisphere 和 huray 模型则较为复杂，但是 huray 模型在整个频段拟合较好。同损在传输线损耗中的低频部分主要是铜损引起的，而介质损耗影响主要在高频段。

选择传输线损耗中铜箔的表面粗糙度模型，包括 Smooth 模型、Hammerstad 模型、Hemispherical（半球形模型）、Huray 模型。

③ Hemispherical（半球形模型）选项组：ADS 采用一种新的多级半球形模型来模拟导体表面粗糙度效应。

- Rough：默认值为 0，该参数通常由制造商提供。

- Bbase：若定义 Dpeaks，则 Bbase 设置为 Dpeaks。否则，Bbase 设置为"2*Rough"。
- Dpeaks：若定义 Bbase，则 Dpeaks 设置为 Bbase。否则，Dpeaks 设置为"2*Rough"。
- L2Rough：设置为 0.1*Rough。
- L2Bbase：若定义 L2Dpeaks，则将 L2base 设置为 L2Dpeaks。否则，L2Bbase 设置为 2*L2Rough。
- L2Dpeaks：若定义 L2Bbase，则将 L2Dpeaks 设置为 L2Bbase。否则，L2Dpeaks 设置为 2*L2Rough。
- L3Rough：设置为 0。
- L3Bbase：若定义 L3Dpeaks，则将 L3base 设置为 L3Dpeaks。否则，L3Bbase 设置为 2*L3Rough。
- L3Dpeaks：若定义 L3Bbase，则将 L3Dpeaks 设置为 L3Bbase。否则，L3Dpeaks 设置为 2*L3Rough。

④ Huray（霍莱雪球模型）选项组：在三维雪球模型中，铜箔表面被建模为球体的堆叠。在球体半径相同的限制下，粗糙度模型有如下参数：

- RatioOfA：球面积的比率。
- r：有效球半径，默认值为 0μm。
- Aflat：球面积计数。
- N：指定区域中的球体数。

9.4.3　传输线的定义

在 ADS 中，如果需要定义传输线的线路类型，需要从 Technology（技术）中指定线路的类型参数。

选择菜单栏中的"Options"（选项）→"Technology"（技术）→"Line Type Definitions"（传输线类型定义）命令，系统打开如图 9-58 所示的"Line Type Definitions"（传输线类型定义）对话框，用于添加或删除传输线的线路定义并编辑其参数。

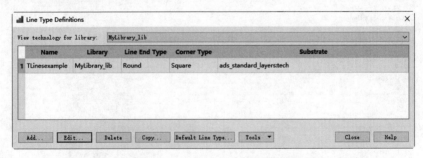

图 9-58　"Line Type Definitions"（传输线类型定义）对话框

下面介绍该对话框中的各个选项。

（1）列表区

在列表区显示当前元器件库中所有传输线，并显示这些传输线的 Name（名称）、Library（元器件库）、Line End Type（线路终端类型）、Corner Type（拐角类型）、Substrate（基板）。

（2）Add（添加）按钮

单击该按钮，弹出"Choose Layout Technology"（选择布局技术）对话框，选择元器件库中的传输线技术类型，如图 9-59 所示。

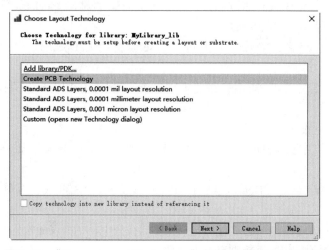

图 9-59 "Choose Layout Technology"（选择布局技术）对话框

（3）Edit（编辑）按钮

在列表中选择某一传输线类型，单击该按钮，弹出"Edit Line Type"（编辑传输线类型）对话框，编辑该传输线的数据参数，如图 9-60 所示。

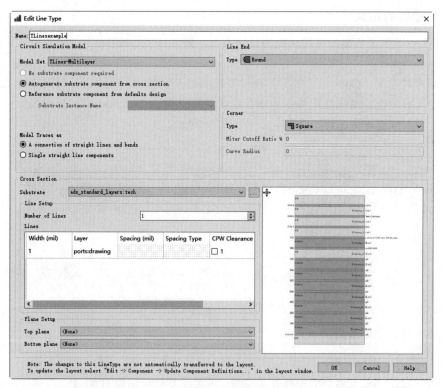

图 9-60 "Edit Line Type"（编辑传输线类型）对话框

① Name：为线路类型指定一个名称，例如，LineTypeExample01。
② Circuit Simulation Model：定义了在运行电路仿真时如何对线路和迹线进行建模。

　　a. "Model Set"（模型设置）下拉列表：选择电路仿真模型，包括 TLines-Multilayer（多层传输线）、TLines-Microstrip（微带传输线）、TLines-Printed Circuit Board（印刷电路板传输线）、TLines-Stripline（带状传输线）、TLines-Suspended Substrate（悬浮基板传输线）、TLines-Waveguide（波导传输线）、Nodal Connection (short)（节点连接短传输线）。

　　b. 选择不同的传输线，对基板元器件进行下面的设置，验证该基板元器件是否与技术基板充分匹配。

● No substrate component required：选择该选项，不需要基板元器件。

● Autogenerate substrate component from cross section：选择该选项，将根据参考工艺基板的参数，填充模型集中的基板元器件的所有参数。

● Reference substrate component from defaults design：选择该选项，不生成基板模型，而是从默认设计中引用基板元器件生成传输线元器件。

● Substrate Instance Name：选择设计中的基板实例名称。

　　c. Model Traces as：轨迹建模设置。

● A connection of straight lines and bends：选择该选项，将轨迹建模为直线和弯道的连接。

● Single straight line components：选择该选项，将轨迹建模为长度等于轨迹物理长度的单个直线元器件。

　　③ Cross Section：传输线截面积设置。

　　a. Substrate：选择基板。

　　b. Line Setup：线路设置。

● Number of Line：信号线的数量。

● Width：在布局图中信号线的宽度。

● Layer：选择信号线的图层。

● Spacing：两条信号线之间的距离。

● Spacing Type: 信号线间距的类型，包括 Edge-To-Edge（边到边）或 Center-To-Center（中心到中心）。

● CPW Clearance：信号线与共面接地间距的间距值。

　　c. Plane Setup：平面设置，包括 Top plane（顶层平面）和 Bottom plane（底层平面）。

　　④ Line End：线端设置。

　　在 "Type"（类型）下拉列表中选择线端的形状，包括 Truncate（截断）、Square Extends（方形扩展）、Round（圆形），如图 9-61 所示。

图 9-61　选择线端类型

　　⑤ Corner：拐角设置。

● 在 "Type"（类型）下拉列表中选择拐角的形状，包括 Square（方形）、Mitered（斜切）、Adaptive Miter（自适应斜切）、Curve（曲线）、Rounded（圆角），如图 9-62 所示。

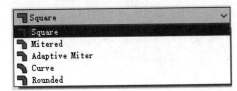

图 9-62　选择拐角类型

- **Miter Cutoff Ratio**：截断比。选择 Square（方形）拐角时，激活该参数。
- **Curve Radius**：曲线半径。选择 Curve（曲线）拐角时，激活该参数。

（4）Delete（删除）按钮

在列表中选择某一传输线，单击该按钮，删除选中的传输线。

（5）Copy（复制）按钮

在列表中选择某一传输线，单击该按钮，弹出"Edit Line Type"（编辑传输线类型）对话框，创建新的传输线类型，名称为 TLinesexample_copy。

（6）Default Line Type（默认线路类型）

单击该按钮，弹出"Associate Layer with Line type"（线路类型关联图层）对话框，选择与图层关联的线路类型，如图 9-63 所示。

（7）Tools（工具）按钮

在该按钮下选择"Controlled Impedance Line Designer"（控制阻抗线设计器）命令，进行控制阻抗线设计。

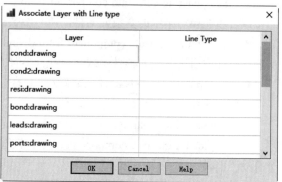

图 9-63　"Associate Layer with Line type"（线路类型关联图层）对话框

9.4.4　焊盘的定义

焊盘的作用是放置焊锡，连接导线与元件的引脚，是表面贴装装配的基本构成单元，构成了元件封装的引脚，也描述了元件引脚与 PCB 设计中涉及的各个物理层之间的联系。焊盘的结构如图 9-64 所示。

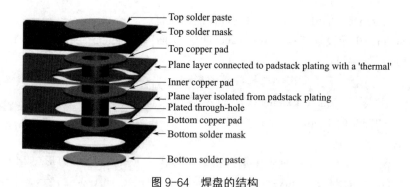

图 9-64　焊盘的结构

下面解释图 9-64 中出现的焊盘参数。

- **Top solder paste**：顶层焊接锡膏，在布线层（routing layer）中的过孔上，尺寸大于钻孔的铜盘（copper pad），有两个作用：提供导线连接的焊接"盘"；加固上下两个布线层（top and bottom routing layers）。
- **Top solder mask**：顶层阻焊层。阻焊层指 PCB 上焊盘（表面贴焊盘、插件焊盘、过孔）外一层涂了绿油的位置，防止在 PCB 上锡过程中不需要焊接的地方沾染焊锡，所以称为阻焊层（绿油层），需要焊接的部分一般显示为小圆圈或小方圈，比焊盘大。阻焊层又可以分为 Top Layers 和 Bottom Layers 两层。

- Top copper pad：顶层铜箔焊盘。
- Plane layer connected to padstack plating with a "thermal"：连接平面层与电镀焊盘的热风焊盘。
- Inner copper pad：内层铜箔焊盘。
- Plane layer isolated from padstack plating：电镀焊盘的绝缘平面层。
- Plated through-hole：电镀的贯通孔。
- Bottom copper pad：底层铜箔焊盘。
- Bottom solder mask：底层阻焊层。
- Bottom solder paste：底层焊接锡膏。

选择菜单栏中的"Options"（选项）→ "Technology"（技术）→ "Padstack Definitions"（焊盘定义）命令，系统打开如图 9-65 所示的 "Padstack Definitions"（焊盘定义）对话框，用于添加、删除或复制指定类型的焊盘并编辑其参数。

单击"Add"（添加）按钮，弹出 "Padstack Editor"（焊盘栈编辑器）对话框，用于定义焊盘模板并设置焊盘模板的参数，如图 9-66 所示。

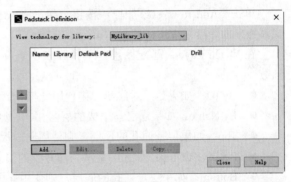

图 9-65　"Padstack Definitions"（焊盘定义）对话框

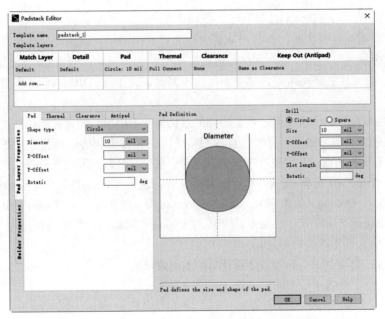

图 9-66　"Padstack Editor"（焊盘栈编辑器）对话框

下面介绍该对话框中的各个选项。

（1）Template name

输入焊盘模板名称，默认值为 padstack_1。

（2）Template layers

默认定义一个焊盘层 Default，通过列表中的参数输出模板焊盘层。

① Match Layer：指定图层名称。

② Detail：指定图层默认信息。

③ Pad：显示焊盘大小参数，单击该选项，切换到 Pad（焊盘尺寸）子选项卡。

④ Thermal：显示热焊盘参数，单击该选项，切换到 Thermal（热焊盘）子选项卡。

⑤ Clearance：显示焊盘间距参数，单击该选项，切换到 Clearance（间距）子选项卡。

⑥ Keep Out (Antipad)：显示负片焊盘，单击该选项，切换到 Antipad（负片焊盘）子选项卡。

单击"Add row"（添加行）按钮，弹出"Add Layer"（添加图层）对话框，使用不同的方式添加新的焊盘模板，如图 9-67 所示。

在 Match Layer（匹配图层）下拉列表中选择模板类型，不同的模板类型需要设置不同的参数。

- By ID：如果是绝对层数，则使用此模板。
- By Name：如果层名与生成的层名相同，则使用此模板。
- Top：如果层是通孔的顶层，则使用此模板。
- Relative to Top：如果层是从顶部开始的第 n 层，则使用此模板，还可以指定第 n 层。
- Bottom：如果层是通孔的底层，则使用此模板。
- Relative to Bottom：如果层是从底部开始的第 n 层，则使用此模板，还可以指定第 n 层。
- Default Circle: 10 mil 全连接通孔。

（3）Solder Properties（阻焊属性）选项卡

所有的焊盘都包括两方面：焊盘尺寸的大小和焊盘的形状；钻孔的尺寸和显示的符号。为解决焊接时散热过快，当元件引脚网络与内层平面网络相同时，需要用到 Thermal Relief（热焊盘，花焊盘）；当元件引脚网络与内层平面网络不同时，则用 AnTIPad（负片焊盘，反焊盘）避让铜。

① Pad（焊盘尺寸）子选项卡：焊盘的几何形状是基于所用到的元件的焊接类型，焊盘的形状使用安装工艺透明的方式来定义，焊盘的图案是电路几何形状的一部分，是在焊盘尺寸上定义的。焊盘的形状和图案受到可生产性水平、电镀、腐蚀、装配或其他条件有关的公差限制。

- Shape type：指定焊盘形状，包括：None（无）、Circle（圆形）、Square（正方形）、Rectangle（矩形）、Oblong（长方形）、Rounded Rectangle（圆角矩形）、Chamfered Rectangle（可改变矩形）、Octagon（八边形）、Donut（环形）、Polygon（多边形），默认为圆形。
- Diameter：圆形焊盘的半径。
- Offset x：自焊盘中心的通过位置开始的水平偏移量。
- Offset y：自焊盘中心的通过位置开始的垂直偏移量。
- Rotatic：焊盘逆时针旋转的角度。

② Thermal（热焊盘）子选项卡：有时为了兼顾电气性能与工艺需要，焊盘需要做成十字花形，称之为热隔离（heatshield）、热焊盘（Thermal）。在 Mode（模式）下拉列表中选择热风焊盘与电路板的连接方式，如图 9-68 所示。

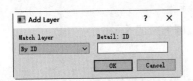

图 9-67　"Add Layer"（添加图层）对话框

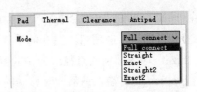

图 9-68　Mode（模式）下拉列表

- Full connect：焊盘与电路板平面全部连接，无散热。
- Straight：热风使用 4 条辐条连接，间距用直线绘制，如图 9-69 所示。选择该选项，可以指定 Clearance（间距）和 Width（线宽）。
- Exact：热风使用 4 条辐条连接，间距用圆角绘制。选择该选项，可以指定 Clearance（间距）和 Width（线宽）。
- Straight2：以 Straight 类似，但只有 2 条辐条，如图 9-70 所示。
- Exact2：以 Exact 类似，但只有 2 条辐条。

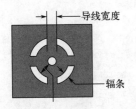

图 9-69　4 条辐条热风焊盘

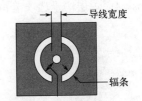

图 9-70　2 条辐条热风焊盘

③ Clearance（间距）子选项卡：在"Clearance Mode"（间距模式）下拉列表中定义焊盘间的间距。

- None：利用走线的安全间距规则定义安全间距。
- Clearance：使用焊盘规则定义间距。
- Clearance Exact：使用圆角焊盘规则定义间距。
- Custom：使用自定义的外形定义间距，形状参数与垫块形状相同间距，如图 9-71 所示。

④ Antipad 子选项卡：反焊盘 (Antipad) 指的是负片中铜皮与焊盘的距离。

在"Clearance mode"（间距模式）下拉列表中选择从焊盘到铜皮的间距，如图 9-72 所示。

- Same as Clearance：使用在该图层上指定的间距规则。
- Clearance：使用焊盘规则定义间距。
- Clearance exact：使用圆角焊盘规则定义间距。
- Custom：使用指定的形状定义。

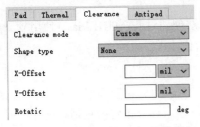

图 9-71　Clearance（间距）子选项卡

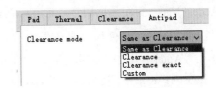

图 9-72　Antipad 子选项卡

（4）Pad Layer Properties（焊盘层属性）选项卡

① Drill（钻孔）选项组：钻孔的形状包括 Circular（圆形）或 Square（方形）。

- Size：输入圆钻的直径或方钻的侧面。
- Slot length：输入钻削槽时移动的距离。
- X-Offset：从通孔位置到管中心的水平偏移量。
- Y-Offset：从通孔位置到管中心的垂直偏移量。
- Rotation：管的逆时针旋转。

② Solder Mask（阻焊层）子选项卡（图 9-73）：

- Layer：指定阻焊层位置，包括 None（未绘制图层）、Top of Board（只绘制在板的顶部）、Bottom of Board（只绘制在板的底部）、Top and Bottom of Board（绘制在板的顶部和底部）。
- Expansion Mode：按 Size（大小）或按 Custom（自定义）形状展开。
- Expansion：指定在焊盘外添加的形状，如果是负的，表示减去。

③ Solder Paste（焊接锡膏层）子选项卡（图 9-74）：指定焊接锡膏层位置、展开形状的参数，与 Solder Mask（阻焊层）子选项卡相同，这里不再赘述。

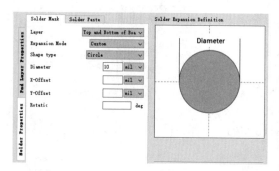

图 9-73　Solder Mask（阻焊层）子选项卡　　　图 9-74　Solder Paste（焊接锡膏层）子选项卡

9.4.5　过孔的定义

一个过孔主要由三部分组成：一是孔；二是孔周围的焊盘区；三是 POWER 层隔离区。过孔的工艺过程是在过孔的孔壁圆柱面上用化学沉积的方法镀上一层金属，用以连通中间各层需要连通的铜箔，而过孔的上下两面做成普通的焊盘形状，可直接与上下两面的线路相通，也可不连。

选择菜单栏中的"Options"（选项）→"Technology"（技术）→"Via Definitions"（定义过孔）命令，系统打开如图 9-75 所示的"Via Definitions"（定义过孔）对话框，用于添加或删除过孔定义并编辑其参数。

该对话框中包含 3 个选项卡，分别显示用不同方法创建过孔：PCB Vias（使用规则创建）、OpenAccess Vias（使用数据创建）、Legacy Vias（使用原有过孔创建）。

（1）PCB Vias（使用规则创建）选项卡

单击"Add"（添加）按钮，弹出"Constraints Manager"（约束管理器）对话框，如图 9-76 所示。在左侧"Rule"（规则）→"Via"（过孔规则）列表下选择指定的规则，选择根据指定的规则添加过孔，如图 9-77 所示。其中，via_1、via_2 为 Stacked Via（可堆叠过孔）。

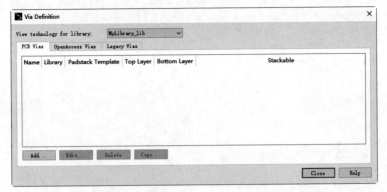

图 9-75　"Via Definitions"（定义过孔）对话框

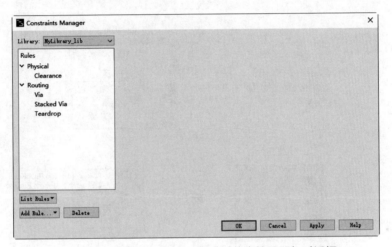

图 9-76　"Constraints Manager"（约束管理器）对话框

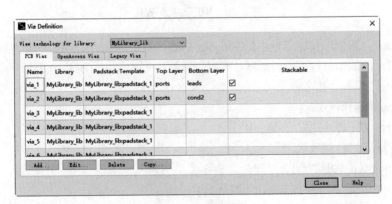

图 9-77　添加过孔

（2）OpenAccess Vias（使用数据创建）选项卡

该选项卡中设置过孔数据用于定制过孔，如图 9-78 所示。

① 矩形过孔　矩形过孔可以在两个连续的金属层之间定义，使用过孔层作为切割层，如图 9-79 所示。

307

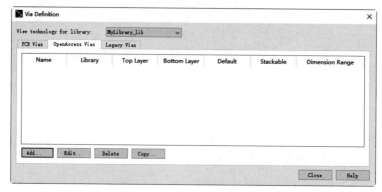

图 9-78　OpenAccess Vias（使用数据创建）选项卡

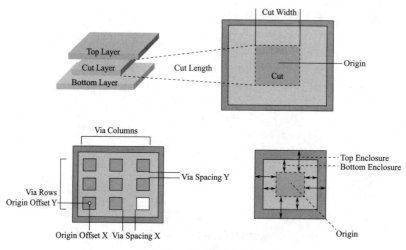

图 9-79　矩形过孔外形图

单击"Add"（添加）按钮下的"Rectangular Via"（矩形过孔）命令，弹出"Add Rectangular Via Definition"（添加矩形过孔）对话框，设置过孔的尺寸参数，如图 9-80 所示。

a. Via name：输入过孔名称。

b. Top layer：选择顶层。

c. Cut layer：选择剪切层。

d. Bottom layer：选择底层。

e. Cut Dimension（切割尺寸）列表：

● Cut width：指定切割的宽度，为整数。

● Cut length：指定切割的长度，以整数形式表示。

● Number of rows：指定切割中的行数。

● Number of columns：指定切割中的列数。

● Cut spacing：指定多个切割孔中切割之间的间距。

● Top layer cut enclosure：顶层切割框。

● Bottom layer cut enclosure：指定底层框。

● Top layer offset：指定顶层和被切割层之间的中心偏移量。

● Bottom layer offset：指定底层和剪切层之间的中心偏移量。

- Origin offset：指定原点的偏移量值。通道的原点是通道中形状坐标中的 (0,0) 点。
- Minimum/Maximum via dimension：矩形通孔的约束，它们用于在布线时限制通孔尺寸（宽度和高度）。

② 定制外形的过孔　单击"Add"（添加）按钮下的"Customized Via"（定制过孔）命令，弹出"Add Custom Via Definition"（添加定制过孔）对话框，设置过孔的尺寸参数，如图 9-81 所示。

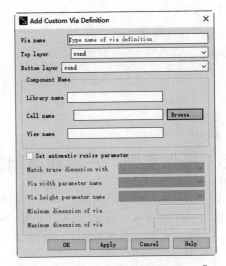

图 9-80　"Add Rectangular Via Definition"（添加矩形过孔）对话框　　　图 9-81　"Add Custom Via Definition"（添加定制过孔）对话框

　　a. Component Name：元器件名称。定制的通孔是引用现有单元视图中的过孔，因此需要输入引用的 Library name（元器件库名称）、Cell name（单元名称）、View name（视图名称）。

　　b. Set autonation resize parameter：勾选该选项，根据下面的参数缩放引用的过孔，以生成新的过孔。

- Match trace dimension with：匹配的导线尺寸。
- Via width parameter name：过孔宽度参数名称。
- Via height parameter name：过孔高度参数名称。
- Minimum dimension of via：过孔最小尺寸。
- Maximum dimension of via：过孔最大尺寸。

（3）Legacy Vias（使用原有过孔创建）选项卡

在该选项卡使用已存在的过孔定义新的过孔，如图 9-82 所示。

单击"Add Via"（添加过孔）按钮，弹出"Add Via"（添加过孔）对话框，如图 9-83 所示。

- Via component name：输入过孔元件的名称，也可直接单击"Browse"（搜索）按钮，选择指定路径下的过孔。
- Layer Via is stackable：勾选该复选框，创建贯通不同图层的堆叠过孔。
- Add Layer：添加过孔通过的图层。
- Delete Layer：删除过孔通过的图层。

● Associated trace width range：定义与过孔关联的导线范围，直接定义 Maximum（最大值）和 Minimum（最小值）。

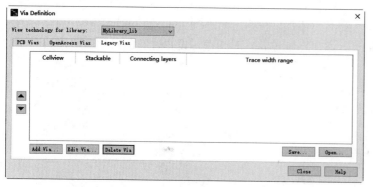

图 9-82　Legacy Vias（使用原有过孔创建）选项卡

图 9-83　"Add Via"
（添加过孔）对话框

9.5　操作实例——创建电阻分压电路布局图

扫码看视频

典型的电阻分压电路如图 9-84 所示，该分压电路由两个电阻 R_1 和 R_2 串联组成，输入电压 U_i 加在电阻 R_1 和 R_2 上，输出电压 U_o 为 R_2 上的电压，$U_o = U_i R_2/(R_1+R_2)$。R_2 上分得电压的大小与 R_2 阻值大小有关，阻值越大，分压越大。

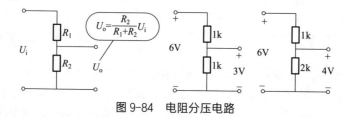

图 9-84　电阻分压电路

操作步骤：

（1）设置工作环境

启动 ADS 2023，打开主窗口界面。选择菜单栏中的"File"（文件）→"Open"（打开）→"Workspace"（项目）命令，或单击工具栏中的"Open New Workspace"（打开工程）按钮，弹出"New Workspace"（新建工程）对话框，选择打开工程文件 RES_V_wrk，如图 9-85 所示。打开 Partial 下的 schematic（原理图）视图窗口，如图 9-86 所示。

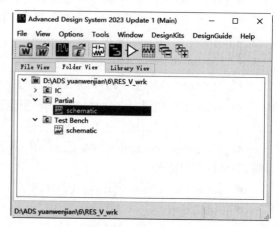

图 9-85　打开工程文件

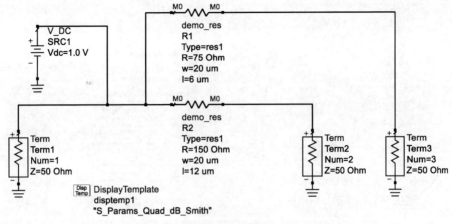

图 9-86　原理图

（2）生成版图

选择菜单栏中的命令"Edit"（编辑）→"Component"（元器件）→"Deactivate/Activate"（禁用 / 启用），或单击"Instance Commands"（实例命令）工具栏中的"Deactivate/Activate"（禁用 / 启用）按钮⊠，将接地负载 Term1、Term2、Term3、直流电源 SRC1 转换为禁用状态（显示大红叉），如图 9-87 所示。

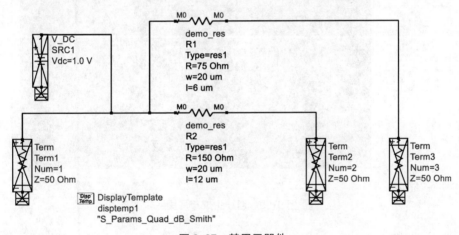

图 9-87　禁用元器件

选择菜单栏中的"Layout"（布局）→"Generate/Update Layout"（生成更新布局图）命令，弹出"Generate/Update Layout"（生成更新布局图）对话框，如图 9-88 所示。

单击"Apply"（应用）按钮，将原理图参数更新到同名的布局图中，弹出"Status of Layout Generation"（布局生成器状态）对话框，显示生成版图中包含原理图中有效的元件数目等信息，如图 9-89 所示，同时自动创建包含转换传输线的 Layout（布局图），对比原理图和版图，可以发现原理图中构图成电路的各种形状传输线模型已经转化为版图中的实际微带线，如图 9-90 所示。

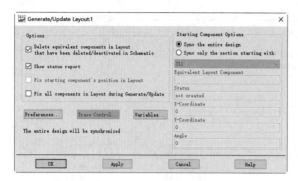

图 9-88 "Generate/Update Layout"
（生成更新布局图）对话框

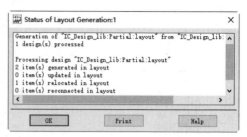

图 9-89 "Status of Layout Generation"
（布局生成器状态）对话框

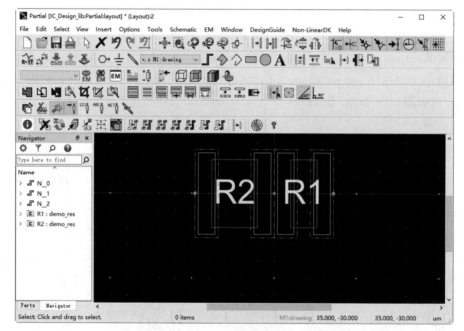

图 9-90 自动生成布局图

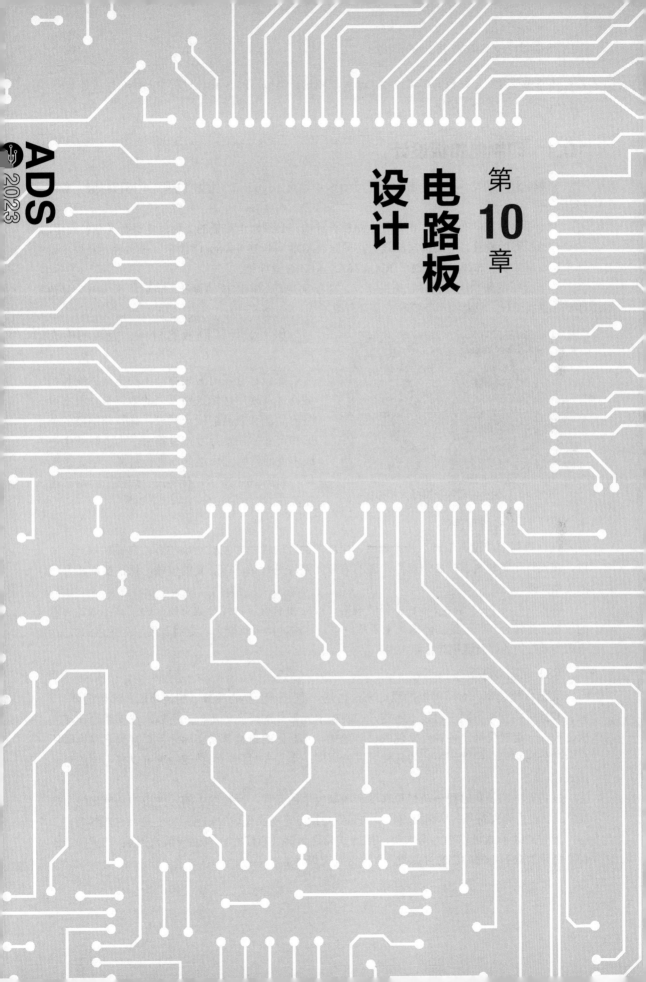

第 **10** 章

电路板设计

ADS
2023

本章主要介绍电路板的编辑过程，与原理图设计类似，PCB 设计过程中元件布局只是基础，还有后期布线、覆铜等操作。

10.1 印制电路板设计

印制电路板的设计主要是版图设计，ADS 中通过 Layout 布局图窗口进行电路板排版、版图设计。

对于手动生成的布局图，在进行电路板设计前，必须对电路板的各种属性进行详细的设置，主要包括板形的设置、电路板层的设置。同时，ADS 可以在 Layout 版图窗口中布置元器件、设计单层双层或多层布线，如 PCB、IC、LTCC、MMIC 设计等。

本节介绍的印制电路板设计方法不仅适用于简单印制电路板的设计，也适用于大部分复杂印制电路板设计，只是每一个流程的复杂程度不同。

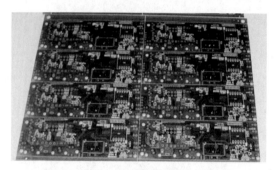

图 10-1　几块小的印制板拼成大矩形板

（1）选定印制板的材料、板厚和板面尺寸

在设计选用时应根据产品的电气性能和机械特性及使用环境选用不同的敷铜板。根据电路的功能和产品的设计要求，确定印制板的外形和尺寸。在实际生产过程中，为了降低生产成本，通常将几块小的印制板拼成一个大矩形板，如图 10-1 所示，待装配、焊接后再沿工艺孔裁开。

（2）认真校核原理图

任何印制板的设计都离不开原理图。原理图的准确性是印制板正确与否的前提和依据。所以，在设计印制板之前，必须对原理图的信号完整性进行认真、反复的校核，保证器件相互间的连接正确。

需要对所选用元器件及各种插座的规格、尺寸和面积等特性参数有完全的了解；对各部件的位置安排做合理、仔细的考虑，主要从电磁兼容性、抗干扰能力、走线长度、交叉点的数量、电源与地线的通路及退耦等方面考虑。

（3）元器件选型

元器件的选型，对印制板的设计来说也是一个十分重要的环节。相同功能、参数的器件，封装方式可能有所不同。封装不一样，印制板上元器件的焊孔就不同。所以，在着手设计印制板之前，一定要先确定各种元器件的封装形式。元器件的封装是指实际元件焊接到电路板时所指示的外观和焊盘位置。不同的元件可以使用同一个元件封装，同种元件也可以有不同的封装形式。

在进行电路设计时要分清楚原理图和印制板中的元件。原理图中的元件指的是单元电路功能模块，是电路图符号；印制板设计中的元件是指电路功能模块的物理尺寸，是元件的封装。

元件封装形式可以分为两大类：插针式元件封装（THT）和表面安装式封装（SMT），图 10-2 所示为双列 14 脚 IC 的封装图，主要区别在焊盘上。

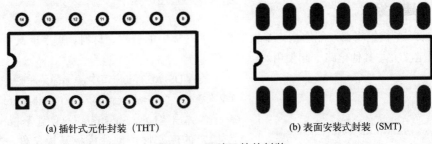

(a) 插针式元件封装（THT）　　　　　　　　(b) 表面安装式封装（SMT）

图 10-2　两种元件的封装

（4）印制电路板的布局设计

一台性能优良的仪器、仪表，除选择高质量的元器件、合理的电路外，印制电路板的元器件布局是决定仪器能否可靠工作的一个关键因素。

印制电路板上元器件的布局应遵循"先大后小，先难后易"的布置原则，即重要的单元电路、核心元器件应当优先布局；布局过程中应参考原理图，根据单板的主信号流向规律安排主要元器件；布局应尽量满足总的连线尽可能短，关键信号线最短，高电压、大电流信号与小电流、低电压的弱信号完全分开；模拟信号与数字信号分开；高频信号与低频信号分开；高频元器件的间隔要充分。设置合理的元器件布局栅格参数，例如对一般 IC 器件布局，表面贴装元件布局时，栅格应为 50~100mil；小型表面安装器件栅格设置应不少于 25mil。

（5）印制电路板的布线

① 导线布线　导线布线包括导线宽度、导线间距和导线形状。对于低阻抗信号，需要使用宽导线，如果是高阻抗信号线，导线应尽可能地宽，以防在蚀刻时产生开路。对于没有电气连接的任何引脚之间的最小间距没有具体标准。但是，当电压超过 30V 时，一般设置导线间距的平均值为 2mm。印制电路板上的导线形状要考虑到是否会影响电路的电气性能。

② 电源线和地线　印制电路板的导线可分为电源线、地线和信号线三种，这三种导线的宽度各不相同，其关系为：地线宽度 > 电源线宽度 > 信号线宽度。通常信号线宽度为 0.2~0.3mm；电源线宽度为 1.2~2.5mm；地线宽度为 2.5mm 以上。电源线应与地线紧紧布设在一起，以减小电源线耦合引起的干扰。印制电路板上的公共地线应尽可能布置在印制电路板的边缘，以便印制电路板安装并能与地线相连。

（6）文档资料

文档资料是印制电路板设计和制造过程中最重要的一部分。建立一份完整的文档文件，应具备封面、原理图、材料单、元器件清单、制造说明、钻孔表、印制电路板版面布局。

10.2　基板文件

PCB 基板是 PCBA 加工厂的原材料，主要功能是承载电子元器件，并实现电路的连接。一块好的 PCB 板非常重要，基板是 ADS 许多功能的先决条件，包括 3D 视图、PCB 过孔和焊盘、智能安装、EM 模拟等。

主基板是基本的基板，ADS 中的很多功能（如弧度功能）需要指定基板为"主基板"才能正常工作。默认情况下，使用数据库中的基板文件 technology.subst 定义主基板，若有需要，可以通过 GUI 或 AEL 指定另一个基板文件作为主基板。

10.2.1　创建基板

Substrate（基板编辑器）能够指定基板属性，如基板中的层数、材料、每层的高度等，还可以保存基板定义并与其他电路一起使用。

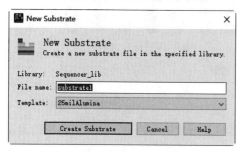

图 10-3　"New Substrate"（创建基板）对话框

在 ADS 2023 主窗口中，选择菜单栏中的"File"（文件）→"New"（新建）→"Substrate"（基板）命令，弹出"New Substrate"（创建基板）对话框，在指定的库文件中创建模板基板文件，如图 10-3 所示。

单击"Create Substrate"（创建基板）按钮，打开"Substrate1"（基板编辑器）窗口，如图 10-4 所示。

（1）创建基板文件

选择菜单栏中的"File"（文件）→"New"（新建）→"Substrate"（基板）命令，或单击工具栏中的"New"（新建基板）按钮，弹出"New Substrate"（创建基板）对话框，在指定的库文件中创建模板基板文件。

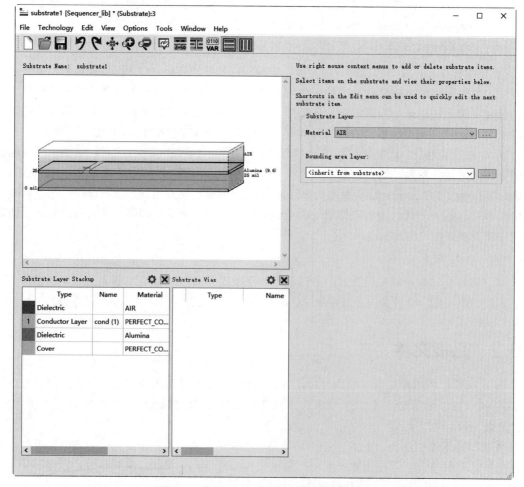

图 10-4　"Substrate1"（基板编辑器）窗口

（2）保存基板文件

选择菜单栏中的"File"（文件）→"Save"（保存）命令，或单击工具栏中的"Save"（保存）按钮 🖫，直接保存当前编辑的基板文件，如图 10-5 所示。

选择菜单栏中的"File"（文件）→"Save As"（另存）命令，弹出"Save Substrate As"（将基板另存为）对话框，在指定的库文件中保存基板文件，如图 10-6 所示。

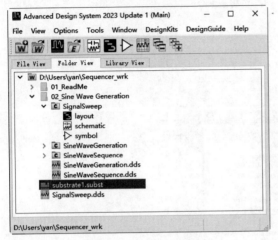

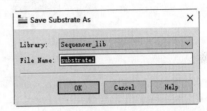

图 10-5　保存基板文件　　　　　　　　　　图 10-6　"Save Substrate As"（将基板另存为）
　　　　　　　　　　　　　　　　　　　　　　　　　　对话框

（3）参数设置

① Substrate Name（基板名称）选项组：默认显示正在创建的基板名称，同时在下面的窗口中显示该基板的层结构，默认设置为单层板。在预览图中滑动鼠标中键可以放大缩小预览图。基板由下列类型的图层项交替组成：

● Substrate Layer（基板层）：该层定义了电介质、地平面、覆盖物、空气或其他层状材料。

● Interface Layer（接口层）：基板层之间的导电层。典型的导电层是在布局窗口中的布局层上绘制的几何图形。通过将布局层映射到接口层，可以在基板内定位绘制电路的布局层。

选定某一层为参考层，单击右键命令执行添加新层的操作时，新添加的层将出现在参考层的上面或下面。选择不同的层，显示的命令不同，如图 10-7 所示。

● Insert Substrate Layer Below：在选定的基板层下面插入一个带有接口的新基板层。

● Insert Substrate Layer Above：在选定的基板层上面插入一个带有接口的新基板层。

● Insert Substrate Layer：在选定的基板层上面插入一个带有接口的新基板层。

● Map Conductor Via：在选定的基板上插入新的导体过孔。

● Map Semiconductor Via：在选定的基板上插入新的半导体通孔。

● Map Dielectric Via：在选定的层中插入一个新的介电孔。

● Map Through Silicon Via：在选定的层中插入一个新的硅通孔。

● Map New Layer：在选定的基板层上面插入一个新层。

添加新层后，单击右键命令执行层的操作，可以改变该层在所有层中的位置，如图 10-8 所示。在设计过程的任何时间都可进行添加层的操作。

● Delete With Upper Interface：删除所选层上方的接口层，以及该接口层上的项。

● Delete With Lower Interface：删除所选层下方的接口层，以及该接口层上的项。

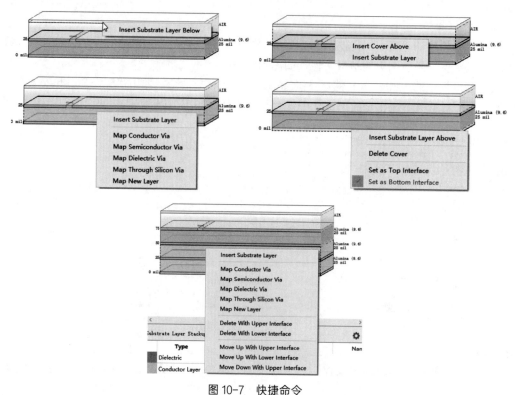

图 10-7　快捷命令

- Move Up With Upper Interface：移动基板层和上面的接口层，以及该接口上的项。
- Move Down With Upper Interface：向下移动基板层及其上面的接口层，以及该接口上的项。

② Substrate Layer Stackup（基板层堆叠设置）选项组：在该选项组下显示基板中包含的层，以便进行快速检查和编辑。检查和编辑的基本数据，包括 Type（类型）、Name（名称）、Material（材料）和厚度。

双击某一层的名称或选中该层数据，可直接对该层的名称及铜箔厚度进行设置，如图 10-9 所示。除此之外，也可以在右侧的参数界面中进行修改。

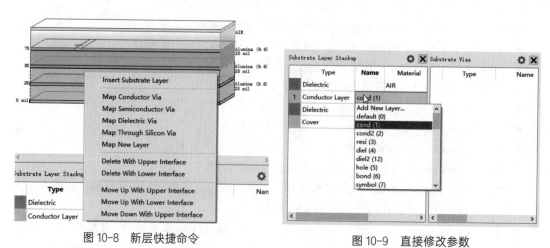

图 10-8　新层快捷命令　　　　　　　　图 10-9　直接修改参数

a. Dielectric：介质层。

选择该选项，显示如图 10-10 所示的界面。

● Material：在下拉列表中选择介质层的材料，默认为 AIR（空气）。

● Bounding area layer：定义一个边界区域层（布局层），指定划定设计的区域。默认选择 inherit from substrate，表示根据基板文件中的参数定义电路板边界区域层。在其中一个基板中没有边界区域层定义，被视为边界区域为整个无限平面。

b. Conductor Layer：导体层。

选择该选项，显示如图 10-11 所示的界面，在 Material（材料）下拉列表中选择介质层的材料，默认为 AIR（空气）。

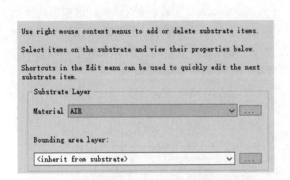

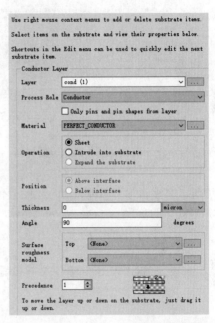

图 10-10　Dielectric（介质层）参数设置界面　　　图 10-11　Conductor Layer（导体层）参数设置界面

● Layer：选择从图层下拉列表中映射蒙版图层和布局图层。单击"..."按钮，弹出"Layer Definitions"（层定义）对话框，选择定义的图层。

● Only pins and pin shapes from layer：仅将引脚和引脚形状映射到基板中，而不是几何形状。

● Process Role：设置层在设计中表示的角色。

● Material：从材质下拉列表中选择图层材质。单击"..."按钮，打开"Material Definitions"（材质定义）对话框，定义新材质。定义的材质会自动添加到材质下拉列表中。

● Operation：将绘制在蒙版上的 2D 形状转换为 3D 对象。可以选择适当的扩展操作来定义导体掩膜的厚度。

● Position：激活 3D 扩展后，可以定义图层的位置，包括 Above interface（在接口层上方）、Below interface（在接口层下方）。

● Thickness：指定导体层的厚度，还可以选择厚度单位。

● Angle：激活 3D 扩展功能后，可以指定导体层的角度。

● Surface roughness model：在顶部和底部选择表面粗糙度模型，如果层位于接口层上方，则侧壁粗糙度将等于顶部粗糙度。如果层在接口层下方，则侧壁粗糙度将等于底部粗糙度。

● Precedence：优先级，如果两个或更多的布局层分配给相同的接口层或基板层并且对象重叠，则优先级指定布局层对另一层的优先级。优先级是由网格生成器使用的，因此具有最高优先级的层上的对象被网格化，并且在逻辑上从电路中减去与具有较小优先级的层上的对象的任何重叠。如果没有设置优先级，并且有重叠的对象，一个网格将自动和任意创建，没有错误报告。

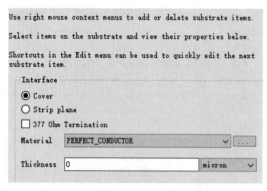

图 10-12　Cover（封面层）参数设置界面

c. Cover：封面层。

选择该选项，显示如图 10-12 所示的界面。

● Cover：只适用于作为顶部或底部接口层。

● Strip plane：条形平面，可以插入导体层、半导体层、介电层和嵌套基板，将布局层上的物体定义为导电的，物体周围的区域不导电。

● 377 Ohn Termination：选择此选项后，则不能指定"Material"（材料）和"Thickness"（厚度）参数。

③ Substrate Vias（基板过孔）选项组：在该选项组下显示不同图层中包含的过孔信息，如图 10-13 所示。其中添加了四种类型的过孔，不同类型过孔设置的参数不同。图中显示 Conductor Via（导体层过孔）的参数，与 Conductor（导体层）设置类似，下面只介绍不同的选项。

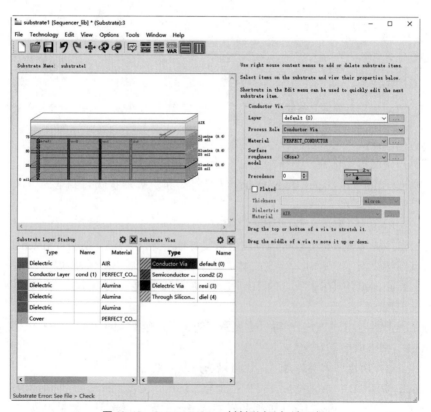

图 10-13　Substrate Vias（基板过孔）选项组

● Plated：选择该选项，定义一个电镀孔，电镀孔由具有一定厚度的圆柱壁组成，孔的中心有电介质，如图 10-14 所示。

● Thickness：指定电镀孔的厚度。

● Dielectric Material：指定电镀孔的介电材料。

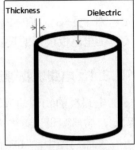

图 10-14　电镀孔

10.2.2　编辑主基板

选择菜单栏中的"Options"（选项）→"Technology"（技术）→"Edit Master Substrate"（编辑主基板）命令，系统打开如图 10-15 所示的"Edit Master Substrate"（编辑主基板）对话框，用于选择基板文件。

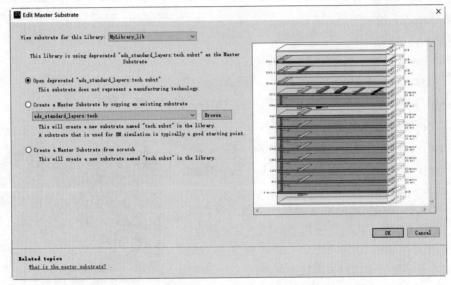

图 10-15　"Edit Master Substrate"（编辑主基板）对话框

下面介绍该对话框中的选项：

● View substrate for this Library：显示包含基板的元件库。

● Open deprecated "ads_standard_layers: tech. subst"：选择该选项，打开已弃用的基板文件。

● Create a Master Substrate by copying an existing substrate：选择该选项，通过复制现有的基板（ads_standard_layers: tech）创建主基板。

● Create a Master Substrate from scratch This will create a new substrate named "tech. subst" in the library.：选择该选项，在库中创建一个名为"technology . subst"的新基板。

完成基板设置后，单击"OK"（确定）按钮，在主窗口的"Library View"（库视图）选项卡中显示指定为主基板的基板文件 tech. subst，基板文件带有"[Master]"标签和复选标记，如图 10-16 所示。

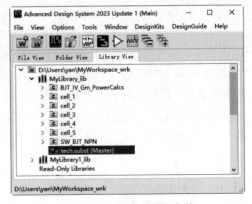

图 10-16　创建主基板文件

10.3　电路板物理结构设置

对于手动生成的 PCB，在进行 PCB 设计前，必须对电路板的各种属性进行详细的设置，主要包括电路板板形的设置、布线框的设置等。

10.3.1　电路板物理边界

电路板的物理边界即为 PCB 的实际大小和形状，在物理边界内中放置元器件并进行连线。因此，布局图设计首先需要根据设计定义一个边框形状。

在布局图中，"Insert"（插入）菜单中包括用于绘制边框的各种形状命令，具体介绍如下。

- Polygon：绘制多边形。
- Polyline：绘制多段线。
- Rectangle：绘制矩形。
- Circle：绘制圆。
- Arc (clockwise)：顺时针绘制圆弧（起点、圆心、终点）。
- Arc (counter-clockwise)：逆时针绘制圆弧（起点、圆心、终点）。
- Arc (start,end,circumference)：绘制圆弧（起点、终点、第三点）。

（1）绘制矩形边界

① 选择菜单栏中的"Insert"（插入）→"Rectangle"（矩形）命令，或单击"Insert"（插入）工具栏中的 ▬，或按快捷键 R，此时光标变成十字形状。

② 移动光标到需要放置矩形的第一个角点位置处，单击确定矩形的起点，移动鼠标拖动矩形，单击确定矩形的另一个角点，如图 10-17 所示。

③ 此时光标仍处于绘制多段线的状态，重复步骤②的操作即可绘制其他的多段线。按下 Esc 键或单击鼠标右键选择"End Command"（结束命令）命令，即可退出操作。

图 10-17　绘制矩形边界

（2）绘制多边形边界

① 选择菜单栏中的"Insert"（插入）→"Polygon"（多边形）命令，或单击"Insert"（插入）工具栏中的 ◈，或按快捷键 Shift + P，此时光标变成十字形状。

② 移动光标到需要放置多边形边线的位置处，单击确定多边形的起点，多次单击确定多个顶点。一个多边形绘制完毕后，双击左键即可退出该操作，如图 10-18 所示。

③ 此时光标仍处于绘制多段线的状态，重复步骤②的操作即可绘制其他的多段线。按下 Esc 键或单击鼠标右键选择"End Command"（结束命令）命令，即可退出操作。

④ 拐弯模式。在放置边线的过程中需要单击确定拐弯位置，并且可以通过按快捷键来切换拐弯模式。有直角、45°角和任意角度 3 种拐弯模式。导线放置完毕，右击或按 Esc 键即可退出该操作。

- 按"4"键设置 45°角。
- 按"9"键设置 90°角。
- 按"0"键设置任意角。

● 按 "T" 切换 45°角和 90°角模式。

⑤ 设置多段线属性。双击需要设置属性的多边形，系统将弹出相应的多边形属性设置面板，如图 10-19 所示。

图 10-18　绘制多边形

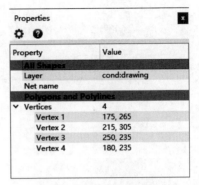

图 10-19　设置多边形属性

（3）精确绘制

采用上述方法绘制的边框无法确定具体尺寸，采用输入坐标的方式精确绘制边框。下面介绍如何精确绘制边框。

① 执行该命令后，选择菜单栏中的 "Insert"（插入）→ "Coordinate Entry"（坐标）命令，弹出 "Coordinate Entry"（坐标）对话框，如图 10-20 所示。

② 一般要求 PCB 的左下角为原点（0,0），右上角坐标将是（1000,1280），绘制结果如图 10-21 所示。

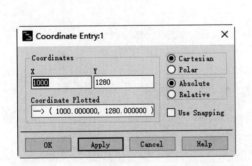

图 10-20　"Coordinate Entry"（坐标）对话框

图 10-21　绘制物理边界

10.3.2　编辑物理边界

编辑物理边界主要是对电路板边框线（物理边界）进行设置，主要目的是给制板商提供加工电路板形状的依据。用户也可以在设计时直接修改板形，即在工作窗口中可直接看到自己所设计的电路板的外观形状，然后对板形进行修改。

（1）修改形状

绘制电路板物理边界的形状后，可以根据需要修改形状以获得新形状。在布局视图中，通过菜单栏中的"Edit"（编辑）→"Modify"（修改）命令，修改电路板物理边界所有形状，如图 10-22 所示。

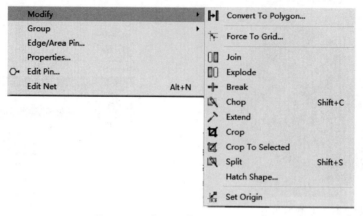

图 10-22　"Modify"（修改）命令

（2）合并形状

① 同图层合并　在 ADS 中，利用"Merge"（合并）命令可以对同一图层内的两个或多个形状之间进行合并操作。

选择需要合并的对象，选择菜单栏中的"Edit"（编辑）→"Merge"（合并）命令，包含三个命令：Union（并集）、Intersection（交集）、Union Minus Intersection（并减交集），如图 10-23 所示，得出形状的合并结果，如图 10-24 所示。

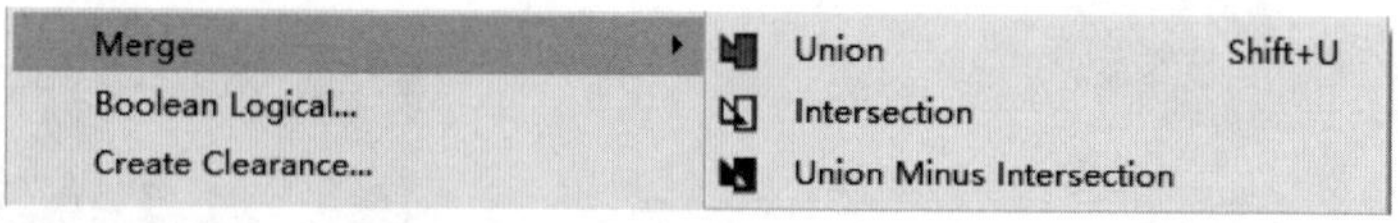

图 10-23　"Merge"（合并）命令

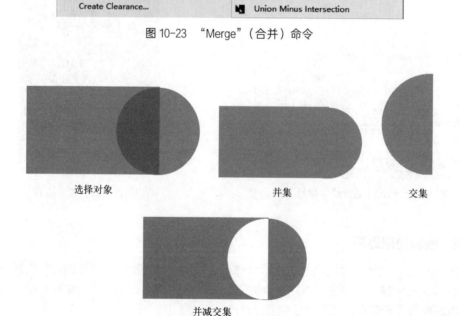

图 10-24　合并形状

②　形状布尔运算　在 ADS 中，利用布尔运算对多个图层（必须为不同图层）的形状进行合并。

a. 选择菜单栏中的"Edit"（编辑）→"Merge"（合并）→"Boolean Operations"（布尔运算）命令，弹出"Boolean Logical Operation Between Layers"（图层间的布尔运算）对话框，将不同图层中的直线、矩形、圆、圆弧等独立的线段合并为一个图层中的合并对象，如图 10-25 所示。

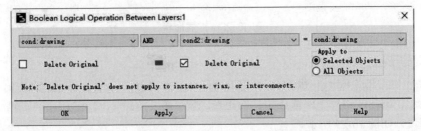

图 10-25　"Boolean Logical Operation Between Layers"（图层间的布尔运算）对话框

第一个图层选择 cond:drawing，逻辑运算选择 AND（并集），cond2:drawing，第二个图层选择 Delete Original，勾选该图层下的"Delete Original"（删除原图）复选框，如图 10-25 所示。

b. 单击"Apply"（应用）按钮，应用不同图层的合并运算，结果如图 10-26 所示。

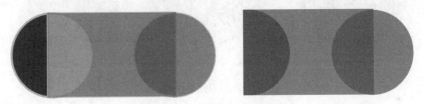

图 10-26　不同图层形状合并

（3）切割形状

选择菜单栏中的"Edit"（编辑）→"Merge"（合并）→"Chop"（切割）命令，从选定的多边形、矩形、圆形或路径中删除定义的矩形区域（选择角点 1、2），如图 10-27 所示。

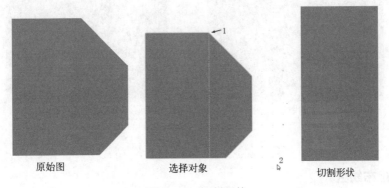

原始图　　　　　　选择对象　　　　　　　　切割形状

图 10-27　切割形状

（4）扩展形状

选择菜单栏中的"Edit"（编辑）→"Merge"（合并）→"Extend"（扩展）命令，在折线的选定端点 1 扩展到指定的参考线段 2 中，如图 10-28 所示。

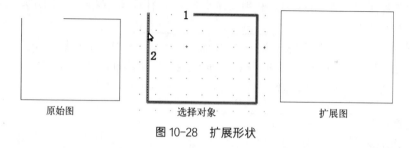

图 10-28　扩展形状

（5）裁剪形状

选择菜单栏中的"Edit"（编辑）→"Merge"（合并）→"Crop"（裁剪）命令，从选定的多边形、矩形、圆形或路径中保留已定义的矩形区域（通过角点 1、2 定义），同时删除该区域以外的所有区域，如图 10-29 所示。

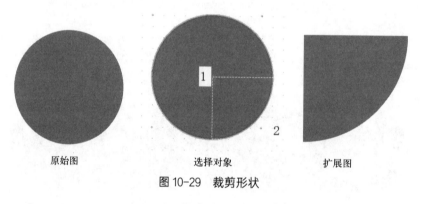

图 10-29　裁剪形状

（6）分割形状

选择菜单栏中的"Edit"（编辑）→"Merge"（合并）→"Split"（分割）命令，使用已定义的矩形区域将选定的多边形、矩形、圆形或路径分割成多个形状，如图 10-30 所示。

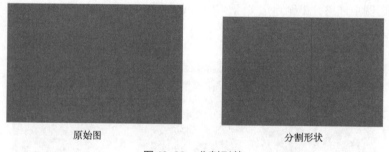

图 10-30　分割形状

10.3.3　禁止布线区

Keepout（禁止布线区）定义了走线、过孔、元器件和金属（例如接地面）不应进入的区域。

（1）创建禁止布线区

选择菜单栏中的"Insert"（插入）→"Keepout"（禁止布线区）命令，此时光标变成十字形状，移动光标到工作窗口，创建一个封闭的多边形，如图 10-31 所示。在 2D 显示图中，Keepout（禁止布线区）是图层颜色中的虚线（如果它只应用于一个图层），或者应用于所有图层的前景色中的虚线。在整个元器件区域添加覆铜平面后，Keepout（禁止布线区）不包含在覆铜平面区域，如图 10-32 所示。

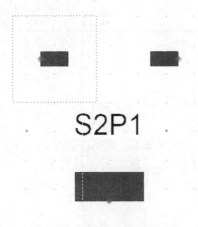

图 10-31　创建禁止布线区

图 10-32　添加覆铜平面

执行该命令时，弹出"Create Keepout"（创建禁止布线区）对话框，如图 10-33 所示，下面介绍该对话框中的选项。

- 在"Layer"（图层）列表中选择 cond：drawing。
- All Layers：勾选该复选框，Keepout 可以在所有层上（包含具有特定目的的所有层）。
- All Purposes：勾选该复选框，Keepout 仅在特定层上。
- Applies to：选择应用范围，包括 Plane（平面）、Routing（布线区）。
- Draw：选择 Keepout（禁止布线区）的形状，包含 Rectangle（矩形）、Circle（圆形）、Polygon（多边形）。

（2）选择禁止布线区

选择已存在的形状，选择菜单栏中的"Insert"（插入）→ "Keepout"（禁止布线区）命令，弹出"Create Keepout From Shape"（利用形状创建禁止布线区）对话框，如图 10-34 所示。勾选"Delete Selected Shape"（删除选定形状）复选框，以删除选定形状，自动将选中转换为禁止布线区，如图 10-35 所示。

图 10-33　"Create Keepout"（创建禁止布线区）
对话框

图 10-34　"Create Keepout From Shape"
（利用形状创建禁止布线区）对话框

图 10-35　形状转换为禁止布线区

10.3.4　电路板层显示设置

PCB 编辑器采用不同的颜色和样式显示各个电路板层，以便于区分。用户可以根据个人习惯进行设置，并且可以决定是否在编辑器内显示该层。

选择菜单栏中的"View"（视图）→"Layer View"（图层显示）命令，显示如图 10-36 所示的子菜单，包含关于 PCB 板层的设置方法。

① 选择 By Name（按名称）命令，弹出如图 10-37 所示的"Layout Layers"（布局层）对话框，按照顺序显示当前 PCB 中电路板层的名称。

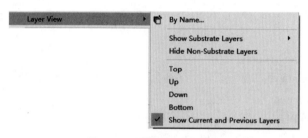

图 10-36　图层显示子菜单

图 10-37　"Layout Layers"（布局层）对话框

② 选择 Show Substrate Layers（显示基板层）命令，显示三种图层中对象的显示方式，Outline（轮廓）、Filled（填充）、Both（两种都有），如图 10-38 所示。

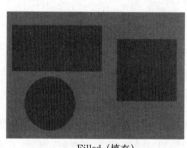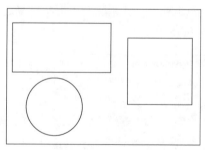

Filled（填充）　　　　　　　　　　　Outline（轮廓）

图 10-38　图层对象显示方式

③ 选择 Hide Non-Substrate Layers（隐藏非基板层）命令，在 Layout（布局图）中只显示基板层。

④ 选择 Top（顶层）、Up（上一层）、Down（下一层）、Bottom（底层）命令，根据图层列表切换当前图层。

⑤ 选择 Show Current and Previous Layers（显示当前和前面的图层）命令，在 Layout（布局图）中显示当前图层和前面图层中的对象。

10.3.5　添加过孔

过孔也称金属化孔，在双面板和多层板中，为连通各层之间的印制导线，在各层需要连通的导线的交会处钻上一个公共孔，即过孔。在工艺上，过孔的孔壁圆柱面上用化学沉积的方法镀上一层金属，用以连通中间各层需要连通的铜箔，而过孔的上下两面做成圆形焊盘形状。

过孔不仅可以是通孔，还可以是掩埋式。通孔式过孔是指穿通所有敷铜层的过孔；掩埋式过孔则仅穿通中间几个敷铜层面，仿佛被其他敷铜层掩埋起来。

图 10-39 为六层板的过孔剖面图，包括顶层、电源层、中间 1 层、中间 2 层、地线层和底层。

① 选择菜单栏中的"Insert"（插入）→"Via"（过孔）命令，此时光标将变成十字形状，系统将弹出如图 10-40 所示的"Insert Via"（插入过孔）对话框。下面介绍该对话框中的选项。

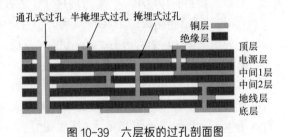

图 10-39　六层板的过孔剖面图

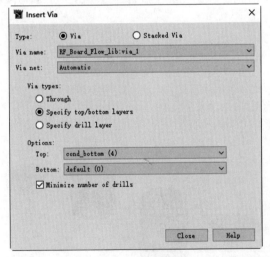
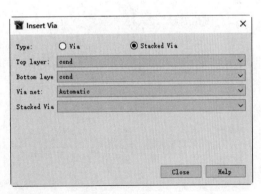

图 10-40　"Insert Via"（插入过孔）对话框

- Type：选择安装孔类型，包括 Via（过孔）和 Stacked Via（焊盘）。
- Via name：选择安装孔名称。默认情况下，选择库中已经定义的 PCB Via 或 Padstack 模板，如 FF_Board_Flow_lib:via_1。
- Via net：根据 PCB 过孔或 Padstack 模板选择指定网络。
- Via types：过孔类型，包括 Through（通孔）、Specify top/bottom layers（指定顶部 / 底部图层）、Specify drill layer（指定钻孔层）。
- Options：选择 top/bottom（顶部 / 底部图层）或 drill layer（钻孔层）。

● Minimize number of drills：勾选该复选框，选择最少的钻孔。

② 设置完毕后，单击"OK"（确定）按钮。此时，光标仍处于放置过孔状态，可以在工作区放置过孔。

为确定电路板安装位置，在电路板四周安装定位孔。如图 10-41 所示为放置完安装孔的电路板。

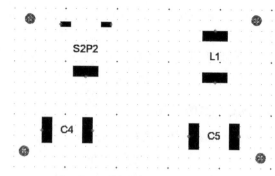

图 10-41　放置完安装孔的电路板

10.3.6　添加焊盘

焊盘（Pad）用于固定元器件引脚或用于引出连线、测试线等，它有圆形、方形等多种形状。焊盘的参数有焊盘编号、X 方向尺寸、Y 方向尺寸、钻孔孔径尺寸等。

① 选择菜单栏中的"Insert"（插入）→"Pad"（焊盘）命令，此时光标将变成十字形状，系统将弹出如图 10-42 所示的"Insert Pad"（插入焊盘）对话框。下面介绍该对话框中的选项。

● Pad name：选择焊盘名称。

● Via net：根据过孔选择指定网络。

● Pad types：选择焊盘类型，包括 Single layer pad（单面焊盘）、Through（通孔焊盘）、Specify top/bottom layers（指定顶 / 底层的焊盘）、Specify drill layer（钻孔焊盘）。

● Options：焊盘参数选项，选择不同的焊盘类型，显示所选择焊盘放置的层。

② 设置完毕后，单击"OK"（确定）按钮。此时，光标仍处于放置焊盘状态，可以在工作区放置焊盘。如图 10-43 所示为不同类型的焊盘。

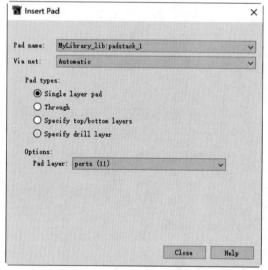

图 10-42　"Insert Pad"（插入焊盘）对话框

图 10-43　放置不同类型的焊盘

10.4　元器件布局

在 Layout（布局图）设计过程中，一般使用同步设计将电路原理图中的元器件更新到布局图中，但更新时若在电路原理图中遗漏了部分元器件，会使设计达不到预期的目的。若重新设计将耗费大量的时间，这种情况下，就可以直接在 Layout（布局图）中添加遗漏的元器件。

在 Layout（布局图）中插入多个对象（元器件、走线或传输线等）之后，往往还需要对所插入的对象进行对齐、排列等布局操作。

10.4.1　放置元器件

在 Layout（布局图）中放置元器件与在原理图中放置元器件步骤相同，在原理图中放置的是元器件的外形图，在布局图中放置的是元器件的零件图，本书统一为元器件。

一般通过下面两种方法进行放置：

● "Parts"（元器件）面板选择元器件。

● 选择菜单栏中的"Insert"（插入）→"Component"（元器件）→"Component Libraries"（元器件库）命令，弹出"Component Libraries"（元器件库）对话框。

执行此命令后，系统弹出"Edit Instance Parameters"（编辑实例参数）对话框，如图 10-44 所示。完成参数设置后，单击"OK"（确定）按钮，关闭该对话框。

选定元器件的零件外形（电容）将随光标移动，在图纸的合适位置单击鼠标左键，放置该元器件，如图 10-45 所示。放置完成后，单击鼠标右键退出操作。

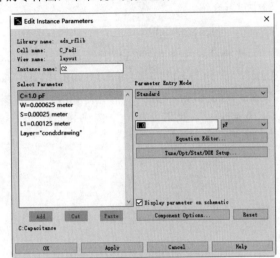

图 10-44　编辑实例参数对话框

图 10-45　放置电容元器件

10.4.2　插入传输线

在具有复杂传输线的设计中，对传输线进行编辑，可以节省相当多的布局时间。

（1）手动放置传输线

在"Parts"（元器件）面板选择传输线面板，包括 TLines Microstrip、TLines-Printed Circuit Board、TLines-Stripline、TLines Suspended Substrate、TLines-Waveguide、TLines Multilayer、TLines-LineType。单击选中的传输线 MLIN，在鼠标上显示浮动的传输线符号，在工作区单击，将其放置即可，如图 10-46 所示。

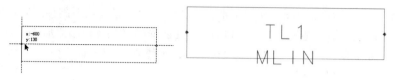

图 10-46　放置传输线 MLIN

（2）走线转换为传输线

除了手动放置传输线外，还可以设置走线，将其转换为传输线，具体方法在后面的走线布线中进行介绍。

（3）拆分传输线

选择菜单栏中的"Edit"（编辑）→"Transmission Line"（传输线）→"Split Transmission Line"（拆分传输线）命令，或单击"Edit Transmission Lines"（编辑传输线）工具栏中的"Split Transmission Line"（拆分传输线）按钮，在传输线 TL1 上单击，选中一个参考点，如图 10-47 所示。此时，将一个传输线元件 TL1 替换为两个相同的传输线元件 TL1、TL2，如图 10-48 所示。

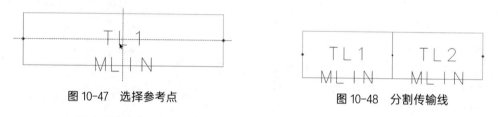

图 10-47　选择参考点　　　　　　　　　图 10-48　分割传输线

（4）更换传输线元件

传输线库中包含各种传输线，为了简化布局，可以将一个传输线更换为对应的几个传输线。

选择菜单栏中的"Edit"（编辑）→"Transmission Line"（传输线）→"Tap Transmission Line"（更换传输线）命令，或单击"Edit Transmission Lines"（编辑传输线）工具栏中的"Tap Transmission Line"（更换传输线）按钮，在传输线 TL1 上单击，将一个传输线元件 TL1 替换为三个传输线元件 TL1、Tee1、TL2，如图 10-49 所示。

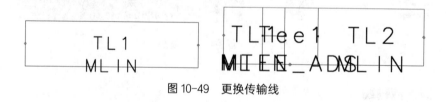

图 10-49　更换传输线

（5）拉长传输线

选择菜单栏中的"Edit"（编辑）→"Transmission Line"（传输线）→"Stretch Transmission Line"（拉长传输线）命令，或单击"Edit Transmission Lines"（编辑传输线）工具栏中的"Stretch Transmission Line"（拉长传输线）按钮，在传输线 TL1 引脚上单击，激活编辑功能，向右侧拖动鼠标到希望拉伸到的位置，单击鼠标左键，确定新的传输线端点，如图 10-50 所示。

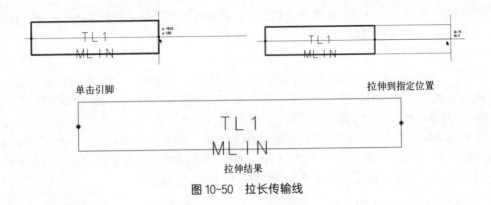

图 10-50　拉长传输线

（6）挤压传输线

挤压传输线是指在保持传输线长度的同时，将传输线修改为不同的弯曲形状。

选择菜单栏中的"Edit"（编辑）→ "Transmission Line"（传输线）→ "Squeeze Transmission Line Keeping Length"（挤压传输线）命令，弹出"Squeeze in Space"（挤压空间）对话框，指定传输线特性，例如角型、引线长度和最小间距，如图 10-51 所示。

根据需要设置选项，单击"Apply"（应用）按钮，单击传输线一端的引脚，确定参考位置。此时，传输线出现虚像，将鼠标移向传输线的另一端，调整偏移位置，单击确定偏移位置，完成修改后的传输线，如图 10-52 所示。

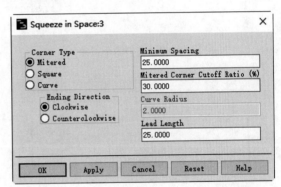

图 10-51　"Squeeze in Space"（挤压空间）对话框

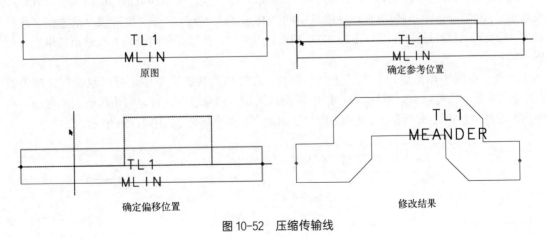

图 10-52　压缩传输线

10.4.3　组合

组合是指把两个或多个图形结合起来作为单个对象。将多个对象组合在一起，就可以对它们进行统一的操作，也可以同时更改对象组合中所有对象的属性。

① 按住 Shift 键或 Ctrl 键单击要组合的对象，同时选中文档中的多个对象，如将图 10-53 中的元器件（C4、L2、R3）和走线（N__20）同时选中。

② 选择菜单栏中的"Edit"（编辑）→"Group"（组合）→"Create Group"（创建组合）命令，或单击"Edit Group"（编辑组合）功能组中的"Create Group"（创建组合）按钮▤，弹出"Greate Group"（创建组合）对话框，输入组合名称，如图 10-54 所示。选中后被组合的图形不再是单个的对象，而是为一个整体，如图 10-55 所示。

③ 如果要撤销组合，选中图形后，选择菜单栏中的"Edit"（编辑）→"Group"（组合）→"Ungroup"（取消组合）命令，或单击"Edit Group"（编辑组合）功能组中的"Ungroup"（取消组合）按钮▤，被组合的图形变为单个的对象，如图 10-56 所示。

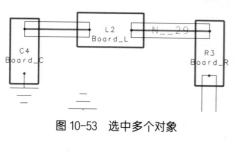

图 10-53　选中多个对象

图 10-54　"Greate Group"（创建组合）对话框

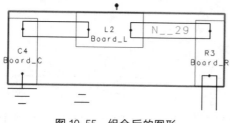

图 10-55　组合后的图形

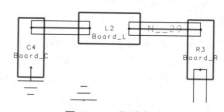

图 10-56　取消组合

④ 选择菜单栏中的"Edit"（编辑）→"Group"（组合）→"Regroup"（重新组合）命令，或单击"Edit Group"（编辑组合）功能组中的"Regroup"（重新组合）按钮▤，从工作区选择对象（接地）、组合（元器件 C4、L2、R3）和走线 N__20，创建新的组合，并取消所选组合，如图 10-57 所示。

此外，在选中图形后，右击任意一个图形，在弹出的快捷菜单中选择"组合"选项中的"组合"命令，也可以组合图形，如图 10-57 所示。如需解除组合，可以右击组合后的图形，在弹出的快捷菜单中选择"组合"选项中的"取消组合"命令即可，如图 10-58 所示。

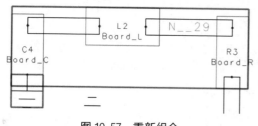

图 10-57　重新组合

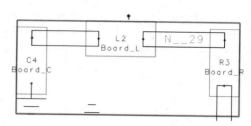

图 10-58　取消重新组合

⑤ 选择菜单栏中的"Edit"（编辑）→"Group"（组合）→"Add To Group"（添加组合）命令，或单击"Edit Group"（编辑组合）功能组中的"Add To Group"（添加组合）按钮▤，首先从工

作区选择对象（接地），再选择要添加的组合，将对象添加到选择的组合中，如图 10-59 所示。

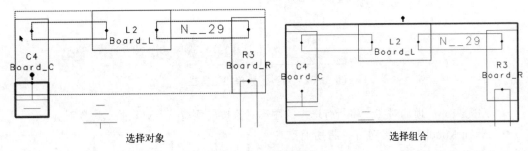

图 10-59　添加组合

⑥ 选择菜单栏中的"Edit"（编辑）→ "Group"（组合）→ "Remove From Group"（从组合移除）命令，或单击"Edit Group"（编辑组合）功能组中的"Remove From Group"（从组合移除）按钮，首先选择组合，再从工作区选择组合中的对象，将该对象从选择的组合中移除，如图 10-60 所示。

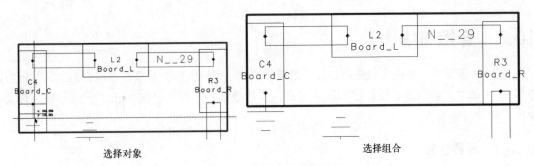

图 10-60　从组合中移除对象

⑦ 选择菜单栏中的"Edit"（编辑）→ "Group"（组合）→ "Transparent Mode"（透明模式）命令，或单击"Edit Group"（编辑组合）功能组中的"Remove From Group"（从组合移除）按钮，进入透明组模式，在不取消组合的情况下编辑组合内的对象。

10.4.4　对齐

Layout（布局图）中对象对齐方式也像 Schematic（原理图）和 Symbol（符号图）中一样，有左对齐、居中、右对齐，还有顶端对齐、垂直居中和底端对齐。

① 按住 Ctrl 或 Shift 键选中要对齐的多个对象，如图 10-61 所示。

② 在"Edit"（编辑）→ "Align"（对齐）子菜单中，单击"Align"（对齐）工具栏中的按钮，如图 10-62 所示，其中各个选项作用说明如下。

图 10-61　选择对齐对象

- Align Left：左对齐，将所有选中的图形对象按最左侧一个对象的左边界对齐。
- Align Center：水平居中，将所有选中的图形对象横向居中对齐。
- Align Right：右对齐，将所有选中的图形对象按最右侧一个对象的右边界对齐。

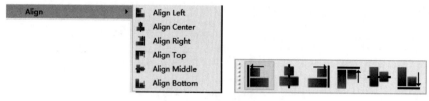

图 10-62　对齐子菜单和工具栏

- Align Top：顶端对齐，将所有选中的图形对象按最顶端一个对象的上边界对齐。

- Align Middle：垂直对齐，将所有选中的图形对象纵向居中对齐。

- Align Bottom：底端对齐，将所有选中的图形对象按最底端一个对象下边界对齐。

③ 单击需要的对齐或分布命令即可，图 10-63 是将所选图像设置为顶端对齐后的效果图。

图 10-63　顶端对齐效果图

10.5　连接布线

在 PCB 设计中，布线是完成产品设计的重要步骤，可以说前面的准备工作都是为它而做的，在整个 PCB 中，以布线的设计过程限定最高、技巧最细、工作量最大。PCB 布线有导线布线、双面布线及网络布线。

10.5.1　导线连接

在 Layout（布局图）中，导线连接是指使用临时导线在布局元器件之间创建电气连接。在插入实际使用的线路之前，为了方便在布局中移动元器件，而不会破坏电路的连接性，使用导线连接电路。

导线也可以很容易地模拟电路的性能，但模拟器将导线视为短路，最终还是需要使用走线直接连接元件，或可以使用走线替换导线并重复模拟，以验证电路性能。

有时，布局中可能会产生无意的间隙。当这种情况发生时，导线连接表明元件之间没有相邻的电气连接。

> 注意　移动的负片可能会引入新的导线（断开元器件），因此可以经常调整布局参数以关闭间隙，或引入新元素，而不是手动移动对象。

（1）绘制导线

① 选择菜单栏中的"Insert"（放置）→"Wire"（导线）命令，或按下"Ctrl"+"W"键，此时光标将变成十字形状。

② 移动光标到元件的一个焊盘上，单击放置导线的起点，多次单击确定多个不同的顶点，完成两个焊盘之间的连接，如图 10-64 所示。

（2）导线属性设置

双击导线，弹出"Properties"（属性）面板，设置导线属性。导线是宽度为零的走线，可以通过该面板设置导线宽度，从而将导线转换为走线。

① 常用属性：Layer（图层）、Net name（网络名称）。

② Path/Trace/Wires（路径 / 走线 / 导线）属性：包括 Width（线宽）、End style（导线结束端类型）、Corner type（拐角类型）、Cutoff ratio %（斜接角切断比）、Curve radius（曲线半径弧度）、Length（长度）、Electrical length（电气长度），如图 10-65 所示。

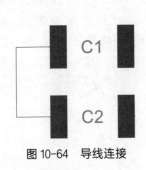

图 10-64　导线连接

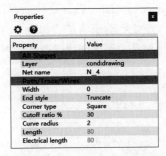

图 10-65　"Properties"（属性）面板

（3）改变导线形状

① 完成导线绘制后，可以通过鼠标拉伸导线边缘（两个顶点之间的线段）来改变现有导线的形状。

② 选择菜单栏中的"Edit"（编辑）→"Move"（移动）→"Move Edge"（移动边缘）命令，在要拉伸的导线边缘（两个顶点之间的线段）上单击，移动光标时，版图随之移动和变化。

10.5.2　走线连接

走线是具有宽度和弯曲型的导线，用于表示物理传输线，可以用来连接版图中的元器件。若用于仿真，走线连接和导线连接之间没有区别。走线通常认为是简单连接（短线），可以转换或模拟为传输线，从而进行更准确的仿真。

（1）绘制走线

① 选择菜单栏中的"Insert"（放置）→"Trace"（走线）命令，或单击"Insert"（插入）工具栏中的"Insert Trace"（插入走线），或按下"T"键，此时光标将变成十字形状。

② 移动光标，多次单击确定多个不同的控点，完成不同对象之间的布线，如图 10-66 所示。

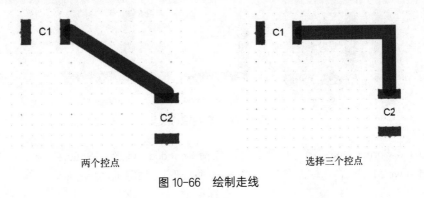

两个控点　　　　选择三个控点

图 10-66　绘制走线

③ 在绘制走线过程中，选择菜单栏中的"Options"（选项）→"45 Degree Entry"（45 度入口）、"90 Degree Entry"（90 度入口）命令，可以改变绘制走线的角度。

④ 选择菜单栏中的"Options"（选项）→"Avoidance Routing"（回避布线）命令，激活回避布线功能，在布线过程中会自动绕过障碍物。

（2）走线属性设置

在走线绘制过程中，弹出"Trace"（走线）对话框，设置走线属性，如图 10-67 所示。

下面介绍该对话框中的选项。

- Layer or Line：选择走线所在图层。对于将模拟为微带线或带状线的走线，应在第 1 层 (cond) 输入走线；对于将被模拟为 PCB 传输线元器件的走线，应该在 16 ～ 25 层 (pcb1-9) 输入走线。通过过孔，可以创建通道连接不同图层上的走线，如图 10-68 所示。

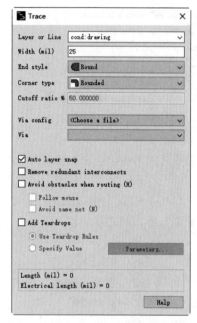

图 10-67 "Trace"（走线）对话框

图 10-68 过孔走线连接

- Width (nil)：设置走线线宽，默认值为 25。
- End style：设置走线端点类型，包含 Square Extend（方形）、Truncate（截断角）、Round（圆角），如图 10-69 所示。

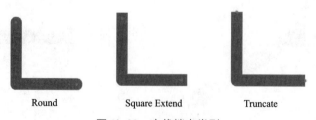

Round   Square Extend   Truncate

图 10-69 走线端点类型

- Round Corner type：选择拐角类型，包括 Rounded（圆形）、Square（方形）、Mitered（斜角形）、Adaptive Miter（自适应斜角形）、Curve（曲线形），如图 10-70 所示。

| Rounded | Square | Mitered | Adaptive Miter | Curve |

图 10-70　拐角类型

- Rounded Cutoff ratio %：斜接角切断比 (%)。设定截止的百分比，数值越大，被切掉的角就越多。
- Via config：选择过孔配置信息。
- Via：选择走线切换图层时添加的过孔。
- Auto layer snap：勾选该复选框，当从引脚插入走线时，自动在引脚的层上开始定义走线。
- Remove redundant interconnects：勾选该复选框，在创建从一个走线到另一个走线时，自动删除新创建的走线所产生的冗余互连。
- Avoid obstacles when routing (H)：勾选该复选框，在绘制或布线走线时，将避开其层上设置了相关 DRC 间隔规则的障碍物。
- Follow mouse：当激活避障功能时，路径将遵循鼠标的移动定位，而不是通过最短路径。
- Avoid same net (N)：勾选该复选框，当激活避障功能时，追踪走线将避开同一网络上的任何对象。
- Add Teardrops：勾选该复选框，可以通过泪滴优化焊盘、轨迹到通孔的连接。
- Use Teardrop Rules：选择该选项，激活泪滴优化后，使用定义的 Teardrop 规则定义泪滴大小。
- Specify Value：选择该选项，激活泪滴优化后，使用指定参数值定义泪滴大小。

（3）编辑走线

双击走线，弹出"Edit Trace"（编辑走线）对话框，编辑走线属性，包括 Line type/Layer（图层）、Width（线宽）、End style（终点类型）、Corner type（拐角类型）、Cutoff ratio %（阶段比）、Curve radius（弯曲半径）、Via（过孔），如图 10-71 所示。

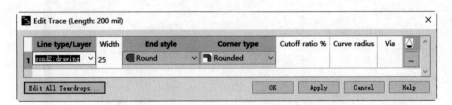

图 10-71　"Edit Trace"（编辑走线）对话框

（4）走线 / 路径转换

路径是具有宽度的折线（默认宽度为），可以在任何点表示开始和结束，但路径没有关联的电路连接信息。绘制路径的方法与绘制走线类似，这里不再赘述。

选择菜单栏中的"Edit"（编辑）→"Path/Trace"（路径 / 走线）→"Convert Trace To Path"

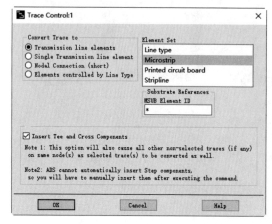

图 10-72　"Trace Control"（走线控制）对话框

（走线转换为路径）或 "Convert Path To Trace"（路径转换为走线）命令，将路径与走线相互转换。

选择菜单栏中的 "Edit"（编辑）→ "Path/Trace"（路径/走线）→ "Convert Trace"（转换为走线）命令，弹出如图 10-72 所示的 "Trace Control"（走线控制）对话框，用于将导线转换为走线或传输线。

① Convert Trace to（走线转换）选项组：选择将走线转化为下面的类型。

● Transmission line elements：传输线元件。

● Single Transmission line element：单个传输线元件。

● Nodal Connection (short)：节点连接线。

● Elements controlled by Line Type：由线条类型控制的元素。

② Element Set（元素设置）选项组：选择转换的线类型，包括 Line type（指定线型传输线）、Microstrip（微带线）、Printed circuit board（印制线）、Stripline（带状线）。

③ Insert Tee and Cross Components：勾选该复选框，在必要的情况下插入三通和交叉元器件。

10.5.3　曲径走线连接

曲径走线能够快速插入具有特定特征（长度、间距和方向）的走线。

① 选择菜单栏中的 "Insert"（放置）→ "Meander Traces"（曲径走线）命令，此时光标将变成十字形状。

② 在元器件引脚上单击确定走线的起点，移动光标，走线呈弯曲状态，单击确定走线的终点，如图 10-73 所示。

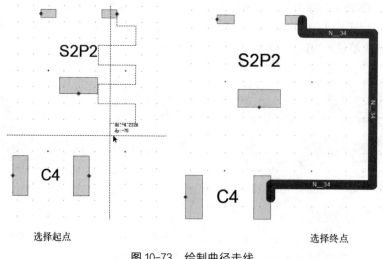

　　　　选择起点　　　　　　　　　　　　　　　选择终点

图 10-73　绘制曲径走线

在走线绘制过程中，弹出"Meander Line"（曲径走线）对话框，设置走线属性，如图 10-74 所示。

下面介绍该对话框中的选项。

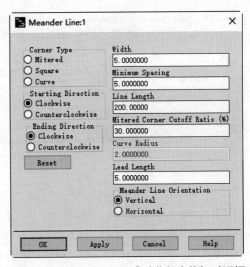

图 10-74　"Meander Line"（曲径走线）对话框

● Corner Type：选择走线拐角类型，包括 Mitered（斜角）、Square（方形角）、Curve（曲线角）。

● Starting Direction：绘制连接到起始引线的前两段的方向（顺时针或逆时针）。

● Ending Direction：绘制连接到结束引线的最后两个线段的方向（顺时针或逆时针）。

● Width：走线宽度。

● Minimum Spacing：平行走线段之间的最小间距。

● Line Length：线路的总长度，包括引线长度段。

● Mitered Corner Cutoff Ratio (%)：斜切角类型所需的截止比。

● Curve Radius：转角型曲线所需的曲线半径。

● Lead Length：起始段和结束段的长度。

● Meander Line Orientation：选择走线在指定的起始线和结束线之间垂直或水平弯曲。

10.5.4　多层走线连接

有时走线需要跨越不同的层，以避免连接到不同层上其他元器件的互连，将不同层上的部分走线布线称为多层走线布线或走线拼接。

在多层走线布线中，有多种方法可以更改当前走线的绘图层。

（1）快捷键

● 按下逗号"，"键，将把入口层更改为走线层堆栈中的下一层。

● 按点号"．"键，将把入口层更改为下一个更高的走线层。

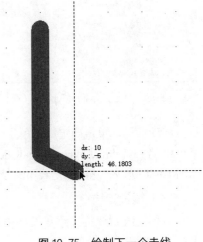

图 10-75　绘制下一个走线

（2）快捷操作

走线只允许存在于单个绘图层上，使用多层走线布线又将在连续的不同单层上包含走线段的每个部分的走线。

在走线布线过程中，默认当前绘图层为 cond:drawing，选择下一个走线端点前（图 10-75），在图层列表中选择图层，即可在下一个图层绘制走线，完成多层走线布线，如图 10-76 所示。

（3）过孔连接

当在多层走线从一层更改为另一层时，为了保持走线的连通性，需要通过定义过孔进行连接。

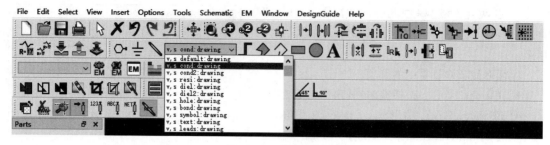

图 10-76　选择图层

激活走线命令后，默认当前绘图层为 cond:drawing，绘制完第一个线段，右键单击鼠标，选择"Routing LineTypes"（布线线型）子菜单中的 cond2:drawing，切换图层，如图 10-77 所示。此时，在该第一条走线终点添加过孔，同时，更改第二条走线绘图层为 cond2:drawing，如图 10-78 所示。此时添加过孔定义了一个通道来连接这两个层（cond:drawing 和 cond:drawing）。

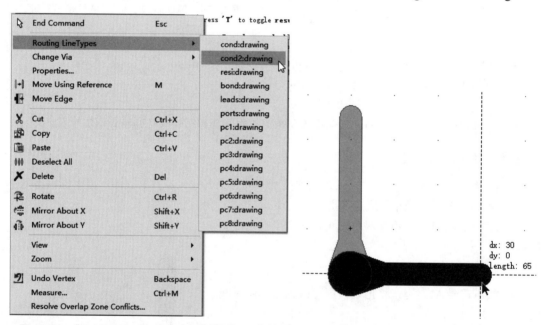

图 10-77　"Routing LineTypes"（布线线型）子菜单

图 10-78　添加过孔 1

移动鼠标，单击确定第二条走线终点，右键单击鼠标，选择"Change Via"（更改过孔）子菜单中的 MyLibrarJibvia_4:<ViaRule>，如图 10-79 所示。此时，在第二条走线终点添加过孔，如图 10-80 所示。这时，走线不跨越图层。最终得到的多层布线结果如图 10-81 所示。

（4）编辑走线

多层走线布线将导致在设计中插入多条走线。对走线的编辑操作将不适用于整个走线段，仅适用于选定的走线。

双击走线，弹出"Edit Trace"（编辑走线）对话框，依次编辑多条走线属性，如图 10-82 所示。

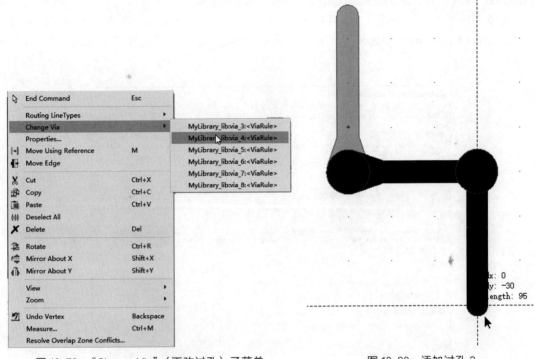

图 10-79　"Change Via"（更改过孔）子菜单	图 10-80　添加过孔 2

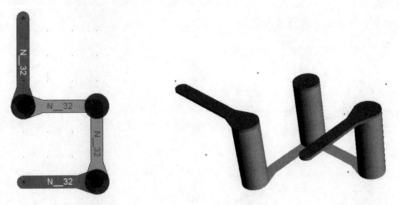

图 10-81　多层布线结果

Edit Trace (Length: 420.06 mil)　　　　　　　　　　　　　　×

	Line type/Layer	Width	End style	Corner type	Cutoff ratio %	Curve radius	Via	△
1	cond:drawing	25	Round	Rounded				
2	cond2:drawing	25	Round	Rounded			MyLibrary_lib:via_3:<ViaRule>	...

Edit All Teardrops...　　　　　　　　　　OK　　Apply　　Cancel　　Help

图 10-82　"Edit Trace"（编辑走线）对话框

10.5.5　连接模式设置

在编辑布局时，连接模式决定如何在布局中处理对象之间的连接。连接模式定义了不同的连接行为，并提供了一种方法来调优最适合的设计风格的连接。

选择菜单栏中的"Tools"（工具）→"Set Connectivity Options"（设置连通选项）命令，弹出"Layout Connectivity Options"（布局连通选项）对话框，设置选择连接模式，如图 10-83 所示。

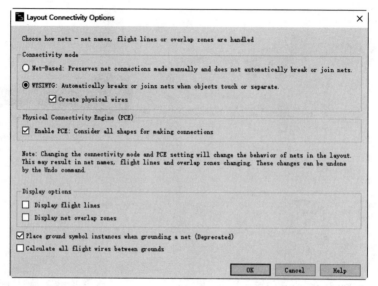

图 10-83 "Layout Connectivity Options"（布局连通选项）对话框

① Connectivity mode：选择连接模式，如图 10-84 所示。

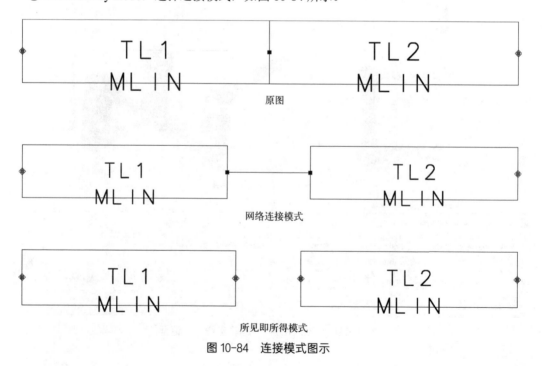

图 10-84 连接模式图示

● Net-Based：选择该选项，基于网络连接模式。当对象分离时，两个对象之间出现一条飞行线，依旧保留手工建立的网络连接。

● WYSIWYG：选择该选项，选择所见即所得模式，创建物理连线，当对象接触或分离时，自动断开或连接网络。

② Enable PCE：勾选该复选框，考虑所有形状的连接，改变连接节点和 PCE 设置会改变布局图中网络的连接。

③ Display options（显示选项）选项组：

● Display flight lines：勾选该复选框，显示飞线。

● Display net overlap zones：勾选该复选框，显示网络重叠区域。

④ Place ground symbol instances when grounding a net (Deprecated)：该选项已经不适用。

⑤ Calculate all flight wires between grounds：计算所有地平面之间的飞线。

10.5.6　网络连接

ADS 2015 发布的基于 Net 的模式，当实例或引脚被移动接触到其他网上的对象时，网络会自动合并。

在 ADS 中，Layout（布局图）中的每个对象包括的引脚、焊盘、PCB 过孔和实例端子都是基于 Net 连接的，如图 10-85 所示。

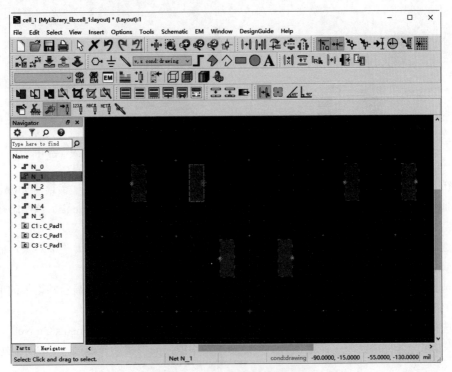

图 10-85　基于 Net 连接的对象

① 选择菜单栏中的"Insert"（插入）→"Net Connection"（网络连接）命令，单击要连接的第一个引脚、通孔、焊盘或实例终端，然后单击要连接到第一对象的第二引脚、通孔、焊盘或实例终端，如图 10-86 所示。此时，弹出"Merge Nets"（合并网络）对话框，询问是否要合并网络，如图 10-87 所示。

② 在"Merge to net"（合并到的网络）选项中选择一个对象的现有网络，将要连接的对象都放在该网络上，或者输入一个新的网络名称，将要连接的对象放在一个新的网络上。

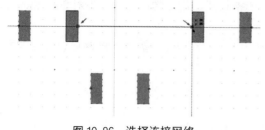

图 10-86　选择连接网络

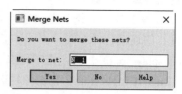

图 10-87　"Merge Nets"（合并网络）对话框

③ 单击"Yes"（是）按钮，连接两个对象。如果两个物体没有物理接触，将在它们之间绘制一条飞线，如图 10-88 所示。

④ 完成网络连接后，选定的网络（N_1）上显示两个对象，合并网络 N_1 和 N_2 为 N_1，如图 10-89 所示。

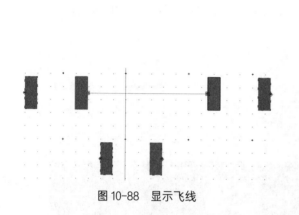

图 10-88　显示飞线

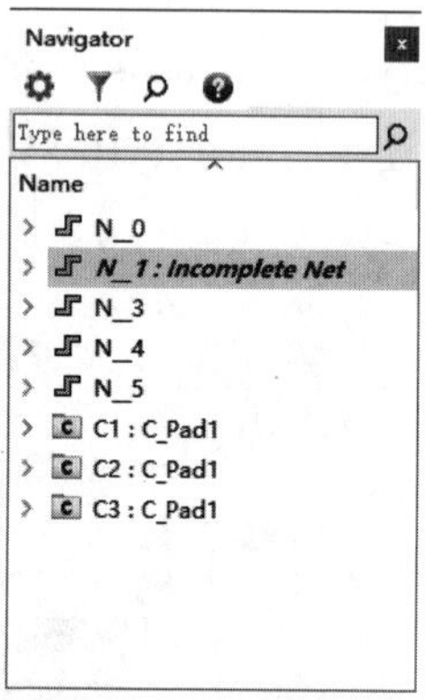

图 10-89　合并网络

⑤ 在"Navigator"（过滤器）面板上选择网络（N_1），单击鼠标右键，选择"Show Physical And Nodal Connectivity"（显示物理连接和节点连接）命令，在工作区高亮显示该网络连接的连线的节点，如图 10-90 所示。

⑥ 选择网络（N_1），单击鼠标右键，选择"Zoom To Selected"（放大选中对象）命令，在工作区自动放大该网络连接的对象。

⑦ 选择网络（N_1），单击鼠标右键，选择"Select Shapes On Net"（显示网络中的形状）命令，在工作区高亮显示该网络连接的形状。

⑧ 选择网络（N_1），单击鼠标右键，选择"Select Shapes And Components On Net"（显示网络中的外形和元器件）命令，在工作区高亮显示该网络连接的形状和元器件，如图 10-91 所示。

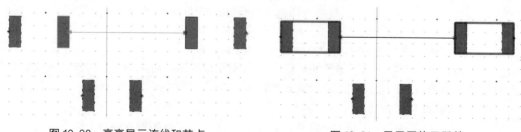

图 10-90　高亮显示连线和节点

图 10-91　显示网络元器件

⑨ 选择网络（N_1），单击鼠标右键，选择"Rename"（重命名）命令，激活网络名编辑功能，可以输入新的网络名称。

10.6　覆铜和补泪滴

覆铜由一系列的导线组成，可以完成电路板内不规则区域的填充。在绘制 PCB 图时，覆铜主要是指把空余没有走线的部分用导线全部铺满。用铜箔铺满部分区域和电路的一个网络相连，多数情况是和 GND 网络相连。单面电路板覆铜可以提高电路的抗干扰能力，经过覆铜处理后制作的印制板会显得十分美观，同时，通过大电流的导电通路也可以采用覆铜的方法来加大过电流的能力。通常覆铜的安全间距应该在一般导线安全间距的两倍以上。

10.6.1　覆铜平面

在设计多层板（一般指四层以上）时，往往将电源、地等特殊网络放在一个专门的层，在 Layout（布局图）中称这个层为 Planes（平面层）。

在平面层中，用铜覆盖 PCB 的空白空间，并自动连接所有携带信号的引脚。平面可以生成为接地平面，也可以生成为电源平面。

● ground plane（接地平面）是连接到电路接地的平面，通常做得尽可能大，覆盖 PCB 的大部分面积，不被电路走线占用。在多层 PCB 中，它通常是覆盖整个电路板的单独层。为使得布线更容易，电路设计人员将任何元器件直接通过电路板上的孔接地到另一层的接地面。

● power plane（电源平面）对应于接平面，充当交流信号地，同时为安装在 PCB 上的电路提供直流电压。

在数字和射频电路中，接地平面可以减少电噪声、电路不同部分之间的耦合，以及相邻电路走线之间的串扰。

（1）创建覆铜平面

创建的覆铜平面是动态的，在编辑过程中经常更新覆铜平面。

① 选择菜单栏中的"Insert"（插入）→"Plane"（平面）命令，弹出"Create new plane"（创建新平面）对话框，定义在创建覆铜平面时使用的参数，如图 10-92 所示。

图 10-92　"Create new plane"
（创建新平面）对话框

② 完成参数设置后，移动光标到工作窗口，创建一个封闭的矩形，如图 10-93 所示。

下面介绍该对话框中的选项：

● Clearance：定义平面和对象之间的距离。只有当平面和对象不在同一网络中时才会产生间距，如图 10-94 所示，默认间距值为 5.0。

● Use Clearance Rules：勾选该复选框，使用平面约束管理器中定义的清除规则来确定间距。

● Net：为平面选择一个网络名称。默认在接地网"gnd!"上创建平面。

● Layer：选择要创建平面的层。

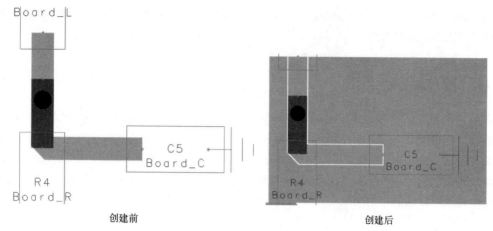

图 10-93　矩形平面

- Name：输入平面名称。
- Use Rounded Clearance：勾选该复选框，设置地平面间距，使尖锐角的对象周围有圆角，如图 10-95 所示。

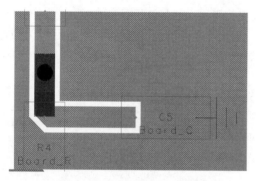

图 10-94　间距值为 5.0 的平面

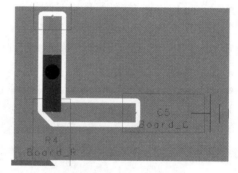

图 10-95　间距为圆角

- Enable Thermal Relief：勾选该复选框，采取预防措施，防止元器件过热。
- Thermal straps width：指定热带宽度。
- Enable Smoothing Options：设置平滑锐角和删除缺口。
- Smooth acute angles：在创建平面时平滑创建的边缘。根据 0°～90°之间指定的角度去除尖边。
- Remove features smaller：删除具有指定宽度的缺口。
- Create mode：选择创建平面的模式。包括 Draw Rectangle（矩形形状）、Draw Polygon（多边形形状）。

（2）编辑覆铜平面

覆铜平面在 PCB 设计中是一个对象，所以完全可以对其进行编辑，甚至将其变为设计中的某一网络，下面将介绍如何编辑覆铜平面。

① 双击绘制好的覆铜平面，弹出"Edit Plane"（编辑平面）对话框，编辑或更改覆铜平面参数，如图 10-96 所示。图 10-95 中的覆铜平面，圆角间距（5.0）修改为直角间距（10.0），结果如图 10-97 所示。

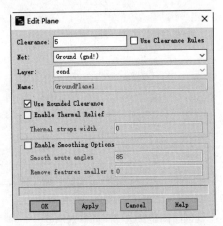

图 10-96　"Edit Plane"（编辑平面）对话框

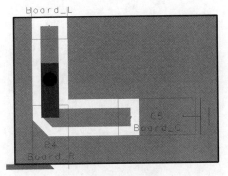

图 10-97　修改平面

② 选择菜单栏中的"Edit"（编辑）→ "Plane"（平面）命令，显示下面三个子命令，用于编辑/更新生成平面。

● Regenerate Plane：更新选定的平面，如图 10-98 所示。

● Regenerate All Planes：更新所有平面。

● Regenerate All Planes Needing Update：更新所有需要更新的平面。

10.6.2　分割平面

Mask Layers 是阻焊层，用于保护铜线，也可以防止焊接错误。在该层中在还需要考虑地平面与其余对象之间的间距，将地平面分割为不同的区域。

① 选择地平面，打开"Layers"（图层）对话框，在该对话框中单击"Options"（选项）按钮 ⚙，选择"Change All Shapes"（更改所有形状）按钮，弹出"Select a Shape"（选择形状）对话框，改变所有图层形状为 Outlined（只有边框线），效果如图 10-99 所示。

② 选择菜单栏中的"Edit"（编辑）→ "Create Clearance"（创建间距）命令，弹出"Create Clearance - Select Planes"（创建间距：选择平面）对话框，如图 10-100 所示，提示选择地平面形状，在布局图中选择其中的形状作为地平面，如图 10-101 所示。

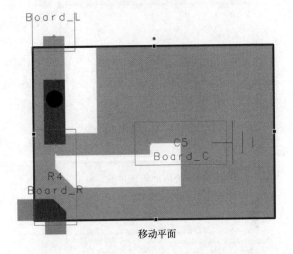

移动平面

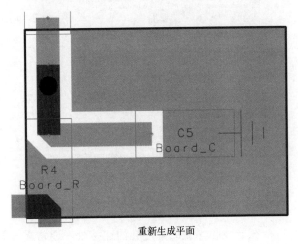

重新生成平面

图 10-98　更新平面

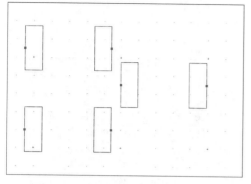

图 10-99　地平面形状显示为边框线

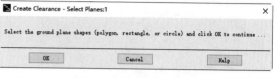

图 10-100　"Create Clearance – Select Planes"
（创建间距：选择平面）对话框

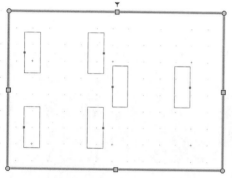

图 10-101　选择地平面形状

③ 单击"OK"（确定）按钮，弹出"Create Clearance"（创建间距）对话框，如图 10-102 所示，在左侧"Layers"（图层）列表中选择需要清除间距的图层，单击箭头按钮，将其添加到右侧"Selected Clearance Layer(s)"（选择间距图层）列表中；在"Clearance Value"（间距值）中输入间距值。

④ 单击"OK"（确定）按钮，在 Layout（布局图）中应用所定义的间距值，在阻焊层图层上根据定义的间距分割地平面，如图 10-103 所示。

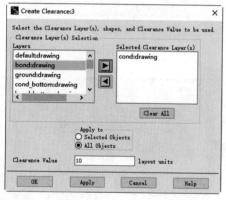

图 10-102　"Create Clearance"（创建间距）对话框

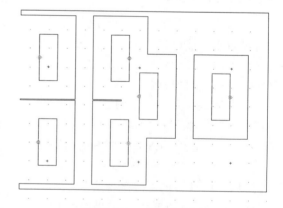

图 10-103　分割地平面

10.6.3　补泪滴

在导线和焊盘或者过孔的连接处，通常需要补泪滴，以去除连接处的直角，加大连接面。这样做有两个好处：一是在 PCB 的制作过程中，避免因钻孔定位偏差导致焊盘与导线断裂；二是在安装和使用中，可以避免因用力集中导致连接处断裂。

选择菜单栏中的"Insert"（放置）→"Trace"（走线）命令，或单击"Insert"（插入）工具栏中的"Insert Trace"（插入走线）按钮，或按下"T"键，弹出"Trace"（走线）对话框，设置走线属性，勾选"Add Teardrops"（添加泪滴）复选框，如图 10-104 所示。

下面包括两种泪滴选项：

① Use Teardrop Rules：选择该选项，激活泪滴优化后，使用已经定义的 Teardrop 规则定义泪滴大小。

② Specify Value：选择该选项，激活泪滴优化后，使用指定参数值定义泪滴大小。单击"Parameters"（参数）按钮，弹出"Teardrop Parameters"（泪滴参数）对话框，如图 10-105 所示。在该对话框中设置泪滴的 Height（高度）和 Offset（偏移值）。

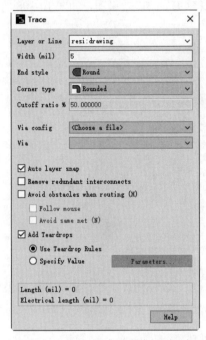

图 10-104　"Trace"（走线）对话框

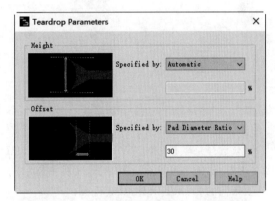

图 10-105　"Teardrop Parameters"（泪滴参数）
对话框

补泪滴前后焊盘与导线连接的变化如图 10-106 所示。

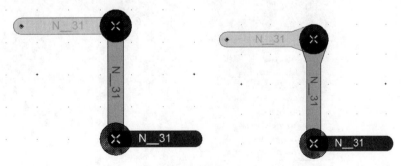

图 10-106　补泪滴前后焊盘与导线连接的变化

按照此方法，还可以对某一个元件的所有焊盘和过孔，或者某一个特定网络的焊盘和过孔进行补泪滴操作。

10.7 3D 效果图

布局完毕后，可以通过 3D 视图和 3D 布局查看器查看布局图的 3D 效果图，更直观地查看视觉效果，以检查布局是否合理。

10.7.1 3D 视图显示

① 在 Layout（布局图）编辑器内打开布局图，如图 10-107 所示。选择菜单栏中的"View"（视图）→"3D View"（3D 显示）命令，则系统生成该 PCB 的 3D 效果图，如图 10-108 所示。

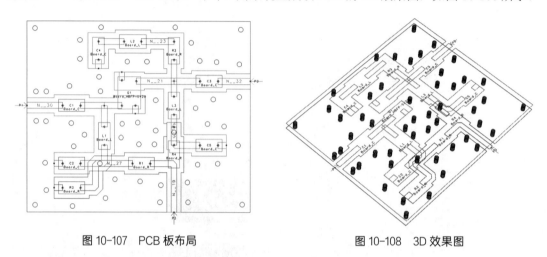

图 10-107 PCB 板布局   图 10-108 3D 效果图

② 选择菜单栏中的"View"（视图）→"3D Views"（3D 视图）命令，显示不同的 3D 视图命令，如图 10-109 所示。默认三维视图显示的是 Front/Left/Top 视图，图 10-110 中显示该 PCB 3D 效果图的 Front/Left/Bottom 视图。

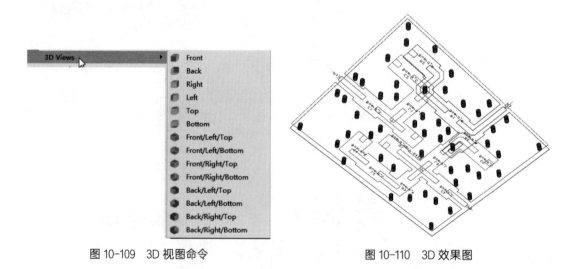

图 10-109 3D 视图命令   图 10-110 3D 效果图

10.7.2 3D 布局查看器

ADS 通过了一款 3D 工具用于显示和编辑可视化 3D 布局视图。

选择菜单栏中的"View"（视图）→"3D Tools"（3D
工具）命令，显示不同的 3D 视图编辑命令。

① 选择"Show Cutting Plane"（显示切割平面）命
令，在平面上进行切割设计，添加剖切面，显示电路板
切割平面，如图 10-111 所示。

② 选择"Edit Cutting Plane"（编辑切割平面）命令，
启用剖切面编辑功能，打开或关闭旋转坐标系，拖动坐
标系的坐标轴，旋钮视图显示方向，如图 10-112 所示。

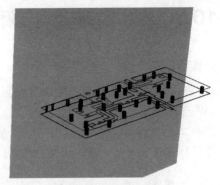

图 10-111　显示剖切面

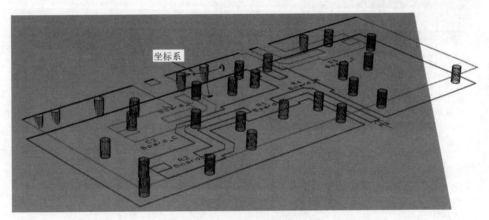

图 10-112　显示旋转坐标系

③ 选择"Scale Z-Axis"（缩放 Z 轴）命令，
弹出"Scale Z-Axis"（缩放 Z 轴）对话框，利
用滑动在 Z 方向上按照比例更改 3D 视图的几
何尺寸，如图 10-113 所示。向右移动滑动条
的维度值，则将在 Z 方向上放大模型，如图
10-114 所示。

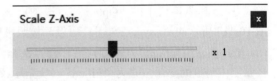

图 10-113　"Scale Z-Axis"（缩放 Z 轴）对话框

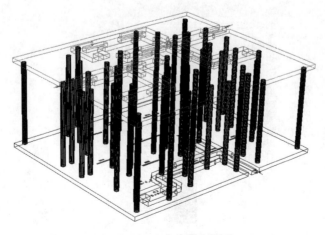

图 10-114　Z 方向放大视图

10.8 操作实例——电阻分压电路布局图设计

操作步骤：

启动 ADS 2023，打开主窗口界面。选择菜单栏中的"File"（文件）→"Open"（打开）→ "Workspace"（项目）命令，或单击工具栏中的"Open New Workspace"（打开工程）按钮 ，弹出"Open Workspace"（打开工程）对话框，选择打开工程文件 RES_V_wrk，如图 10-115 所示。打开 Partial 下的 layout（布局图）视图窗口，显示导入的元器件 R1、R2，如图 10-116 所示。

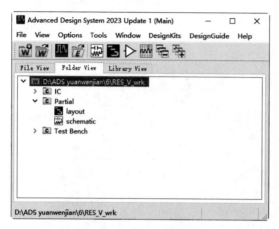

图 10-115 打开工程文件

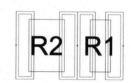

图 10-116 布局图结果

10.8.1 图层管理

① 选择菜单栏中的"Options"（选项）→"Layer Preferences"（图层属性）命令，弹出如图 10-117 所示的"Layers"（层）面板，按照顺序显示当前 PCB 中电路板层的名称。

② 单击"Options"（选项）按钮 ，选择"Change All Shapes"（改变所有线型）命令，选择图层中对象的显示方式为"Filled"（填充），效果如图 10-118 所示。

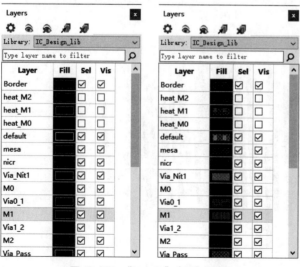

图 10-117 "Layers"（层）面板

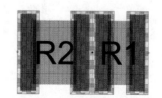

图 10-118 图层对象填充显示

10.8.2　调整元件布局

加载元件封装之后，必须将这些元件按一定规律与次序排列在电路板中，此时可以手动调整的方式优化调整部分元件的位置。

① 选择元器件 R1，选择菜单栏中的"Edit"（编辑）→"Properties"（属性）命令，打开"Properties"（属性）面板，在"Component Placement"（元器件放置）选项下输入元器件 R1 的坐标（0,0）；单击元器件 R2，输入元器件 R2 的坐标（0,-50），如图 10-119 所示。此时，元器件移动结果如图 10-120 所示。

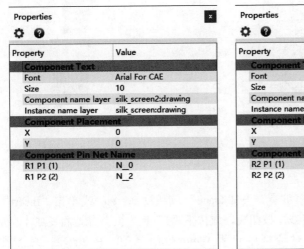

图 10-119　"Properties"（属性）面板

② 选择元器件 R2，选择菜单栏中的"Edit"（编辑）→"Rotate"（旋转）命令，或按下"Ctrl"+"R"键，旋转该元件，将其与 R1 左侧对齐，结果如图 10-121 所示。

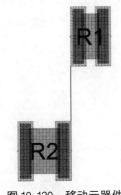

图 10-120　移动元器件

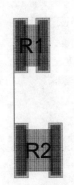

图 10-121　旋转元器件

③ 选择菜单栏中的"Insert"（插入）→"Pin"（引脚）命令，或单击"Palette"（调色板）工具栏中的"Insert Pin"（插入引脚）按钮，在光标上显示浮动的引脚符号 P1，符号箭头向右。

④ 选择菜单栏中的"Insert"（插入）→"Coordinate Entry"（坐标）命令，弹出"Coordinate Entry"（坐标）对话框，在对话框中输入 X 值（-75）和 Y 值（-50），如图 10-122 所示。

⑤ 单击"Apply"（应用）按钮，在指定的坐标（-75,-50）处放置引脚 P1。此时，在光标上显示浮动的引脚符号 P2，两次按下"Ctrl"+"R"键，旋转 180°，符号箭头向左。

⑥ 在对话框中输入 X 值（65）和 Y 值（0），单击"Apply"（应用）按钮，在指定的坐标（65,0）处放置引脚 P2。

⑦ 在对话框中输入 X 值（65）和 Y 值（-50），单击"Apply"（应用）按钮，在指定的坐标（65,-50）处放置引脚 P3，结果如图 10-123 所示。

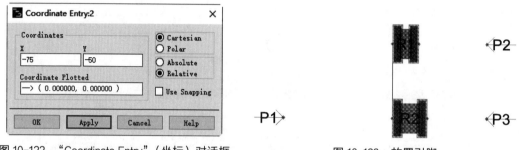

图 10-122　"Coordinate Entry"（坐标）对话框　　　　图 10-123　放置引脚

10.8.3　绘制走线

① 选择菜单栏中的"Insert"（放置）→"Trace"（走线）命令，或单击"Insert"（插入）工具栏中的"Insert Trace"（插入走线）按钮，或按下"T"键，此时光标将变成十字形状。

② 在弹出"Trace"（走线）对话框中设置 Width (μm) 为 10，End style（终点类型）为 Truncate（截断角），Corner type（拐角类型）为 Mitered（切角），如图 10-124 所示。移动光标，单击确定控点，完成引脚 P1 与 R2 左侧端点之间的布线，如图 10-125 所示。

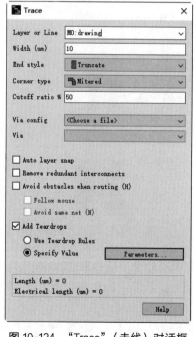

图 10-124　"Trace"（走线）对话框

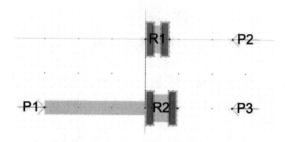

图 10-125　绘制走线 1

③ 在弹出"Trace"（走线）对话框中设置 Width (µm) 为 5，End style（终点类型）为 Truncate（截断角），Corner type（拐角类型）为 Mitered（切角）。移动光标，单击确定控点，完成引脚 P1 与 R1 左侧端点之间的布线，如图 10-126 所示。

④ 在弹出"Trace"（走线）对话框中设置 Width (µm) 为 10，End style（终点类型）为 Truncate（截断角），Corner type（拐角类型）为 Mitered（切角）。移动光标，单击确定控点，完成引脚 P2 与 R1 右侧端点、引脚 P3 与 R2 右侧端点之间的布线，如图 10-127 所示。

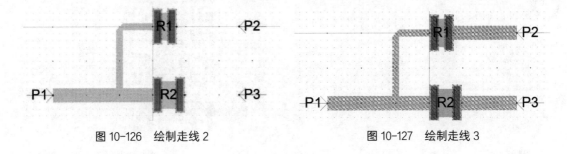

图 10-126　绘制走线 2　　　　　　　　　　图 10-127　绘制走线 3

10.8.4　三维视图显示

选择菜单栏中的"View"（视图）→"3D View"（3D 显示）命令，则系统生成该 PCB 的 3D 效果图，如图 10-128 所示。

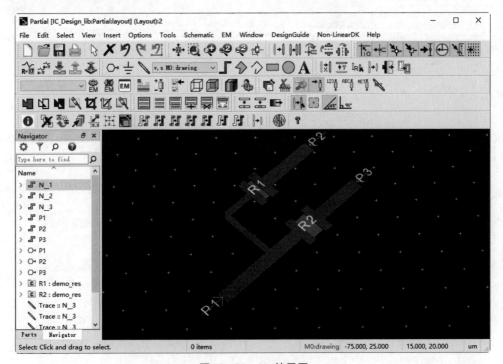

图 10-128　3D 效果图

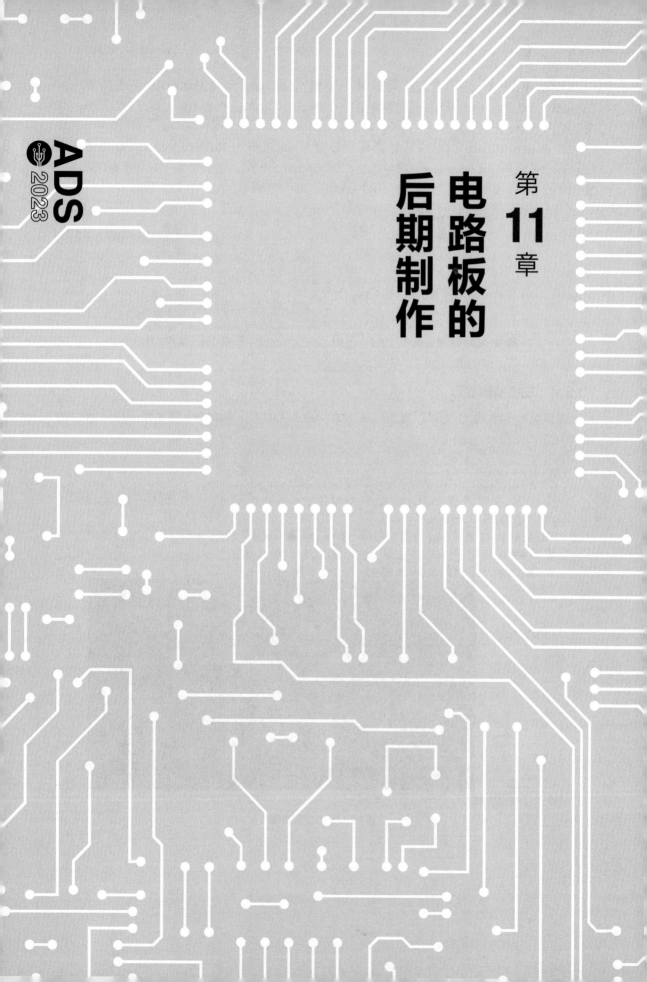

第 **11** 章

电路板的
后期制作

在 PCB 设计的最后阶段，要通过测量和设计规则检查来进一步确认 PCB 设计的正确性。完成了 PCB 的设计后，由于要满足功能上的需要，电路板设计往往有很多的规则要求，如要考虑到实际中的散热和干扰等问题，本章介绍有关物理测量和各种设计验证方法的知识。

11.1 电路板的测量

ADS 提供了电路板的测量工具，通常用于在布局中绘制对象的大小，也用于测量两点之间的距离，方便设计电路时的检查。

11.1.1 测量标尺

标尺是一个元器件，在版图上放置标尺，用来确定绘制对象的大小，也可以测量两点之间的距离。

① 单击菜单栏中的"Insert"（插入）→"Ruler"（标尺）命令，此时光标变成十字形状显示在工作窗口中。

② 移动光标到某个坐标点上，单击确定测量起点。如果光标移动到了某个对象上，则系统将自动捕捉该对象的中心点。

③ 此时光标仍为十字形状，重复步骤②确定测量终点。此时在图中显示放置的标尺，如图 11-1 所示。

④ 此时光标仍为十字状态，重复步骤②、步骤③可以继续其他测量。

⑤ 完成测量后，右击或按 Esc 键即可退出该操作。

双击放置的标尺，或选择菜单栏中的"Edit"（编辑）→"Component"（元器件）→"Edit Component Parameters"（编辑元器件参数）命令，弹出"Edit Instance Parameters"（编辑实例参数）对话框，可以编辑自定义放置标尺的参数，如图 11-2 所示。

图 11-1 放置标尺

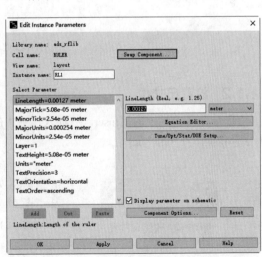

图 11-2 "Edit Instance Parameters"（编辑实例参数）对话框

"Select Parameter"（选择参数）列表中的参数如下：

● LineLength：标尺的长度。

- MajorTick：标尺上主要刻度的长度。
- MinorTick：标尺上小刻度的长度。
- MajorUnits：标尺上主要刻度的单位。
- MinorUnits：标尺上小刻度的单位。
- Layer：放置标尺的图层。
- TextHeight：在标尺上显示单位的文本高度。
- Units="meter"：标尺使用的默认度量单位，可以通过为单个参数指定不同的单位来覆盖此默认值。
- TextPrecision：在标尺上显示长度文本的精度。
- TextOrientation：显示长度文本的方向。选项包括 horizontal（水平）、verticalLeft（垂直向左）、verticalRight（垂直向右）。
- TextOrder：显示长度文本的顺序（升序或降序）。

从"Select Parameter"（选择参数）列表中选择要更改的参数，选择参数后，可以直接为它输入一个值，也可以单击"Equation Editor"（方程编辑器）按钮，弹出"Equation Editor"（方程编辑器）对话框，在该对话框中，可以从变量列表中选择定义表达式以计算该值，如图 11-3 所示。

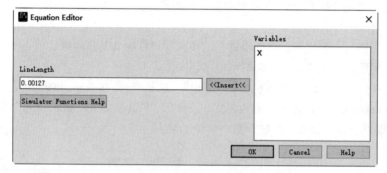

图 11-3 "Equation Editor"（方程编辑器）对话框

11.1.2 放置尺寸线

① 单击菜单栏中的"Insert"（插入）→"Dimension Line"（尺寸线）命令，此时光标变成十字形状显示在工作窗口中。

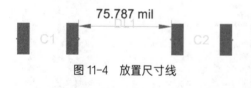

图 11-4 放置尺寸线

② 移动光标到某个坐标点上，单击确定测量起点。如果光标移动到了某个对象上，则系统将自动捕捉该对象的中心点，单击确定终点。此时，在两点之间添加尺寸线，测量两点之间的距离，如图 11-4 所示。

③ 此时光标仍为十字状态，重复步骤①、步骤②可以继续其他测量。

④ 完成测量后，右击或按 Esc 键即可退出该操作。

⑤ 选择尺寸线并使用黄色边缘手柄拖动，或选择菜单栏中的"Edit"（编辑）→"Move"（移动）→"Move Dimension Line Endline"（移动尺寸线端点）命令，移动尺寸线。

双击放置的尺寸线，或选择菜单栏中的"Edit"（编辑）→"Component"（元器件）→"Edit

Component Parameters"（编辑元器件参数）命令，弹出"Edit Instance Parameters"（编辑实例参数）对话框，可以编辑自定义放置尺寸线的参数，如图 11-5 所示。

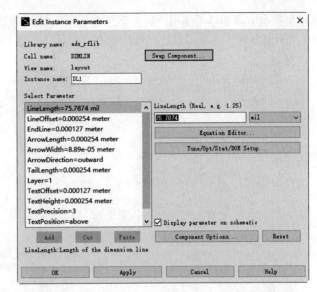

"Select Parameter"（选择参数）列表中的参数如下：

- LineLength：尺寸线的长度。
- LineOffset：尺寸线与 x 轴的垂直偏移量。
- Endline：结束线相对于尺寸线的高度。
- ArrowLength：结束线相对于尺寸线的高度。
- ArrowWidth：箭头的宽度。
- ArrowDirection：箭头方向。可能的值有 inward（内向）和 outward（外向）。

图 11-5　"Edit Instance Parameters"（编辑实例参数）对话框

- TailLength：如果 ArrowDirection 是向内的，这表示箭头尾部的长度。
- Layer：尺寸线所在图层。
- TextOffset：尺寸线的文本偏移量。
- TextHeight：文本高度。
- TextPrecision：显示的长度精度。
- TextPosition：文本相对于尺寸线的位置。可以选择在 above（上方）、below（下方）、left（左侧）、right（右侧），如图 11-6 所示。
- TextUnits：显示距离的单位。

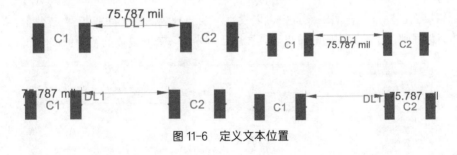

图 11-6　定义文本位置

11.2　设计规则设置

在进行电路板设计前，首先应进行设计规则设置，以约束元件布局或布线行为，确保电路板设计和制造的连贯性、可行性。电路板设计规则就如同道路交通规则一样，只有遵守已制定好的交通规则，才能保证交通畅通且不发生事故。在电路板设计中这种规则是由设计人员自己制定的，并且可以根据设计的需要随时进行修改，只要在合理的范围内就行。

选择菜单栏中的"Options"（选项）→"Technology"（技术）→"Constraints Manager"（设置约束管理器）命令，系统打开如图 11-7 所示的"Constraints Manager"（设置约束管理器）对

话框，用于添加或删除电路板中的约束规则。ADS 2023 在电路板编辑器中为用户提供了 2 大类、4 种设计规则，覆盖了设计过程中的方方面面。在进行设计之前，用户首先应对规则进行详细的设置。

在"Add Rule"（添加规则）按钮下拉菜单中显示不同类型规则的添加命令，包括 Clearance Rule（间距规则）、Via Rule（过孔规则）、Stacked Via Rule（堆叠过孔规则）、Teardrop Rule（泪滴规则）。

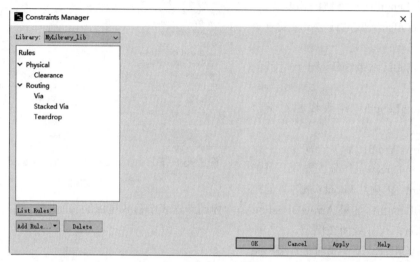

图 11-7　"Constraints Manager"（设置约束管理器）对话框

11.2.1　"Physical"（物理规则）类设置

① "Clearance"（安全间距规则）：单击该选项，对话框右侧将列出该规则的详细信息，如图 11-8 所示。在电路板上具有电气特性的对象包括 Trace（导线）、Pad（焊盘）、Via（过孔）和 Plane（铜箔填充区）等，在间距设置中可以设置导线与导线之间、导线与焊盘之间、焊盘与焊盘之间的间距规则，在设置规则时可以选择适用该规则的对象和具体的间距值。

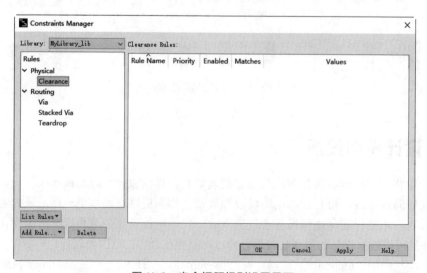

图 11-8　安全间距规则设置界面

② 单击"Add Rule"（添加规则）按钮下的"Clearance Rule"（间距规则）命令，在左侧列表中添加间距规则，默认名称为 clearance 1，如图 11-9 所示。该规则用于设置具有电气特性的对象之间的间距。

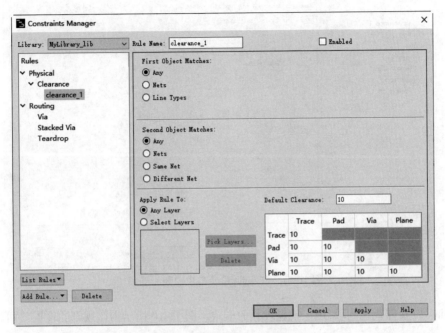

图 11-9　添加间距规则 clearance 1

其中各选项组的功能如下。

● "First Object Matches"（第一个匹配的对象）选项组：用于设置该规则优先应用的对象。应用的对象范围为 All（整个网络）、Nets（指定的网络）、Line Types（指定的传输线类型）、Layer（某一个工作层）、Net and Layer（指定工作层的某一网络）和 Advanced（高级设置）。选中某一范围后，可以在该选项后的下拉列表框中选择相应的对象，也可以在右侧的"Full Query"（全部询问）列表框中填写相应的对象。通常采用系统的默认设置，即点选"All"（整个网络）单选钮。

● "Second Object Matches"（第二个匹配的对象）选项组：用于设置该规则次优先级应用的对象。应用的对象范围为 All（整个网络）、Nets（指定的网络）、Same Net（与第一个匹配的对象相同的网络）、Different Net（与第一个匹配的对象不同的网络）。通常采用系统的默认设置，即点选"All"（整个网络）单选钮。

● "Apply Rule To"（应用规则）选项组：用于设置规则应用的图层对象。应用的图层范围为 Any Layer（全部图层）、Select Layers（选择的图层）。

● "Default Clearance"（默认间距）选项组：用于设置对象的最小间距。这里采用系统的默认设置。

11.2.2　"Routing"（布线规则）类设置

该类规则主要用于设置自动布线过程中的布线规则，如布线宽度、布线优先级、布线拓扑结构等，如图 11-10 所示。

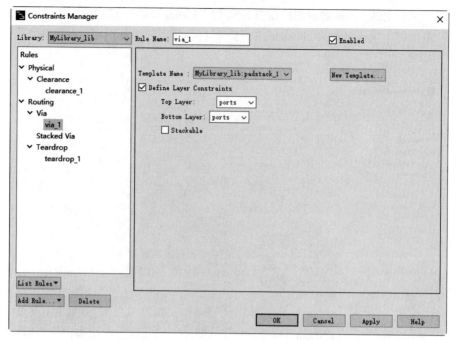

图 11-10　"Routing"（布线规则）选项

① Via（过孔样式规则）：用于设置过孔的样式，图 11-10 所示为该规则的设置界面。

注意　需要定义 Padstack 模板才可以新建过孔样式规则。

- Rule Name：定义规则名称，默认名称为 via_1。
- Enabled：勾选该复选框，应用过孔的样式规则。
- Template Name：选择定义的焊盘栈名称，如 MyLibrary_lib:padstack_1。
- New Template：单击该按钮，弹出"Padstack Editor"（焊盘栈编辑器）对话框，新建 Padstack 模板，在该对话框中可以设置过孔的各种尺寸参数。
- Define Layer Constraints：勾选该复选框，模板可以用于从 Top Layer（顶层）到 Bottom Layer（底层）的通孔。勾选 Stackable（堆叠）复选框，则过孔可以与其他可堆叠过孔堆叠以连接两层。勾选该选项，才可以创建 Stacked Via（可堆叠过孔）规则。

② Stacked Via（可堆叠过孔）：用于设置布线过程中可堆叠过孔的样式，如图 11-11 所示为该规则的设置界面。设置通过的 Top Layer（顶层）和 Bottom Layer（底层）的过孔。

③ Teardrop（泪滴）：用于设置布线过程中泪滴的样式，如图 11-12 所示为该规则的设置界面。

- Apply Rule To（应用规则）选项组：用于设置规则应用的图层对象。应用的图层范围为 Any Layer（全部图层）、Select Layers（选择的图层）。
- Height：定义泪滴高度参数。
- Offset：定义泪滴偏移量参数。

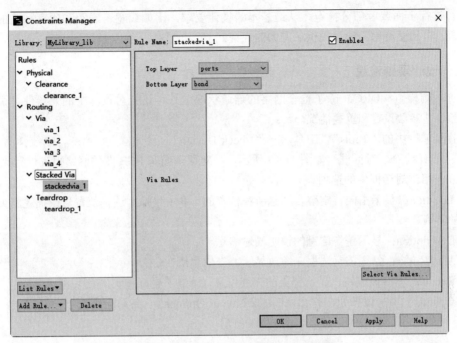

图 11-11　Stacked Via（可堆叠过孔）界面

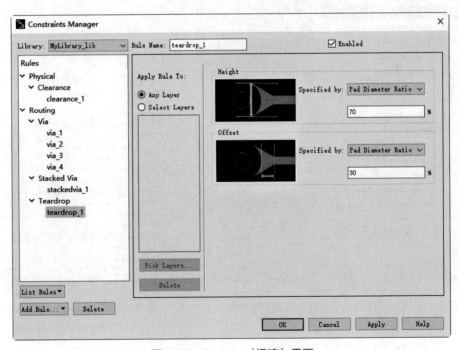

图 11-12　Teardrop（泪滴）界面

11.3　设计验证

每个电路板设计软件都带有设计验证的功能，ADS 中的 Layout 也不例外。设计验证可以对

PCB 设计进行全面或者部分检查，从最基本的设计要求，比如线宽、线距和所有网络的连通性开始检查，自始至终都为设计提供了有力的保证。

11.3.1 设计规则检查

设计规则检查（DRC）除了检查网络的连通状况之外，还会对设计中的元器件、引脚进行检查，验证其参数设置和重叠情况。

选择菜单栏中的"Tools"（工具）→"Check Design"（设计检查）命令，系统弹出"Check Design"（设计检查）对话框，如图 11-13 所示，将对原理图和 PCB 图的网络报表进行比较。

下面介绍该对话框中的选项。

① Location：显示指向特定警告消息所在位置的 x 和 y 坐标，选择位置号或描述将突出显示布局上的实例。

② Description：显示警告信息的说明描述信息。

③ Auto-Zoom：勾选该复选框，缩放显示警告信息所在位置。

④ Details：单击该按钮，显示警告的详细信息（精确的坐标和实例）。

⑤ Options：单击该按钮，弹出"Check Layout Options"（布局检查选项）对话框，在检查设计报告中输出下面类型的信息，如图 11-14 所示。

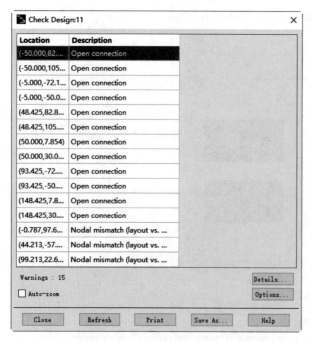

图 11-13 "Check Design"（设计检查）对话框

图 11-14 "Check Layout Options"
（布局检查选项）对话框

● Open connections：勾选该复选框，在报告中显示未连接的引脚和导线的总数。对于具有未连接引脚的每个项目，列出元器件名称、ID 和引脚编号。对于每一根开口的导线，显示导线段的坐标。

● Nodal mismatches (layout vs schematic)：节点不匹配（布局与原理图）。勾选该复选框，在报告中显示两种不同连接方式中元器件的不同。该报告列出了元器件的名称、不同连接的引脚和引脚连接的内容。

- Wires in layout：布局中的导线。勾选该复选框，在报告中显示连接到引脚的所有元器件，这些引脚与导线或零宽度走线（默认为开启）相互连接。
- Nets whose objects do not touch：不接触的网络。勾选该复选框，在报告中显示在同一网络上但没有物理连接的对象。
- Net overlap zones：网络重叠区域。勾选该复选框，在报告中显示两个不同网络上对象重叠的区域。
- Objects not on manufacturing grid：不在制造网格上的对象。勾选该复选框，在报告中显示不在制造网格上的对象。制造网格检查用于分层检查，在此检查中，如果实例位于制造网格上，但其中的对象不在，则实例将以虚线突出显示。
- Parameter value mismatches (layout vs schematic)：参数值不匹配（布局图与原理图）。勾选该复选框，在报告中显示在一种表示中具有不同参数值的项。其中，列出了项目的名称和具有不同值的参数。
- Overlaid components (all component pins overlap)：覆盖元器件。勾选该复选框，在报告中显示任何重叠元器件的 ID，其中元器件包含相同数量的引脚，并且每个元器件的引脚 1 位于相同的位置（默认为打开）。
- Shape overlaps component without overlapping a pin：形状与元器件重叠但没有重叠引脚。勾选该复选框，在报告中显示形状与元器件重叠的情况，重叠区域不包含引脚（默认为开启）。
- Components overlap without any pin connection：元器件重叠而没有任何引脚连接。勾选该复选框，在报告中显示两个元器件重叠但没有引脚连接的情况（默认为开启）。
- Connection is not pin-to-pin：不是引脚对引脚的连接。勾选该复选框，在报告中显示两个元器件没有接触但通过形状（包括迹线）连接的情况。在确认所有互连使用传输线元件（默认为关闭）时非常有用。
- Interoperability issues：互操作性问题。勾选该复选框，检查引脚和全局引脚的短路，并在报告中显示短路引脚。
- PCell evaluation errors：PCell 计算错误。勾选该复选框，在报告中显示在计算参数时出现错误的 PCell（参数化的 cell）实例。它还检测主设计不再存在的实例，此检查用于分层检查，实例以虚线突出显示。

11.3.2　电气规则检查

电气规则检查（ERC）属于集成电路设计物理验证的一部分，其主要目的是验证版图与电路原理图的电路结构是否一致。

选择菜单栏中的"Tools"（工具）→"Electrical Rule Check"（电气规则检查）命令，系统弹出"Electrical Rule Check"（电气规则检查）对话框，将对 Schematic（原理图）和 Layout（布局图）进行比较，如图 11-15 所示。

下面介绍该对话框中的选项。

① Current Density（电流密度）选项卡：显示 Schematic（原理图）和 Layout（布局图）对应引脚处的 Pin Current（引脚电流）、Trace Width（走线宽度）、Current Density（电流密度）。

② Options（选项）选项卡：要运行 ERC，必须进行物理网 LVS 的设计。在选项卡中设置 LVS 的设计参数，如图 11-16 所示。

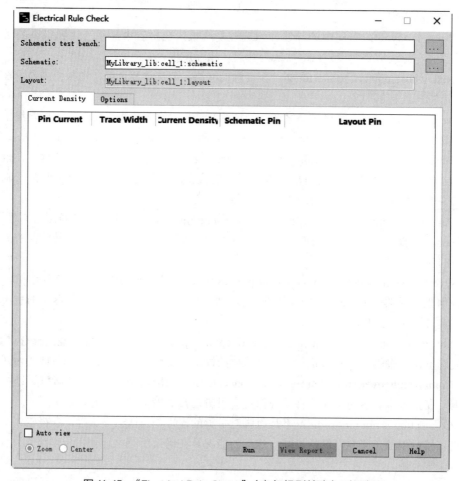

图 11-15　"Electrical Rule Check"（电气规则检查）对话框

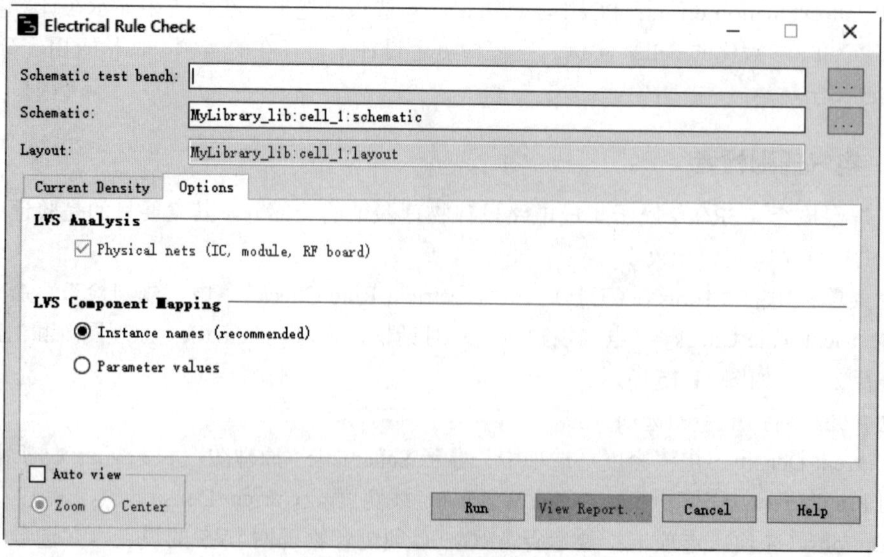

图 11-16　Options（选项）选项卡

11.4　LVL 验证

LVL（Layout Versus Layout）主要是验证两个 Layout（布局）文件是否一致，保证 tapeout 数据的准确性。一般情况主要验证 tapeout 版图文件中所使用的 IP、Memory、Block GDS 文件是不是最终版本。

11.4.1　LVL 图形比较

LVL 图形比较比较 Layout（布局图）中图形的形状信息。

选择菜单栏中的"Tools"（工具）→ "Layout versus Layout"（布局图一致性验证）→ "Graphical Comparison"（图形比较）命令，系统弹出"Layout versus Layout（Graphical Comparison）"（LVL 图形比较）对话框，将对选择的两个 Layout（布局图）进行比较，如图 11-17 所示。

下面介绍该对话框中的选项：

① Job name（工作布局图名称）：选择执行命令的基本 Layout（布局图）。

② Reference layout（相关布局图）：选择进行比较的另一个 Layout（布局图）。

③ Layout（比较）：默认显示比较报告的 Layout（布局图）。

④ Report（报告）：显示图形比较结果的报告信息，包括 Errors（错误）、Summary（详细信息）、Warnings（警告）。

⑤ Layers（图层）：选择 Layout（布局图）中要比较的图层（默认选中所有图层）。

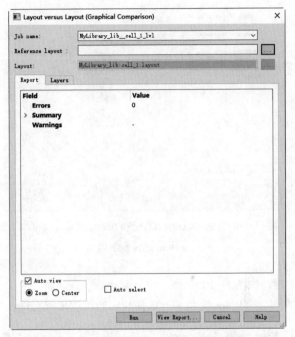

图 11-17　"Layout versus Layout（Graphical Comparison）"（LVL 图形比较）对话框

⑥ Auto view（自动视图）：勾选该复选框，显示 Layout（布局图）中比较图形的显示状态，包括 Zoom（缩放）、Center（中心）。

⑦ Auto select（自动选择）：勾选该复选框，自动高亮显示 Layout（布局图）中比较的图形。

比较 Job name（工作布局图名称）与 Reference layout（相关布局图）中的图形 1、图形 2。单击"Run"（运行）按钮，开始在对话框中显示错误信息，同时，在 Job name（工作布局图名称）选中的 Layout（布局图）的工作区高亮显示比较结果，如图 11-18 所示。

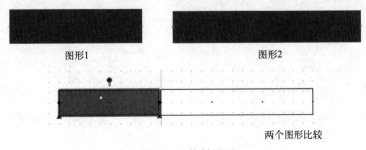

图 11-18　比较图形

11.4.2 LVL 电路比较

LVL 电路比较检查元件和引脚连接，在 LVL 报告缺失的元器件、引脚连接的差异和参数值不匹配信息。

图 11-19 "Layout versus Layout (Circuit Comparison)"（LVL 电路比较）选项卡

选择菜单栏中的"Tools"（工具）→"Layout versus Layout"（布局图一致性验证）→"Circuit Comparison"（电路比较）命令，系统弹出"Layout versus Layout（Circuit Comparison）"（LVL 电路比较）对话框，将对选择的两个 Layout（布局图）进行比较，如图 11-19 所示。

下面介绍该对话框中的选项：

① Reference layout（相关布局图）：选择进行比较的另一个 Layout（布局图）。

② Layout（布局图）：默认比较的基本 Layout（布局图）。

③ Physical Nets（物理网络）选项卡：显示物理连接网络发生的比较错误信息。

④ Pin Nets（引脚网络）选项卡：显示关于引脚网络发生的比较错误信息。

⑤ Options（选项）选项卡：设置电路分析方法、元器件映射对象和比较对象设置，如图 11-20 所示。

⑥ Rules 选项卡：选择制定的比较规则文件，如图 11-21 所示。

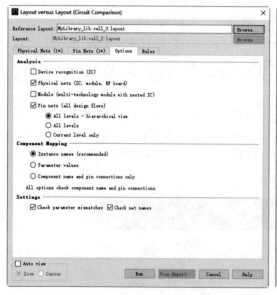

图 11-20 Options（选项）选项卡

图 11-21 Rules 选项卡

两个 Layout（布局图）中的电路如图 11-22 所示，电路 1 包含 3 个元器件（C1、C2、C3），电路 2 包含 2 个元器件（C1、C2）。

⑦ 单击"Run"（运行）按钮，开始在对话框中显示两个 Layout（布局图）中电路的比较结果信息，如图 11-23 所示。

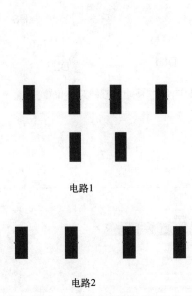

电路1

电路2

图 11-22　Layout（布局图）中的电路

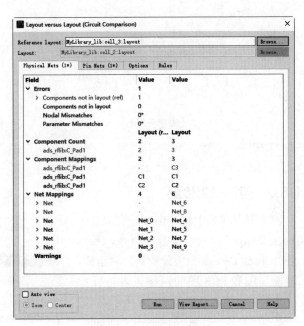

图 11-23　比较结果信息

11.5　操作实例——电阻分压电路验证设计

扫码看视频

在完成电阻分压电路的 PCB 设计后，本例进行设计验证检查，对线宽、线距和所有网络的连通性开始检查。

启动 ADS 2023，打开主窗口界面。选择菜单栏中的"File"（文件）→"Open"（打开）→"Workspace"（项目）命令，或单击工具栏中的"Open New Workspace"（打开工程）按钮 ，弹出"Open Workspace"（打开工程）对话框，选择打开工程文件 RES_V_wrk，打开 Partial 下的 layout（布局图）视图窗口。

11.5.1　尺寸测量

① 单击菜单栏中的"Insert"（插入）→"Dimension Line"（尺寸线）命令，移动光标确定测量点，测量走线之间的距离，结果如图 11-24 所示。

② 选择菜单栏中的"Edit"（编辑）→"Move"（移动）→"Move Component Text"（移动元器件文本）命令，或按下 F5 键，在图中移动压线的尺寸线文本，结果如图 11-25 所示。

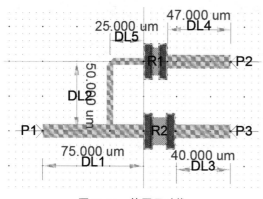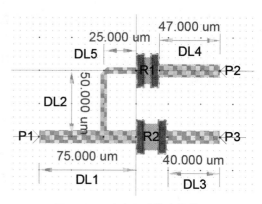

图 11-24　放置尺寸线　　　　　　　图 11-25　移动尺寸线文本位置

注：图中 um 应为 μm。

11.5.2　设计规则检查

① 选择菜单栏中的"Tools"（工具）→ "Check Design"（设计检查）命令，系统弹出"Check Design"（设计检查）对话框，将对原理图和 PCB 图的网络报表进行比较，显示 9 个警告，如图 11-26 所示。

② 选择第一行选项，单击"Details"（细节）按钮，弹出"Information Message"（信息消息）对话框，显示选中对象的具体警告信息（引脚 P1 未连接），如图 11-27所示。

③ 选择第二行选项，单击"Details"（细节）按钮，弹出"Information Message"（信息消息）对话框，显示指定坐标处走线的具体警告信息（走线虚接），如图11-28 所示。

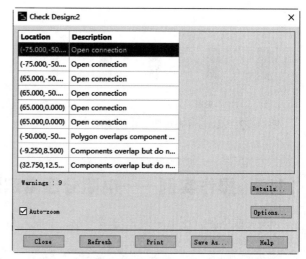

图 11-26　"Check Design"（设计检查）对话框

④ 同样的方法，读者可以自行检查每行选项的警告信息。

⑤ 单击"Close"（关闭）按钮，关闭该对话框。

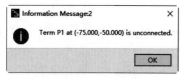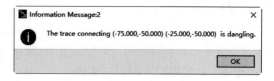

图 11-27　警告信息 1　　　　　　　图 11-28　警告信息 2

11.5.3　LVL 电路比较

LVL 电路比较检查元件和引脚连接，在 LVL 报告缺失的元器件、引脚连接的差异和参数值不匹配信息。

① 选择菜单栏中的"Tools"（工具）→"Layout versus Layout"（布局图一致性验证）→"Circuit Comparison"（电路比较）命令，系统弹出"Layout versus Layout（Circuit Comparison）"（LVL 电路比较）对话框，选择当前 Layout（布局图）与 IC 设计文件下的 Layout（布局图）进行比较。

② 单击"Run"（运行）按钮，开始在对话框中显示两个 Layout（布局图）的电路比较结果信息，如图 11-29 所示。

③ 单击"View Report"（显示报告）按钮，生成电路比较报告 lvl_component_with_physical_ nets_report，如图 11-30 所示。

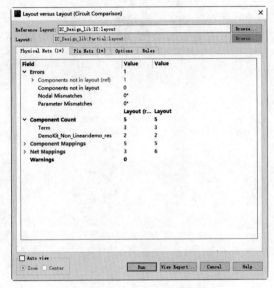

图 11-29　LVL 电路比较结果信息

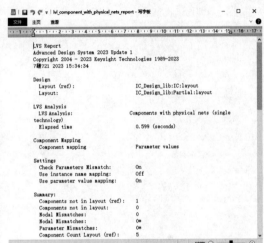

图 11-30　电路比较报告

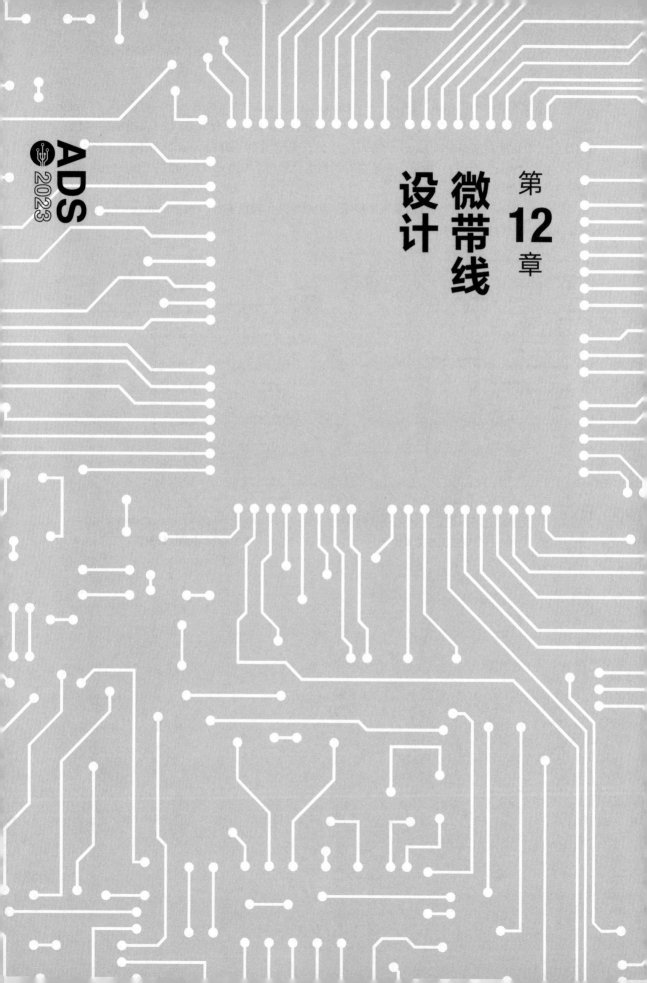

ADS
2023

第
12
章

微带线
设计

微波传输线是一种分布参数电路，线上的电压和电流是时间和空间位置的二元函数，它们沿线的变化规律可以用传输线方程来描述。

本章以射频传输线的基本知识为基础，从微带线库中的元器件入手，按照原理图仿真分析的步骤，进行微带线的设计。

12.1　射频传输线

传输射频信号的线缆泛称传输线，常用的有两种：双绞线和同轴线。频率更高则会用到微带线与波导，虽然结构不同，用途各异，但其基本传输特性都由传输线公式所表征。

12.1.1　传输线的类型与特性

射频电路中使用的传输线有双绞线、同轴电缆、微带线、带状线和波导等形式。

（1）300Ω 平衡式传输线（双绞线）

300Ω 平衡式传输线（双绞线）如图 12-1 所示。它具有极小的损耗，能够允许很高的线电压，通常作为电视或者 FM 接收器天线的馈线，或者作为一个偶极子的发射 / 接收天线的平衡式馈线。

图 12-1　300Ω 平衡式传输线（双绞线）

（2）同轴电缆

同轴电缆是最常用的非平衡式传输线，如图 12-2 所示，外层屏蔽采用编织铜网（或铝箔）来进行屏蔽，以阻止同轴电缆接收和辐射任何信号。同轴电缆的内导体传输射频电流，而外部的屏蔽层导体保持地电位。同轴电缆具有低的损耗，工作频率可达 50GHz，特性阻抗有 50Ω、75Ω 等形式。

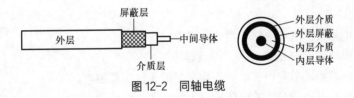

图 12-2　同轴电缆

（3）微带线

在微波频段 / 印制电路板上的微带线常被用作传输线，如图 12-3 所示。微带线具有低损耗和易于实现的特点。电路元器件，如表面安装电容器、电阻器、晶体管等，可以直接安装在印制电路板上的微带线的导体层（印制板铜箔导线）上。微带线是非平衡传输线，具有非屏蔽特性，因此能够辐射射频信号。

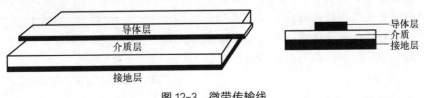

图 12-3　微带传输线

（4）带状线

带状线如图 12-4 所示，导体层被放置在印制电路板的金属层（平衡的接地层）之间，因此它没有辐射。

带状线和微带线一般都有一个由玻璃纤维、聚苯乙烯、聚四氟乙烯组成的印制电路板衬底。微带线可以使用标准印制电路板的制造技术制造，与带状线相比，制造更容易。

图 12-4　带状线

（5）波导

在大功率的微波应用中，波导作为传输线具有一定的优势。波导一般被制作成圆形的或方形的中空金属腔。波导尺寸大小与波导的工作频率有关。在波导结构中，使用 1/4 波长的直探针耦合和环形探针耦合来注入或传输微波能量。在现代微波电路设计中，常用同轴电缆代替波导来发射和接收射频信号。

12.1.2　微带线的构成

微带线由介质基片和敷在介质基片上下表面的金属带条和金属接地板组成，如图 12-5 所示。对微带线的研究主要是这三部分：金属带条、介质基板和接地板，其中最重要的就是介质基板。

构成微带线的材料就是金属和介质，对金属的要求是导电性能，对介质的要求是提供合适的介电常数，而不带来损耗。对材料的要求还与制造成本和系统性能有关。对介质基板的要求如下：

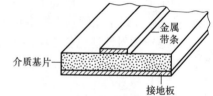

图 12-5　微带线组成

① 较高的介电常数，满足电路小型化的要求。

② 低损耗，损耗角正切 $\tan\delta$ 要小，而且越小越好。

③ 稳定的介电常数，最起码在给定的频率范围和温度范围内。

④ 高击穿强度，保证微带线能够传输更大的功率。

⑤ 高导热性，保证热能够很好地传输出去。

⑥ 对金属有好的附着力，方便印刷金属层。

12.1.3　微带线的设计

目前，微带传输线可分为射频/微波信号传输类和高速逻辑信号传输类两大类。射频/微波信号传输类微带线与无线电的电磁波有关，它是以正弦波来传输信号的；高速逻辑信号传输类微带线是用来传输数字信号的，与电磁波的方波传输有关。

（1）微带线基本设计参数

微带线横截面的结构如图 12-6 所示。相关设

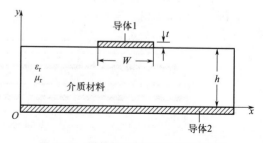

图 12-6　微带线的横截面结构示意图

计参数如下。

①　基板参数：基板介电常数 ε_r、基板介质损耗角正切 $\tan\delta$、基板高度 h 和导线厚度 t。导带和底板（接地板）金属通常为铜、金、银、锡或铝。

②　电特性参数：特性阻抗 Z_o、工作频率 f_o、工作波长 λ_o、波导波长 λ_g 和电长度（角度）θ。

③　微带线参数：宽度 W、长度 L 和单位长度衰减量 A。

（2）微带线的损耗

损耗是射频设计的一个重要参量，对于射频信号，损耗越小越好。微带线的损耗比常用的波导和同轴线要大得多，所以在电路设计时，微带线损耗尤其需要重视。通常微带线的损耗包括三个部分：导体损耗、介质损耗和辐射损耗。

● 导体损耗：也就是由微带线导体带条和接地金属板引起的损耗，这些金属导体具有有限的导电率，电流通过时会引起电阻损耗。导体损耗是微带线损耗的主要部分。

● 介质损耗：当电磁波通过介质材料时，介质分子交替极化和晶格碰撞产生的热损耗称为介质损耗，通常用损耗角正切 $\tan\delta$ 来表示。损耗角正切越小，介质损耗越小。

● 辐射损耗：微带线的场分布是半开放的，会有部分能量辐射出来，这个通过减小微带线的横截面使得辐射损耗降低。但是在微带线的不连续点，辐射会比较显著。有时候会对整个射频系统的 EMI 带来比较大的影响，所以通常情况下，一般将微带电路加装金属屏蔽罩来避免辐射，减小辐射损耗和对其他电路的干扰。

除了上面三种常见的损耗之外，还有一个磁损耗。当电路设计人员使用铁氧体或石榴石等磁性材料作为介电材料时，电路中可能会发生磁损耗。这些材料会导致材料自然谐振频率附近的磁损耗增加。磁损耗角正切和特性阻抗在谐振频率处迅速增加，磁损耗也相应增加。导体损耗取决于特性阻抗。随着谐振频率下特性阻抗的增加，导体损耗随着磁损耗的增加而增加。

12.2　微带传输线元件库和元件

微带传输线及微带线分布参数元件是射频电路中使用最多的元件。打开"TLines-Microstrip"元件库，显示 ADS 提供的形状和特性的微带线模型、微带连接件模型和器件模型，如图 12-7 所示。其中，包括微带传输、耦合微带线等传输线模型；T 形结和十字结等连接件模型；开路支节和短路支节等终端器件模型；各种适合微带线的电阻、电感和电容。

图 12-7　微带传输线元件面板

12.2.1　微带线 MLIN

微带线是走在表面层 (microstrip)，附在 PCB 表面的带状走线，如图 12-8 所示。其中 W 为微带线的宽度，L 为微带线的长度。

微带线在电路图中用字母 MLIN 表示，电路符号如图 12-9 所示，其主要参数见表 12-1。

传输线是有损耗的，损耗产生热噪声，若要关闭噪声，将"Temp"（温度）设置为 $-273.15\,℃$。当衬底的 Hu 参数小于 100 H 时，将 Wall1 和 Wall2 设置为空，将无法正确计算封装效应。

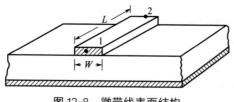

图 12-8　微带线表面结构

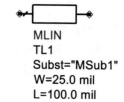

MLIN
TL1
Subst="MSub1"
W=25.0 mil
L=100.0 mil

图 12-9　微带线电路符号

表 **12-1**　微带线参数

参数名称	参数说明	单位	默认值
Subst	基板实例名		MSub1
W	线的宽度	mil	25
L	线的长度	mil	100
Wall1	从 H 条近边缘到第一侧壁的距离；Wall1 > 1/2 × Maximum(W, H)	mil	
Wall2	从 H 条近边缘到第二侧壁的距离；Wall2 > 1/2 × Maximum(W, H)	mil	
Temp	物理温度，用于噪声计算	℃	
Mod	色散模型		Kirschning

12.2.2　终端开路情况的微带线 MLEF

MLEF（MICROSTRIP Line open-End effect）表示终端开路情况的微带线，内部结构是微带线 + 电容 + 接地，如图 12-10 所示，其电路符号如图 12-11 所示。

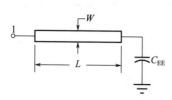

图 12-10　终端开路微带线结构

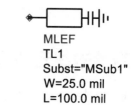

MLEF
TL1
Subst="MSub1"
W=25.0 mil
L=100.0 mil

图 12-11　终端开路微带线电路符号

12.2.3　终端到地短路的短截线 MLSC

MLSC（MICROSTRIP Line short-circuited stub）表示终端到地短路的短截线，内部结构是微带线 + 接地，如图 12-12 所示，其电路符号如图 12-13 所示。

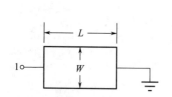

图 12-12　短路短截线内部结构

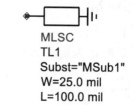

MLSC
TL1
Subst="MSub1"
W=25.0 mil
L=100.0 mil

图 12-13　短路短截线电路符号

12.2.4　终端开路的短截线 MLOC

MLOC 表示终端开路的短截线，内部结构是微带线 + 开路 + 接地，如图 12-14 所示，其电路符号如图 12-15 所示。

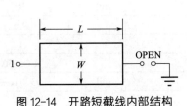

图 12-14　开路短截线内部结构

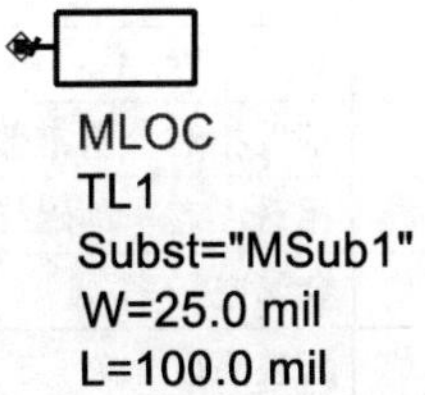

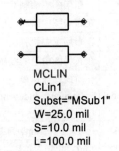

图 12-15　开路短截线电路符号

12.2.5　微带耦合线 MCLIN

MCLIN 表示微带耦合线，内部结构是两条平行运行的微带线，如图 12-16 所示，其电路符号如图 12-17 所示。

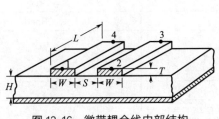

图 12-16　微带耦合线内部结构

图 12-17　微带耦合线符号

12.2.6　带弯微带线 MSOBND_MDS

MSOBND_MDS 表示带弯微带线，内部结构是带 90°角弯曲角度的微带线，其电路符号如图 12-18 所示。

12.2.7　基板 MSUB

MSUB 用来设置微带线基板的参数，是微带线电路必不可少的参数，如图 12-19 所示，其电路符号如图 12-20 所示。其主要参数见表 12-2。

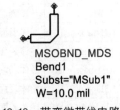

图 12-18　带弯微带线电路符号

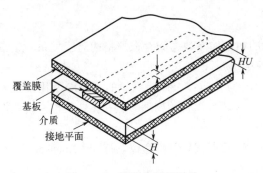

图 12-19　微带线基板结构

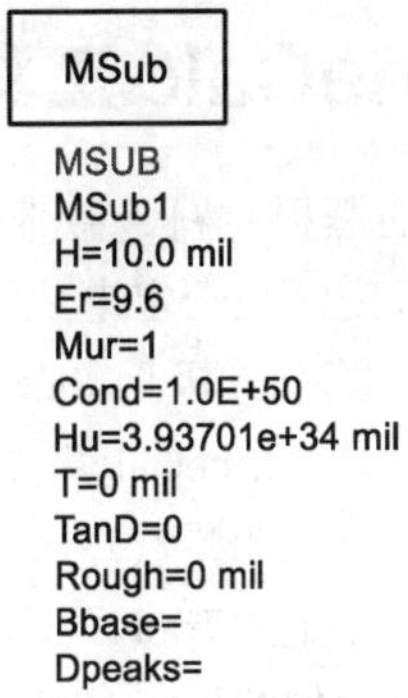

图 12-20　基板电路符号

表 12-2　微带线基板参数

参数名称	参数说明	单位	默认值
H	基板厚度	mil	10
Er	基板相对介电常数		9.6
Mur	相对渗透率，磁导率		1
Cond	金属电导率		1.0e+50
Hu	封装高度	mil	3.93701e+34
T	金属层厚度		0
TanD	损耗角正切线		0
Rough	表面粗糙度	mil	0
Cond1	在布局图中绘制微带金属化的层		Cond1
Cond2	在布局图中绘制空气桥的层		Cond2
Diel1	在布局图中绘制介电电容区域的层		Diel
Diel2	在布局图中绘制 Cond1 和 Cond2 蒙版之间的通道的图层		Diel2
Hole	在布局图中绘制用于接地的过孔层		Hole
Res	在布局图中绘制电阻蒙版的图层		Resi
Bond	在布局图中绘制线桥的层		Bond
DielectricLossModel	介质损耗计算模型： 0=frequency independent (traditional) 1=Svensson/Djordjevic		
FreqForEpsrTanD	指定 Er 和 TanD 的频率		
LowFreqForTanD	TanD 的低降频率（Svensson/Djordjevic 模型）		
HighFreqForTanD	TanD 的高降频率（Svensson/Djordjevic 模型）		
Bbase	导体表面粗糙度：齿基宽度（有效值）	mil	
Dpeaks	导体表面粗糙度：齿峰之间的距离（有效值）	mil	
L2Rough	导体表面粗糙度：2 级齿高（均方根值）	mil	
L2Bbase	导体表面粗糙度：2 级齿基宽度（均方根值）	mil	
L2Dpeaks	导体表面粗糙度：齿峰间距 2 级（均方根值）	mil	
L3Rough	导体表面粗糙度：3 级齿高（均方根值）	mil	
L3Bbase	导体表面粗糙度：3 级齿基宽度（有效值）	mil	
L3Dpeaks	导体表面粗糙度：齿峰间距 3 级（均方根值）	mil	
RoughnessModel	导体表面粗糙度模型		Multi-level Hemispherical

12.3　LineCalc 工具

构成微带的基板材料、微带线尺寸与微带线的电性能参数之间存在严格的对应关系。微带线的设计就是确定满足一定电性能参数的微带物理结构。

微带线的计算公式极为复杂。在电路设计过程中使用这些公式是麻烦的。ADS 利用微带电路软件自带的工具"LineCalc"来计算微带线的尺寸，输入微带的物理参数和拓扑结构，就能很快得到微带线的电性能参数。

选择菜单栏中的"Tools"（工具）→"LineCalc"（微带线计算）命令，打开"LineCalc"（微带线计算）窗口，如图 12-21 所示。

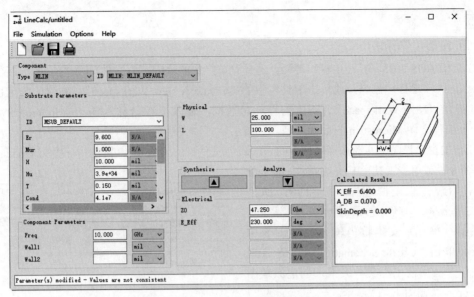

图 12-21　"LineCalc"（微带线计算）窗口

下面介绍常用参数的含义。

① Substrate Parameters：定义基板参数。

- Type：选择传输线类型，默认选择 MLIN（微带线）。
- Er：表示微带线基板的相对介电常数。
- Mur=1：表示微带线的相对磁导率为 1，一般情况下都不用改变该值。
- H：表示微带基板的厚度。
- T：表示微带导体层厚度为 0.15mil。一般情况下都不用改变该值。
- Cond=4.le7：表示微带线导体的电导率为 4.1e7。
- TanD：表示微带线损耗角正切。

② Component Parameters：定义微带线参数。

- Freq=1GHz：表示计算时采用的频率为 1GHz。
- Wall1：从 H 条近边缘到第一侧壁的距离。
- Wall2：从 H 条近边缘到第二侧壁的距离。

③ Physical：物理尺寸。

- W：微带线宽度。
- L：微带线长度。

④ Electrical：电气参数。

- Z0：表示计算时的特性阻抗。
- E_Eff：表示计算时微带线的相位延迟。
- 单击窗口中的"Synthesize"按钮，在"LineCalc"窗口中显示计算结果（W、L）。

12.4　操作实例——微带分支定向耦合器仿真分析

本节根据前面介绍的微带的基本结构，介绍如何用使用 ADS 仿真微带分支定向耦合器进行 S 参数仿真分析和布局图设计。

扫码看视频

操作步骤：

（1）设置工作环境

① 启动 ADS 2023，打开主窗口界面。选择菜单栏中的"File"（文件）→"New"（新建）→"Workspace"（项目）命令，或单击工具栏中的"Create A New Workspace"（新建一个工程）按钮 ，弹出"New Workspace"（新建工程）对话框，输入工程名称"Microstrip_branch_wrk"，新建一个工程文件 Microstrip_branch_wrk。

② 在主窗口界面中，选择菜单栏中的"File"（文件）→"New"（新建）→"Schematic"（原理图）命令，或单击工具栏中的"New Schematic Window"（新建一个原理图）按钮 ，弹出"New Schematic"（创建原理图）对话框，在"Cell"（单元）文本框内输入原理图名称 coupler。单击"Create Schematic"（创建原理图）按钮，在当前工程文件夹下，创建原理图文件 coupler，如图 12-22 所示。

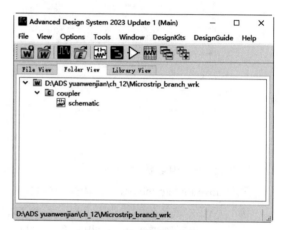

图 12-22　新建原理图

（2）原理图图纸设置

① 选择菜单栏中的"Options"（设计）→"Preferences"（属性）命令，或者在编辑区内单击鼠标右键，并在弹出的快捷菜单中选择"Preferences"（属性）命令，弹出"Preferences for Schematic"（原理图属性）对话框。在该对话框中可以对图纸进行设置。

② 单击"Display"（显示）选项卡，在"Background"（背景色）选项下选择白色背景。

③ 单击"Units/Scale"（单位缩放）选项卡，设置 Length（长度）单位为 mm，如图 12-23 所示。

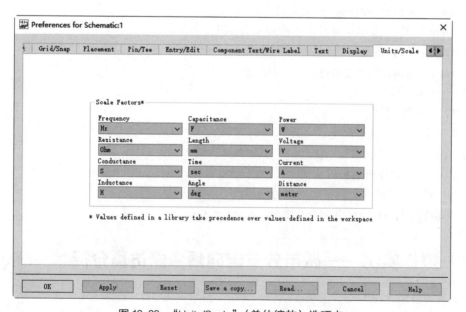

图 12-23　"Units/Scale"（单位缩放）选项卡

（3）绘制原理图

① 激活"Parts"（元器件）面板，在库文件中打开"TLines-Microstrip"微带线元器件库，如图 12-24 所示，选择并放置 MLIN、T 形结 MTEE。

② 在库文件中打开"Basic Components"的基本元器件库，选择并放置接地负载（TermG），如图 12-25 所示。

③ 选择菜单栏中的"Insert"（插入）→"Wire"（导线）命令，或单击"Insert"（插入）工具栏中的"Insert Wire"（放置导线）按钮＼，或按快捷键 Ctrl+W，进入导线放置状态，连接元器件。原理图绘制结果如图 12-26 所示。

图 12-24　微带线元器件库

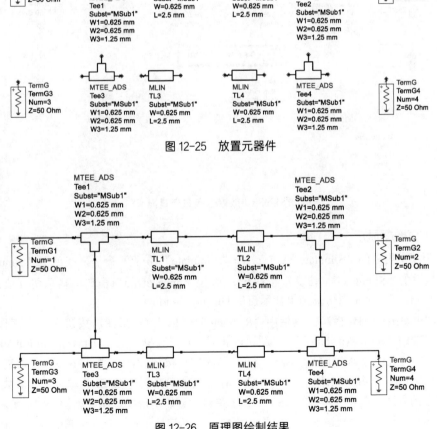

图 12-25　放置元器件

图 12-26　原理图绘制结果

MSub

MSUB
MSub1
H=3 mm
Er=2.65
Mur=1
Cond=1.0E+50
Hu=3.93701e+34 mil
T=0.005 mm
TanD=0.001
Rough=0 mm
Bbase=
Dpeaks=

图 12-27　编辑微带线参数 MSUB

④ 在"TLines-Microstrip"微带线元器件库中选择并放置微带线参数 MSUB，弹出"Choose Layout Technology"（选择布局技术）对话框，选择 Create PCB Technology 选项，单击"Finish"（完成）按钮，在原理图中放置微带线设计必备的参数并进行修改，结果如图 12-27 所示。

⑤ 在"Basic Components"（基本元器件库）中选择 S 参数仿真器 S_Param，在原理图中合适的位置上放置 SP1，设置频率扫描起点 Start 为 0.1GMHz，频率扫描间隔 Step=0.1 GMHz，如图 12-28 所示。

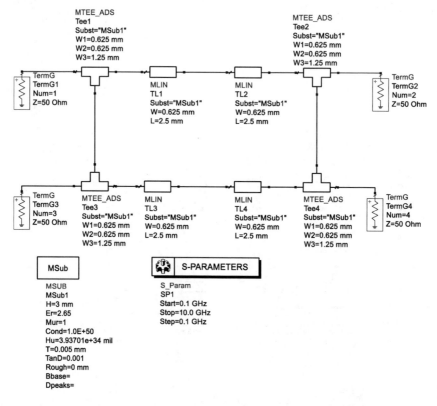

图 12-28　放置 S 参数仿真器

（4）仿真数据显示

① 选择菜单栏中的"Simulate"（仿真）→"Simulate"（仿真）命令，或单击"Simulate"（仿真）工具栏中的"Simulate"（仿真）按钮 🔧，弹出"hpeesofsim"窗口，显示仿真信息和分析状态。并自动创建一个空白仿真结果显示窗口 Display Window。

② 单击 Palette（调色板）工具栏中"Rectangular Plot"（矩形图）按钮 ▦，在工作区单击，自动弹出"Plot Traces & Attributes"（绘图轨迹和属性）对话框。在"Datasets and Equations"（数据集和方程）列表中选择 S(1,1)，单击"Add"（添加）按钮，在右侧"Traces"（轨迹线）列表中添加 dB(S(1,1))。单击"OK"（确定）按钮，在数据显示区创建以 dB 为单位的 S 参数矩形图。

③ 同样的方法，创建三个 S21、S31、S41 参数对应的矩形图，结果如图 12-29 所示。

④ 选择菜单栏中的"Marker"（标记）→"New"（新建标记点）命令，或单击"Basic"（基本）

工具栏中的♪按钮，弹出"Insert Marker"（插入标记）对话框，激活标记操作，在曲线上指定位置单击，在该处添加标记符号，同时在图形左上角显示标记点的数据值，如图 12-30 所示。

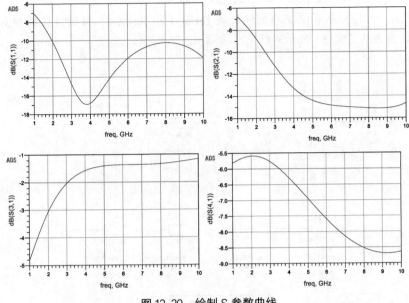

图 12-29　绘制 S 参数曲线

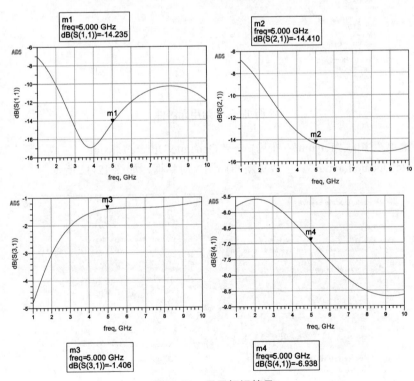

图 12-30　显示标记符号

由图 12-30 可以看出，在中心频率处曲线基本满足技术指标，但是由于四个端口都没有接微带线仿真，所以中心频率有点偏移。

（5）生成版图

① 选择菜单栏中的命令"Edit"（编辑）→"Component"（元器件）→"Deactivate/
Activate"（禁用 / 启用），或单击"Instance Commands"（实例命令）工具栏中的"Deactivate/
Activate"（禁用 / 启用）按钮，将接地负载 TermG1 和 TermG2、微带线参数 MSub1、S 参数
控制器 SP1 转换为禁用状态（显示大红叉），如图 12-31 所示。

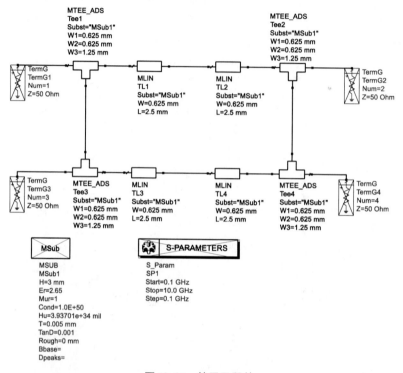

图 12-31　禁用元器件

② 选择菜单栏中的"Layout"（布局）→"Generate/Update Layout"（生成更新布局图）命令，
弹出"Generate/Update Layout"（生成更新布局图）对话框，如图 12-32 所示。

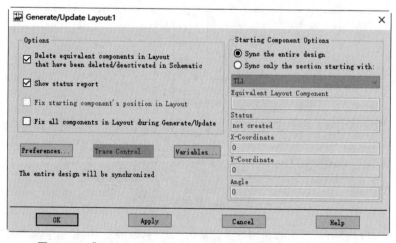

图 12-32　"Generate/Update Layout"（生成更新布局图）对话框

③ 单击"Apply"（应用）按钮，将原理图
参数更新到同名的布局图中，弹出"Status of
Layout Generation"（布局生成器状态）对话框，
显示生成版图中包含原理图中有效的元器件数
目等信息，如图 12-33 所示，同时自动创建包
含转换传输线的 Layout（布局图）。

④ 对比原理图和版图，可以发现原理图中
构图成电路的各种形状传输线模型已经转化为
版图中的实际微带线，如图 12-34 所示。

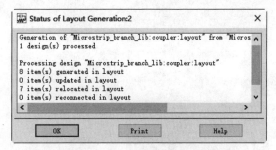

图 12-33　"Status of Layout Generation"
（布局生成器状态）对话框

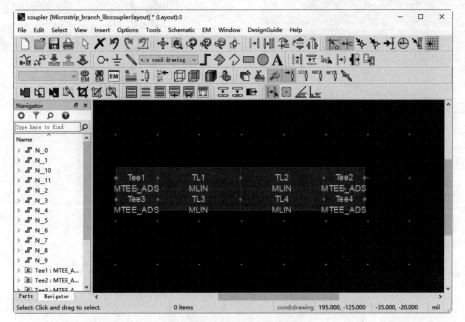

图 12-34　自动生成布局图

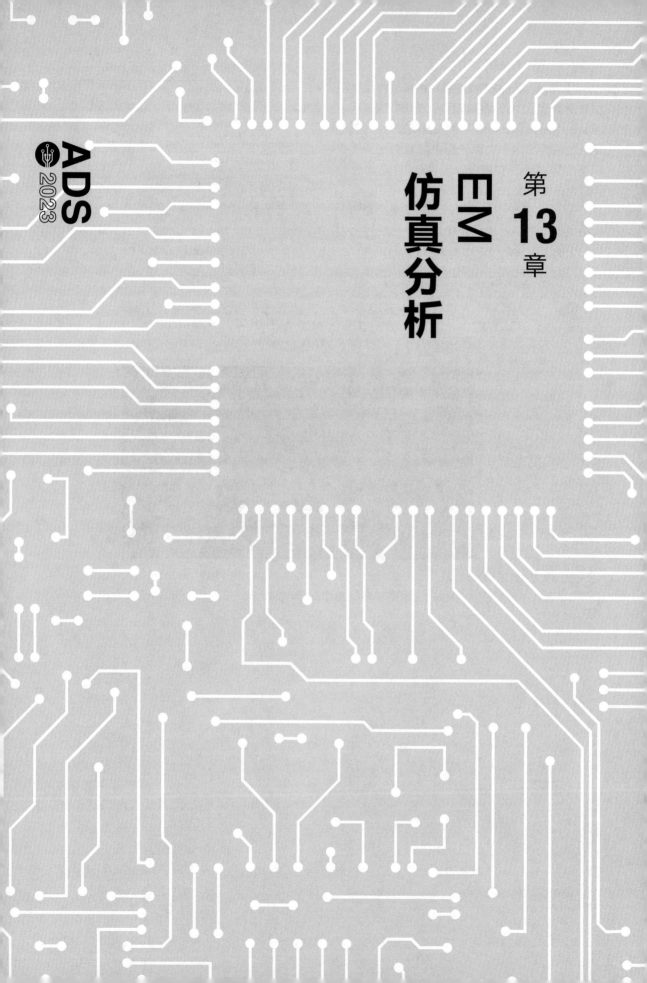

第13章

EM仿真分析

ADS 2023

ADS 为设计和评估现代通信系统产品提供了 EM（电磁）仿真工具，为动量仿真器和有限元仿真器提供了统一的接口，用于计算 S 参数、表面电流、一般平面电路的场（微带线、带状线、共面波导）和其他拓扑结构。在射频芯片设计中，无源器件和传输线需要进行 EM 仿真，对电容电感及连接他们的微带线做 EM 仿真。

本章从电磁仿真技术入手，介绍 ADS Layout 窗口中的 Mometum 仿真平台，解决多层介质环境下三维金属结构的电磁问题。

13.1　电磁仿真概述

电子系统常常不可避免地工作在复杂的电磁环境中，在许多应用领域的不同频率范围内都存在着电磁力。无论正在进行无线、数字还是电源应用设计，对电路执行电磁仿真都将让人受益匪浅。

13.1.1　电磁仿真技术方法

目前，市场上存在多种不同的电磁仿真技术方法，它们分别适合一个或多个应用领域。了解每一种方法的技术优势及其应用方法，对于实现成功设计和仿真至关重要。最常用的电磁仿真方法包括矩量法（MoM）、有限元法（FEM）和有限差分时域法（FDTD）。

（1）矩量法（MoM）

矩量法 MoM 是一款 3D 平面电磁仿真器，主要用于无源电路分析，可以高效用于平面和多层应用，例如电子和天线。

（2）有限元法（FEM）

有限元法（FEM）是一款 3D 全波电磁仿真器，主要用于测量频域，用于任意 3D 结构，例如连接器、焊线和封装。

（3）有限差分时域法（FDTD）

有限差分时域法（FDTD）是一款 3D 电磁仿真器，用于测量时域，可用于波长更大的结构，例如天线系统。

13.1.2　常用电磁仿真软件

在日常设计中，射频工程师会用到各种各样的仿真软件，比如射频电路级仿真会用到的 ADS、AWR 等，3D 电磁仿真软件 CST、Ansoft 等。

（1）Ansys HFSS

Ansys HFSS 是一款适用于 RF 和无线设计的 3D 电磁（EM）仿真软件，被称为 3D 电磁场模拟器。可用于设计天线、天线阵列、RF 或微波组件、高速互连装置、过滤器、连接器、IC 封装和印刷电路板等高频电子产品，并对此类产品进行仿真。

全球工程师大多都使用 Ansys HFSS 设计通信系统、雷达系统、高级驾驶辅助系统（ADAS）、卫星、物联网（IoT）产品及其他高速 RF 和数字设备中使用的高频、高速电子产品。

（2）CST

CST 是一款面向 3D 电磁、电路、温度和结构应力设计工程师的一款全面、精确、集成度极高的三维电磁场仿真软件。

CST 软件覆盖整个电磁频段，提供完备的时域和频域全波电磁算法和高频算法。典型应用包含电磁兼容、天线 /RCS、高速互连 SI/EMI/PI/ 眼图、手机、核磁共振、电真空管、粒子加速器、高功率微波、非线性光学、电气、场路、电磁 - 温度及温度 - 形变等各类协同仿真。

（3）AWR

AWR 是 AWR 公司推出的微波 EDA 软件，为微波平面电路设计提供了最完整、最快速和最精确的解答，它是通过两个仿真器（VoltaireXL 和 EMSight）来对微波平面电路进行模拟和仿真的。

VoltaireXL 仿真器内设一个组件库，在建立电路模型时，可以调出微波电路所用的组件。其中，无源器件有电感、电阻、电容、谐振电路、微带线、带状线、同轴线等；非线性器件有双极晶体管、场效应晶体管、二极管等，用来处理集总组件构成的微波平面电路问题。

EMSight 的仿真器是一个三维电磁场模拟程序包，可用于平面高频电路和天线结构的分析，用来处理任何多层平面结构的三维电磁场的问题，由具体的微带几何图形构成分布参数微波平面电路。

（4）Ansys Designer

Ansys Designer 是 Ansys 公司推出的微波电路和通信系统仿真软件，它采用了最新的窗口技术，是第一个将高频电路系统、版图和电磁场仿真工具无缝地集成到同一个环境的设计工具。Ansys Designer 主要应用于射频和微波电路的设计、通信系统的设计、电路板和模块设计、部件设计。

（5）XFDTD

XFDTD 是 Remcom 公司推出的基于时域有限差分法（FDTD）的三维全波电磁场仿真软件，XFDTD 用户接口友好、计算准确，但 XFDTD 本身没有优化功能，必须通过第三方软件 Engineous 完成优化。XFDTD 广泛用于无线、微波电路、雷达散射计算、化学、光学、陆基警戒雷达和生物组织仿真。

（6）Zeland IE3D

Zeland IE3D 是一个基于矩量法的电磁场仿真工具，可以解决多层介质环境下的三维金属结构的电流分布问题。Zeland IE3D 仿真结果包括 S、Y、Z 参数和 VWSR、RLC 等效电路，以及电流分布、近场分布和辐射方向图、方向性、效率和 RCS 等；应用范围主要是在微波射频电路、多层印刷电路板、平面微带天线设计的分析与设计。

（7）Sonnet

Sonnet 软件从 1983 年被研究开发以来，获得了商业上的良好声誉，是很准确的单层、多层平面电路和天线设计的商业软件；由 Rautio 博士创立的 Sonnet 软件公司一直致力于专业开发和升级 Sonnet 软件。Sonnet 广泛应用于解决 MMIC、RFIC、CPW、超导滤波器、LTCC、PCB 的电磁兼容和信号完整性、元器件设计、平面天线等领域的问题。

（8）FEKO

FEKO 软件是 EMSS 公司旗下一款强大的三维全波电磁仿真软件，是世界上第一个把矩量法（MoM）推向市场的商业软件，该方法使得精确分析电大问题成为可能。FEKO 支持有限元方法（FEM），并将 MLFMM 与 FEM 混合求解，MLFMM+FEM 混合算法可求解含高度非均匀介质电大尺寸问题。

（9）EMPro

Electromagnetic Professional（EMPro）是 Keysight EEsof EDA 的软件设计平台，主要用于分析元器件的三维电磁场（EM）效应，比如高速和射频 IC 封装、封装接线、天线、芯片上和芯片外嵌入式无源元器件，以及 PCB 互连设备。EMPro 具有现代领先的设计、仿真和分析环境，以及大容量仿真技术，并综合了业界领先的射频和微波电路设计环境——先进设计系统（ADS），可用于快速高效地进行射频和微波电路设计。

（10）ADS

Advanced Design System 是 Agilent 公司推出的射频、微波电路和通信系统仿真软件，是国内各大学和研究所使用最多的软件之一。

ADS 功能非常强大，仿真手段丰富多样，可实现包括时域和频域、数字与模拟、线性与非线性、噪声等多种仿真分析手段，并可对设计结果进行成品率分析与优化，从而大大提高了复杂电路的设计效率，是非常优秀的微波电路、系统信号链路的设计工具。ADS 主要应用于射频和微波电路的设计、通信系统的设计，以及 DSP 设计和向量仿真。

13.2　EM 仿真

在射频芯片设计中，无源器件和传输线需要进行 EM 仿真，对电容电感和连接他们的微带线做 EM 仿真。

13.2.1　EM 仿真窗口

① 在 ADS 中进行 EM 仿真首先需要创建一个 EM 仿真视图，在该视图窗口中才可以进行 EM 仿真分析。

② 在 ADS 2023 主窗口中，选择菜单栏中的"File"（文件）→ "New"（新建）→ "EM Setup"（EM 设置）命令，弹出"New EM Setup View"（新建 EM 仿真视图）对话框，如图 13-1 所示。

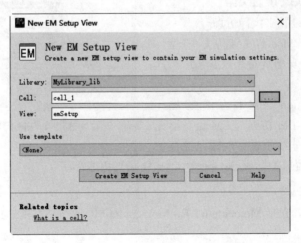

图 13-1　"New EM Setup View"（新建 EM 仿真视图）对话框

③ 单击"Create EM Setup View"（创建 EM 仿真视图）按钮，在当前工程文件夹下，默认创建 EM 仿真视图文件 cell_1 → emSetup，如图 13-2 所示。同时弹出仿真设置对话框，用于定义仿真器选项，如基板、端口和频率计划等，如图 13-3 所示。

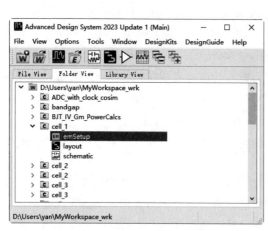

图 13-2　创建 EM 仿真视图

图 13-3　仿真设置对话框

13.2.2　仿真设置

ADS 提供了一个新的 EM 设置窗口，它提供了一个单一的界面来控制所有与 EM 设置相关的功能。

选择菜单栏中的"EM"（电磁仿真）→"Simulation Setting"（仿真设置）命令，或单击"EM Simulation"（EM 仿真）工具栏中的"EM Simulation Settings"（EM 仿真设置）按钮 ，弹出 EM 仿真设置对话框，显示 EM 仿真设置参数，如图 13-4 所示。

（1）Setup Type（设置类型）

选择以下类型的设置来执行仿真。

● EM Simulation/Model（EM 仿真 / 模型）：该选项生成由 EM 仿真器为整个（展平）布局提取的 S 参数模型。

● EM Cosimulation（EM 联合仿真）：此选项有助于将布局的 EM 仿真与 EM 仿真器无法仿真的实例（例如非线性设备）或已经存在模型的实例（例如内置原理图或 EM 模型）的电路仿真相结合。

图 13-4　EM 仿真设置对话框

（2）EM Simulator

选择 EM 仿真器，包括 Momentum RF、Momentum Microwave 和 FEM。

（3）Setup Overview

显示 EM 仿真设置信息。该对话框左侧列表列出了指定仿真设置所需的选项，其中包含 10 个选项卡，下面分别进行介绍。

① Layout（布局）选项卡　通过选择布局来查看有关工作区、库、单元格和视图的信息。

② Partitioning（分区）选项卡　通过定义 EM 仿真分区，为 EM 模型缓存了 S 参数，提高

了电路仿真性能。

③ Substrate（基板）选项卡　通过选择基板从 ADS 中打开预定义的基板文件。

④ Ports（端口）选项卡　刷新布局引脚信息，创建、删除和重新排序端口，并通过选择端口搜索所需的 s 参数端口或布局引脚。

⑤ Frequency plan（频率计划）选项卡　通过选择频率计划为磁模拟添加或删除频率计划。

⑥ Output plan（输出计划）选项卡　通过选择输出计划来指定 EM 模拟的数据显示设置。

⑦ Options（选项）选项卡　通过选择选项来定义预处理器、网格、模拟和专家设置。

⑧ Resources（资源）选项卡　通过选择资源可以指定本地、远程和第三方设置。

⑨ Model（模型）选项卡　通过选择模型/符号生成 EM 模型和符号。

⑩ Notes（注释）选项卡　通过选择注释向 EM 设置窗口添加注释。

13.2.3　EM 仿真方式

在 Layout（布局图）中，选择菜单栏中的"EM"（电磁仿真）→"Simulation"（仿真）命令，或单击"EM Simulation"（EM 仿真）工具栏中的"Simulation"（仿真）按钮，执行电磁仿真分析。

13.3　操作实例——微带耦合线联合仿真

扫码看视频

在用 ADS 进行射频电路仿真时，在原理图层面仿真完毕后，通常还要考虑实际的射频版图布局中传输线的耦合、印制板介质损耗等效应的影响，此时就要在 ADS 的版图仿真中来实现。

操作步骤：

（1）设置工作环境

① 启动 ADS 2023，打开主窗口界面。选择菜单栏中的"File"（文件）→"New"（新建）→"Workspace"（项目）命令，或单击工具栏中的"Create A New Workspace"（新建一个工程）按钮，弹出"New Workspace"（新建工程）对话框，输入工程名称"Substrate_Dk_wrk"，新建一个工程文件 Substrate_Dk_wrk。

② 在主窗口界面中，选择菜单栏中的"File"（文件）→"New"（新建）→"Schematic"（原理图）命令，或单击工具栏中的"New Schematic Window"（新建一个原理图）按钮，弹出"New Schematic"（创建原理图）对话框，在"Cell"（单元）文本框内输入原理图名称 xline。单击"Create Schematic"（创建原理图）按钮，在当前工程文件夹下，创建原理图文件 xline，如图 13-5 所示。

（2）原理图图纸设置

选择菜单栏中的"Options"（设计）→"Preferences"（属性）命令，或者在编辑区内单击鼠标右键，并在弹出的快捷菜单中选择"Preferences"（属性）命令，弹出"Preferences for Schematic"（原理图属性）对话框，在该对话框中可以对图纸进行设置。

（3）绘制原理图

① 激活"Parts"（元器件）面板，在库文件中打开"TLines-Microstrip"微带耦合线元器件库，选择并放置 MCLIN。

单击"Grid/Snap"（网格捕捉）选项卡，在"Snap Grid per Display Grid"（每个显示网格的

捕捉网格）选项组下的"X"选项中输入 1。单击"Display"（显示）选项卡，在"Background"
（背景色）选项下选择白色背景。

② 在库文件中打开"Basic Components"的基本元器件库，选择接地负载（TermG），放置
TermG1、TermG2、TermG3、TermG4。

③ 选择菜单栏中的"Insert"（插入）→"Wire"（导线）命令，或单击"Insert"（插入）工
具栏中的"Insert Wire"（放置导线）按钮，或按快捷键 Ctrl+W，进入导线放置状态，连接元
器件，原理图绘制结果如图 13-6 所示。

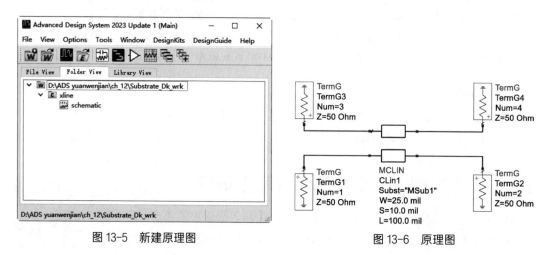

图 13-5　新建原理图　　　　　　　　　　　　图 13-6　原理图

④ 选择菜单栏中的"Tools"（工具）→"LineCalc"（微带线计算）→"Start LineCalc"（开
始微带线计算）命令，打开"LineCalc"（微带线计算）窗口，设置 Er（基板相对介电常数）为
5.6，T（导体层厚度）为 0.05mil，如图 13-7 所示。

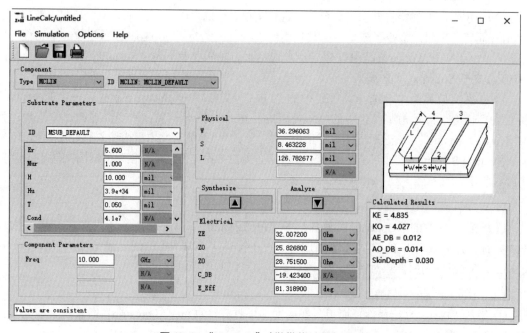

图 13-7　"LineCalc"（微带线计算）窗口

⑤ 单击"Synthesize"按钮，在"LineCalc"窗口中显示计算结果：

● W：微带耦合线宽度为 36.3mil。

● S：微带耦合线间距为 8.5mil。

● L：微带耦合线长度 126.8mil。

⑥ 按照上面计算的微带耦合线尺寸，设置原理图中 CLin1 长度 L 为 126.8、宽度 W 为 36.3、间距 S 为 8.5，结果如图 13-8 所示。

⑦ 在"TLines-Microstrip"微带线元器件库中选择并放置微带线参数 MSUB，弹出"Choose Layout Technology"（选择布局技术）对话框，选择具有标准技术参数的选项，单击"Finish"（完成）按钮，在原理图中放置微带线设计必备的参数，设置 Er（基板相对介电常数）为 5.6，T（导体层厚度）为 0.05mil，如图 13-9 所示。

⑧ 在"Basic Components"（基本元器件库）中选择 S 参数仿真器 S_Param，在原理图中合适的位置上放置 SP1，如图 13-10 所示。

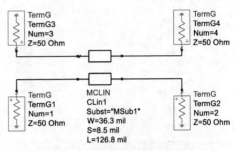

图 13-8　修改微带耦合线尺寸

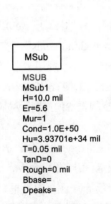

图 13-9　放置 MSUB

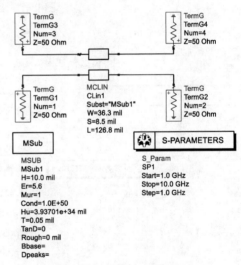

图 13-10　放置 S 参数仿真器

（4）仿真数据显示

① 选择菜单栏中的"Simulate"（仿真）→"Simulate"（仿真）命令，或单击"Simulate"（仿真）工具栏中的"Simulate"（仿真）按钮，弹出"hpeesofsim"窗口，显示仿真信息和分析状态。并自动创建一个空白仿真结果显示窗口 Display Window。

② 单击 Palette（调色板）工具栏中"Rectangular Plot"（矩形图）按钮，在工作区单击，自动弹出"Plot Traces & Attributes"（绘图轨迹和属性）对话框。在"Datasets and Equations"（数据集和方程）列表中选择 S(1,1)，单击"Add"（添加）按钮，在右侧"Traces"（轨迹线）列表中添加 dB(S(1,1))。单击"OK"（确定）按钮，在数据显示区创建以 dB 为单位的 S 参数矩形图。

③ 同样的方法，创建三个 S12、S21、S22 参数对应的矩形图，结果如图 13-11 所示。

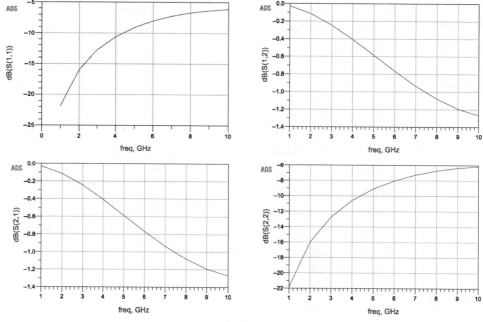

图 13-11　绘制 S 参数曲线

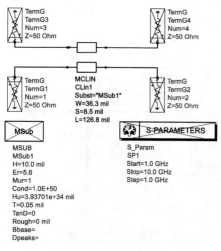

图 13-12　禁用元器件

（5）生成版图

① 选择菜单栏中的命令"Edit"（编辑）→"Component"（元器件）→"Deactivate/Activate"（禁用 / 启用），或单击"Instance Commands"（实例命令）工具栏中的"Deactivate/Activate"（禁用 / 启用）按钮⊠，将接地负载 TermG1、TermG2、TermG3、TermG4、微带线参数 MSub1、S 参数控制器 SP1 转换为禁用状态（显示大红叉），如图 13-12 所示。

② 选择菜单栏中的"Layout"（布局）→"Generate/Update Layout"（生成更新布局图）命令，弹出"Generate/Update Layout"（生成更新布局图）对话框，单击"Apply"（应用）按钮，将原理图参数更新到同名的布局图中，同时自动创建包含转换传输线的 Layout（布局图），如图 13-13 所示。

③ 选择菜单栏中的"Insert"（插入）→"Pin"（引脚）命令，或单击"Palette"（调色板）工具栏中的"Insert Pin"（插入引脚）按钮，在 Latout（布局图）中耦合微带线 Clin1 的输入端和输出端（TL2 右侧）添加 4 个 Pin，如图 13-14 所示。

（6）创建基板

在 ADS 2023 主窗口中，选择菜单栏中的"File"（文件）→"New"（新建）→"Substrate"（基板）命令，弹出"New Substrate"（创建基板）对话框，在指定的库文件中创建模板基板文件。单击"Create Substrate"（创建基板）按钮，打开"Substrate1"（基板编辑器）窗口，在"Substrate Layer Stackup"（基板堆栈层）列表中设置板层参数，结果如图 13-15 所示。

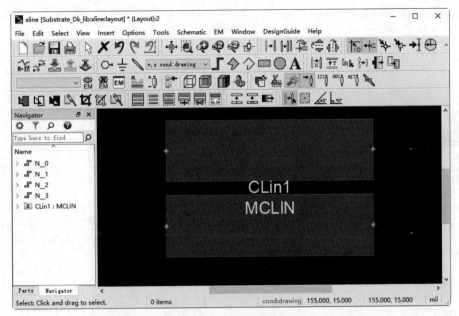

图 13-13　自动生成布局图

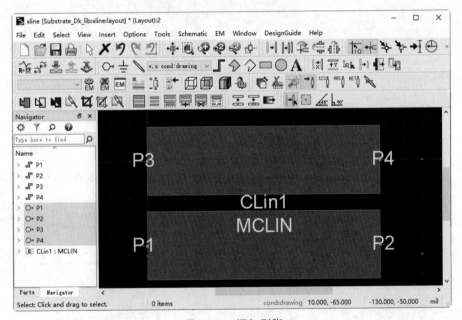

图 13-14　添加引脚

（7）EM 仿真

① 选择菜单栏中的 "EM"（电磁仿真）→ "Simulation Setting"（仿真设置）命令，或单击 "EM Simulation"（EM 仿真）工具栏中的 "EM Simulation Settings"（EM 仿真设置）按钮，弹出 "New EM Setup View"（新建电磁仿真设置视图）对话框，如图 13-16 所示。

② 单击 "Create EM Setup View"（创建电磁仿真设置视图）按钮，创建默认的电磁仿真设置视图 emSetup。同时自动弹出 EM 仿真设置对话框，显示 EM 仿真设置参数，如图 13-17 所示。

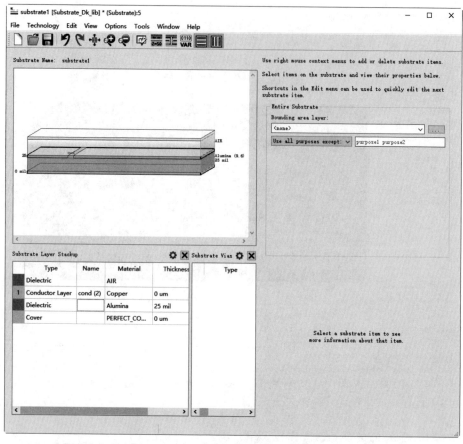

图 13-15 "Substrate1"（基板编辑器）窗口

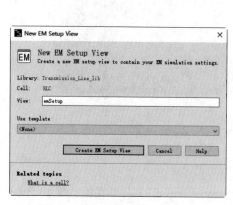

图 13-16 "New EM Setup View"
（新建电磁仿真设置视图）对话框

图 13-17 EM 仿真设置参数对话框

③ 选择默认参数，单击工具栏中的"Simulate"（仿真）按钮，开始对 Layout（布局图）进行 EM 仿真，弹出仿真显示窗口 xline，显示原理图和版图仿真比较结果，如图 13-18 所示。

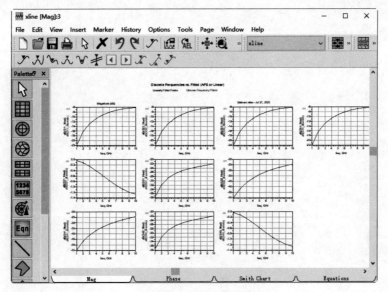

图 13-18　EM 仿真结果